"十二五"普通高等教育本科国家级规划教材　　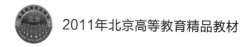2011年北京高等教育精品教材

机械设计基础

（第4版）

Fundamentals of Mechanical Design(4th Edition)

主编 ◎ 荣 辉　付 铁

U0247571

北京理工大学出版社
BEIJING INSTITUTE OF TECHNOLOGY PRESS

内 容 简 介

本书是根据审定的"高等学校工科本科机械设计基础课程教学基本要求",结合多年教学实践经验编写的教材。本书主要介绍机械设计中所必需的基础知识、机器的组成、常见机构、常见机械零部件的设计及机械系统设计,同时也简要介绍了现代设计方法。书中引用的资料均为新标准。

本书可作为高等工科院校近机类、非机类专业学生的教材,也可供其他有关专业的师生和工程技术人员参考。

图书在版编目（CIP）数据

机械设计基础／荣辉,付铁主编.—4 版.—北京:北京理工大学出版社,2018.2
(2020.12重印)

ISBN 978-7-5682-5288-1

Ⅰ.①机… Ⅱ.①荣… ②付… Ⅲ.①机械设计-高等学校-教材 Ⅳ.①TH122

中国版本图书馆 CIP 数据核字（2018）第 025700 号

出版发行／北京理工大学出版社有限责任公司

社　　址／北京市海淀区中关村南大街 5 号

邮　　编／100081

电　　话／(010) 68914775（总编室）
　　　　　　(010) 82562903（教材售后服务热线）
　　　　　　(010) 68948351（其他图书服务热线）

网　　址／http://www.bitpress.com.cn

经　　销／全国各地新华书店

印　　刷／三河市华骏印务包装有限公司

开　　本／787 毫米×1092 毫米　1/16

印　　张／22.5 　　　　　　　　　　　　　责任编辑／多海鹏

字　　数／528 千字 　　　　　　　　　　　文案编辑／多海鹏

版　　次／2018 年 2 月第 4 版　2020 年 12 月第 2 次印刷 　　责任校对／周瑞红

定　　价／49.00 元 　　　　　　　　　　　责任印制／王美丽

第4版前言

本书是在普通高等教育"十二五"国家级规划教材《机械设计基础(第3版)》的基础上修订的。

本次修订在保留第3版教材的特色和优点的基础上,本着以设计为主线,以简明实用为目标的原则,对部分内容进行了适当更新、增减及重新编排。此次修订的主要工作体现在以下几个方面:

(1)更正了原书中文字、插图中的疏漏。

(2)更新了国家标准。

(3)适当调整了部分插图的缩放比例,使其更加协调和清晰。

(4)替换了少量插图,对内容进行了适当删减及增加。

(5)根据国家标准,对一些名词术语、图形符号、绘图线型等做了统一规范,力求基本概念阐述更准确、图形表达更规范、版面更美观。

参加本书修订工作的有殷耀华(第一章、附录)、王艳辉(第二章)、丁洪生和付铁(第三章、第十五章)、张春林(第四章、第十六章)、李轶(第五章、第十章)、荣辉(第六章)、万小利(第七章)、周勇(第八章、第九章)、杨梦辰(第十一章键连接、销和过盈连接部分,第十二章轴部分)、王晓力(第十二章联轴器、离合器和制动器部分,第十三章)、孔凌嘉(第十四章)、路敦勇(第十一章螺纹连接部分、第十七章)。

全书由荣辉负责统稿,荣辉、付铁担任主编。

由于编者水平所限,书中难免有漏误和不当之处,敬请读者批评指正。

本书的"CAI课件"放在北京理工大学出版社网站(http://www.bitpress.com.cn),授课教师免费提供,请需要者在网站中注册后下载。

编　者

2017 年 10 月

目　　录

第一章 概　　论

本章概括地论述机械设计基础课程所涉及的最基本的内容,其中包括课程绪论、机械零件材料学基础和机械设计中摩擦学基础。

第一节 绪　　论

一、课程的内容、性质和任务

在人类的生产和生活中,创造和发展了各种各样的机械。机械是机器和机构的总称。

机器是由若干个机构组合而成的运动装置,可以实现能量的转化(如将电能、热能、光能、化学能等转化为机械能)或传递能量、物料或信息,实现预期的工作。机构是机器的组成部分,是由两个或两个以上的构件通过可动连接构成的运动确定的系统,用来传递运动和力。构件则是由若干零件刚性连接而成的。构件是机器运动的最小单元,而零件则是机器加工制造的最小单元。

图 1-1 所示的单缸内燃机由气缸体(机架)1、活塞 2、连杆 3、曲轴 4、齿轮 5 和 6、凸轮 7、进气阀顶杆 8 等组成。内燃机中包含了连杆机构(1、2、3、4)、凸轮机构(1、7、8)和齿轮机构(1、5、6)等。

一部机械从无到有,是一个复杂的系统工程,但总的来说包括两大方面:设计和制造。本课程就是一门综合性、实用性很强的、培养工程类专业的学生设计能力的一门专业技术基础课。

本课程将主要介绍常用机构(连杆机构、凸轮机构和间歇运动机构等)的设计、通用机械零部件(齿轮、螺纹连接件、键、轴、轴承、联轴器等)的设计和选用及机械系统设计等问题。

本课程是以设计为核心的专业技术基础课。高等数学、机械制图、工程力学等是本课程的必须先修课程。本课程同时也为后续专业课的学习打下基础。

本课程的主要任务是:培养学生运用标准、规范、手册、图册和查阅有关技术资料的能力;使学生掌握常用机构和通用零部件设计;培养学生用所学的有关知识设计机械传动装置和简单机械的能力。

二、机械设计的一般过程简介

一个新的机械(机器)从准备设计到制造出来,大致要经过以下几个步骤:

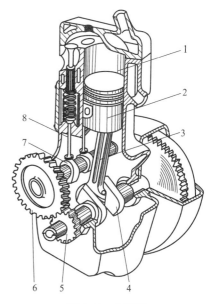

图 1-1 内燃机

1—气缸体(机架);2—活塞;3—连杆;4—曲轴;
5,6—齿轮;7—凸轮;8—进气阀顶杆

1. 产品规划

根据社会的需要和市场的需求,确定所设计机械(机器)的功能范围和性能指标,根据现有的技术资料和技术手段研究其实现的可能性,拟订设计任务书。

2. 方案设计

按设计任务书的要求,尽量构思出多种可行的设计方案,通过对比、筛选,优选出一种功能满足要求、工作原理可靠、结构设计合理、制造成本低廉的最优方案。

3. 技术和施工图设计

对已选定的设计方案进行分析计算,确定机构和零件的工作参数以及机械(机器)的主要结构尺寸,考虑各个零件的工作能力和结构工艺性,完成每一个零件的结构设计,按照国家标准,绘制出整部机械(机器)的设计总图和全部零部件的施工图,编写有关技术文件。

4. 试制、调试、鉴定

经过加工、安装和调试,制造出样机。通过对样机的试验,验证所设计的机械(机器)能否实现预期的功能及满足所提出的要求,评价其可靠性、适用性、经济性并进行必要的改进。

实际上,整个机械设计的各个阶段是相互联系、相互融合的,在某个阶段发现问题后,必须返回到前面的有关阶段进行设计修改。整个设计过程是一个不断修改、不断完善的过程。

三、机械零件的设计准则

为了保证所设计的机械零件能安全可靠地工作,在设计零件之前,应确定相应的设计准则。不同的零件或相同的零件在差异较大的环境和条件下工作,会有不同的设计准则,设计准则的确定与该零件的主要失效形式密切相关。

1. 主要失效形式

机械零件在设计要求的寿命里,失去原设计要求的工作能力,称为失效。机械零件的主要失效形式有因强度不够而产生的断裂,因刚度不够而产生的变形过大,因转速过高而产生的振动过大甚至共振,因表面接触应力过大或者接触腐蚀介质而使零件表面失效等。

2. 设计准则

1) 强度准则

强度是指零件在载荷作用下,抵抗断裂及某些表面损伤的能力。为了保证零件具有足够强度,计算时应使其在受到最大载荷时的应力不得超过零件材料的许用应力,它是保证机械零件工作能力的最基本的准则,即

正应力、弯曲应力或者复合应力

$$\sigma \leqslant [\sigma] \tag{1-1}$$

扭转、剪切应力

$$\tau \leqslant [\tau] \tag{1-2}$$

在强度条件中,材料的许用应力为

$$[\sigma] = \frac{\sigma_{\lim}}{S_{\sigma}} \tag{1-3}$$

$$[\tau] = \frac{\tau_{\lim}}{S_{\tau}} \tag{1-4}$$

式中,$\sigma_{\lim}$、$\tau_{\lim}$为材料的极限应力;S_{σ}、S_{τ}为安全系数。

2) 刚度准则

刚度是指零件在载荷作用下,抵抗弹性变形的能力。为了保证零件具有足够的刚度,设计时应使零件在载荷作用下产生的弹性变形量不得超过其许用值。零件的刚度有时又是保证零件强度的重要条件,例如受压长杆,若刚度不足,将影响其受压时的稳定性。刚度也是影响振动稳定性的主要因素。因而要求

$$\left.\begin{array}{ll} 挠度 & y \leq [y] \\ 偏转角 & \theta \leq [\theta] \\ 扭转角 & \phi \leq [\phi] \end{array}\right\} \tag{1-5}$$

弹性变形量的计算公式及其许用值可参考有关机械设计手册。

3) 振动稳定性准则

机器中存在着许多周期性变化的激振源,如齿轮的啮合、轴的偏心转动、滚动轴承中的振动、滑动轴承中的油膜振荡等,当上述激振源的振动频率 f_p 与零(部)件本身的固有频率 f 相等或接近时,零(部)件就会发生共振。共振时振幅急剧增大,以致零件被破坏或机器工作失常。

振动稳定性准则就是在设计机械时,使受激振作用的各个零件的固有频率 f 与激振源的频率 f_p 错开。通常应保证

$$f_p < 0.85f \quad 或 \quad f_p > 1.15f \tag{1-6}$$

4) 摩擦学准则

在摩擦状态下工作的机械零件主要有两类,一类要求工作时摩擦力小、功耗低,如滑动轴承、啮合传动等。另一类利用摩擦传递动力,要求摩擦力大,如带传动、摩擦轮传动、摩擦离合器等。前一类零件应选用减摩抗磨性好的材料制造,并采用适当的润滑方式,以保证工作时两摩擦表面阻力小、功耗少、效率高。设计时应保证机器有一定的效率,以较小的功率完成预期的工作。后一类零件应选用摩擦材料或耐磨材料制造。设计时应保证摩擦力或摩擦力矩的极限值大于工作阻力或工作阻力矩,否则工作时就会发生打滑,使传动失效。

机械零件在工作时其表面相互接触,相互摩擦而产生磨损,使零件的结构形状和几何尺寸发生变化,直接影响机器的运动精度和效率。因此,要求零件的摩擦表面有足够的接触强度和耐磨性,避免因磨损量超过规定的允许值而失效。

关于磨损,由于其影响因素较多,故目前还没有完善、有效的理论计算公式,通常采用以下两种方法。

(1)滑动速度低、工作载荷大的零件,验算压强,使其不超过许用值,以防止过大的压强破坏零件工作表面的油膜而使磨损加剧,即

$$p \leq [p] \tag{1-7}$$

(2)滑动速度较高的摩擦表面,还要防止过高的温度使润滑油黏度降低、油膜破裂,导致过快的磨损或表面胶合现象。因此,要保证单位接触面积在单位时间内产生的摩擦功不要过大。如果将摩擦系数 f 视为常数,则可验算 pv 值不超过许用值,即

$$pv \leq [pv] \tag{1-8}$$

除了上述的一些基本准则外,在机械零件设计中,还可以提出一些在特定条件下应考虑的设计准则,例如可靠性、精度、噪声等级、外廓尺寸、外观以及节能、环保等方面的要求。

第二节　机械零件材料学基础

机械零件通常都是由金属材料制成的,有时也用非金属材料和复合材料制造。本节将对机械零件的常用材料作一简略介绍。

一、金属材料

金属材料分为黑色金属(如钢、铸铁等)和有色金属(如铜、铝、钛及其合金等)。

1. 钢

钢和铸铁都是铁碳合金,它们的区别主要在于含碳量的不同。含碳量小于 2.1% 的铁碳合金称为钢。含碳量大于 2.1% 的铁碳合金称为铸铁。但通常使用的钢,含碳量在 0.05% ~ 0.7% 。与铸铁相比,钢具有较高的强度、韧性和塑性,并可用热处理的方法来改善其力学和加工性能。钢制零件可用锻造、碾压、冲压、焊接、铸造等方法获得,因此应用极其广泛。

按照用途的不同,钢可分为结构钢(用于制造各种机械零件和工程结构的构件)、工具钢(用于制造刀具、量具和模具等)和特殊钢(如不锈钢、耐热钢、耐酸钢、滚动轴承钢等)。根据化学成分的不同,又可将钢分为碳素钢和合金钢。碳素钢的性质主要取决于含碳量,含碳量的增高,虽然强度有所增加,但钢的脆断性增大,焊接性和冷加工性能有所降低。为了改善钢的性能,特意加入一些合金元素,就是合金钢。

1)碳素钢

按用途不同碳素钢可分为碳素结构钢和碳素工具钢。碳素结构钢又可以分为普通碳素结构钢和优质碳素结构钢。

普通碳素结构钢(GB/T 700—2006)的牌号见表 1-1,Q 为"屈"字汉语拼音的首字字母,指屈服强度,后面的数字代表屈服强度数值。为了表示钢的质量等级,在数字后面加注 A、B、C、D 字母,D 的质量等级最高。字母后如果还有字母,则表示脱氧方法:F 为沸腾钢,Z 为镇静钢,TZ 为特殊镇静钢,"Z"与"TZ"可以省略。普通碳素结构钢的规定牌号有 Q195、Q215、Q235和 Q275 四种。

普通碳素结构钢在冶炼时主要控制其力学性能,而对钢的化学成分控制较松,一般不需热处理,可在供货状态下直接使用。

优质碳素结构钢(GB/T 699—2015)的牌号(表 1-1)用两位数字表示,代表平均含碳量的万分之几。对于锰含量较高的优质碳素结构钢,其牌号还要在碳含量数字后加注符号"Mn",如40Mn。含碳量低于 0.25% 的钢为低碳钢,其强度和硬度低,但塑性和焊接性能好,适用于冲压、焊接等方法成型;含碳量在 0.25% ~ 0.6% 的钢为中碳钢,有良好的综合机械性能,应用最广;含碳量高于 0.6% 的钢为高碳钢,常用作弹性元件和易磨损元件。

表 1-1　碳素钢

分　类	主　要　钢　号
普通碳素结构钢	Q195、Q195F、Q215A、Q215AF、Q215B、Q215BF、Q235A、Q235AF、Q235B、Q235BF、Q235C、Q235D、Q275A、Q275AF、Q275B、Q275C、Q275D
优质碳素结构钢	08、10、15、15Mn、20、20Mn、25、25Mn、30、30Mn、35、35Mn、40、40Mn、45、45Mn、50、50Mn、55、60、60Mn、65、65Mn、70、70Mn、75、80、85

优质碳素结构钢一般经过热处理,可获得较高的弹性极限和较高的屈服强度。

2) 合金钢

在碳素钢中添加合金元素后,就成为合金钢。添加合金元素的目的主要是改善钢的力学性能、工艺性能及物理性能。

各合金元素在合金钢中的作用如下:

镍(Ni) 提高强度,但不降低韧性。

铬(Cr) 提高高温强度,耐腐蚀、耐磨损,在不锈钢中必须和镍(Ni)同时使用。

锰(Mn) 提高强度和耐磨性,提高韧性。

钼(Mo) 作用同锰(Mn),但其耐热性更强。

钒(V) 提高韧性和强度。

硅(Si) 提高强度和耐磨性,但对韧性不利。

合金钢按用途不同分为合金结构钢、合金工具钢和特殊合金钢。机械零件常用合金结构钢。合金结构钢(GB/T 3077—2015)牌号用两位数字及合金元素符号表示。两位数代表平均含碳量的万分之几。后面的字母则表示主加元素;主加元素如果小于1.5%,仅标明元素;大于1.5%,则标出数字,代表平均含量的百分之几。如42SiMn,其成分为:C 的平均含量为0.42%,Si 小于1.5%,Mn 小于1.5%。

合金结构钢按冶金质量分为三类:优质钢、高级优质钢(牌号后加 A)、特级优质钢(牌号后加 E)。

2. 铸铁

含碳量大于2.1%的铁碳合金称为铸铁。铸铁的使用量很大,仅次于钢。铸铁被大量使用,首先是因为生产成本低廉,其次是它具有优良的铸造性能,铸铁的熔点较低,具有良好的易熔性和液态流动性,因而可以铸成形状复杂的大小零件。它的硬度与抗拉强度和钢差不多,并且有优异的消振性能和良好的耐磨性能,这是钢所不能及的,但铸铁的疲劳强度和塑性比钢差,较脆,不能承受较大的冲击载荷,不适于锻压和焊接。

铸铁的分类如下:

1) 灰铸铁

灰铸铁具有良好的铸造性能和切削加工性能,耐磨性好,消振能力最为突出,但抗拉强度低。灰铸铁(GB/T 9439—2010)的牌号由字母 HT 和数字表示,HT 为"灰铁"汉语拼音的首字字母,后面的数字代表其最低抗拉强度,如 HT100、HT150、HT300 等。

2) 球墨铸铁

球墨铸铁的强度和塑性比灰铸铁有很大的提高,具有良好的耐磨性,但铸造性较差。球墨铸铁(GB/T 1348—2009)的牌号由字母 QT 和数字表示,QT 为"球铁"汉语拼音的首字字母,后面的第一组数字代表最低抗拉强度,第二组数字代表最低伸长率,如 QT400-18、QT500-7、QT800-2 等。

3) 可锻铸铁

可锻铸铁的强度、塑性、韧性、耐磨性均较高,能承受冲击振动,但生产周期长,成本较高,铸造大尺寸零件较困难。因化学成分、热处理工艺而导致性能和金相组织不同分为二大类,第一类为黑心可锻铸铁和珠光体可锻铸铁,第二类为白口可锻铸铁。可锻铸铁(GB/T 9440—2010)的牌号由字母 KT 和数字表示,KT 为"可铁"汉语拼音的首字字母,H 表示黑心,Z 表示珠光体,B 表示白心;后面的第一组数字代表最低抗拉强度,第二组数字代表最低伸长率,如 KTH300-06、KTZ550-04、KTB360-12 等。

3. 有色金属

有色金属及其合金种类繁多,由于各具某些特殊的性能,所以在一些特殊的场合得到应用。机械零件中常用的有铜合金、铝合金等。

1)铜及铜合金

纯铜由于其力学性能很低,故在机械工业中应用并不多,主要应用在导电材料中。机械工业中应用的主要是铜合金。铜合金有一定的强度和硬度,导电、导热性能优异,减摩、耐磨、抗腐蚀性能良好。

铜合金按主加金属元素的不同,又分为黄铜和青铜:

(1)黄铜以锌(Zn)为主加元素,同时含有少量的锰(Mn)、铝(Al)和铅(Pb)。黄铜塑性和铸造流动性好,有一定的耐腐蚀能力,但强度和耐磨性不高。

(2)青铜以主加元素的不同又可分为锡青铜和铝青铜等。青铜比黄铜有更高的强度、硬度、耐磨性和耐腐蚀性。在机械设计中,常用青铜与钢组成配对材料。

在 GB/T 1176—2013 中规定铸造铜合金牌号的表示方法是在符号"ZCu"后加注各主要合金元素的符号及其含量,如铸造铝铁青铜 ZCuAl10Fe3 及铸造锡青铜 ZCuSnPb5Zn5。

2)铝及铝合金

铝及铝合金的使用量仅次于钢铁,主要是因为铝合金的密度只有钢材的 1/3,但它的比强度和比刚度与钢接近甚至超过钢,在承受同样大的载荷时,铝合金零件的质量要比钢零件轻得多。其次,铝合金具有良好的导热、导电性能,其导电性能大约为铜的 60%,由于质量轻,在远距离输送的电缆中常代替铜线。铝合金无毒而且还有良好的抗腐蚀能力,广泛应用在建筑结构工业、容器及包装工业、电器工业和航空航天工业中。例如,波音 747 飞机上 81% 的用材是铝合金。

二、非金属材料

1. 工程塑料

塑料与我们日常生活有着密切的关系,随处可见,绝大部分都是通用塑料,真正能用在工程上,作为结构零件的塑料并不多。一般把工作应力大于 50 MPa、连续工作温度超过 100 ℃的塑料称为工程塑料。它具有强度高、质量轻、减摩、耐磨、耐腐蚀、耐热和绝缘等特点。其成型工艺性好,生产效率高,故发展很快,应用范围日益扩大,越来越受到工程界的重视。常用的五大工程塑料有:

1)尼龙

品种、数量及应用上居工程塑料之首,其强度高,耐磨性好,耐化学腐蚀。但易吸收水分而影响尺寸的稳定性。

2)聚碳酸酯

在工程塑料中韧性最好,透光率达 90%,连续使用温度达 135 ℃~145 ℃,它正在取代玻璃和有机玻璃,作为飞机上的挡风夹层和天窗盖。

3)聚甲苯

在工程塑料中弹性模量最高,并有高硬度、低摩擦系数和较好的耐疲劳性能,适用于制造小齿轮及轴套等。

4）聚苯醚

在工程塑料中硬度最高，热膨胀系数最小，最耐热。

5）ABS

ABS 为丙烯腈-丁二烯-苯乙烯共聚物，具有良好的综合性能，广泛应用在管材、家用电器和纺织机械中。用 ABS 制成的泡沫夹层板，可作小轿车的车身。

2. 橡胶

橡胶常用来制造轮胎、垫板、隔热板、传动带和减振零件等。

3. 夹布胶木

夹布胶木常用来制造板材、电工元件及轻载无噪声齿轮和耐腐蚀元件等。

4. 其他

工业上，经常使用的非金属材料还有陶瓷、皮革、木材和纸板等。

三、复合材料

在工程上复合材料的应用更广，它把两种材料结合在一起，发挥各自的长处，在一定程度上克服了各自固有的缺点，如玻璃具有较高的弹性模量和强度，但太脆，而塑料具有良好的塑性、易于加工，但弹性模量和强度较低，把两者结合起来，就产生了玻璃钢。

陶瓷材料硬度高、耐磨性好，但不易于加工成型，将它们与金属粉末烧结在一起，就形成了硬质合金。也有金属和金属的复合材料，如碳钢和不锈钢、碳钢和铜合金的复合板，在这种情况下，不锈钢和铜合金与介质接触，起到耐腐蚀、耐磨损的作用，而碳钢作为基体，起到支撑强度的作用。

近几年，又开发出一种硼铝的复合材料，它的常温和高温强度比高强度的铝合金大得多。美国现在使用的航天飞机的整个桁架支柱，均用硼铝复合材料的管材制造，比原先采用铝合金时减轻重量 44%。

复合材料可以最大限度地发挥材料的使用价值、降低成本、提高效益。

四、钢的热处理简介

钢的热处理是指将钢在固态状态下进行不同温度的加热、保温和冷却的工艺方法（见图 1-2），促使其内部组织结构发生变化，从而达到提高零件力学性能和改善其工艺性能的目的。正因为钢的热处理是在不改变金属材料牌号的前提下，使之得以强化，充分发挥材料的内部潜力，故是提高机械产品质量、降低成本的一种重要手段。

常用的热处理方法有：退火、正火、淬火、回火、调质、时效及化学处理等。

1. 退火

把钢加热到临界温度（在钢的固态范围内，引起钢内部组织结构发生变化的温度）以上 30℃~50℃，经过适当的保温后，随炉温一起缓慢冷却下来的热处理工艺称为

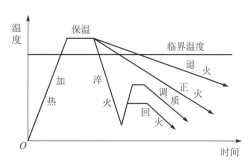

图 1-2 钢的热处理

退火。

退火的目的是降低材料的硬度,提高塑性,细化结晶组织结构,改善力学性能和切削加工性能,消除或减小铸件、锻件及焊接件的内应力。

2. 正火

将零件加热到临界温度以上,保温一段时间后再空冷、风冷或喷雾冷却。它的冷却速度比退火快,作用与退火相似,但比退火经济,成本低,可作为零件的最终热处理。

3. 淬火

将零件加热到临界温度以上,保温一段时间后在水中或油中迅速冷却。由于材料内部组织结构的变化,使其硬度提高、耐磨性加强,但材料的脆性也增加、塑性下降。由于淬火温度变化过快,材料内部形成较大的淬火应力,会导致零件的变形或开裂。淬火不能作为零件的最终热处理,通常要经过适当的回火处理,以消除淬火应力。

钢经过淬火后可以细化组织、提高强度,以便于切削加工。

4. 回火

将淬火后的零件重新加热到临界温度以下的某一温度,保温一段时间后在空气中冷却。根据对零件要求的不同,可采用不同的回火温度。回火温度越高,材料的硬度和强度下降越多,而塑性和韧性则显著提高。

1)低温回火

回火温度在150℃~250℃,主要用来降低材料的脆性和淬火应力,并能保持较高的硬度和耐磨性,常用于刀具和模具等。

2)中温回火

回火温度在350℃~500℃,其特点是既能保持材料一定的韧性,又能保持一定的弹性和屈服点,常用于弹簧和承受冲击的零件。

3)高温回火

回火温度在500℃~650℃,使零件获得强度、硬度、塑性和韧性都良好的综合力学性能。

5. 调质

淬火加高温回火称为调质。一些重要的零件,特别是一些在变应力下工作的零件,如连杆、齿轮和轴等常采用调质处理。

6. 时效

时效可以减小或消除零件的内应力,使零件在工作之前得以充分的变形,零件尺寸可以稳定下来。时效分低温时效和高温时效。

1)低温时效

将零件加热到100℃~150℃,保温5~20h后,再空冷。

2)高温时效

将零件加热到略低于高温回火的温度,保温后,缓冷到300℃以下,出炉空冷。

7. 表面处理

对于一些要求表面有较高的硬度以增加其耐磨性,而芯部要求有较高的韧性以提高其抗冲击能力的零件,可以采用表面处理工艺。表面处理包括表面淬火和化学处理。

1)表面淬火

采用快速加热的方法,只将零件表面加热并淬火。它只改变表层组织,芯部并不发生变化,保持了一定的韧性和强度,而表层得到强化和硬化。

表面淬火有高频感应加热表面淬火和火焰加热表面淬火。

2）化学处理

化学处理是把零件放入化学介质(碳或氮等)中加热、保温,使介质元素渗入零件表层中,使零件表层的化学组成和组织结构发生变化,来获得对其芯部和表层不同性能要求的热处理方法。常用的方法有渗碳、渗氮和碳氮共渗(氰化)等。

第三节 机械设计中的摩擦学基础

所有机械的运转都是依赖其零部件的相对运动来实现的,有相对运动就必然产生摩擦和磨损,其结果是造成机器的能耗增大、效率降低、配合间隙增大、运动精度降低、零件的寿命缩短。润滑是改善表面摩擦状态、减缓磨损的最有效的方法。摩擦学(Tribology)是有关摩擦、磨损和润滑科学的总称。

摩擦是造成能量损失的主要原因,磨损是摩擦的必然结果。在失效的机械零件中,大约有80%是由于各种形式的磨损造成的。在机械设计中,正确解决摩擦、磨损和润滑问题是非常重要的。

一、摩擦

在外力作用下,相互接触的两个物体做相对运动或有相对运动的趋势时,其接触表面上就会产生抵抗滑动的阻力,这一现象叫作摩擦,这时所产生的阻力叫作摩擦力。摩擦可分为两大类:一类是发生在物质内部,阻碍分子间相对运动的内摩擦;另一类是在物体接触表面上产生的阻碍其相对运动的外摩擦。对于外摩擦,根据摩擦副的运动状态,可将其分为静摩擦和动摩擦;根据摩擦副的运动形式,可将其分为滑动摩擦和滚动摩擦;根据摩擦副的表面摩擦状态(或称润滑状态),又将其分为干摩擦、边界摩擦(边界润滑)、流体摩擦(流体润滑)和混合摩擦(混合润滑)。

1. 干摩擦

干摩擦是指表面间无任何润滑剂或保护膜的纯金属接触时的摩擦。在工程实际中,真正的干摩擦是不存在的,因为任何零件的表面不仅会因为氧化而形成氧化膜,而且多少也会被含有润滑剂分子的气体所湿润或受到"油污"。在机械设计中,通常将两接触表面没有人为引入润滑剂的摩擦当作干摩擦。干摩擦时,摩擦阻力最大,金属间的摩擦系数$f = 0.3 \sim 1.5$。

2. 边界摩擦(边界润滑)

边界摩擦是指两摩擦表面被吸附在表面的边界膜隔开,其摩擦性质与流体的黏度无关,只与边界膜和表面的吸附性质有关。边界膜极薄,不能避免金属间的直接接触,这时仍有摩擦力产生,其摩擦系数$f = 0.1 \sim 0.5$。

3. 流体摩擦(流体润滑)

当摩擦表面间的润滑膜厚度大到足以将两个表面完全隔开时,即形成了完全的流体摩擦。这时,润滑剂中的分子已大多不受金属表面吸附作用的支配而自由移动,摩擦只发生在流体内部的分子之间,所以摩擦系数极小($f = 0.001 \sim 0.008$),而且不会有磨损产生,是理想的摩擦状态。

4. 混合摩擦(混合润滑)

当摩擦表面间处于边界摩擦和流体摩擦的混合状态时称为混合摩擦。在一定条件下,混合摩擦能有效地降低摩擦阻力,其摩擦系数要比边界摩擦时小得多($f = 0.01 \sim 0.08$),但因仍有金属的直接接触,所以不可避免地仍有磨损存在。

二、磨损

表面物质在摩擦过程中不断损失的现象称为磨损。机械零件的磨损,按磨损机理主要分为以下四种:

1. 黏着磨损

由于两摩擦表面间产生黏着现象而使材料由一个表面转移到另一个表面而造成的磨损称为黏着磨损。由于摩擦表面的不平,实际是微凸体之间的接触,在相对滑动和一定载荷的作用下,接触点发生塑性变形和剪切,摩擦表面温度升高,使其表面膜破裂,严重时表层金属局部会熔化而发生黏着或胶合。

根据黏着程度的不同,黏着磨损可分为轻微磨损、涂抹、擦伤、胶合和咬死。

2. 磨粒磨损

两接触表面受外界硬质颗粒的作用或粗糙硬表面把软表面擦伤而引起的表面材料脱落的现象称为磨粒磨损。磨粒磨损属于磨粒的机械作用,这种机械作用在很大程度上与磨粒的硬度、大小和形状以及载荷作用下磨粒与被磨损面的机械性能有关。实验表明,当金属表面的硬度比磨粒的硬度大30%以上时,磨粒磨损量就非常小。

3. 表面疲劳磨损

两摩擦表面受交变接触应力的作用而形成疲劳裂纹或剥落出微片和颗粒而逐步破坏的磨损称为表面疲劳磨损。其特征是在开始破坏阶段表面上出现一个个小小的麻坑,故又称这种磨损为点蚀。齿轮和滚动轴承的主要磨损形式就是表面疲劳磨损。

4. 腐蚀磨损

摩擦表面在磨损过程中,物体表面和周围介质发生化学或电化学作用,造成表面材料的损失称为腐蚀磨损。腐蚀磨损是一种机械化学磨损,单纯的腐蚀不属于磨损范畴,只有当腐蚀和摩擦过程相结合时,才能形成腐蚀磨损。

常见的腐蚀磨损有两类,一类是氧化磨损,另一类是腐蚀介质磨损。

试验结果表明,机械零件的一般磨损过程大致分为三个阶段:

1) 跑合阶段

新的摩擦副表面较粗糙,在10% ~50%的额定载荷下进行试运转,使摩擦表面的凸峰被磨平,实际接触面积逐步增大,压强减小,磨损速度在跑合开始阶段很快,然后减慢。跑合阶段对新的机械是十分必要的。

2) 稳定磨损阶段

经过跑合,摩擦表面逐步被磨平,微观几何形状发生改变,建立了弹性接触的条件,进入稳定磨损阶段,零件的磨损速度减慢,它表征零件正常工作寿命的长短。

3) 急剧磨损阶段

经过长时间的稳定磨损阶段,积累了较大的磨损量,零件开始失去原来的运动轨迹,磨损速度急剧增加,间隙加大,精度降低,效率减小,出现异常的噪声和振动,最后导致零件失效。

从磨损过程的变化来看,为了提高零件的使用寿命,在设计或使用机械时,应力求缩短跑合期,延长稳定磨损期,推迟急剧磨损期的到来。

三、润滑

向承载的两摩擦表面间引入润滑剂,形成润滑膜,这种方法称为润滑。润滑的主要作用是减小摩擦和磨损。此外还有防锈、减振、密封、冷却、清除污染和传递动力等作用。

1. 润滑剂的分类和主要质量指标

1) 润滑剂的分类

润滑剂可分为固体(石墨、二硫化钼、尼龙等)、半固体(各种润滑脂)、液体(各种润滑油、水、液态金属等)和气体(空气、氦气、氮气等)四类。

2) 润滑剂的主要质量指标

在机械设计中,最常用的润滑剂是润滑油和润滑脂。

(1) 润滑油的主要质量指标。

① 黏度。黏度是指润滑油抵抗剪切变形的能力,它标志着油液内部产生相对运动时内摩擦阻力的大小。黏度越大,内摩擦阻力也越大,流动性就越差。黏度是润滑油最重要的指标,也是选择润滑油的主要依据。

② 油性。油性是指润滑油中极性分子湿润或吸附于摩擦表面形成边界油膜的性能。它是影响边界润滑性能好坏的重要指标,吸附能力越强,油性越好。

③ 闪点和燃点。润滑油蒸气在遇到火焰能发出闪光(闪烁)时的最低温度称为闪点。闪烁持续 5 s 以上的最低温度称为燃点。它是衡量润滑油易燃性的一个重要指标,对于高温下工作的机械,应选择比工作温度高 30℃~40℃闪点的润滑油。

④ 凝点。润滑油冷却到完全失去流动性时的温度称为凝点。它是润滑油低温工作特性的一个重要指标,低温工作时应选择凝点低的润滑油。

(2) 润滑脂的主要质量指标。

① 针入度。用一个标准锥体,在 25℃恒温下,从润滑脂表面自由下沉,经过 5 s 后所到达的深度即为针入度(以 0.1 mm 计)。它是表征润滑脂稀稠程度的指标,针入度越大,润滑脂就越稀。

② 滴点。在规定的加热条件下,润滑脂从标准量杯的孔口滴下第一滴时的温度。它表征润滑脂耐高温的能力。润滑脂的工作温度至少应低于滴点 20℃。

润滑剂的种类牌号繁多,使用时应根据机械的工作条件、工作温度、周围环境以及润滑部位和方式等因素来合理选择。

2. 润滑油和润滑脂中的添加剂

普通润滑油和润滑脂在一些十分恶劣的工作条件下(如高温、低温、重载、真空等)会很快劣化变质,失去工作能力。为了提高它们的品质和使用性能,常加入某些分量很小(从百分之几到百万分之几)但对其使用性能的改善起巨大作用的物质,这些物质称为添加剂。

添加剂的种类很多,起到的作用也各不相同。加入抗氧化添加剂可抑制润滑油氧化变质;加入降凝添加剂可降低油的凝点;加入油性添加剂可提高油性;加入极压添加剂可以在金属表面形成一层保护膜,以减轻磨损;加入清净分散添加剂可使油中的胶状物分散和悬浮,以防止堵塞油路和减少因沉积而造成的剧烈磨损。

3. 润滑的种类

按摩擦面间的润滑状态,润滑分为流体润滑、混合润滑和边界润滑。

流体润滑按润滑膜形成的方法不同,还可分为流体动压润滑和流体静压润滑两种。

(1) 流体动压润滑:依靠摩擦表面间形成的收敛间隙和相对运动,并借助于黏性流体的动力学作用产生具有一定压力的润滑膜,以平衡外载的润滑,称为流体动压润滑。

(2) 流体静压润滑:利用外部装置将具有一定压力的流体送入摩擦表面之间形成压力润滑膜,并借助于流体的静压力平衡外载的润滑,称为流体静压润滑。

混合润滑和边界润滑见前述混合摩擦和边界摩擦。

习　题

1-1 本课程的性质和任务是什么?

1-2 机械设计应满足的基本要求是什么?

1-3 机械零件的主要失效形式有哪些?

1-4 机械零件常用的材料有哪些?

1-5 钢常用的热处理方法有哪些?

1-6 边界摩擦、混合摩擦和液体摩擦的特性是什么? 简述边界摩擦形成的机理。

1-7 机械零件的磨损过程大致可分为几个阶段? 每个阶段的特征如何?

1-8 实现流体润滑的方法有哪两种? 它们的工作原理有什么不同?

1-9 润滑的主要作用是什么? 常用的润滑剂有哪些?

1-10 润滑油的主要性能指标有哪些? 润滑脂的主要性能指标有哪些?

1-11 润滑油中为什么要加入添加剂? 极压添加剂的主要作用是什么?

第二章 平面机构的结构分析

本章主要介绍平面机构的组成、机构具有确定运动的条件、机构自由度的计算方法、用机构运动简图描述机器的组成情况以及进行机构结构分析的方法,为机构的运动学设计、动力学设计奠定最基本的理论基础。

第一节 基本概念

一、构件

任何用来传递运动或动力的机械都必然包含相对于机座可运动的系统。一般来说,这种可运动系统是由一系列运动单元体组合而成的,这种运动单元体称为构件。构件可能是由一个零件构成,但通常是由若干个零件刚性装配而成。零件是加工制造的最小单元,构件是运动的最小单元。当可以不考虑构件自身变形时,则称为刚性构件。本书在不作特殊说明时提及的构件,均指刚性构件。

二、运动副

若将两构件按照一定方式连接起来,且使相互连接的两构件仍能产生某种形式的相对运动,则把这种可动连接称为运动副,并把两构件上参与接触而构成运动副的部分称为运动副元素。如

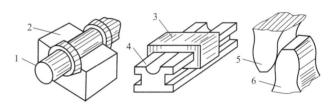

图 2-1 运动副、运动副元素
1—轴颈;2—轴承;3—滑块;4—导轨;5,6—轮齿

图 2-1 所示,轴颈 1 与轴承 2 的配合、滑块 3 与导轨 4 的接触、轮齿 5 与轮齿 6 的啮合,都构成了运动副,其中运动副元素分别为内外圆柱面、平面及直线。

三、自由度、约束

两构件间所容许的独立相对运动的个数称为自由度。在平面内做自由运动的两构件间具有 3 个独立的相对运动;在三维空间做自由运动的两构件间具有 6 个独立的相对运动。当两构件可动连接构成运动副后,两构件间的某些相对运动便受到限制,使某些相对运动成为不可能。运动副对构件间相对运动的限制作用称为约束。对构件施加的约束个数等于其自由度减少的个数。运动副的自由度 f 与运动副的类型有关,最少为 1,最多为 5,即 $1 \leqslant f \leqslant 5$。

四、运动副类型

最常用的运动副有移动副(图 2-2)、转动副(图 2-3)、平面高副(图 2-4),另外,常用的还有螺旋副(图 2-5)、圆柱副(图 2-6)、球面副(图 2-7)、球销副(图 2-8),等等。通常,把由面

接触而构成的运动副统称为低副;把由点、线接触而构成的运动副称为高副。移动副、转动副都是低副,其自由度 $f=1$;平面高副、圆柱副、球销副,其自由度 $f=2$;球面副的自由度 $f=3$。值得注意的是,螺旋副的自由度 $f=1$,而不是 2。

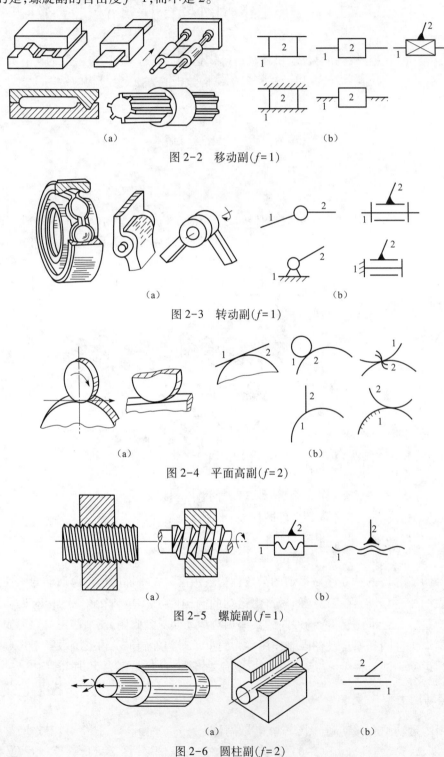

(a) (b)

图 2-2 移动副 ($f=1$)

(a) (b)

图 2-3 转动副 ($f=1$)

(a) (b)

图 2-4 平面高副 ($f=2$)

(a) (b)

图 2-5 螺旋副 ($f=1$)

(a) (b)

图 2-6 圆柱副 ($f=2$)

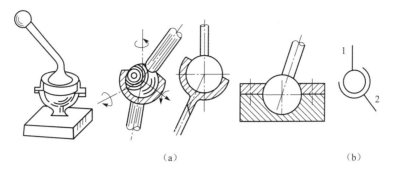

图 2-7　球面副($f=3$)

　　为便于工程上的交流,对运动副规定了简单的表示符号。图 2-2～图 2-8 中图(b)为运动副简图,图(a)为结构示例。当运动副中的某个构件被视为机架固定不动时,其表示方法是在该构件上标出斜线。

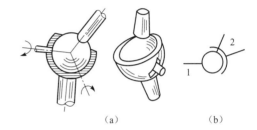

五、运动链

图 2-8　球销副($f=2$)

　　把由若干个构件通过运动副连接而成的、相互间可做相对运动的系统称为运动链。若运动链的各构件构成了首尾封闭的系统,如图 2-9(a)、(b)、(d)所示,则称为闭式运动链,简称闭链;反之,若未构成首尾封闭的系统,如图 2-9(c)、(e)、(f)所示,则称为开式运动链,简称开链。对于闭链而言,各构件上至少有两个运动副元素;对于开链而言,至少存在一个只有一个运动副元素的构件。图 2-9 中(a)～(c)所示为平面运动链,图 2-9(d)～(f)所示为空间运动链。

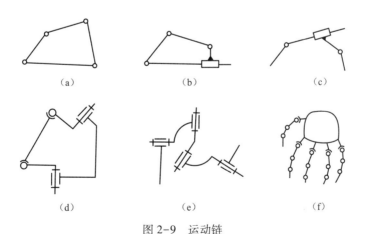

图 2-9　运动链

(a)、(b) 平面闭链；(c) 平面开链；(d) 空间闭链；(e)、(f) 空间开链

　　应当注意如图 2-10 所示的系统虽然也是由构件和运动副组成的,但各构件间均不能做相对运动,因此,不是运动链而是桁架,该系统在运动上只相当于一个构件。关于运动链的定义,各书不尽一致。本书的定义将桁架排除在运动链之外,意在强调运动链的运动属性。

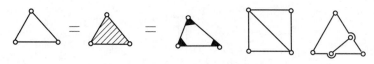

图 2-10　桁架

六、机构

在运动链中，若选定某构件为机架，则称该运动链为机构。

机架是固定不动的构件。安装在诸如车辆、船舶、飞机等运动物体上的机构，机架相对于该运动物体是固定不动的。

机构中各构件的运动平面若互相平行，则称为平面机构；若机构中至少有一构件不在相互平行的平面上运动，或至少有一构件能在三维空间中运动，则称为空间机构。

第二节　机构运动简图

机构运动简图是用运动副代表符号和简单线条来反映机构运动关系的简图。与零件图和装配图不同，机构运动简图所反映的主要信息是：机构中构件的数目、运动副的类型和数目、各构件运动副元素的相对位置即运动尺寸、机架及主动件。而对于构件的外形、断面尺寸、组成构件的零件数目及固连方式，在画机构运动简图时均不予考虑。

机构运动简图应与原机械具有相同的运动特性，因此须按一定的比例尺来画。在机械原理学科中，长度比例尺通常采用如下定义形式

$$\mu_l = \frac{\text{运动尺寸的实际长度}}{\text{图上所画的长度}} \left(\frac{m}{mm} \text{或} \frac{mm}{mm} \right)$$

严格按照比例尺正确画出的机构运动简图，可作为图解运动分析的依据。有时只是为了表明机构的构成情况或说明其动作原理，则可以不严格地按比例绘制，这样的机构简图只是一种示意图。

正确绘制机构运动简图，是工程技术人员的一种基本技能，将配合本节内容进行一次机构运动简图测绘实验。作为资料与参考，将部分构件及机构简图的画法列于表 2-1 中。

表 2-1　部分构件及机构运动简图画法（摘自 GB/T 446—2013）

名　称	符　号	名　称		符　号	
杆的固定连接		转动副	两个构件都动		
			一个构件是机架		
二副元素构件		移动副			

名　称	符　号	名　称	符　号
三副元素构件	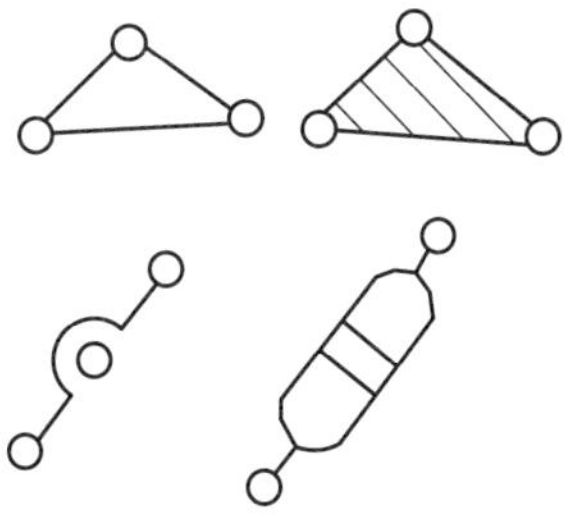	电动机	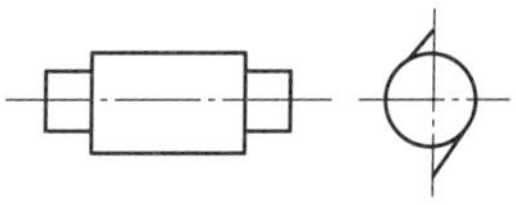
		向心普通轴承	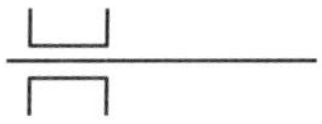
单向推力普通轴承	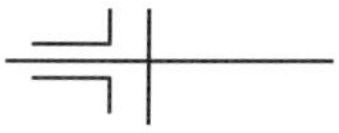	齿轮齿条机构	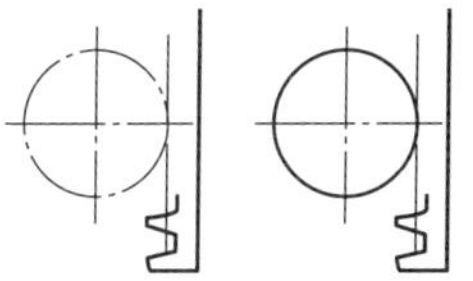
凸轮机构	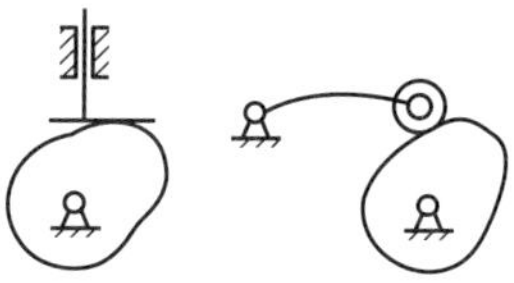	圆锥齿轮传动	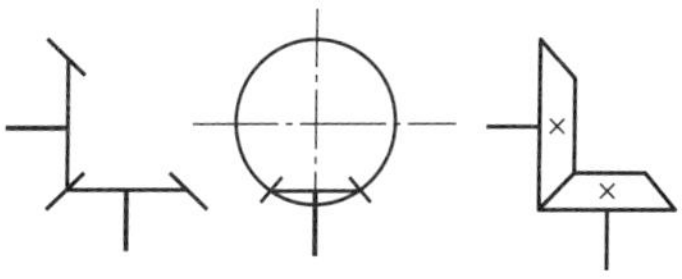
带传动	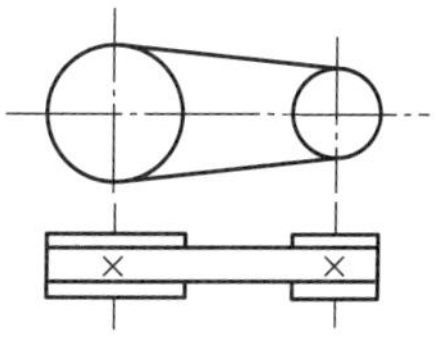	蜗杆传动	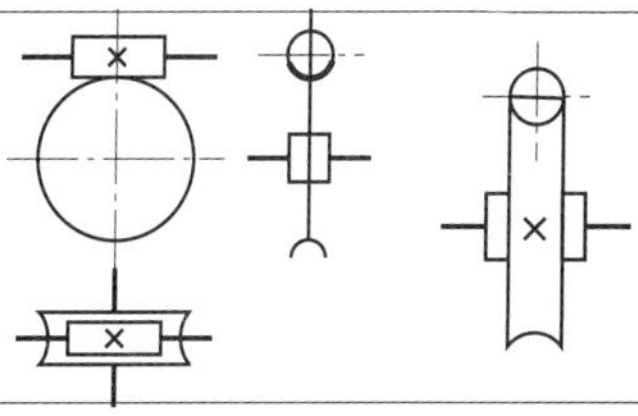
链传动	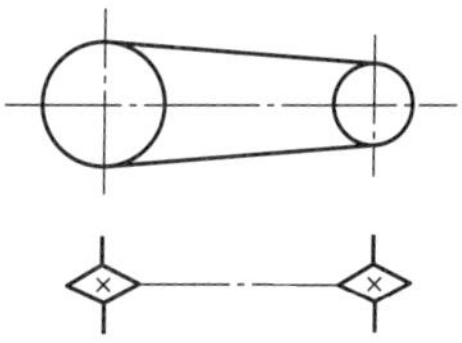	棘轮机构	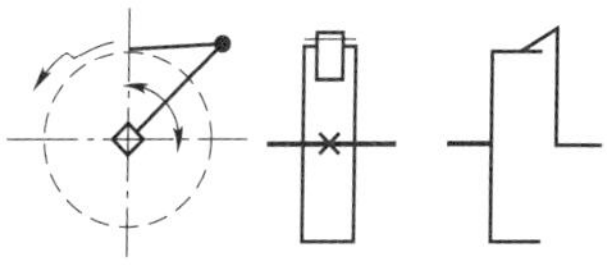
外啮合圆柱齿轮机构	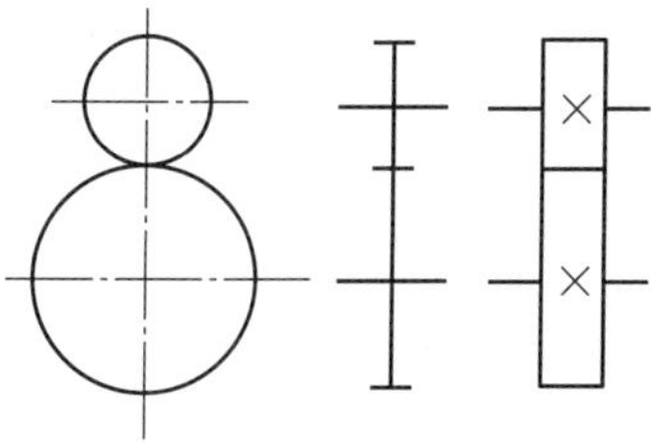	联轴器	
内啮合圆柱齿轮机构	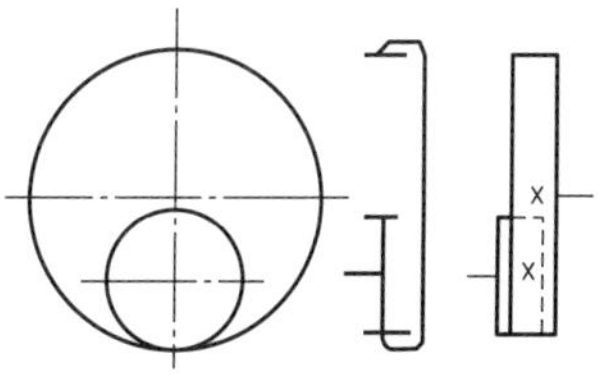	制动器	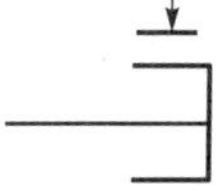

例 2-1   画出图 2-11(a)所示机构的运动简图。

解   仔细考察图 2-11(a)简易冲床机构各构件间的运动关系,特别应注意偏心轮所反映的运动关系,运动简图如图 2-11(b)所示。

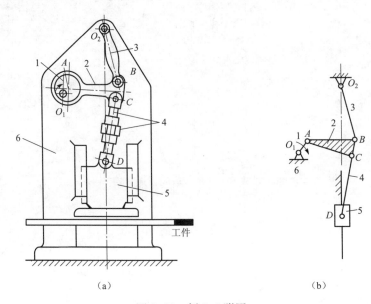

（a）   （b）

图 2-11   例 2-1 附图

1—偏心轮(主动件、原动件);2—连杆;3—摇杆;4—长度可调连杆;5—滑块(装有冲头);6—机架

第三节   平面机构自由度计算

设一平面机构除机架外共有 n 个运动构件,当该机构的各构件尚未构成运动副时,共有 $3n$ 个自由度;当各构件用运动副连接后,由于运动副的约束而使系统的自由度相应减少。若该机构中共有 P_L 个低副和 P_H 个高副,则引入的约束个数为$(2P_L+P_H)$,即自由度减少$(2P_L+P_H)$个。于是,该平面机构的自由度为

$$F = 3n - 2P_L - P_H   (2-1)$$

该式即为计算平面机构自由度的一般公式。

例 2-2   计算图 2-12(a)所示双曲线画规机构和图 2-12(b)所示牛头

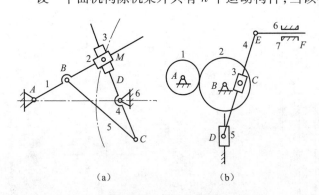

（a）   （b）

图 2-12   例 2-2 附图

（a）双曲线画规机构；（b）牛头刨床机构

刨床机构的自由度。

解   图 2-12(a) $F=3n-2P_L-P_H=3×5-2×7-0=1$

图 2-12(b) $F=3n-2P_L-P_H=3×6-2×8-1=1$

在应用式(2-1)计算平面机构的自由度时,往往会出现计算出的自由度与机构的实际情

况不相符合的现象,其原因是还有某些应注意的事项未予以考虑,现将这些注意事项简述如下。

一、局部自由度

在某些机构中,某个构件所产生的相对运动并不影响其他构件的运动,把这种不影响其他构件运动的自由度称为局部自由度。

图 2-13(a)所示的凸轮机构,在按式(2-1)计算自由度时

$$F = 3n - 2P_L - P_H = 3 \times 3 - 2 \times 3 - 1 = 2$$

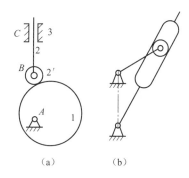

但是,实际上并不需要 2 个原动件。稍加观察就会发现,滚子 2′绕其自身轴线转动的自由度,并不影响其他构件的运动,因而该处是局部自由度。与其相似,图 2-13(b)中的圆滚子也是局部自由度。

对于局部自由度的处理方法是,假想地将滚子 2′和构件 2 刚性固接在一起,即把 2′和 2 看作 1 个构件,然后按式 (2-1)计算,图 2-13(a)所示凸轮机构的自由度

图 2-13 局部自由度

$$F = 3n - 2P_L - P_H = 3 \times 2 - 2 \times 2 - 1 = 1$$

二、复合铰链

两个以上的构件在同一处以转动副连接,则构成复合铰链。图 2-14(a)所示就是 3 个构

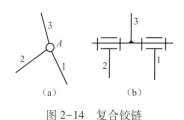

图 2-14 复合铰链

件在 A 处以转动副连接而构成的复合铰链。而由图 2-14(b)可以清楚地看出,此 3 个构件共构成 2 个转动副,而不是 1 个。同理,由 m 个构件(含机架在内)在同一处构成转动副(在机构运动简图上显现为 1 个转动副),该处的实际转动副数目为$(m-1)$个。在计算机构的自由度时,应注意观察机构运动简图中是否存在复合铰链,以免把转动副数目搞错。

三、虚约束

对机构运动实际上不起限制作用的约束称为虚约束。

图 2-15(a)实线所示的平行四边形机构,其自由度 $F=1$。若在构件 2 和机架 4 之间与 AB,或 CD 平行地铰接一构件 5,则不难理解构件 5 并没有对机构运动起到实际的限制作用,显然是虚约束。但当按式(2-1)计算该机构的自由度时,其结果为

$$F = 3n - 2P_L - P_H = 3 \times 4 - 2 \times 6 = 0$$

很明显,以上计算结果与实际情况是不相符的,这说明虚约束会影响使用式(2-1)计算自由度的正确性。作为处理手段,是将机构中构成虚约束的构件连同其所附带的运动副一概扣除不计。

机构中引入虚约束,主要是为了改善机构的受力情况或增加机构的刚度。虚约束类型较多,比较复杂,在自由度计算时要特别注意。为便于判断,将常见的几种形式简述如下。

（1）若两构件在互相平行的导路上几处接触而组成移动副,则有效约束只有一处,其他处均为虚约束,如图2-15(b)中的虚线所示。

（2）若两构件在同一轴线的几处组成转动副,则有效约束只有一处,其他处均为虚约束,如图2-15(c)中的虚线所示。

（3）若构件上某点在引入运动副后的轨迹与未引入运动副时的轨迹完全重合,则构成虚约束,如图2-15(d)中的虚线所示,当$AB=BC=CD$成立时,D处(或C处)为虚约束。

（4）若两构件上两点间的距离在运动过程中始终保持不变,当用运动副和构件连接该两点时,则构成虚约束,如图2-15(e)中的虚线所示。

另外,图2-15(f)、(g)、(h)、(i)所示的虚线部分也是虚约束。

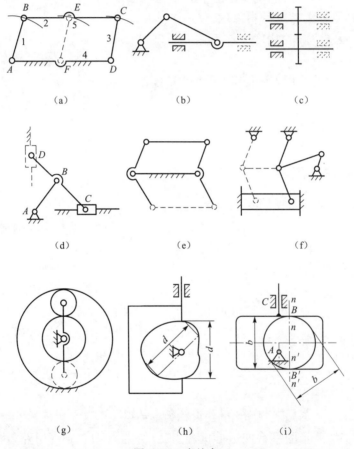

图2-15 虚约束

(a) AB、CD、EF平行且相等;(b) 平行导路多处移动副;(c) 同轴多处转动副;

(d) $AB=BC=BD$且A在D、C轨迹交点;(e) 两构件上两点始终等距;

(f) 轨迹重合;(g) 相同的多个行星轮;(h)、(i) 等径、等宽凸轮机构的两处高副

例2-3 计算图2-16所示机构的自由度。

解 图2-16(a)中弹簧K对自由度无影响;$2'$具有局部自由度;构件7与机架8在平行的导路上两处组成移动副,其中之一为虚约束。通过分析可知,运动构件$n=7$,低副$P_L=9$,高副$P_H=2$,机构自由度为

$$F = 3n - 2P_{\mathrm{L}} - P_{\mathrm{H}} = 3 \times 7 - 2 \times 9 - 2 = 1$$

在图 2-16(b)中,齿轮 $2'$、$2''$ 均为虚约束;齿轮 3、4 和系杆 1 及机架 5 共 $m=4$ 个构件在 A 处组成转动副,构成复合铰链,A 处的转动副实际数目为 $m-1=3$ 个。通过分析可知,该轮系 $n=4$,$P_{\mathrm{L}}=4$,$P_{\mathrm{H}}=2$,机构自由度为

$$F = 3n - 2P_{\mathrm{L}} - P_{\mathrm{H}} = 3 \times 4 - 2 \times 4 - 2 = 2$$

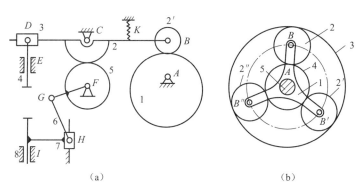

图 2-16　例 2-3 附图
(a)组合机构;(b)差动轮系

第四节　机构具有确定运动的条件

机构具有确定的运动是指:当机构的原动件按给定的运动规律运动时,该机构中的其余运动构件也都随之做相应的确定运动。

机构具有确定的运动,才能按一定的要求进行运动的传递或变换。

机构具有确定运动时,所必须给定的独立运动参数的数目称为机构的自由度。而机构中按给定运动规律且独立运动的构件称为机构的原动件。一般情况下,原动件大多与机架连接,也就是说机构中的独立运动参数就是原动件的数目。因此,判别一个机构是否具有确定的运动与机构的自由度及给定的原动件数目有关。

不难看出,图 2-17(a)所示的铰链四杆机构中,只要给定 1 个独立运动参数(即给定 1 个原动件),如给定构件 1 的角位移,则其余构件的位置便都是完全确定的。该机构需要一个独立运动参数(一个原动件)即有确定的运动,该机构的自由度为 1。

图 2-17(b)所示的铰链五杆机构中,若也只给定 1 个原动件,如构件 1 的角位移,其余构件的位置并不能确定。很明显,当构件 1 占据位置 AB 时,构件 2、3、4 既可分别占有位置 BC、CD、DE,也可分别占有位置 BC'、$C'D'$、$D'E$,还可以分别占有其他位置。但若再给定 1 个原动件,如构件 4 的角位移,即同时给定 2 个独立的运动参数,则不难看出该五杆机构中各构件的运动便完全确定了。该机构需要 2 个独立运动参数(两个原动件)即有确定的运动,该机构的自由度为 2。

从以上两例中可看出,只有当给定的原动件数目与机构的自由度数目相等时,才可使机构具有确定的运动。

机构的自由度数目取决于机构的属性,即取决于机构中的构件数目、运动副的数目与种

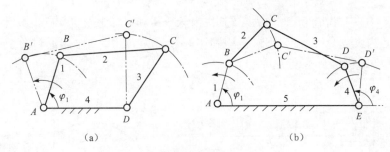

图 2-17　机构具有确定运动的条件

(a) 四杆机构；(b) 五杆机构

类；而原动件的数目是人为给定的。进行机构设计时，给定的原动件数必须与机构的自由度数目相等，机构才会具有确定的运动。

第五节　平面机构的组成原理与结构分析

一、杆组分析

由一个原动件和机架所组成的机构（如电机）是最简单的机构，称为基本机构。显然基本机构的自由度 $F=1$。基本机构常由做定轴转动的构件或做往复移动的构件与机架组成，而且仅含有如图 2-18 所示的一个运动副。

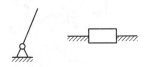

图 2-18　最简机构

前述已知，机构具有确定运动时，该机构的自由度数等于原动件的数目。如果去掉原动件和机架，则剩余部分杆件系统的自由度为零，并称为杆组。把自由度为零且不能再分的杆组称为基本杆组。

在图 2-19(a) 所示机构中，其自由度为 1。去掉原动件 AB 和机架后，相当于减少一个自由度，则图 2-19(b) 所示的剩余杆件系统 $BCDEF$ 的自由度一定为零。自由度为零的杆件系统 $BCDEF$ 还可以进一步拆分为图 2-19(c) 所示的自由度为零的杆组 BCD 和 EF，这两个杆组都是由两个构件和三个低副组成的杆组，已不能再进行拆分。

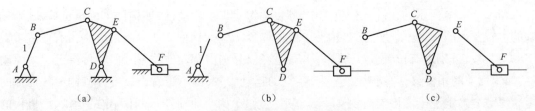

图 2-19　拆分杆组示意图

(a) 机构；(b) 杆组；(c) 基本杆组

由于杆组自由度为零，故有

$$3n - 2P_L = 0$$

其中构件数 n 和运动副数 P_L 都必须是整数。n 和 P_L 满足下列关系 $P_L = \dfrac{3}{2}n$，因此

$$n = 2 \quad P_L = 3；n = 4 \quad P_L = 6；n = 6 \quad P_L = 9；\cdots$$

把 $n=2$，$P_L=3$ 的基本杆组称为Ⅱ级杆组。Ⅱ级杆组有一个内接副（指连接杆组内部构件的运动副）和两个外接副（与杆组外部构件连接的运动副）。内接副和外接副可以是转动副，也可以是移动副。Ⅱ级杆组的常见形式参见图 2-20。图中运动副 B 为杆组的内接副，运动副 A、C 为外接副。

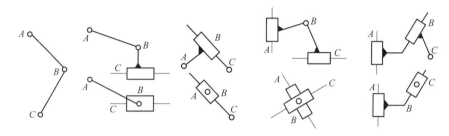

图 2-20 Ⅱ级杆组的基本形式

$n=4$，$P_L=6$ 的基本杆组，如果杆组中含有三个内接副，则称为Ⅲ级杆组；如有四个内接副，则称为Ⅳ级杆组。

图 2-21 所示为几种Ⅲ级杆组的常见形式。图中的运动副 B、C、E 为内接副，运动副 A、D、F 为外接副。

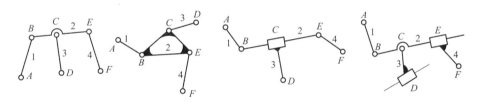

图 2-21 Ⅲ级杆组的基本形式

图 2-22 所示为Ⅳ级杆组的常见形式。Ⅳ级杆组中有四个内接副和两个外接副。四级杆组应用较少。

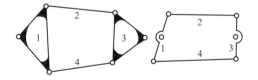

图 2-22 Ⅳ级杆组的基本形式

二、机构的组成原理

借助于基本机构和基本杆组的概念，平面机构的组成原理可概述如下：任意复杂的平面机

构都可看作是在基本机构的基础上连接一些基本杆组所构成的。

学习机构组成的原理，为机构的创新设计奠定了理论基础。关于利用机构的组合原理进行机构创新设计的问题将在后续内容中专门论述。图2-23（b）、（c）、（d）所示的牛头刨床主运动机构就是在图2-23（a）所示的机构的基础上通过连接不同型式的Ⅱ级杆组所构成的。

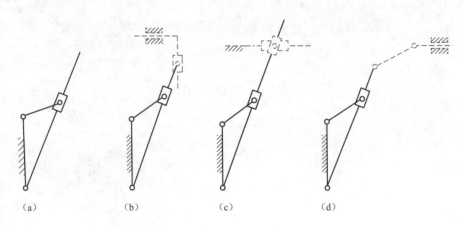

图2-23　牛头刨床的组合过程
（a）简单机构；（b），（c），（d）牛头刨床主运动机构

三、高副低代

前面讨论的杆组分析中只涉及了由低副组成的杆组，要对含有高副的机构进行结构分析时，则可采用低副代替高副的方法进行变通处理，简称高副低代。

高副低代是一种运动上的代换，其代换原则为：

（1）代换前后保持机构的自由度不变；

（2）代换前后保持机构的运动关系不变。

因为1个平面高副引入1个约束，而1个低副引入2个约束，欲使自由度不变就须使引入的约束数不变，故最简单的代换方式是用一个带有2个低副的构件来代换一个平面高副。又因为平面高副所引入的约束是限制两高副元素沿接触点的公法线方向做相对移动，所以，高副低代的要点是找出两高副元素接触点处的公法线和曲率中心。只要将代换后的两个低副分别置于两曲率中心，便可满足上述代换原则。

图2-24给出了几种典型高副接触的代换图例。

在图2-24（a）中，两高副构件各自绕O_1，O_2转动，其接触点为C。过接触点C作两曲线的公法线，并确定其曲率中心K_1，K_2，则含有两个转动副的构件K_1K_2代替了高副C。铰链四杆机构$O_1K_1K_2O_2$为该高副机构的等效替代机构，O_1K_1，O_2K_2分别代表原高副机构的构件1、2。用低副机构代替高副机构后，会比高副机构增加一个含有两个转动副的构件。

如果其中一个高副曲线的曲率半径为零，即出现尖点式曲线时，其曲率中心即在该尖点处。图2-24（b）所示的直动尖顶从动件盘形凸轮机构即是此类特例。曲柄滑杆机构$O_1K_1K_2C$即是该高副机构的替代机构。

如果其中一个高副曲线的曲率半径为无穷大,即高副曲线为直线时,其曲率中心在无穷远,绕无穷远点的转动即演化为直线移动,该转动副演化为由滑块构成的移动副。图 2-24(c)所示的摆动平底从动件盘形凸轮机构即是此类特例。导杆机构 $O_1K_1CO_2$ 即是该高副机构的替代机构。

需要指出,因为高副机构在运动过程中,两高副曲线的曲率中心时刻在变化,该两点间的距离也随机构位置的不同而变化,即代替高副的含有低副的构件长度和位置也时刻在变化。高副机构的位置不同,其代替机构的尺寸也不同,所以高副低代是瞬时替代关系。

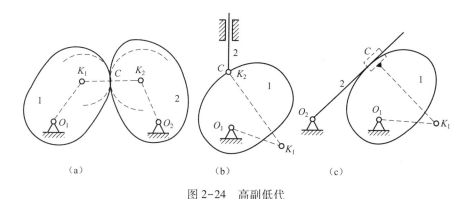

图 2-24　高副低代
(a) 曲线-曲线低代;(b) 点-曲线低代;(c) 直线-曲线低代

四、平面机构的结构分析

平面机构的结构分析的主要任务是判定机构的级别。机构的级别是按照机构中基本杆组的最高级别来界定的。把由最高级别为 Ⅱ 级杆组的机构称为 Ⅱ 级机构;把最高级别为 Ⅲ 级杆组的机构称为 Ⅲ 级机构。也就是说,机构的级别取决于机构中杆组的最高级别。

把机构分解为原动件和基本杆组,确定机构级别的过程是机构的结构分析过程。机构的结构分析的一般步骤如下:

(1)计算机构的自由度并确定原动件(同一机构中,原动件不同,机构的级别可能不同)。

(2)高副低代,去掉局部自由度和虚约束。

(3)从远离原动件的部位开始拆杆组,首先考虑 Ⅱ 级杆组,拆下的杆组是自由度为零的基本杆组,最后剩下的原动件数目与自由度数相等。

例 2-4　在图 2-25 所示的剪床机构中,凸轮为原动件,对该机构进行结构分析。

解　(1)去掉局部自由度和虚约束,该机构的自由度为1。

(2)高副低代,参见图 2-25。

(3)拆下四个 Ⅱ 级杆组,杆组的最高级别为2,该机构为 Ⅱ 级机构。

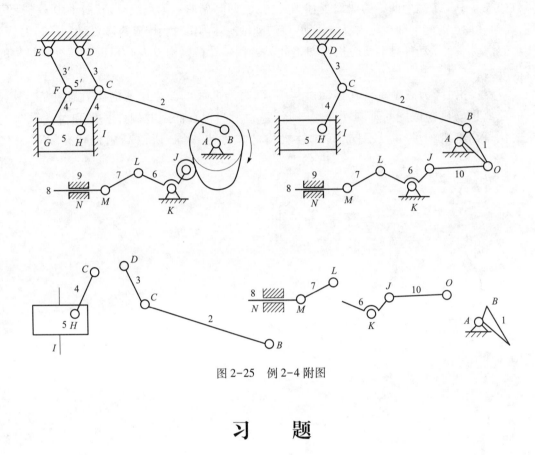

图 2-25　例 2-4 附图

习　　题

2-1　抄画题 2-1 图所示机构简图并计算自由度。

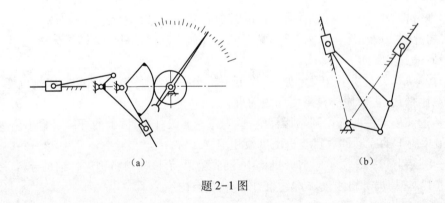

（a）　　　　　　　　　　　　　　（b）

题 2-1 图

2-2　抄画题 2-2 图所示机构简图,计算自由度,若有局部自由度、复合铰链、虚约束,请在图上明确指出。

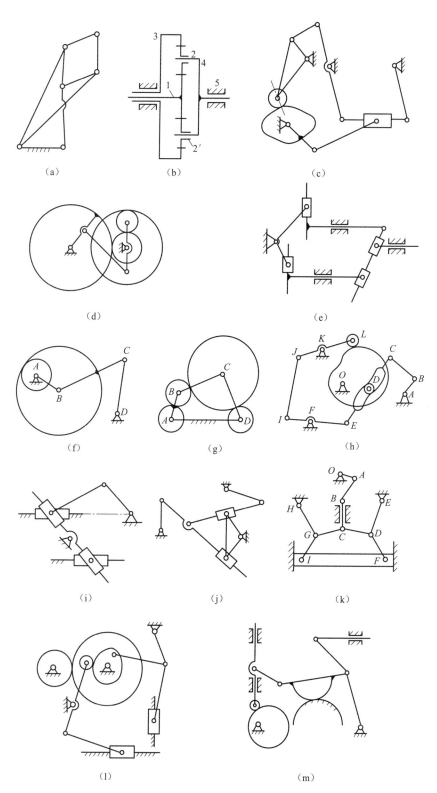

题 2-2 图

2-3 画出题 2-3 图所示机构的运动简图并计算自由度。

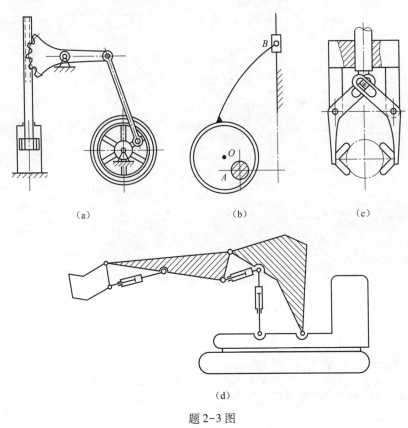

（a）　　　　　　　（b）　　　　　　　（c）

（d）

题 2-3 图

2-4 对题 2-4 图所示机构进行杆组分析并确定机构级别。

2-5 试在题 2-5 图所示四杆机构的基础上，通过附加杆组，构成自由度 $F=1$ 的六杆机构。

2-6 对题 2-6 图所示机构进行高副低代，并校核代换前后的自由度是否相等。

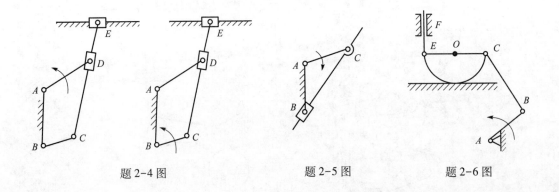

题 2-4 图　　　　　　　　题 2-5 图　　　　　　　　题 2-6 图

第三章　平面连杆机构

　　由若干个构件用低副(转动副、移动副)连接,且各构件均在相互平行平面内运动的机构称为平面连杆机构。在平面连杆机构中,又以由四个构件组成的平面四杆机构用得最多。平面四杆机构不仅应用广泛,而且是组成多杆机构的基础。

　　平面连杆机构的优点是:构件间均为面接触,承载能力强,耐磨损;构件间的接触表面是圆柱面和平面,易于制造和获得较高的制造精度;能实现多种运动规律和运动轨迹。其缺点是:传动效率低;当构件数目多时,累积运动误差较大;高速运转时不平衡动载荷较大,且难以消除。

　　本章将以平面四杆机构为主要研究对象,讨论平面四杆机构的类型、应用及其运动特性,并简要地介绍平面四杆机构的设计方法及其结构设计要点。

第一节　平面四杆机构的类型及其应用

一、平面四杆机构的基本形式

　　平面四杆机构的基本形式是铰链四杆机构。如图 3-1 所示,在铰链四杆机构中,各运动副均是转动副,其固定不动的构件 4 称为机架;与机架相连的构件 1 和构件 3 称为连架杆,其中能做整周转动的称为曲柄,不能做整周转动的称为摇杆;不与机架直接连接的构件 2 称为连杆,连杆做复杂的平面运动。

　　铰链四杆机构根据其两连架杆运动形式,又可分为三种型式。

　　1. 曲柄摇杆机构

　　在铰链四杆机构中,若两连架杆中一个为曲柄,另一个为摇杆,则称为曲柄摇杆机构(图 3-1)。图 3-1 中构件 1 为曲柄,构件 3 为摇杆。曲柄和摇杆可分别作主动件,相应另一构件为从动件。

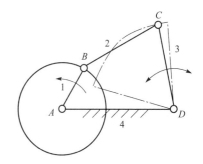

图 3-1　铰链四杆机构

　　当曲柄为主动件、摇杆为从动件时,可将曲柄的连续转动,转变成摇杆的往复摆动。如图 3-2所示的牛头刨床工作台的横向进给机构。当主动齿轮 1 驱使从动齿轮 2 以及与之同轴的销盘(相当于曲柄)一起转动时,通过连杆 3 使带有棘爪的构件 4(相当于摇杆)绕 D 点摆动。与此同时,棘爪推动棘轮 5 上的轮齿,使与棘轮固连在一起的丝杠 6 转动。而当构件 4 回摆时,棘爪在棘轮齿上滑过,棘轮与丝杠停止转动,从而完成工作台间歇的横向进给运动。图 3-2(b)所示为该横向进给机构的曲柄摇杆机构运动简图。

　　当摇杆为主动件、曲柄为从动件时,可将摇杆的往复摆动,转变成曲柄的连续转动。如图 3-3 所示的缝纫机踏板机构。当踏板为主动件(即摇杆 c)做往复摆动时,通过连杆 b 驱使曲轴(即曲柄 a)及带轮一起转动,从而使机头转动以进行缝纫工作。

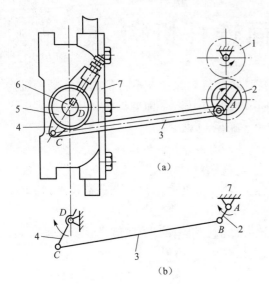

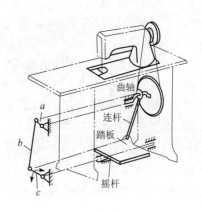

图 3-2 牛头刨床工作台的横向进给机构

(a)局部结构图;(b)曲柄摇杆机构运动简图

1—主动齿轮;2—从动齿轮;3—连杆;4—摇杆(棘爪);

5—棘轮;6—丝杠;7—机架

图 3-3 缝纫机踏板机构

2. 双曲柄机构

在铰链四杆机构中,若两连架杆均为曲柄,则称为双曲柄机构(图 3-4)。这种机构的运动特点是当主动曲柄连续转动时,从动曲柄也做连续转动。图 3-5 所示的惯性筛机构中 $ABCD$ 就是双曲柄机构。当曲柄 AB 做等角速转动时,另一曲柄 CD 做变角速转动,再通过构件 CE 使筛子 6 产生变速直线运动。这样,便可利用筛上物料的惯性来筛选物料。

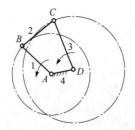

图 3-4 双曲柄机构

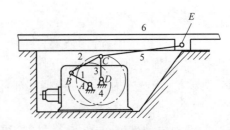

图 3-5 惯性筛机构

在双曲柄机构中,如果组成四边形的对边杆长度分别相等(即 $AB=CD$, $BC=AD$),则根据曲柄相对位置的不同,可得到如图 3-6(a)所示的正平行四杆机构和图 3-6(b)所示的反平行四杆机构。前者两连架杆 AB 、 CD 的转动方向相同,且角速度时时相等;后者两连架杆转动方向相反且角速度不等。图 3-7 所示的机车驱动轮联动机构及图 3-8 所示的车门启闭机构分别是正平行四杆机构和反平行四杆机构应用的实例。

应当指出:图 3-6(a)所示的正平行四杆机构在运动过程中主动曲柄 1 与连杆 2、从动曲

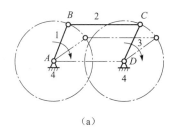

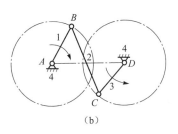

（a）　　　　　　　　　　　　　　　（b）

图 3-6　组成四边形的对边杆长度分别相等的四杆机构

（a）正平行四杆机构；（b）反平行四杆机构

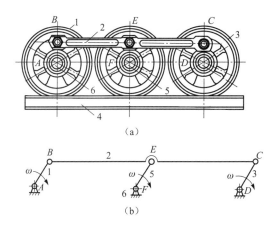

（a）

（b）

图 3-7　机车车轮的联动机构

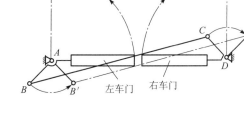

图 3-8　车门启闭机构

柄 3 与连杆 2 将出现两次共线位置。如图 3-9（a）所示，当主动曲柄 1 从 B_1 转到 B_2（在 AD 线上）时，从动曲柄 3 从 C_1 转至 C_2 点（AD 延长线上），从而使 AB_2、B_2C_2、C_2D、AD 四杆共线；当主动曲柄 1 再继续沿顺时针方向转至 B_3 时，从动曲柄 3 上的铰链 C 可能由 C_2 沿顺时针方向转到 C_3'，也可能沿逆时针方向返回到 C_3''，即出现从动曲柄运动不确定现象。为了防止这一现象发生，除可以利用从动曲柄本身的质量或再附加转动惯量较大的飞轮，依靠其惯性导向外，还可用辅助构件组成多组相同的机构，使彼此错开一定角度的方法来解决。图 3-9（b）就是利用两组相同的正平行四杆机构（AB_1C_1D 和 $AB_1'C_1'D$），彼此错开 90°固连组合而成的。当一组处于水平共线位置 AB_2C_2D 时，另一组则处于正常状态，从而消除了机构的运动不确定现象，保证机构按预定要求运动。消除机构运动不确定现象还可以采用其他方法，如图 3-7 所示的机

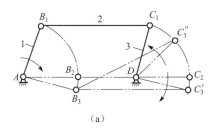

（a）

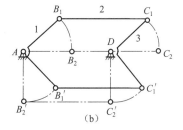

（b）

图 3-9　正平行四杆机构

（a）运动不确定性；（b）用辅助构件克服运动不确定性

车车轮的联动机构中，则是采用了加虚约束的方法。

3. 双摇杆机构

在铰链四杆机构中，若两连架杆均为摇杆，则称为双摇杆机构，如图 3-10 所示。

图 3-11 所示港口用的鹤式起重机就是双摇杆机构的应用实例，当摇杆 AB 摆到 AB′时，另一摇杆 CD 也随之摆到 C′D（图 3-11(a)中双点画线所示），使悬挂在 E 点的重物 Q 沿一近似水平直线运动到 E′，从而将货物从船上卸到岸上。图 3-11(b)所示为鹤式起重机的机构运动简图。

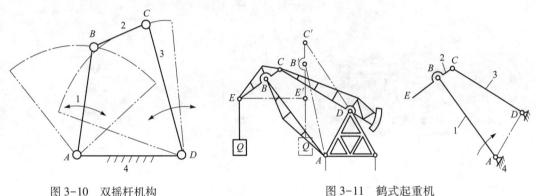

图 3-10   双摇杆机构   图 3-11   鹤式起重机

(a) 结构示意图；(b) 机构运动简图

图 3-12 所示为飞机起落架，所用的也是双摇杆机构。当飞机降落时，需将胶轮放下以便着陆，而当飞机飞离地面后，则需将胶轮收起。图 3-12 中实线表示放下位置，双点画线为收起位置。

在双摇杆机构中，若两摇杆长度相等，则称为等腰梯形机构。图 3-13 所示轮式车辆的前轮转向机构就是等腰梯形机构的应用实例。当车子转弯时，与两前轮固连的两摇杆摆动的角度 β 和 δ 不相等。如果在任意位置都能使两前轮轴线的交点 P 落在后轮轴线的延长线上，则当整个车身绕 P 点转动时，四个车轮均能在地面上纯滚动，避免轮胎的滑动损伤。等腰梯形机构能近似满足这一要求。

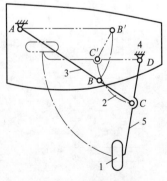

图 3-12   飞机起落架

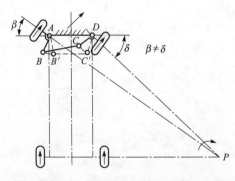

图 3-13   轮式车辆前轮转向机构

二、平面四杆机构的演化型式

在实际应用的机械中,有各式各样带有移动副的平面四杆机构,这些机构都可以看成是由铰链四杆机构演化而来的。下面分析几种常用的演化机构。

1. 曲柄滑块机构

在图3-14(a)所示的曲柄摇杆机构中,随着摇杆3长度的增加,C点的运动轨迹 m-m 逐渐趋于平缓。当摇杆3的长度增至无限大时,C点的运动轨迹则成为直线 m-m(图3-14(b)),这时构件3由摇杆演变成滑块,转动副 D 也转化成移动副,于是曲柄摇杆机构演化成曲柄滑块机构(图3-14(c)、(d)),直线 m-m 即为滑块导路的中心线。

若滑块导路中心线 m-m 通过曲柄转动中心 A,则称该机构为对心式曲柄滑块机构(图3-14(c));若滑块导路中心线 m-m 不通过曲柄回转中心 A 而有一偏距 e,则称该机构为偏置式曲柄滑块机构(图3-14(d))。曲柄滑块机构广泛应用于活塞式内燃机、空气压缩机、冲床和送料机等机械中。

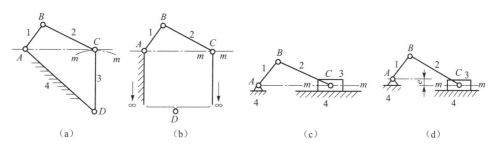

图3-14 曲柄摇杆机构的演化

(a)曲柄摇杆机构;(b)杆3增至无限长;(c)对心式曲柄滑块机构;(d)偏置式曲柄滑块机构

2. 导杆机构

导杆机构可以看成是改变曲柄滑块机构(图3-15(a))中的固定构件演化而来的。演化后在滑块中与滑块做相对移动的构件称为导杆。

1)曲柄转动导杆机构

如图3-15(a)所示的曲柄滑块机构,当取构件1为机架时,由于构件的长度 $l_1 < l_2$,因此构件2和构件4都可以做整周转动,这种具有一个曲柄和一个能做整周转动导杆的四杆机构称为曲柄转动导杆机构(图3-15(b))。

如图3-16所示的小型刨床机构简图,采用的就是由构件1、2、3、4组成的曲柄转动导杆机构。

2)曲柄摆动导杆机构

在图3-15(b)中,如果使构件1和构件2

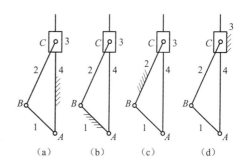

图3-15 曲柄滑块机构的演化

(a)曲柄滑块机构;(b)曲柄转动导杆机构;
(c)摆动导杆滑块机构;(d)移动导杆机构

的长度 $l_1 > l_2$,那么机构演化成图3-17(a)所示的曲柄摆动导杆机构。图3-17(b)所示为曲柄摆动导杆机构在电气开关中的应用,当曲柄 BC 处于图示位置时,动触点4和静触点1接触;

当 *BC* 偏离图示位置时,两触点分开。

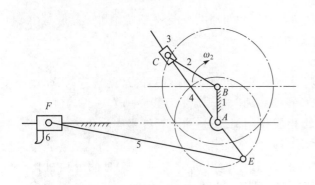

图 3-16 小型刨床机构

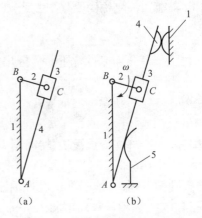

图 3-17 曲柄摆动导杆机构

(a) 曲柄摆动导杆机构;(b) 电气开关

1—静触点;2,3,4—动触点;5—弹簧

3) 摆动导杆滑块机构(摇块机构)

当取图 3-15(a)所示的曲柄滑块机构中的连杆 2 为机架时,则演化为图 3-15(c)所示的摆动导杆滑块机构(摇块机构)。这种机构广泛应用于摆缸式内燃机和液压驱动装置,例如图 3-18 所示的卡车车厢自动翻转卸料机构。当油缸 3 中的压力油推动活塞 4 在缸体内移动时,车厢 1 被顶起,物料自动卸下。随着车厢 1 的起降,油缸 3 绕自身的支点摆动。

4) 移动导杆机构

当取图 3-15(a)所示的曲柄滑块机构中的滑块 3 为机架时,则演化为图 3-15(d)所示的移动导杆机构。这种机构常用于老式的手动抽水机,如图 3-19 所示,当摇动手柄 1 时,活塞 4 在缸体 3 中上下移动便可将水抽出。这种机构还可用于抽油泵中。

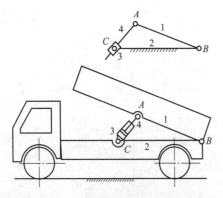

图 3-18 卡车车厢自动翻转卸料机构

1—车厢;2—车架;3—油缸;4—活塞

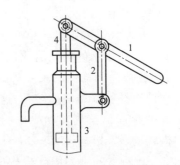

图 3-19 手动抽水机

1—手柄;2—连架杆;3—缸体;4—活塞

3. 偏心轮机构

在曲柄滑块机构中,若要求滑块行程较小,则必须减小曲柄长度。由于结构上的困难,很难在较短的曲柄上制造出两个转动副,往往采用转动副中心与几何中心不重合的偏心轮来代替曲柄(图 3-20(a))。两中心间的距离 e 称为偏距,其值即为曲柄长度,图中滑块行程为 $2e$。

这种将曲柄做成偏心轮形状的平面四杆机构称为偏心轮机构,它可视为图3-20(b)中的转动副 B 扩大到包容转动副 A,使构件1成为转动中心在 A 点的偏心轮而成,因此其运动特性与原曲柄滑块机构等效。同理,也可将图3-20(c)所示的另一种偏心轮机构演化成曲柄摇杆机构(图3-20(d)),其运动特性与原机构也完全相同。

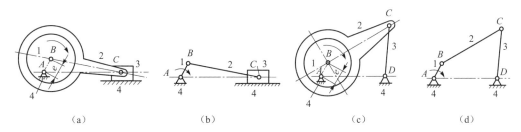

图 3-20　偏心轮机构

(a) 等效曲柄滑块机构;(b) 曲柄滑块机构;(c) 等效曲柄摇杆机构;(d) 曲柄摇杆机构

偏心轮机构广泛应用于剪床、冲床、颚式破碎机和内燃机等机械中。

第二节　平面四杆机构的一些基本特性

在实践中,除了需要了解上面提到的四杆机构类型外,还应进一步了解四杆机构的基本特性。这是指导我们正确选择、合理使用乃至设计平面连杆机构的基础。

一、曲柄存在条件

由上述可知,在铰链四杆机构中,能做整周转动的连架杆称为曲柄。而曲柄是否存在则取决于机构中各杆的长度关系,即欲使曲柄能做整周转动,各杆长度必须满足一定的条件,即所谓的曲柄存在条件。下面就来讨论铰链四杆机构曲柄存在的条件。

图3-21所示为铰链四杆机构,设构件1、构件2、构件3和构件4的长度分别为 a、b、c 和 d,并取 $a<d$。当构件1能绕点 A 做整周转动时,构件1必须能通过与构件4共线的两位置 AB_1 和 AB_2。故此,可导出构件1作为曲柄的条件。

当构件1转至 AB_1 时,形成 $\triangle B_1C_1D$,根据三角形任意两边长度之和必大于第三边长度的几何关系并考虑到极限情况,得

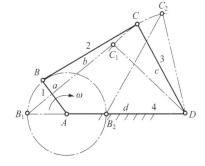

图 3-21　曲柄存在条件

$$a + d \leqslant b + c \qquad (3-1)$$

当构件1转至 AB_2 时,形成 $\triangle B_2C_2D$,同理可得

$$b \leqslant (d-a) + c \quad 及 \quad c \leqslant (d-a) + b$$

即可写成

$$a + b \leqslant c + d \qquad (3-2)$$

$$a + c \leqslant b + d \qquad (3-3)$$

将式(3-1)、式(3-2)、式(3-3)中的三个不等式两两相加,化简后得

$$a \leqslant b \qquad\qquad (3-4)$$
$$a \leqslant c \qquad\qquad (3-5)$$
$$a \leqslant d \qquad\qquad (3-6)$$

由上述关系可知，在铰链四杆机构中，要使构件1为曲柄，它必须是四杆中之最短杆，且最短杆与最长杆长度之和小于或等于其余两杆长度之和。考虑到更一般的情形，可将铰链四杆机构曲柄的存在条件概括为：

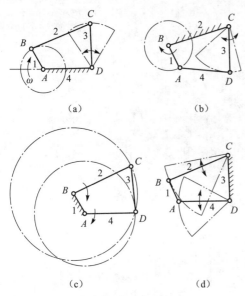

图3-22　取不同构件为机架时的
铰链四杆机构型式
（a）构件4为机架；（b）构件2为机架；
（c）构件1为机架；（d）构件3为机架

（1）连架杆与机架中必有一杆是最短杆。

（2）最短杆与最长杆长度之和必小于或等于其余两杆长度之和。

因此，当各构件长度不变，且满足第（2）条的情况下，若取不同构件作为机架，可得到以下三种型式的铰链四杆机构。

（1）以最短杆的相邻杆为机架时（如构件4或构件2），得曲柄摇杆机构（图3-22（a）、（b））。

（2）以最短杆为机架时（如构件1），得双曲柄机构（图3-22（c））。

（3）以最短杆的相对杆（如构件3）为机架时，得双摇杆机构（图3-22（d））。

应指出的是：若铰链四杆机构中最短杆与最长杆长度之和大于其余两杆长度之和，则不论以哪一构件为机架，都不存在曲柄而只能是双摇杆机构。但要注意，该双摇杆机构与前者的双摇杆机构（图3-22（d））的本质区别在于：前者双摇杆机构中的连杆能做整周转动，而后者双摇杆机构中的连杆则只能做摆动。

二、急回特性和行程速比系数

图3-23所示为一曲柄摇杆机构，设曲柄 AB 为主动件，摇杆 CD 为从动件。主动曲柄 AB 以等角速度 ω 顺时针转动一周的过程中，当曲柄 AB 转至 AB_1 位置与连杆 B_1C_1 重叠成一直线时，从动摇杆 CD 处于左极限位置 C_1D；而当曲柄 AB 转至 AB_2 位置与连杆 B_2C_2 拉成一直线时，从动摇杆 CD 处于右极限位置 C_2D。因此，当从动摇杆处于左、右两极限位置时，主动曲柄两位置所夹的锐角 θ 称为极位夹角，从动摇杆两极限位置间的夹角 ψ 称为摇杆的摆角。

如图3-23所示，当曲柄 AB 从 AB_1 位置转至 AB_2 位置时，其对应转角为 $\varphi_1 = 180° + \theta$，而摇杆由位置 C_1D 摆至 C_2D 位置，摆角为 ψ，设所需时间为 t_1，C 点的平均速度为 v_1；当曲柄 AB 再继续从 AB_2 位置转至 AB_1 位置

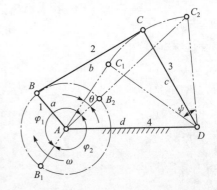

图3-23　急回特性和行程速比系数

时，其对应转角为 $\varphi_2 = 180° - \theta$，而摇杆则由 C_2D 位置摆回 C_1D 位置，摆角仍为 ψ，设所需时间为 t_2，C 点的平均速度为 v_2。由于摇杆往复摆动的摆角虽然相同，但是相应的曲柄转角不等，即 $\varphi_1(= 180° + \theta) > \varphi_2(= 180° - \theta)$，而曲柄又是等速转动的，所以有 $t_1 > t_2$，$v_2 > v_1$。由此可见，当曲柄等速转动时，摇杆往复摆动的平均速度是不同的，摇杆的这种运动特性称为急回特性。为了表明该急回特性的相对程度，通常用 v_2 与 v_1 的比值 K 来衡量，K 称为行程速比系数，即

$$K = \frac{v_2}{v_1} = \frac{\overset{\frown}{C_2C_1}/t_2}{\overset{\frown}{C_1C_2}/t_1} = \frac{t_1}{t_2} = \frac{\varphi_1}{\varphi_2} = \frac{180° + \theta}{180° - \theta} \qquad (3-7)$$

当给定行程速比系数 K 后，机构的极位夹角可由下式计算

$$\theta = 180° \frac{K - 1}{K + 1} \qquad (3-8)$$

由上述分析可知，平面连杆机构有无急回运动取决于有无极位夹角 θ。不论是曲柄摇杆机构还是其他类型的平面连杆机构，只要机构的极位夹角 θ 不为零，则该机构就有急回运动，其行程速比系数 K 仍可用式(3-7)计算。

四杆机构的这种急回特性，在机器中可以用来节省空回行程(非工作行程)的时间，以节省动力并提高生产率。例如在牛头刨床和摇摆式输送机中都利用了这一特性。

三、压力角和传动角

在生产实践中，不仅要求连杆机构能实现给定的运动规律，而且还希望机构运动灵活、效率较高，也就是要求具有良好的传力性能，而压力角(或传动角)则是判断机构传力性能优劣的重要标志。在图 3-24 所示的曲柄摇杆机构中，若忽略各杆的质量和运动副中的摩擦，则主动曲柄 AB 通过连杆 BC 作用于从动摇杆 CD 上的力 F 沿杆 BC 方向。把从动摇杆 CD 所受的力 F 与力作用点 C 的速度 v_c 间所夹的锐角 α 称为压力角。力 F 在 v_c 方向的分力为切向分力 $F_t = F\cos\alpha$，称为有效分力，做有效功；而沿摇杆 CD 方向的分力为法向分力 $F_n = F\sin\alpha$，称为有害分力，它非但不能做有用功，而且还增大了运动副 C、D 中的径向压力。显然，压力角 α 越小，F_t 越大，所做的有效功也越大，传力性能越好。因此，压力角的大小可以作为判别连杆机构传力性能好坏的一个依据。

作用力 F 与分力 F_n 间所夹的锐角 γ 称为传动角。由图 3-24 可见，$\alpha + \gamma = 90°$ 或 $\gamma = 90° - \alpha$，故 α 与 γ 互为余角。当连杆 BC 与摇杆 CD 间的夹角 δ 为锐角时，$\gamma = \delta$；而当连杆 BC 与摇杆 CD 间的夹角 δ 为钝角时，$\gamma = 180° - \delta$。由于传动角 γ 可以从机构运动简图上直接观察 δ 角的大小来表示，故通常用 γ 值来衡量机构的传力性能。γ 越大，则 α 越小，机构的传力性能越好，反之越差。

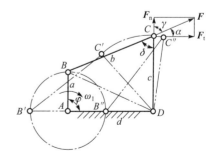

图 3-24　压力角和传动角分析

在机构运动过程中，传动角 γ 的大小是随机构位置的改变而变化的。为了确保机构能正常工作，应使一个运动循环中最小传动角 γ_{min} 为 40°～50°，具体数值可根据传递功率的大小而定。传递功率大时，γ_{min} 应取大些，如颚式破碎机、冲床等可取 $\gamma_{min} \geqslant 50°$。

铰链四杆机构的最小传动角按以下关系求得。如图3-24所示，在△ABD和△BCD中分别有

$$(BD)^2 = a^2 + d^2 - 2ad\cos\varphi$$
$$(BD)^2 = b^2 + c^2 - 2bc\cos\delta$$

联立解两式，有

$$\cos\delta = \frac{b^2 + c^2 - a^2 - d^2 + 2ad\cos\varphi}{2bc} \qquad (3-9)$$

由式(3-9)可知，对已给定的机构，各杆长 a、b、c、d 均为已知，故 δ 仅取决于主动曲柄的转角。当 $\varphi=0°$ 时，$\cos\varphi=1$，$\cos\delta$ 为最大，即 δ 最小，如图3-24中位置 $AB''C''D$；当 $\varphi=180°$ 时，$\cos\varphi=-1$，$\cos\delta$ 为最小，即 δ 最大，如图3-24中位置 $AB'C'D$。如前所述，$\delta\leqslant90°$ 时，$\gamma=\delta$；$\delta>90°$ 时，$\gamma=180°-\delta$。故只要比较这两个位置的值，即可求得该机构的最小传动角 γ_{min}。

由此可得结论：机构的最小传动角 γ_{min} 可能发生在主动曲柄与机架二次共线的位置之一处。

四、死点位置

在图3-25所示的曲柄摇杆机构中，若取摇杆 CD 为主动件，则当摇杆在两极限位置 C_1D、

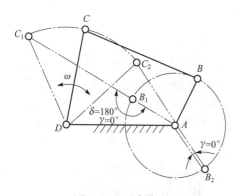

图3-25　死点位置

C_2D 时，连杆 BC 与从动曲柄 AB 将出现两次共线。这时，若不计各杆的质量和运动副中的摩擦，则摇杆 CD 通过连杆 BC（此时为二力杆）传给曲柄 AB 的力必通过铰链中心 A，出现 $\gamma=0°$（即 $\alpha=90°$）的情况。因该作用力对 A 点的力矩为零，故曲柄 AB 不会转动。机构的该位置称为死点位置。由上述可见，四杆机构中是否存在死点位置，决定于从动件是否与连杆共线。

就传动机构来说，机构存在死点是不利的，应该采取措施使机构能顺利通过死点位置。对于连续运转的机器，可以利用从动件的惯性来通过死点位置；也可以采用机构错位排列的办法，即将两组以上的机构组合起来，而使各组机构的死点位置相互错开，如图3-26所示的蒸汽机车驱动轮联动机构。

机构的死点位置并非总是起消极作用。在工程实际中，不少场合也利用机构的死点位置来实现一定的工作要求。图3-27所示的夹紧工件用的连杆式快速夹具，就是利用死点位置来夹紧工件的。

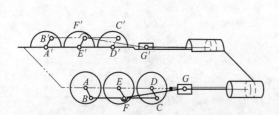

图3-26　蒸汽机车驱动轮联动机构

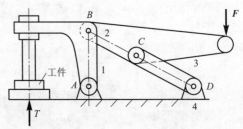

图3-27　连杆式快速夹具

第三节　平面四杆机构的设计

平面四杆机构设计的主要任务是根据给定的运动条件,用图解法、解析法或实验法确定机构运动简图的尺寸参数。有时,为使设计更为合理,还需考虑几何条件和动力条件(最小传动角 γ_{min})等。人所尽知,生产实践中的要求是多种多样的,给定的条件也各不相同,但基本上可归纳为以下两类问题:按给定的位置或运动规律要求设计四杆机构;按给定的轨迹要求设计四杆机构。

一、按给定的行程速比系数设计四杆机构

在设计该类四杆机构时,通常按实际需要先给定行程速比系数 K 值,然后根据机构在极限位置时的几何关系,结合有关辅助条件来确定机构运动简图的尺寸参数。

1. 曲柄摇杆机构

已知摇杆的长度 l_{CD}、摇杆摆角 ψ 和行程速比系数 K,试设计该曲柄摇杆机构。

设计的实质是确定固定铰链中心 A 的位置,定出其他三个构件的尺寸 l_{AB}、l_{BC} 和 l_{AD}。其设计步骤如下:

(1)由给定的行程速比系数 K,用式(3-8)计算出极位夹角 θ。

$$\theta = 180° \frac{K-1}{K+1}$$

(2)任选一固定铰链点 D,选取长度比例尺 μ_l 并按摇杆长 l_{CD} 和摆角 ψ 作出摇杆的两个极限位置 C_1D 和 C_2D,如图3-28所示。

(3)连接 C_1、C_2 并自 C_1 作 C_1C_2 的垂直线 C_1M。

(4)作 $\angle C_1C_2N = 90°-\theta$,则直线 C_2N 与 C_1M 相交于 P 点。由三角形的三内角和等于180°可知,直角三角形 $\triangle C_1PC_2$ 中 $\angle C_1PC_2 = \theta$。

(5)以 C_2P 为直径作直角三角形 $\triangle C_1PC_2$ 的外接圆,在圆周 $\overset{\frown}{C_1PC_2}$ 上任选一点 A 作为曲柄 AB 的机架铰链点,并分别与

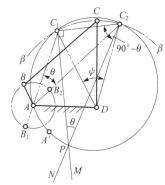

图3-28　按 K 值设计曲柄摇杆机构

C_1、C_2 相连,则 $\angle C_1AC_2 = \angle C_1PC_2 = \theta$(同一圆弧所对的圆周角相等)。

(6)由图3-28可知,摇杆在两极限位置时曲柄和连杆共线,故有 $AC_1 = BC-AB$ 和 $AC_2 = BC+AB$。解此两方程可得

$$\left. \begin{array}{l} AB = \dfrac{AC_2 - AC_1}{2} \\ BC = \dfrac{AC_2 + AC_1}{2} \end{array} \right\} \quad (3-10)$$

上述均为图上量得长度,故曲柄、连杆和机架的实际长度分别为

$$\left. \begin{array}{l} l_{AB} = \mu_l AB \\ l_{BC} = \mu_l BC \\ l_{AD} = \mu_l AD \end{array} \right\}$$

由于 A 点可在 $\triangle C_1PC_2$ 的外接圆周 $\overset{\frown}{C_1PC_2}$ 上任选（C_1C_2 及 ψ 角反向对应的圆弧除外），故在满足行程速比系数 K 的条件下可有无穷多解。如前所述，A 点位置不同，机构传动角大小也不同。为了获得较好的传力性能，可按最小传动角或其他辅助条件来确定 A 点位置。

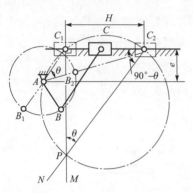

图 3-29　按 K 值设计曲柄滑块机构

2. 曲柄滑块机构

已知曲柄滑块机构的行程速比系数 K、冲程 H 和偏距 e，试设计该曲柄滑块机构。

作图方法与上题类似，先根据行程速比系数 K 计算出极位夹角 θ。然后如图 3-29 所示，作一直线 $C_1C_2=H$，由点 C_1 作 C_1C_2 的垂线 C_1M，再由点 C_2 作一直线 C_2N 与 C_1C_2 成 $90°-\theta$ 的夹角，此两线相交于点 P。过 P、C_1 及 C_2 三点作圆，则此圆的弧 $\overset{\frown}{C_1PC_2}$ 上任一点 A 与 C_1C_2 两点连线的夹角 $\angle C_1AC_2$ 都等于极位夹角 θ，所以曲柄 AB 的机架铰链点 A 应在此圆弧上。

再作一直线与 C_1C_2 平行，使其间的距离等于给定偏距 e，则此直线与上述圆弧的交点即为曲柄 AB 的机架铰链点 A 的位置。当 A 点确定后，如前所述，根据机构在极限位置时曲柄与连杆共线的特点，即可求出曲柄的长度 l_{AB} 及连杆的长度 l_{BC}。

3. 导杆机构

已知摆动导杆机构中机架的长度 l_{AC}，行程速比系数 K，试设计该导杆机构。

由图 3-30 可知，导杆机构的极位夹角 θ 等于导杆的摆角 ψ，所需确定的尺寸是曲柄长度 l_{AB}。其设计步骤如下：

（1）由已知行程速比系数 K，按式（3-8）求得极位夹角 θ（也即是摆角 ψ）

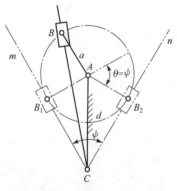

图 3-30　按 K 值设计导杆机构

$$\psi = \theta = 180° \frac{K-1}{K+1}$$

（2）选取适当的长度比例尺 μ_l，任选固定铰链点 C，以夹角 ψ 作出导杆两极限位置 Cm 和 Cn。

（3）作摆角 ψ 的平分线 AC，并在线上取 $AC=l_{AC}/\mu_l$，得固定铰链点 A 的位置。

（4）过 A 点作导杆极限位置的垂线 AB_1（或 AB_2），即得曲柄长度

$$l_{AB} = \mu_l AB_1$$

二、按给定的连杆位置设计四杆机构

1. 给定连杆两个位置设计四杆机构

图 3-31 所示为铸工车间用的翻台振实式造型机的翻转机构。它是应用一铰链四杆机构 AB_1C_1D 来实现翻台的两个工作位置的。在图中的实线位置 I 时，砂箱 7 的翻台 8 在振实台 9 上造型振实。当压力油推动活塞 6 时，通过连杆 5 推动摇杆 1 摆动，从而将翻台与砂箱转到双

点画线位置 Ⅱ。然后，托台 10 上升接触砂箱并起模。

设与翻台固连的连杆 2 上两转动副中心间的距离为 l_{BC}，且已知连杆的两工作位置 B_1C_1 和 B_2C_2，要求设计该四杆机构并确定杆 AB、CD、AD 的长度 l_{AB}、l_{CD}、l_{AD}。

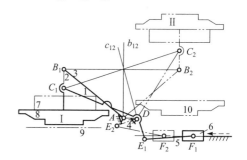

由已知条件可知，设计此机构的实质在于确定两固定铰链 A 和 D 的位置。由铰链四杆机构运动可知，连杆上 B、C 两点的运动轨迹分别为以 A、D 两点为圆心的两段圆弧，B_1B_2 和 C_1C_2 即分别为其弦长。所以，A 和 D 必然分别位于 B_1B_2 和 C_1C_2 的垂直平分线 b_{12} 和 c_{12} 上。因此，该机构的设计步骤可归纳如下：

图 3-31　翻台振实式造型机的翻转机构

（1）根据已知条件，取适当的比例尺 μ_l 绘出连杆 2 的两个位置 B_1C_1 和 B_2C_2。

（2）连接 B_1、B_2 和 C_1、C_2 并分别作它们的垂直平分线 b_{12} 和 c_{12}。

（3）由于 A、D 可分别在 b_{12}、c_{12} 上任选，故实现连杆两位置的设计，可得无穷多组解。一般还应考虑其他辅助条件，例如满足合理的结构要求以及机械在运转中的最小传动角 $\gamma_{\min}$ 要求等。若本机构中 B_1C_1 和 B_2C_2 的位置是按直角坐标系给定的且要求机架上的 A、D 两点在 x 轴线上，则 b_{12}、c_{12} 直线与 x 轴线的交点即分别为 A 和 D 点。

（4）连 AB_1C_1D 即得所要求的四杆机构。其中 $l_{AB}=\mu_l AB_1$，$l_{CD}=\mu_l C_1D$，$l_{AD}=\mu_l AD$。

2. 给定连杆三个位置设计四杆机构

如图 3-32 所示，B_1C_1、B_2C_2、B_3C_3 为连杆所要到达的三个位置，要求设计该四杆机构。

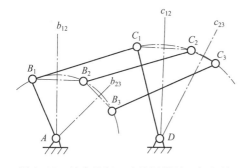

图 3-32　给定连杆三个位置设计四杆机构

根据已知条件，活动铰链 B、C 两点的相对位置已定，所以，设计此四杆机构的实质仍然是要求出两固定铰链点 A、D 的位置。由于连杆上的铰链中心 B 和 C 的轨迹分别为一圆弧，而同时通过要求的三点 B_1、B_2、B_3 和 C_1、C_2、C_3 的圆分别只有一个。所以，连架杆的固定铰链中心 A 和 D 只有一个确定的解，即 B_1B_2 和 B_2B_3 的垂直平分线 b_{12} 和 b_{23} 的交点为 A 以及 C_1C_2 和 C_2C_3 的垂直平分线 c_{12} 和 c_{23} 的交点为 D。连 AB_1C_1D 即为所求的四杆机构在第一个瞬时位置的机构运动简图。

三、按给定的两连架杆对应位置设计四杆机构

通常情况下，常给定连架杆的二组或三组对应位置，而且机架和其中一个连架杆的尺寸是知道的，设计的关键问题是找出另一个连架杆与连杆的铰链点的位置。为了把按照连杆的一系列位置设计四杆机构的方法应用到这里，引入刚化反转的基本原理。

1. 反转法的原理

在图 3-33 中，给出了四杆机构的两个位置，其两连架杆的对应转角分别为 φ_1、φ_2 和 ψ_1、ψ_2。现在，设想将第二个位置的整个机构刚化，并绕构件 CD 的轴心 D 转过 $\psi_1-\psi_2$ 角。显然这

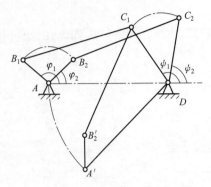

图 3-33 反转法的原理

并不影响各构件间的相对运动。但此时构件 CD 已由 DC_2 位置转回到了 DC_1，而构件 AB 由 AB_2 运动到了 $A'B'_2$ 位置。经过这样的转化，可以认为此机构已成为以 CD 为机架，以 AB 为连杆的四杆机构，因而按两连架杆预定的对应位置设计四杆机构的问题，也就转化成了按连杆预定位置设计四杆机构的问题。

2. 按照连架杆的三组对应位置设计四杆机构

如图 3-34 所示，设已知构件 AB 和机架 AD 的长度，要求在该机构的传动过程中，构件 AB 和构件 CD 上某一标线 DE 能占据三组预定的对应位置 AB_1、AB_2、AB_3 及 DE_1、DE_2、DE_3（亦即三组对应摆角 φ_1、φ_2、φ_3 和 ψ_1、ψ_2、ψ_3）。现需设计此四杆机构。

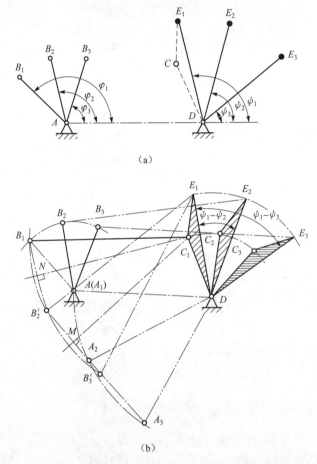

(a)

(b)

图 3-34 按两连架杆的三组对应位置设计四杆机构

如上所述，此设计问题可以转化为以构件 CD 为机架，以构件 AB 为连杆，按照构件 AB 相对于构件 CD 依次占据的三个位置进行设计的问题。而为了求出构件 AB 相对于构件 CD 依次占据的三个位置，以 E_1D 为底边，作四边形 $E_1DA_2B'_2 \cong E_2DAB_2$，并 $E_1DA_3B'_3 \cong E_3DAB_3$（相当

于将机构绕 D 点反转 $\psi_1-\psi_2,\psi_1-\psi_3$),从而求得构件 AB 相对于构件 CD 运动时所占据的三个位置 A_1B_1、A_2B_2'、A_3B_3'。然后,分别作 B_1B_2' 和 $B_2'B_3'$ 的垂直平分线,此两线的交点即为所求铰链 C,图 3-34(b)所示 AB_1C_1D 即为所求的四杆机构。

四、按给定的运动轨迹设计四杆机构

四杆机构运动时,连杆做平面运动,连杆上任一点都将描绘出一条封闭曲线,该曲线称为连杆曲线。显然,连杆曲线的形状随杆上点的位置以及各杆相对尺寸的不同而变化。正是由于连杆曲线的这种多样性,才使其能在各种机械上得到越来越广泛的应用。如图 3-35 所示的自动线上步进式传送机构,即为应用连杆曲线(卵形曲线)来实现步进式传送工件的典型实例。

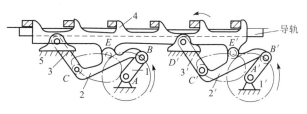

图 3-35　传送机构

连杆曲线是高阶曲线,欲使四杆机构的连杆上某点实现给定的运动轨迹是十分困难的。为了便于设计,有关人员已将四杆机构的各杆长度按一定比例组合,绘制出许多连杆曲线,编写成《四连杆机构分析图谱》供设计者参考。设计时,只需按给定的运动轨迹,从图谱中查出与其相近的曲线,即可得到四杆机构各杆尺寸。这种方法就是通常工程上所称的"图谱法"。例如图 3-36(a)就是图谱中的一张,图中 β-β 曲线便是连杆上 E 点在机构运动时所形成的连杆曲线;此外,图中还列出了各杆长度与曲柄长度的比值。若给定的运动轨迹与图中的 β-β 曲线相似,便可按提供的比值算出各杆的实际尺寸并求得 E 点在连杆上的位置,这样便得到图 3-36(b)所示的四杆机构。

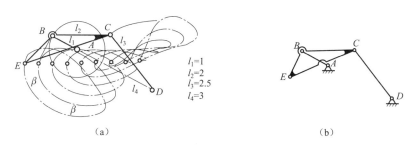

$l_1=1$
$l_2=2$
$l_3=2.5$
$l_4=3$

(a)　　　　　　　　　　　　　(b)

图 3-36　连杆曲线分析图谱
(a)连杆曲线;(b)四杆机构

第四节　平面连杆机构的结构

平面连杆机构几何尺寸设计只能确定其运动尺寸参数。若要使其具有实际的输出运动,真正应用于实际工况条件中,还需进行组成平面连杆机构的各零部件的结构设计。在连杆机构的结构设计中,对于种类繁多的连杆机构,其结构上的特点很难系统把握。下面仅就一些常用而较为典型的平面连杆机构的结构设计进行简介。

一、平面连杆机构构件的结构

在平面连杆机构中,常用构件按照运动副的不同,基本可分为两类:具有转动副的构件与具有转动副和移动副的构件。

1. 具有转动副的构件结构

图 3-37 所示为几种常用的具有转动副的平面连杆机构构件,在设计此类构件时,如果转动副之间的间距较大,则一般设计成杆状结构,且最好是直杆,如图 3-37(b)、(d)所示。当然,对于有特殊要求的平面连杆机构,比如说为了避免运动干涉,也可以设计成曲杆或者其他特殊结构形式,如图 3-37(a)、(c)所示。

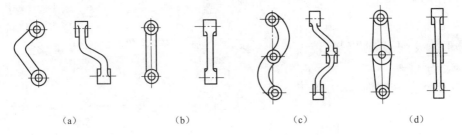

(a)   (b)   (c)   (d)

图 3-37　几种常用的具有转动副的连杆机构构件

(a) 弯双副杆；(b) 直双副杆；(c) 弯三副杆；(d) 直三副杆

至于构件的横截面设计,它与构件的功能,所受的载荷、强度和刚度要求,以及机构的抗振性和动态平衡要求等因素有关。图 3-38 所示为一些不同横截面的连杆机构的构件,由材料力学基本理论可知,设计成工字形或者 T 形截面可提高构件的抗弯刚度。

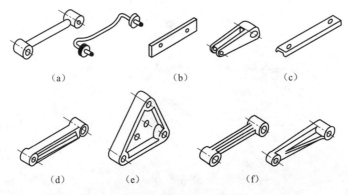

(a)   (b)   (c)

(d)   (e)   (f)

图 3-38　连杆构件的截面设计

(a) 圆形；(b) 矩形；(c) 板材折边；(d) 工字形；(e) U 形；(f) T 形

若考虑到某些特殊要求,当三副杆的三个转动副的轴线不能位于一条直线上时,可以根据构件的用途和承受载荷的方式,通过合理布置此三个转动副的位置,选择出较为合理的方案。如图 3-39 所示,当三个转动副构成锐角三角形时,图 3-39(a)所示结构最为常用;反之,当构成钝角三角形时,图 3-39(c)、(d)、(f)所示构件的结构优于图 3-39(b)、(e)。当连杆机构构件原材料为板材时,应优先采用冲压件,如图 3-39(g)、(h)所示。

当转动副轴线之间的间距较小且构件需要做回转运动(如曲柄)时,可设计成偏心轮结

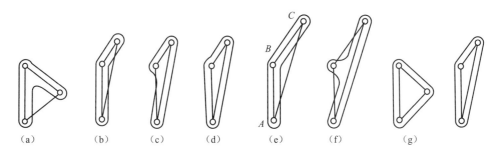

图 3-39　三副杆的形状设计

(a) 锐角三角形；(b)~(f) 钝角三角形；(g)~(h) 板材

构,如图 3-40 所示。但是当曲柄过长且要求安装在回转轴两支撑之间某位置时,如果采用偏心轮结构,则必然导致体积增大,而且由于偏心回转,动态平衡性能也较差,因此,一般设计成曲轴式曲柄,如图 3-41 所示。但需要注意,此时与之相连的连杆轴套部分必须做成剖分式结构,以便于安装。曲轴的应用非常广泛,如目前大多数往复式发动机都采用这种结构。

图 3-40　偏心轮式曲柄　　　　　　　　　图 3-41　曲轴式曲柄

2. 具有转动副和移动副的构件结构

在设计具有转动副和移动副的连杆机构构件时,其结构形式主要根据转动副的轴线与移动副沿其导路方向的相对位置,以及移动副与导路接触部位的数目和形状来确定,如图 3-42 所示。图 3-42(a)~(d) 所示结构属于转动副轴线通过移动副导路中心线的情况;而图 3-42(e) 则表示了转动副轴线和移动副导路中心线之间存在偏心距 e 时的结构。与前者相比,后者结构简单,加工方便、精确,但是其偏心距 e 使得连杆机构在运动时会产生构件的歪斜,并导致摩擦力增大,从而加剧运动副之间的磨损,并使得机构传力性能降低,这是它不利的

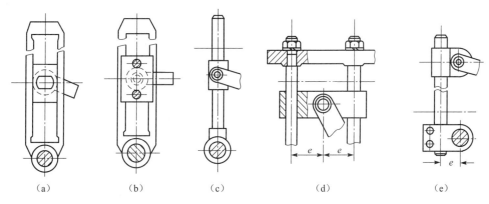

图 3-42　具有移动副和转动副构件的设计

(a)、(b)、(c)、(d) 转动副轴线通过移动副导路中心线；(e) 转动副轴线与移动副导路中心线存在偏心距

一面。

二、平面连杆机构运动副的结构

在平面连杆机构中,运动副有转动副和移动副两种。

平面连杆机构的转动副一般可设计成两种结构形式,即滑动轴承式和滚动轴承式（图 3-43 和图 3-44）。

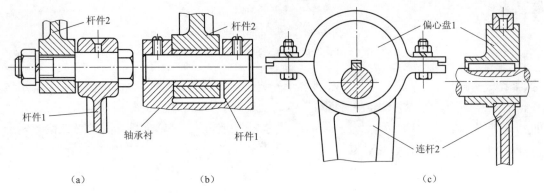

（a）　　　　　　（b）　　　　　　（c）

图 3-43　滑动轴承式转动副结构

（a）整体式；（b）附加轴套式；（c）剖分式

组成连杆机构的移动副的实际结构形式多种多样。根据滑块与导路接触面的特点,移动副一般可分为平面接触式移动副和圆柱面接触式移动副。

图 3-45 所示为几种常用的平面接触式移动副结构,有矩形、V 形、燕尾形以及组合形等多种导轨形式。移动副也可采用分离式或可调间隙式结构,如图 3-46 和图 3-47 所示。

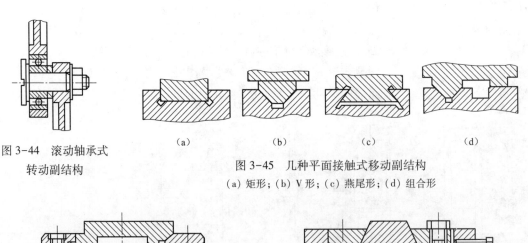

（a）　　　（b）　　　（c）　　　（d）

图 3-44　滚动轴承式
转动副结构

图 3-45　几种平面接触式移动副结构

（a）矩形；（b）V 形；（c）燕尾形；（d）组合形

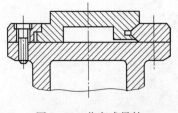

图 3-46　分离式导轨

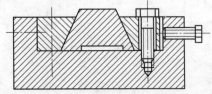

图 3-47　可调间隙式移动副结构

图 3-48 所示为圆柱面接触式移动副结构。

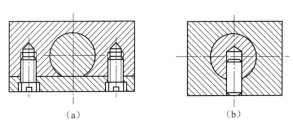

图 3-48　圆柱面接触式移动副相对转动的限制
（a）平面防转；（b）销轴防转

与转动副类似，移动副还可以根据滑块与导路做相对移动时的摩擦性质来分类，它一般可分为滑动导轨式和滚动导轨式移动副。图 3-49 列出了一些常用的滚动导轨式移动副的结构。

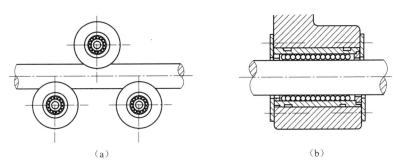

图 3-49　滚动导轨式移动副结构
（a）滚轮式导轨；（b)滚珠式导轨

三、平面连杆机构的运动干涉问题

连杆机构在结构设计时，常常需要考虑如何避免轨迹干涉问题。构件的外形一般可根据机构的运动不干涉条件来确定。也就是说，结构设计要求组成连杆机构的所有运动构件在其运动范围内与所存在的轴、机架和横梁等部件之间不得发生碰撞现象，否则会妨碍构件的正常运动，并对设备造成一定的损害。

四、平面连杆机构的调节

在某些情况下，连杆机构的结构要求具备一定的调节能力，以满足实际应用中的一些特殊要求。图 3-50 所示为采用螺旋机构来调整构件长度的方法。此外，还可以通过偏心轮来调节构件的长度。调节支座的位置可以采用蜗轮蜗杆机构、螺旋机构等来实现，当然，也可通过调节滑块在导槽中的位置来调整。

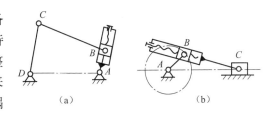

图 3-50　调节构件的长度
（a）调节曲柄长度；（b）调节连杆长度

习　题

3-1 试根据题 3-1 图中所注明的尺寸判断各铰链四杆机构的类型。

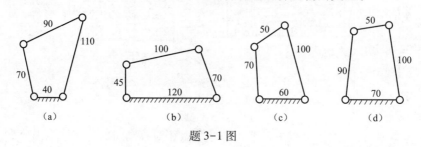

题 3-1 图

3-2 在题 3-2 图所示铰链四杆机构中，已知 $l_{BC}=50\,\text{mm}$，$l_{CD}=35\,\text{mm}$，$l_{AD}=30\,\text{mm}$，AD 为机架。

（1）若此机构为曲柄摇杆机构，且 AB 为曲柄，求 l_{AB} 的最大值；

（2）若此机构为双曲柄机构，求 l_{AB} 的最小值；

（3）若此机构为双摇杆机构，求 l_{AB} 的数值。

3-3 如题 3-3 图所示一偏置曲柄滑块机构，试求杆 AB 为曲柄的条件。若偏距 $e=0$，则杆 AB 为曲柄的条件又如何。

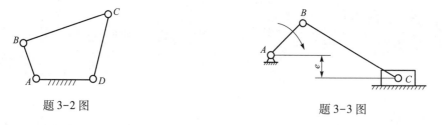

题 3-2 图　　　　　　　　　　　　　题 3-3 图

3-4 拟设计一脚踏扎棉机的曲柄摇杆机构（题 3-4 图）。要求踏板 CD 在水平位置上下各摆 $10°$，$l_{CD}=500\,\text{mm}$，$l_{AD}=1000\,\text{mm}$。试用图解法求曲柄、连杆的长度 l_{AB}、l_{BC}。

3-5 设计一铰链四杆机构。如题 3-5 图所示，其摇杆 CD 在其两极限位置时与机架 AD 所成的夹角 $\psi_1=45°$，$\psi_2=120°$，机架长 $l_{AD}=100\,\text{mm}$，摇杆长 $l_{CD}=75\,\text{mm}$。试用图解法求曲柄、连杆的长度 l_{AB}、l_{BC}。

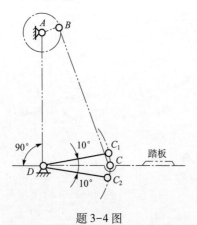

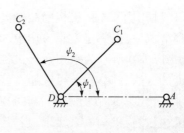

题 3-4 图　　　　　　　　　　　　　题 3-5 图

3-6　设计一偏置曲柄滑块机构。如题 3-6 图所示,已知滑块的行程长 $l_{C_1C_2}=50\,\text{mm}$,偏距 $e=15\,\text{mm}$,行程速比系数 $K=1.5$,求曲柄、连杆的长度 l_{AB}、l_{BC}。

3-7　设计一摆动导杆机构。如题 3-7 图所示,已知机架 $l_{AC}=50\,\text{mm}$,行程速比系数 $K=2$,求曲柄的长度 l_{AB}。

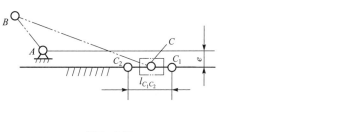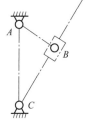

題 3-6 图　　　　　　　　　　　　題 3-7 图

3-8　题 3-8 图所示为加热炉炉门的启闭机构。已知炉门上的两铰链副中心距 $l_{BC}=$ 50 mm。炉门打开后成水平位置时,要求炉门的热面朝下,固定铰链中心位于 yy 轴线上,其相互位置的尺寸如题 3-8 图所示。试设计此铰链四杆机构。

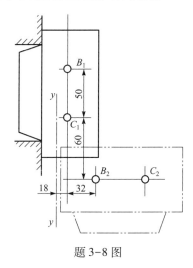

題 3-8 图

3-9　试设计一铰链四杆机构。如题 3-9 图所示,已知机构的两连架杆的三组对应位置分别为 $\varphi_1=45°$、$\psi_1=50°$;$\varphi_2=90°$、$\psi_2=80°$;$\varphi_3=135°$、$\psi_3=110°$,机架长 $l_{AD}=350\,\text{mm}$。

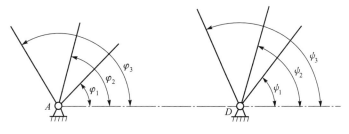

題 3-9 图

第四章　凸轮机构

凸轮机构是常用的典型机构之一,广泛地应用于发动机、轻工、纺织、造纸、服装和印刷等工业领域中,特别是在需要实现机械自动化和半自动化的场合。随着工业自动化程度和凸轮CAD/CAM水平的不断提高,凸轮机构的应用范围将会更加广泛。

本章主要介绍凸轮机构中从动件的基本运动规律及其组合设计、反转法基本原理、平面凸轮轮廓曲线的设计方法、凸轮机构基本尺寸的确定等内容。

第一节　凸轮机构构成、功用及分类

一、凸轮机构的构成和功用

凸轮机构是由凸轮、从动件(也称推杆)和机架组成的高副机构。一般情况下,凸轮是具有曲线形状的盘状体或柱状体。从动件可做往复直线运动,也可做往复摆动。通常凸轮为主动件,且做等速运动。图4-1所示为盘形凸轮机构示意图。图4-1(a)所示为直动从动件盘形凸轮机构,图4-1(b)所示为摆动从动件盘形凸轮机构。

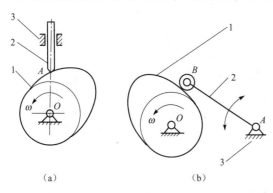

图 4-1　盘形凸轮机构

(a) 直动从动件盘形凸轮机构;(b) 摆动从动件盘形凸轮机构
1—凸轮;2—从动件;3—机架

当凸轮做等速转动时,从动件的运动规律(指位移、速度、加速度与凸轮转角或时间之间的函数关系)取决于凸轮的曲线形状。反之,按机器的工作要求给定从动件的运动规律以后,合理地设计出凸轮的曲线轮廓,是凸轮设计的重要内容。由于凸轮机构在机器中的功能不同,其从动件的运动规律也不相同。如图4-2(a)所示的带动刀架进给运动的凸轮机构中,要求直动从动件做等速移动;图4-2(b)所示的箭杆织机中的打纬凸轮机构中,要求摆动从动件在远离凸轮中

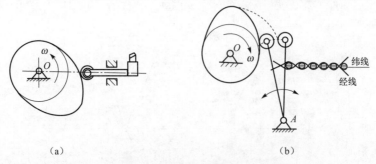

图 4-2　凸轮机构功能示意图

(a) 机床刀架中的凸轮机构;(b) 箭杆织机中的打纬凸轮机构

心的终点位置处的加速度最大,且为负值,以满足靠惯性力打紧纬线的目的。

二、凸轮机构的分类

凸轮机构的种类很多,一般情况可按凸轮的形状、从动件的形状与运动形式、凸轮与从动件维持高副接触的方式等特点对凸轮机构进行分类。

1. 按凸轮的形状分类

1）盘形凸轮

盘形凸轮是一个变曲率半径的圆盘,做定轴转动(图4-1)。

2）移动凸轮

具有曲线形状的构件做往复直线移动,从而驱动从动件做直线运动或定轴摆动,称这种凸轮为移动凸轮(图4-3（a）)。

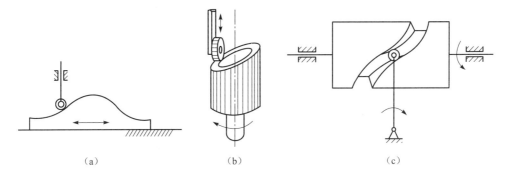

（a）　　　　　　　　　（b）　　　　　　　　　（c）

图4-3　凸轮的类型

（a）移动凸轮；（b）圆柱凸轮1；（c）圆柱凸轮2

3）圆柱凸轮

在圆柱体上开出曲线状的凹槽或在其端面上作出曲线状轮廓,称为圆柱凸轮,如图4-3（b）、(c)所示。

2. 按从动件形状分类

1）尖底从动件

图4-4（a）、(e)所示从动件为尖底从动件。这种从动件能与具有复杂曲线形状的凸轮廓线保持良好接触,但其尖底容易磨损,一般用于传递动力较小的低速凸轮机构中。

2）滚子从动件

图4-4（b）、(f)所示从动件为滚子从动件。从运动学的角度看,这种从动件的滚子运动是

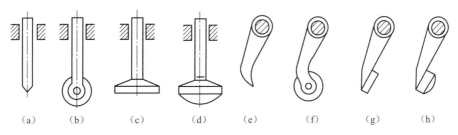

（a）　　（b）　　（c）　　（d）　　（e）　　（f）　　（g）　　（h）

图4-4　从动件种类

（a）,（e）尖底从动件；（b）,（f）滚子从动件；（c）,（g）平底从动件；（d）,（h）曲底从动件

多余的,但滚子的转动作用把凸轮与从动件之间的滑动摩擦转化为滚动摩擦,减少了凸轮机构的磨损,可以传递较大的动力,故应用最为广泛。

3) 平底从动件

图 4-4(c)、(g)所示从动件为平底从动件。这种从动件的特点是受力比较平稳(不计摩擦时,凸轮对平底从动件的作用力垂直于平底),凸轮与平底之间容易形成楔形油膜,润滑较好。故平底从动件常用于高速凸轮机构中。

4) 曲底从动件

图 4-4(d)、(h)所示从动件为曲底从动件,具有尖底与平底的优点,在工程中的应用也较多。

3. 按凸轮与从动件维持高副接触的方式分类

在凸轮机构的工作过程中,必须保证凸轮与从动件永远接触。常把凸轮与从动件保持接触的方式称为封闭方式或锁合方式,主要靠外力或特殊的几何形状来保持二者的接触。

1) 力封闭

利用从动件上安装的弹簧的弹力或从动件本身的重力来维持凸轮与从动件的接触,称为力封闭方式,如图 4-5 所示。

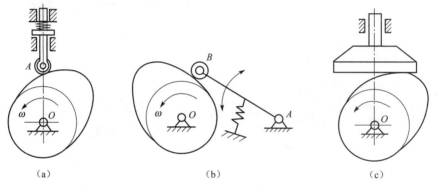

图 4-5 力封闭凸轮机构

(a),(b) 弹簧力封闭;(c) 重力封闭

2) 形封闭

依靠凸轮或从动件特殊的几何形状来维持凸轮和从动件的接触方式称为形封闭方式。在图 4-6(a)所示的槽形凸轮中,靠凸轮端面沟槽保持凸轮与从动件接触。如图 4-6(b)所示的等宽凸轮,两高副接触点之间的距离处处相等,并等于从动件的槽宽 b。图 4-6(c)所示为等

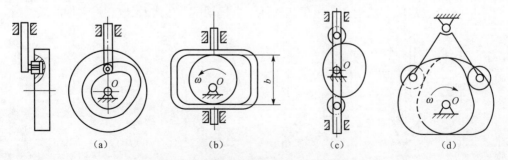

图 4-6 形封闭凸轮机构

(a) 槽形凸轮机构;(b) 等宽凸轮机构;(c) 等径凸轮机构;(d) 共轭凸轮机构

径凸轮机构,凸轮轮廓线沿半径方向上任意两点间的距离处处相等。图4-6(d)所示为共轭凸轮机构,安装在同一轴上的两个凸轮控制一个摆杆,一个凸轮驱动摆杆逆时针摆动,另一个凸轮驱动摆杆顺时针返回摆动。采用形封闭的凸轮机构,要有较高的加工精度才能保证准确的形封闭条件。

4. 按从动件的运动形式分类

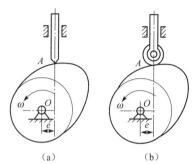

图4-7　偏置直动从动件
盘形凸轮机构
(a) 尖底从动件的偏置;
(b) 滚子从动件的偏置

从动件做往复直线移动,称为直动从动件凸轮机构。从动件做往复摆动,称为摆动从动件凸轮机构。在直动从动件盘形凸轮机构中,当从动件的中心轴线通过凸轮的回转中心时,称对心直动从动件盘形凸轮机构。图4-6(a)、(c)都是对心直动从动件盘形凸轮机构。当从动件的中心轴线不通过凸轮的回转中心时,称偏置直动从动件盘形凸轮机构,偏置的距离称偏距。图4-7(a)所示为偏置直动尖底从动件盘形凸轮机构,图4-7(b)所示为偏置直动滚子从动件盘形凸轮机构。

三、凸轮机构的基本名词术语

(1) 基圆:以凸轮转动中心为圆心,以凸轮理论轮廓曲线上的最小向径为半径所画的圆。基圆半径用 r_b 表示。

(2) 推程:从动件从距凸轮转动中心的最近点向最远点的运动过程。

(3) 回程:从动件从距凸轮转动中心的最远点向最近点的运动过程。

(4) 行程:从动件的最大运动距离。常用 h 表示行程。

(5) 推程角:从动件从距凸轮转动中心的最近点运动到最远点时,对应凸轮所转过的角度。用 Φ 表示。

(6) 回程角:从动件从距凸轮转动中心的最远点运动到最近点时,对应凸轮转过的角度。用 Φ' 表示。

(7) 远休止角:从动件在距凸轮转动中心的最远点静止不动时,对应凸轮转过的角度。用 Φ_s 表示。

(8) 近休止角:从动件在距凸轮转动中心的最近点静止不动时,对应凸轮转过的角度。用 Φ'_s 表示。

(9) 从动件的位移:凸轮转过转角 φ 时,对应从动件运动的距离。位移 s 从距凸轮中心的最近点开始计量。

在图4-8中,随着凸轮的转动,从动件逐渐升高。推程角为 $\Phi = \angle BOB' = \angle AOA'$,而不是 $\angle BOA$。图中的凸轮远休止廓线为圆弧,其远休止角为 $\Phi_s = \angle BOC$。从 C 接触点开始,从动件开始下降,回程角 $\Phi' = \angle COC'$,而不是 $\angle COD$。凸轮从 D 点转到 A 点时,从动件在最低位静止不动,该段凸轮转角为近休止角 Φ'_s。显然,一个运动循环中,应有下式

$$\Phi + \Phi_s + \Phi' + \Phi'_s = 360°$$

凸轮的推程运动角 Φ、回程运动角 Φ'、远休止角为 Φ_s、近休止角 Φ'_s 可按工作要求选择,如没有远、近休止期,则其休止角为零。

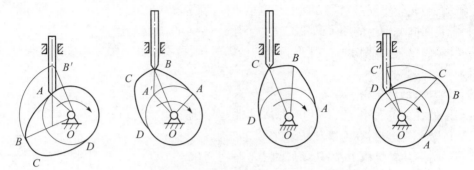

图 4-8　偏置直动尖底从动件盘形凸轮机构的运动循环

第二节　从动件的运动规律及其设计

在凸轮机构中,从动件的运动通常就是凸轮机构的输出运动,其规律与特性会直接影响到整个凸轮机构的运动学、动力学、精度、冲击、振动和噪声等特性。而且,凸轮的轮廓曲线形状也取决于从动件的运动规律。因此,根据实际的工作要求,正确地选择和设计从动件的运动规律,是凸轮机构设计的一项重要内容。

从动件的运动规律是指从动件的位移 s、速度 v、加速度 a 与凸轮转角 φ(或时间 t)之间的函数关系,可以用方程表示,也可以用线图表示。从动件运动规律的一般方程表达式为:$s = s(\varphi)$,$v = v(\varphi)$,$a = a(\varphi)$。而从动件的位移、速度和加速度与凸轮转角(或时间)之间的关系曲线分别称为从动件的位移曲线、速度曲线和加速度曲线,统称为从动件的运动规律线图。

凸轮一般为凸轮机构的主动件,且做匀速回转运动。设凸轮的角速度为 ω,则从动件的位移、速度和加速度与凸轮转角之间的关系为

$$\begin{cases} s = s(\varphi) \\ v = \dfrac{\mathrm{d}s}{\mathrm{d}t} = \dfrac{\mathrm{d}s}{\mathrm{d}\varphi} \cdot \dfrac{\mathrm{d}\varphi}{\mathrm{d}t} = \omega \dfrac{\mathrm{d}s}{\mathrm{d}\varphi} \\ a = \dfrac{\mathrm{d}^2 s}{\mathrm{d}t^2} = \dfrac{\mathrm{d}v}{\mathrm{d}t} = \dfrac{\mathrm{d}v}{\mathrm{d}\varphi} \cdot \dfrac{\mathrm{d}\varphi}{\mathrm{d}t} = \omega^2 \dfrac{\mathrm{d}^2 s}{\mathrm{d}\varphi^2} \end{cases} \tag{4-1}$$

对于摆动从动件,上述公式同样成立,只需把公式中的位移、速度和加速度替换为角位移、角速度和角加速度即可。

在实际应用中,由于对凸轮机构的工作要求千差万别,因此,满足凸轮机构工作要求的从动件的运动规律也多种多样,这里主要对几种基本运动规律及其特性作简单介绍,为设计从动件的运动规律提供参考。

一、多项式类运动规律

多项式类运动规律的一般形式为

$$\begin{cases} s = c_0 + c_1\varphi + c_2\varphi^2 + c_3\varphi^3 + \cdots + c_n\varphi^n \\ v = \omega(c_1 + 2c_2\omega + 3c_3\varphi^2 + \cdots + nc_n\varphi^{n-1}) \\ a = \omega^2[2c_2 + 6c_3\varphi + \cdots + n(n-1)c_n\varphi^{n-2}] \end{cases} \tag{4-2}$$

式中，$c_0, c_1, c_2, \cdots, c_n$ 为待定系数，可根据凸轮机构工作要求所决定的边界条件确定。

1. 一次多项式运动规律(等速运动规律)

在上述多项式运动规律中，如果 $n = 1$，则有

$$\begin{cases} s = c_0 + c_1\varphi \\ v = c_1\omega \\ a = 0 \end{cases} \tag{4-3}$$

在推程阶段，$\varphi \in [0, \Phi]$，则根据边界条件(当 $\varphi = 0$ 时，$s = 0$；当 $\varphi = \Phi$ 时，$s = h$)，即可解出待定常数，$c_0 = 0$，$c_1 = h/\Phi$。将 c_0，c_1 代入式(4-3)中并整理，即可得到从动件在推程时的运动方程。

$$\begin{cases} s = \dfrac{h}{\Phi}\varphi \\ v = \dfrac{h}{\Phi}\omega \\ a = 0 \end{cases} \tag{4-4}$$

在回程阶段，$\varphi \in [0, \Phi']$，则根据边界条件(当 $\varphi = 0$ 时，$s = h$；当 $\varphi = \Phi'$ 时，$s = 0$)，即可解出待定常数，$c_0 = h$，$c_1 = -h/\Phi'$。将 c_0，c_1 代入式(4-3)中并整理，即可得到从动件在回程时的运动方程。

$$\begin{cases} s = h - \dfrac{h}{\Phi'}\varphi \\ v = -\dfrac{h}{\Phi'}\omega \\ a = 0 \end{cases} \tag{4-5}$$

由上式可以看出，对于多项式类运动规律，当 $n = 1$ 时，从动件按等速运动规律运动，因此，一次多项式运动规律也称为等速运动规律，其位移为凸轮转角的一次函数，位移曲线为一条斜直线。从动件按等速运动规律运动时的位移、速度、加速度相对于凸轮转角的变化规律线图如图4-9所示。由图可以看出，在行程的起点与终点(O，A，B)处，由于速度发生突变，加速度在理论上趋于无穷大，从而导致在从动件上产生非常大的惯性力冲击，这种冲击称为刚性冲击。所以，等速运动规律常用于从动件具有等速运动要求、从动件的质量不大或低速场合。

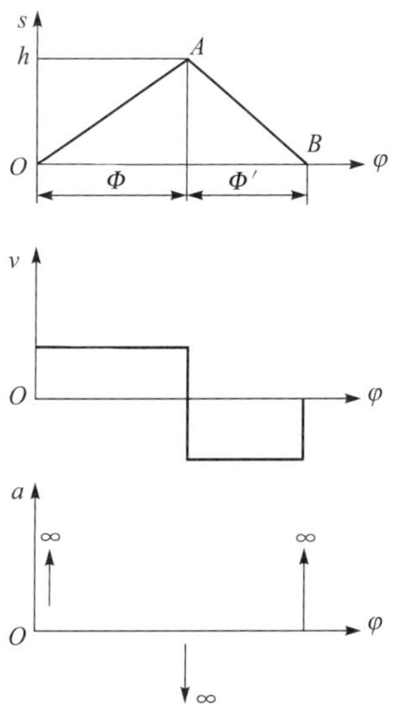

2. 二次多项式运动规律(等加速等减速运动规律)

在多项式运动规律中，令 $n = 2$，则有

$$\begin{cases} s = c_0 + c_1\varphi + c_2\varphi^2 \\ v = \omega(c_1 + 2c_2\varphi) \\ a = 2c_2\omega^2 \end{cases} \tag{4-6}$$

图4-9　等速运动规律

在推程前半阶段，$\varphi \in [0, \Phi/2]$，则根据边界条件(当 $\varphi = 0$ 时，$s = 0$，$v = 0$；当 $\varphi = \Phi/2$ 时，$s = h/2$)，代入式(4-6)，即可解出待定常数，$c_0 = 0$，$c_1 = 0$，$c_2 = 2h/\Phi^2$。将 c_0，c_1，c_2 代入式(4-6)并整理，即可得到从动件在推程前半阶段的运动方程。

$$\begin{cases} s = \dfrac{2h}{\Phi^2}\varphi^2 \\[2ex] v = \dfrac{4h\omega}{\Phi^2}\varphi \\[2ex] a = \dfrac{4h\omega^2}{\Phi^2} \end{cases} \qquad (4-7)$$

在前半推程中，从动件的加速度 $a = \dfrac{4h\omega^2}{\Phi^2} = $ 常数，因此，从动件做等加速运动。

在推程后半阶段，$\varphi \in [\Phi/2, \Phi]$，则根据边界条件（当 $\varphi = \Phi/2$ 时，$s = h/2$，$v = 2h\omega/\Phi$；当 $\varphi = \Phi$ 时，$s = h$，$v = 0$），代入式(4-6)，即可解出待定常数，$c_0 = -h$，$c_1 = 4h/\Phi$，$c_2 = -2h/\Phi^2$。将 c_0，c_1，c_2 代入式(4-6)并整理，即可得到从动件在推程后半阶段的运动方程。

$$\begin{cases} s = h - \dfrac{2h}{\Phi^2}(\Phi - \varphi)^2 \\[2ex] v = \dfrac{4h\omega}{\Phi^2}(\Phi - \varphi) \\[2ex] a = -\dfrac{4h\omega^2}{\Phi^2} \end{cases} \qquad (4-8)$$

在该阶段，从动件加速度 $a = -\dfrac{4h\omega^2}{\Phi^2}$，为一负常数，因此，从动件做等减速运动。

根据从动件在回程阶段的边界条件，同理可得从动件在回程阶段的运动方程，如式(4-9)和式(4-10)所示。

等加速阶段

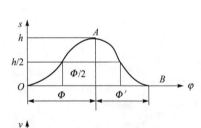

$$\begin{cases} s = h - \dfrac{2h}{\Phi'^2}\varphi^2 \\[2ex] v = -\dfrac{4h\omega}{\Phi'^2}\varphi \\[2ex] a = -\dfrac{4h\omega^2}{\Phi'^2} \end{cases} \qquad (4-9)$$

等减速阶段

$$\begin{cases} s = \dfrac{2h}{\Phi'^2}(\Phi' - \varphi)^2 \\[2ex] v = -\dfrac{4h\omega}{\Phi'^2}(\Phi' - \varphi) \\[2ex] a = \dfrac{4h\omega^2}{\Phi'^2} \end{cases} \qquad (4-10)$$

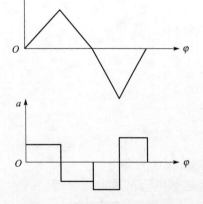

图 4-10   等加速等减速运动规律

对于多项式类运动规律，当 $n = 2$ 时，从动件按等加速等减速运动规律运动，因此，二次多项式运动规律也称为等加速等减速运动规律，其位移为凸轮转角的二次函数，位移曲线为抛物线。从动件按等加速等减速运动规律运动时的位移、速度、加速度相对于凸轮转角的变化规律线图如图 4-10 所示。

由加速度线图可以看出,在行程的起点、中点和终点处,由于其加速度发生突变,因而在从动件上产生的惯性力也发生突变,也会引起凸轮机构产生冲击。然而,由于加速度的突变为一有限值,所引起的惯性力突变也是有限值,故对凸轮机构的冲击也是有限的,因此,这种冲击称为柔性冲击。

3. 五次多项式运动规律

在多项式类运动规律的一般形式中,令 $n=5$,则此时从动件的运动规律为

$$
\begin{cases}
s = c_0 + c_1\varphi + c_2\varphi^2 + c_3\varphi^3 + c_4\varphi^4 + c_5\varphi^5 \\
v = \omega(c_1 + 2c_2\varphi + 3c_3\varphi^2 + 4c_4\varphi^3 + 5c_5\varphi^4) \\
a = \omega^2(2c_2 + 6c_3\varphi + 12c_4\varphi^2 + 20c_5\varphi^3)
\end{cases}
\tag{4-11}
$$

在推程阶段,$\varphi \in [0, \Phi]$,则根据边界条件(当 $\varphi=0$ 时,$s=0$,$v=0$,$a=0$;当 $\varphi=\Phi$ 时,$s=h$,$v=0$,$a=0$),代入式(4-11),即可解出待定常数,$c_0 = c_1 = c_2 = 0$,$c_3 = 10h/\Phi^3$,$c^4 = -15h/\Phi^4$,$c_5 = 6h/\Phi^5$。将 $c_0, c_1, c_2, c_3, c_4, c_5$ 代入式(4-11)中并整理,即可得到从动件在推程阶段的运动方程。

$$
\begin{cases}
s = h\left(\dfrac{10}{\Phi^3}\varphi^3 - \dfrac{15}{\Phi^4}\varphi^4 + \dfrac{6}{\Phi^5}\varphi^5\right) \\
v = h\omega\left(\dfrac{30}{\Phi^3}\varphi^2 - \dfrac{60}{\Phi^4}\varphi^3 + \dfrac{30}{\Phi^5}\varphi^4\right) \\
a = h\omega^2\left(\dfrac{60}{\Phi^3}\varphi - \dfrac{180}{\Phi^4}\varphi^2 + \dfrac{120}{\Phi^5}\varphi^3\right)
\end{cases}
\tag{4-12}
$$

同理可得从动件在回程阶段的运动方程。

$$
\begin{cases}
s = h - h\left(\dfrac{10}{\Phi'^3}\varphi^3 - \dfrac{15}{\Phi'^4}\varphi^4 + \dfrac{6}{\Phi'^5}\varphi^5\right) \\
v = -h\omega\left(\dfrac{30}{\Phi'^3}\varphi^2 - \dfrac{60}{\Phi'^4}\varphi^3 + \dfrac{30}{\Phi'^5}\varphi^4\right) \\
a = -h\omega^2\left(\dfrac{60}{\Phi'^3}\varphi - \dfrac{180}{\Phi'^4}\varphi^2 + \dfrac{120}{\Phi'^5}\varphi^3\right)
\end{cases}
\tag{4-13}
$$

从动件按照 5 次多项式运动规律运动时的位移、速度和加速度对凸轮转角的变化规律线图如图 4-11 所示。由加速度线图可以看出,5 次多项式运动规律的加速度曲线是连续曲线,因此,既不存在刚性冲击,也不存在柔性冲击,运动平稳性好,适用于高速凸轮机构。

二、三角函数类运动规律

三角函数类运动规律是指从动件的加速度按余弦规律或正弦规律变化。

1. 简谐运动规律(余弦加速度运动规律)

如图 4-12 所示,当动点 M 从 O 点开始做顺时针圆周运动时,M 点在坐标轴 s 上投影的变化规律为简谐运动规律。取动点 M 在坐标轴 s 上投影的变化规律为从动件的运动规律,并设从动件的行程 h 等于圆周的直径 $2R$,则当点 M 由 O

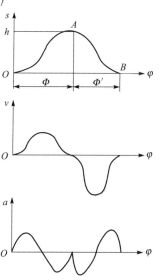

图 4-11　5 次多项式运动规律

点开始转过180°时，从动件到达推程的最高点，即 $h = 2R$。设 M 点转过角 θ 时，从动件的位移为 s，凸轮转角为 φ，则点 M 转过的角度 θ 与凸轮转角 φ 之间的关系为

$$\theta = \frac{\pi}{\Phi}\varphi$$

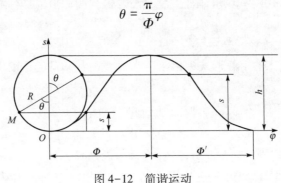

图 4-12 简谐运动

因此，根据图 4-12 中的几何关系，从动件在推程阶段的位移运动方程为

$$s = R - R\cos\theta = \frac{h}{2} - \frac{h}{2}\cos\left(\frac{\pi}{\Phi}\varphi\right) \qquad (4-14\text{a})$$

对上式分别求时间的一阶、二阶导数并整理，即可得到从动件在推程阶段的速度和加速度运动方程。

$$v = \frac{\pi h\omega}{2\Phi}\sin\left(\frac{\pi}{\Phi}\varphi\right) \qquad (4-14\text{b})$$

$$a = \frac{\pi^2 h\omega^2}{2\Phi^2}\cos\left(\frac{\pi}{\Phi}\varphi\right) \qquad (4-14\text{c})$$

同理可得，从动件在回程阶段的运动方程为

$$\begin{cases} s = \dfrac{h}{2} + \dfrac{h}{2}\cos\left(\dfrac{\pi}{\Phi'}\varphi\right) \\[2mm] v = -\dfrac{\pi h\omega}{2\Phi'}\sin\left(\dfrac{\pi}{\Phi'}\varphi\right) \\[2mm] a = -\dfrac{\pi^2 h\omega^2}{2\Phi'^2}\cos\left(\dfrac{\pi}{\Phi'}\varphi\right) \end{cases} \qquad (4-15)$$

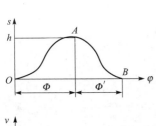

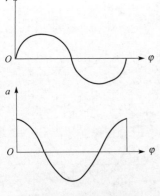

图 4-13 简谐运动规律

当 $\Phi = \Phi'$ 时，从动件的位移、速度与加速度相对于凸轮转角的变化规律线图如图 4-13 所示。可以看出，简谐运动规律的特征是从动件的加速度按照余弦规律变化，而且加速度线图为 1/2 周期的余弦曲线。因此，简谐运动规律也称为余弦加速度运动规律。

此外，由加速度线图还可以看出，当从动件以余弦加速度运动规律运动时，加速度在行程的起点和终点处存在有限突变，故会产生柔性冲击。但是，在无休止角的升→降→升类型的凸轮机构中，加速度曲线变成连续曲线，从而避免了柔性冲击的产生。

2. 摆线运动规律(正弦加速度运动规律)

如图 4-14 所示,当半径为 R 的圆沿坐标轴线 s 做纯滚动时,圆上一点 M 在 s 轴上投影的变化规律为摆线运动规律。当该圆滚动一周时,点 M 沿 s 轴上升的距离为从动件的行程 h,则有 $h=2\pi R$,此时凸轮转过了推程运动角 Φ。设当滚圆转过 θ 角时,对应从动件的位移为 s,凸轮转角为 φ,则滚圆转角与凸轮转角之间的关系为

$$\theta = \frac{2\pi}{\Phi}\varphi$$

因此,根据图 4-14 中的几何关系,从动件在推程阶段的位移运动方程为

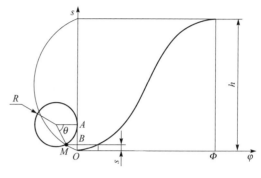

$$s = \overline{OA} - \overline{AB} = \overparen{MA} - \overline{AB} = R\theta - R\sin\theta$$

$$= \frac{h}{\Phi}\varphi - \frac{h}{2\pi}\sin\left(\frac{2\pi}{\Phi}\varphi\right) \qquad (4-16a)$$

图 4-14　摆线运动

对式(4-16a)分别求时间的一阶、二阶导数并整理,即可得到从动件在推程阶段的速度和加速度运动方程。

$$v = \frac{h}{\Phi}\omega - \frac{h\omega}{\Phi}\cos\left(\frac{2\pi}{\Phi}\varphi\right) \qquad (4-16b)$$

$$a = \frac{2\pi h\omega^2}{\Phi^2}\sin\left(\frac{2\pi}{\Phi}\varphi\right) \qquad (4-16c)$$

同理可得,从动件在回程阶段的运动方程为

$$\begin{cases} s = h - \dfrac{h}{\Phi'}\varphi + \dfrac{h}{2\pi}\sin\left(\dfrac{2\pi}{\Phi'}\varphi\right) \\[2mm] v = -\left(\dfrac{h}{\Phi'}\omega - \dfrac{h\omega}{\Phi'}\cos\left(\dfrac{2\pi}{\Phi'}\varphi\right)\right) \\[2mm] a = -\dfrac{2\pi h\omega^2}{\Phi'^2}\sin\left(\dfrac{2\pi}{\Phi'}\varphi\right) \end{cases} \qquad (4-17)$$

从动件的位移、速度与加速度相对于凸轮转角的变化规律线图如图 4-15 所示。可以看出,摆线运动规律的特征是从动件的加速度按照正弦规律变化,而且加速度线图是整周期的正弦曲线。因此,摆线运动规律也称为正弦加速度运动规律。

此外,还可以看出,当从动件以正弦加速度运动规律运动时,速度和加速度均无突变,故凸轮机构在运动中不会产生冲击,适用于高速场合。

三、组合型运动规律

在实际应用中,除了选用上面介绍的几种基本运动规律外,还可以选择其他类型的运动规律,也可以将几种不同的基本运动规律组合起来,形成新的组合型运动规律,可以改善凸

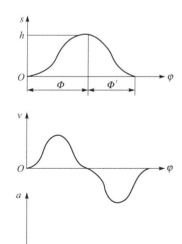

图 4-15　摆线运动规律

轮机构的运动和动力特性,以满足工程实际中的多样化要求。目前,随着机械性能要求的不断提高,对从动件运动规律的要求也越来越严格,组合型运动规律的应用也越来越广泛。

1. 运动规律的组合原则

（1）按凸轮机构的工作要求选择一种基本运动规律作为主体运动规律,然后用其他运动规律与之组合,通过优化对比,寻求最佳的组合形式。

（2）在行程的起点和终点处,有较好的边界条件。

（3）在运动规律的连接点处,根据不同的使用要求,应满足位移、速度、加速度甚至是更高一阶导数的连续条件,以减少或避免冲击。

（4）各段运动规律要有较好的动力特性。

2. 组合型运动规律举例

要求从动件做等速运动,但在行程的起点和终点处应能够避免任何形式的冲击。因此,以等速运动规律为主体,在行程的起点和终点处可用摆线运动规律或5次多项式运动规律来组合。图4-16所示为等速运动规律与5次多项式运动规律的组合,改进后,等速运动（AB）段与原直线的斜率相比略有变化,其速度也存在一些变化,但对运动影响不大。图4-17所示为改进后的等加速等减速运动规律线图,OA、BC、CD、EF段的加速度曲线均为1/4正弦波,周期为$\Phi/2$。这种运动规律也称为改进梯形加速度运动规律,具有最大加速度小、连续性和动力特性好等特点,适用于高速场合。

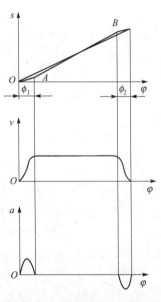

图4-16　改进等速运动规律

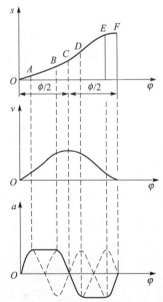

图4-17　改进梯形加速度运动规律

四、从动件运动规律的选择与设计原则

选择与设计从动件的运动规律是凸轮机构设计的一项重要内容。在进行运动规律的选择与设计时,不但要考虑凸轮机构的实际工作要求,还要考虑凸轮机构的工作速度和载荷的大小、从动件系统的质量、动力特性以及加工制造等因素。具体来讲,主要需要注意以下几点:

（1）从动件的最大速度v_{max}应尽量小。v_{max}越大,则最大动量mv_{max}越大,特别是当从动件

系统的质量 m 较大时,过大的动量会导致凸轮机构引起极大的冲击力,因此应该限制从动件的最大速度 v_{max}。

（2）从动件的最大加速度 a_{max} 应尽量小,且无突变。由于从动件的惯性力为 $F=-ma$,因此 a_{max} 越大,机构的惯性力就越大。特别是对于高速凸轮,应该限制最大加速度 a_{max},以减小机构惯性力的危害,而且对提高凸轮机构的动力性能也有很大的帮助。

（3）从动件的最大跃度应尽量小。跃度是加速度的一阶导数,它反映了惯性力的变化率,直接影响着机构的振动和运动平稳性,因此希望越小越好。

总之,在选择与设计从动件的运动规律时,一般都希望 v_{max}、a_{max} 和 j_{max} 等值尽可能地小,但因为这些值之间是互相制约的,往往是此抑彼长。一般需要根据实际的工作要求,分清主次来选择特性相对比较理想的运动规律曲线。必要时,可对从动件运动规律的 v_{max}、a_{max} 和 j_{max} 等值进行优化计算。表 4-1 列出了几种常用运动规律的运动特性和冲击特性,供设计凸轮机构时参考。

表 4-1　几种常用运动规律的特性比较

运动规律	$v_{max}/(h\omega/\Phi)$	$a_{max}/(h\omega^2/\Phi^2)$	$j_{max}/(h\omega^3/\Phi^3)$	冲击特性	适用场合
等速运动规律	1	∞	∞	刚性冲击	低速、轻载
等加等减运动规律	2	4	∞	柔性冲击	中速、轻载
多项式运动规律	1.88	5.77	60	无	高速、中载
简谐运动规律	1.57	4.93	∞	柔性冲击	中速、中载
摆线运动规律	2	6.28	39.48	无	高速、中载

第三节　凸轮轮廓曲线的设计

凸轮轮廓曲线设计的主要任务是根据选定的从动件运动规律和其他设计数据,画出凸轮的轮廓曲线或计算出轮廓曲线的坐标值。

一、凸轮机构的相对运动原理

在图 4-18(a)所示的直动尖底从动件盘形凸轮机构中,当凸轮以等角速度 ω 逆时针方向转动时,从动件做往复直线移动。凸轮转角 φ 与从动件的位移 s 有对应关系。如果把整个凸轮机构加以绕凸轮中心 O 点的反转,使反转角速度等于凸轮角速度,则凸轮静止不动。而此时的从动件边绕 O 点反转边沿从动件导路方向移动,凸轮与从动件之间的相对运动关系不变。从动件的反转与相对移动的复合运动轨迹便形成了凸轮的轮廓曲线,图 4-18(b)所示为直动从动件凸轮机构反转示意图。从动件由起始位置 B_0 点反转 φ_1 角,到达 B_1' 点,再沿导路移动位移 s_1,到达 B_1 点。这与凸轮转过 φ_1 角,从动件移动 s_1 是一样的结果。从动件由起始位置 B_0 点反转 φ_2 角,到达 B_2' 点,再沿导路移动位移 s_2,到达 B_2 点。如果已知运动规律 s-φ,多次重复上述反转过程,B_0、B_1、B_2、$\cdots$、B_i 等点形成凸轮廓线。

在图 4-18(c)所示的摆动滚子从动件盘形凸轮机构中,加以 $-\omega$ 的转动后,凸轮静止不动。反转 φ_1 后,从动件 A_0B_0 先转动到 A_1B_1',再绕 A_1 点摆动 ψ_1 到 A_1B_1。反转 φ_2 后,从动件 A_0B_0 先转动到 A_2B_2',再绕 A_2 点摆动 ψ_2 到 A_2B_2。B_0、B_1、B_2、$\cdots$、B_i 等点形成了凸轮廓线。

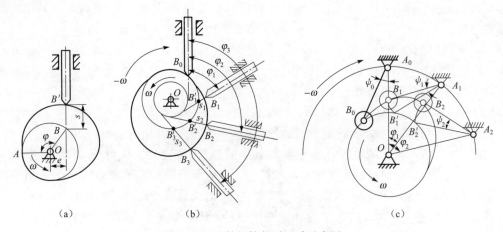

图4-18 凸轮机构相对运动示意图

（a）偏置尖底直动从动件盘形凸轮机构；（b）直动从动件盘形凸轮机构的反转示意图；

（c）摆动从动件盘形凸轮机构的反转示意图

二、凸轮机构的轮廓曲线

凸轮与从动件直接接触的廓线称为凸轮的工作廓线，也称实际廓线。图4-18（b）中的从动件尖底 B 的复合运动轨迹就是凸轮的实际廓线。对于滚子从动件，可把滚子圆心看作从动件的尖点，该点的复合运动轨迹称为凸轮的理论廓线，实际廓线是滚子的包络线。图4-19（a）表示了凸轮的理论廓线与实际廓线之间的形成关系，理论廓线与实际廓线之间的法线距离处处相等，均等于滚子半径。当已知凸轮的理论廓线方程和滚子曲线方程后，滚子的包络线方程就是凸轮的实际廓线方程。在滚子从动件盘形凸轮机构中，凸轮转角在理论廓线的基圆上量度，从动件的位移是导路的方向线与理论廓线基圆的交点至滚子中心之间的距离。图4-19（b）表示了直动滚子从动件盘形凸轮机构中的凸轮转角与从动件位移的标注方法。在直动平底从动件盘形凸轮机构中，可把平底与导路方向线的交点 B 作为尖底从动件的尖

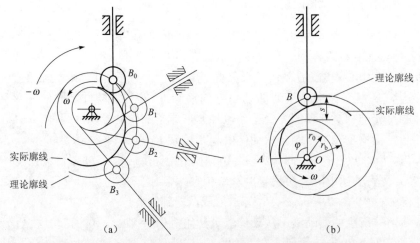

图4-19 直动滚子从动件盘形凸轮的理论廓线与实际廓线

（a）理论廓线与实际廓线之间的形成关系；（b）凸轮转角与从动件位移的标注方法

点,过一系列反转后的尖点作平底,各平底的包络线即为凸轮的实际廓线。图4-20(a)所示为直动平底从动件的包络示意图。图4-20(b)所示为其转角与位移示意图。对于曲底从动件,可把曲底的曲率中心作为尖底从动件的尖底。

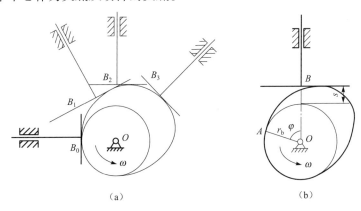

图4-20 平底从动件包络示意图

(a) 包络示意图;(b) 转角与位移示意图

三、凸轮廓线的设计

1. 直动从动件盘形凸轮廓线的设计

在图4-21(a)中,直角坐标系的原点位于凸轮的回转中心 O 点,偏置直动滚子从动件位于行程起始位置1,滚子中心位于 B_0。反转 φ 角后,到达位置2,B_0 点到达 B 点,$s=BB'$。从动件上 B 点的运动可以看作 B_0 点绕 O 点反转 φ 角,到达理论廓线基圆上的 B' 点,B' 点再沿导路移动到 B 点。设偏距为 e,B_0 点的坐标为 (x_{B_0}, y_{B_0}),B 点的坐标为 (x,y),B 点的复合运动可用下述的坐标旋转和平移变换来实现。

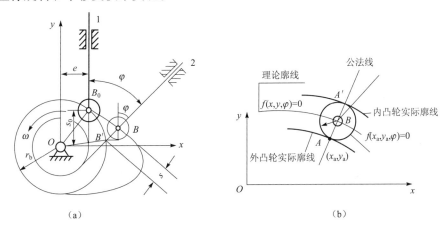

图4-21 偏置直动滚子从动件盘形凸轮的轮廓曲线设计

(a) 理轮廓线设计;(b) 理轮廓线与实际廓线关系

$$\begin{bmatrix} x \\ y \end{bmatrix} = \begin{bmatrix} \cos\varphi & \sin\varphi \\ -\sin\varphi & \cos\varphi \end{bmatrix} \begin{bmatrix} x_{B_0} \\ y_{B_0} \end{bmatrix} + \begin{bmatrix} s_x \\ s_y \end{bmatrix} \tag{4-18}$$

式中，$x_{B_0} = e$，$y_{B_0} = s_0 = \sqrt{r_b^2 - e^2}$；$s_x = s\sin\varphi$，$s_y = s\cos\varphi$，代入式(4-18)并整理得

$$x = (s_0 + s)\sin\varphi + e\cos\varphi$$
$$y = (s_0 + s)\cos\varphi - e\sin\varphi \qquad (4-19)$$

式(4-19)为直动滚子从动件盘形凸轮的理论廓线方程。

实际廓线是圆心位于理论廓线上的滚子圆的包络线，其方程为

$$\begin{cases} f(x_a, y_a, \varphi) = 0 \\ \dfrac{\partial f(x_a, y_a, \varphi)}{\partial \varphi} = 0 \end{cases} \qquad (4-20)$$

滚子圆的方程为

$$f(x_a, y_a, \varphi) = (x_a - x)^2 + (y_a - y)^2 - r_r^2 = 0 \qquad (4-21)$$

如图4-21(b)所示，x,y 为理轮廓线上的坐标；x_a, y_a 为滚子圆和实际廓线上的公共点坐标，也是滚子圆和实际廓线上的切点坐标。

$$\frac{\partial f(x_a, y_a, \varphi)}{\partial \varphi} = -2(x_a - x)\frac{\mathrm{d}x}{\mathrm{d}\varphi} - 2(y_a - y)\frac{\mathrm{d}y}{\mathrm{d}\varphi} = 0$$
$$(x_a - x)\frac{\mathrm{d}x}{\mathrm{d}\varphi} = -(y_a - y)\frac{\mathrm{d}y}{\mathrm{d}\varphi} \qquad (4-22)$$

联立求解包络线方程式(4-21)和式(4-22)，可得到实际廓线方程。

$$x_a = x \pm r_r \frac{\dfrac{\mathrm{d}y}{\mathrm{d}\varphi}}{\sqrt{\left(\dfrac{\mathrm{d}x}{\mathrm{d}\varphi}\right)^2 + \left(\dfrac{\mathrm{d}y}{\mathrm{d}\varphi}\right)^2}}$$

$$y_a = y \mp r_r \frac{\dfrac{\mathrm{d}x}{\mathrm{d}\varphi}}{\sqrt{\left(\dfrac{\mathrm{d}x}{\mathrm{d}\varphi}\right)^2 + \left(\dfrac{\mathrm{d}y}{\mathrm{d}\varphi}\right)^2}} \qquad (4-23)$$

图4-21(b)所示为图4-21(a)在 B 点的局部放大示意图，滚子圆的包络线有两条，上面一组符号用于求解外凸轮的包络线方程，下面一组符号用于求解内凸轮的包络线方程。

2. 直动平底从动件盘形凸轮廓线的设计

在图4-22中，直角坐标系的原点位于凸轮的回转中心 O 点，直动平底从动件的初始位置在行程起始位置1，平底切于行程起始点 B_0。反转 φ 角后，到达位置2，凸轮与从动件的接触点 B_0 到达 B 点，$B'B''$ 为对应的位移 s。从动件上 B 点的运动可以看作 B_0 点绕 O 点反转 φ 角，到达基圆上的 B'

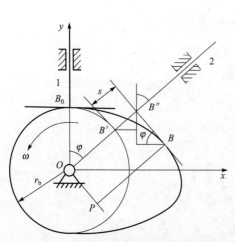

图4-22　直动平底从动件盘形
凸轮的廓线设计

点,B'点沿导路方向移动到B''点,B''点再沿平底方向移动到B点。设B_0点的坐标为x_{B_0},y_{B_0},B点的坐标为x,y,B点的复合运动可用下述的坐标旋转和平移变换来实现。

$$\begin{bmatrix} x \\ y \end{bmatrix} = \begin{bmatrix} \cos\varphi & \sin\varphi \\ -\sin\varphi & \cos\varphi \end{bmatrix} \begin{bmatrix} x_{B_0} \\ y_{B_0} \end{bmatrix} + \begin{bmatrix} s_x \\ s_y \end{bmatrix} + \begin{bmatrix} op\cos\varphi \\ -op\sin\varphi \end{bmatrix} \tag{4-24}$$

式中,$x_{B_0}=0$,$y_{B_0}=r_b$,$s_x=s\sin\varphi$,$s_y=s\cos\varphi$,$op=\dfrac{\mathrm{d}s}{\mathrm{d}\varphi}$(此式由凸轮与从动件的高副约束性质而得),将其代入式(4-24)有

$$\begin{bmatrix} x \\ y \end{bmatrix} = \begin{bmatrix} \cos\varphi & \sin\varphi \\ -\sin\varphi & \cos\varphi \end{bmatrix} \begin{bmatrix} 0 \\ r_b \end{bmatrix} + \begin{bmatrix} s\sin\varphi \\ s\cos\varphi \end{bmatrix} + \begin{bmatrix} \dfrac{\mathrm{d}s}{\mathrm{d}\varphi}\cos\varphi \\ -\dfrac{\mathrm{d}s}{\mathrm{d}\varphi}\sin\varphi \end{bmatrix}$$

整理后

$$x = (r_b + s)\sin\varphi + \frac{\mathrm{d}s}{\mathrm{d}\varphi}\cos\varphi$$
$$y = (r_b + s)\cos\varphi - \frac{\mathrm{d}s}{\mathrm{d}\varphi}\sin\varphi \tag{4-25}$$

方程(4-25)为直动平底从动件盘形凸轮的实际廓线方程。

3. 摆动滚子从动件盘形凸轮廓线的设计

在图4-23中,直角坐标系的原点位于凸轮的回转中心O点。机架长为a,摆杆长为l。摆动滚子从动件的初始位置在行程起始位置1时的A_0B_0,反转φ角后,到达位置2的AB。凸轮与从动件的接触点B_0到达B点,$B'B$为对应的弧位移s,对应从动件的摆角ψ。从动件AB的运动可以看作A_0B_0绕O点反转φ角,到达AB'位置,AB'再摆动ψ角到达AB位置。从动件AB的运动还可以看作A_0B_0绕A_0点反转$(\varphi+\psi)$角,到达A_0B''点,A_0B''再平移到AB位置。设B_0点的坐标

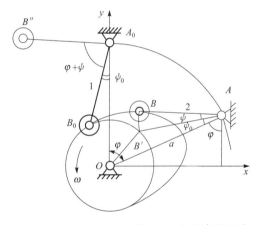

图4-23　摆动滚子从动件盘形凸轮的廓线设计

为(x_{B_0},y_{B_0}),B点的坐标为(x,y),AB的复合运动可用下述的坐标旋转和平移变换来实现。

$$\begin{bmatrix} x \\ y \end{bmatrix} = \begin{bmatrix} \cos(\varphi+\psi) & \sin(\varphi+\psi) \\ -\sin(\varphi+\psi) & \cos(\varphi+\psi) \end{bmatrix} \begin{bmatrix} x_{B_0}-x_{A_0} \\ y_{B_0}-y_{A_0} \end{bmatrix} + \begin{bmatrix} x_A \\ y_A \end{bmatrix} \tag{4-26}$$

$$x_A = a\sin\varphi, \quad y_A = a\cos\varphi$$

式中,$x_{A_0}=0$,$y_{A_0}=a$,$x_{B_0}=-l\sin\psi_0$,$y_{B_0}=a-l\cos\psi_0$。

ψ_0为摆杆的初始位置角,其值为

$$\psi_0 = \arccos\left[\frac{a^2 + l^2 - r_0^2}{2al}\right]$$

将其代入方程(4-26)并整理得理论廓线方程为

$$x = a\sin \varphi - l\sin(\varphi + \psi_0 + \psi)$$
$$y = a\cos \varphi - l\cos(\varphi + \psi_0 + \psi)$$

(4-27)

实际廓线方程同式(4-23)。

第四节　凸轮机构的压力角及基本尺寸的确定

凸轮机构的压力角是指从动件在高副接触点所受的法向压力与从动件在该点的线速度方向所夹的锐角，常用 α 表示。凸轮机构的压力角是凸轮设计的重要参数。

一、凸轮机构的压力角

如图 4-24 所示，凸轮机构的压力角是指凸轮作用于从动件的法向力 $\boldsymbol{F}_n$ 与受力点 B 速度方向 $\boldsymbol{v}_2$ 所夹的锐角 α。凸轮机构在运动过程中，压力角 α 的大小是变化的。为使凸轮机构正常工作和具有较高的传动效率，设计时，必须对凸轮机构的最大压力角加以限制，使凸轮机构的最大压力角小于许用压力角，即 $\alpha_{\max} < [\alpha]$。

凸轮机构的许用压力角见表 4-2。

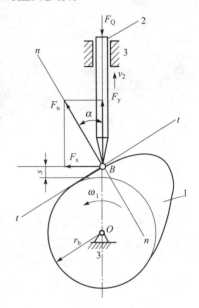

图 4-24　凸轮机构的压力角

表 4-2　凸轮机构的许用压力角

封闭形式	从动件的运动方式	推　程	回　程
外力封闭	直动从动件	$[\alpha]=25°\sim35°$	$[\alpha]=70°\sim80°$
	摆动从动件	$[\alpha]=35°\sim45°$	$[\alpha]=70°\sim80°$
形封闭	直动从动件	$[\alpha]=25°\sim35°$	
	摆动从动件	$[\alpha]=35°\sim45°$	

二、凸轮机构基本尺寸的设计

1. 基圆半径的设计

如图 4-24 所示，为保证凸轮与从动件的高副接触，它们在 B 点的速度沿公法线 n-n 方向的分量应相等，即 $\omega_1(r_b+s)\sin \alpha = v_2\cos\alpha, v_2 = \dfrac{ds}{dt} = \omega_1\dfrac{ds}{d\varphi}$。因此，图 4-24 所示对心直动尖底从动件盘形凸轮机构在推程任一位置时压力角的表达式为

$$\tan \alpha = \frac{ds/d\varphi}{r_b + s}$$

(4-28)

由式(4-28)可知：基圆半径越大，压力角越小。从传力的角度来看，基圆半径越大越好；从机构紧凑的角度来看，基圆半径越小越好。在设计时，应在满足许用压力角要求的前提下，选取最小的基圆半径。

2. 滚子半径的设计

对于滚子从动件盘形凸轮机构，滚子尺寸的设计要满足强度要求和运动特性。

从强度要求考虑，滚子半径 $r_r \geq (0.1\sim0.5)r_b$。

从运动特性考虑,不能发生运动的失真现象。前面已论述过凸轮实际廓线是滚子的包络线,也就是说,凸轮的实际廓线形状与滚子半径有关。图 4-25 所示为外凸廓线的包络情况。

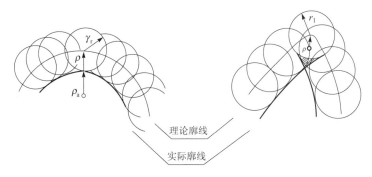

图 4-25　外凸廓线的包络线

由图 4-25 可知,实际廓线上的曲率半径 ρ_a、理论廓线上的曲率半径 ρ 和滚子半径 r_r 有如下关系:$\rho_a = \rho - r_r$。

当 $r_r \geqslant \rho_{min}$ 时,该处将发生实际廓线曲率半径为零或为负值的情况。实际廓线曲率半径为零,说明该处出现尖点;实际廓线曲率半径为负值,说明在包络加工过程中,图中交叉的阴影部分将被切掉,导致运动发生失真。为避免发生这种现象,要对滚子半径加以限制,使 $r_r \leqslant 0.8\rho_{min}$。

习　　题

4-1　同一个凸轮若与对心的直动尖底从动件、直动滚子从动件或直动平底从动件组成高副凸轮机构,试问从动件的运动规律是否相同? 凸轮的基圆是否相同?

4-2　已知题 4-2 图所示凸轮机构的理论轮廓曲线,试在图上画出它们的实际轮廓曲线。

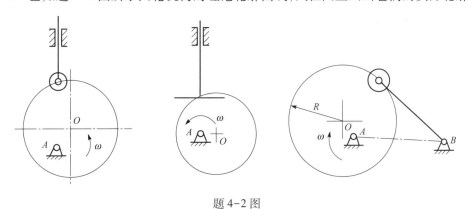

题 4-2 图

4-3　在题 4-3 图所示凸轮机构中,标出图示位置的凸轮机构压力角以及从动件的位移。若凸轮从图示位置转过 30°,再次标出对应位置的压力角和从动件的位移。

4-4　已知从动件的运动规律为:推程中从动件以简谐运动规律上升,推程运动角 $\Phi = 120°$,行程 $H = 50\,mm$;远休止角 $\Phi_s = 30°$,回程中从动件以等加速、等减速运动规律下降,回程

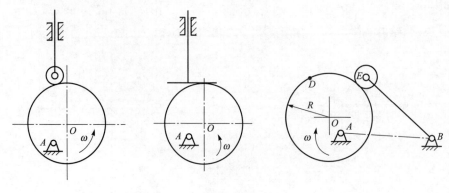

题 4-3 图

运动角 $\Phi' = 90°$，近休止角 $\Phi'_s = 120°$。盘形凸轮以等角速度逆时针方向旋转，基圆半径 $r_b = 60$ mm，滚子半径 $r_r = 15$ mm。

　　1. 画出从动件的运动规律线图（图解法与解析法均可）。

　　2. 若从动件采用对心布置，设计该凸轮的轮廓曲线（图解法与解析法均可）。

　　4-5　偏置直动滚子从动件盘形凸轮机构从动件的运动规律为：推程按摆线运动规律运动，推程运动角 $\Phi = 120°$，行程 $h = 30$ mm，远休止角 $\Phi_s = 30°$；回程按等速运动规律运动，回程运动角 $\Phi' = 150°$，近休止角 $\Phi'_s = 60°$。如题 4-5 图所示，已知凸轮以角速度 ω 逆时针匀速转动，基圆半径 $r_b = 50$ mm，偏距 $e = 12$ mm，滚子半径 $r_r = 10$ mm。试设计此凸轮机构（方法不限）。

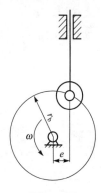

题 4-5 图

第五章　间歇运动机构

在许多机器和仪表中，经常要求某些机构的主动件连续工作时，从动件产生周期性的间歇运动，即实现有一定规律的时停、时歇的间歇运动状态。这种能够将主动件的连续运动转换成从动件有规律的运动和停歇的机构称为间歇运动机构。

间歇运动机构广泛应用于自动机床的进给、送料和刀架转位机构以及食品、印刷、纺织等各类生产自动线上的步进机构、计数装置和许多复杂的轻工机械中。

本章主要介绍几种常用间歇运动机构的工作原理及用途。

第一节　棘轮机构

一、棘轮机构的组成、结构和工作原理

图 5-1 所示为机械传动系统中的棘轮机构，常用的有外啮合（图 5-1(a)）和内啮合（图 5-1(b)）两种形式。

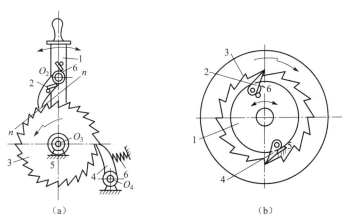

（a）　　　　　　　　　　　（b）

图 5-1　棘轮机构

（a）外啮合棘轮机构；（b）内啮合棘轮机构

1—主动摆杆；2—主动棘爪；3—棘轮；4—止回棘爪；5—机架；6—弹簧

外啮合棘轮机构（图 5-1(a)）主要由主动摆杆 1、主动棘爪 2、棘轮 3、止回棘爪 4 和机架 5 等组成。主动摆杆 1 空套在机架 5 上，当主动摆杆 1 逆时针摆动时，摆杆上通过回转副铰接的主动棘爪 2 便借助弹簧或自重的作用插入棘轮 3 的齿槽内，推动棘轮同向转过一定角度，此时止回棘爪 4 依靠弹簧 6 与棘轮保持接触并在棘轮的齿背上滑过；当主动摆杆顺时针摆动时，止回棘爪阻止棘轮顺时针方向转动，此时主动棘爪在棘轮的齿背上滑回原位，而棘轮静止不动。这样就将主动摆杆不断的往复摆动转换为从动棘轮的单向间歇转动。

主动摆杆的往复摆动可由连杆机构、凸轮机构、液压传动或电磁装置等来实现。当棘轮的直径无穷大时，棘轮变为棘条，棘轮的单向间歇转动变为棘条的单向间歇移动（图 5-2）。

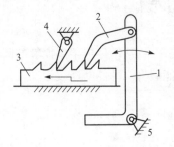

图 5-2　单动式棘轮机构

1—主动摆杆；2—主动棘爪；
3—棘齿条；4—止回棘爪

如果改变主动摆杆的结构形状（图 5-3），安装两个主动棘爪 2 和 2′，主动摆杆改为绕 O_1 轴摆动，便得到双动式棘轮机构（又称双棘爪机构）。在主动摆杆向两个方向往复摆动时，分别带动两个棘爪沿同一方向两次推动棘轮转动。棘爪的形状可制成直的（图 5-1）或带钩头的（图 5-3）。当棘轮轮齿制成方形时，成为可变换转动方向的棘轮机构，图 5-4 所示为可变向棘轮机构。如图 5-4(a) 所示的机构，当棘爪 2 在实线位置时，棘轮 3 按逆时针方向做间歇运动；当棘爪 2 在虚线位置时，棘轮 3 按顺时针方向做间歇运动。图 5-4(b) 所示为另一种可变向棘轮机构，只需拔出销子，提起棘爪 2 绕自身轴线转 180° 放下，即可改变棘轮 3 的间歇转动方向。双向式棘轮机构的齿形一般采用对称齿形。

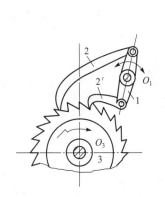

图 5-3　双动式棘轮机构

1—主动摆杆；2,2′—主动棘爪；3—棘轮

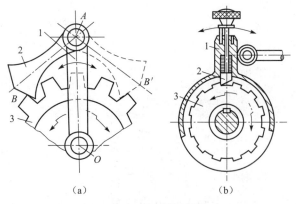

(a)　　　　　　(b)

图 5-4　可变向棘轮机构

(a) 对称梯形齿形；(b) 矩形齿形
1—主动摆杆；2—棘爪；3—棘轮

棘轮机构除以上介绍的齿式棘轮机构外，还有一种无棘齿的摩擦式棘轮机构，如图 5-5 所示。它以偏心扇形楔块代替齿式棘轮机构中的棘爪，通过棘爪与无齿摩擦轮之间的摩擦力来传递运动，该机构的特点是传动平稳，无噪声。

二、棘轮机构的特点及用途

棘轮机构广泛应用于各类需要实现间歇运动的机构中，但不能传递大的动力。齿式棘轮机构结构简单，制造方便，运动可靠，但棘爪在齿背上滑行引起噪声、冲击和磨损，不宜用于高速。摩擦式棘轮机构传动平稳，无噪

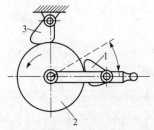

图 5-5　摩擦式棘轮机构

1—主动棘爪；2—棘轮；3—制动棘爪

声,但其接触表面间容易发生滑动,传动精度不高,适用于低速轻载的场合。

棘轮机构在工程中能满足送进、制动和超越等要求。图 5-6(a)所示为牛头刨床的示意图。为了实现工作台的双向间歇送进,由齿轮机构、曲柄摇杆机构和可变向棘轮机构组成了工作台横向进给机构,如图 5-6(b)所示。

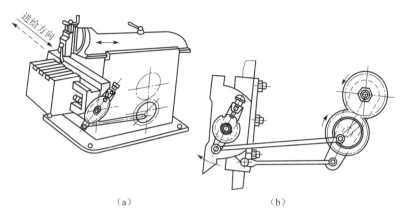

（a） （b）

图 5-6 牛头刨床

（a）牛头刨床示意图；（b）牛头刨床工作台横向进给机构

图 5-7 所示为千斤顶中的棘条机构。

图 5-8 所示为卷扬机制动机构。卷筒 1、链轮 2 和棘轮 3 作为一体,杆 4 和杆 5 调整好角度后紧固为一体,杆 5 端部与链条导板 6 铰接。当链条 7 突然断裂时,链条导板 6 失去支撑而下摆,使杆 4 端齿与棘轮 3 啮合,阻止卷筒逆转,起制动作用。

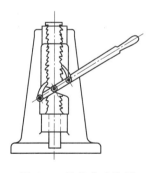

图 5-7 棘条式千斤顶

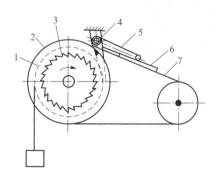

图 5-8 卷扬机制动机构

1—卷筒;2—链轮;3—棘轮;4,5—杆;6—链条导板;7—链条

图 5-9 所示为手枪盘分度机构,滑块 1 沿导轨 d 的上、下移动通过棘爪 4 和棘轮 5 的间歇运动传递到手枪盘 3 上。当滑块 1 沿导轨 d 向上运动时,棘爪 4 使棘轮 5 转过一个齿距,并使与棘轮固结的手枪盘 3 绕 A 轴转过一个角度,此时挡销 a 上升使棘爪 2 在弹簧的作用下进入手枪盘 3 的槽中使盘静止并防止反向转动。当滑块 1 向下运动时,棘爪 4 从棘轮 5 的齿背上滑过,在弹簧力的作用下进入下一个齿槽中,同时挡销 a 使棘爪 2 克服弹簧力绕 B 轴逆时针转动,手枪盘 3 解脱止动状态。

棘轮机构除常用于实现间歇运动外,还能实现超越运动。图5-10所示为自行车后轮轴上的棘轮机构。当脚蹬踏板时,经链轮1和链条2带动内圈具有棘齿的链轮3顺时针转动,

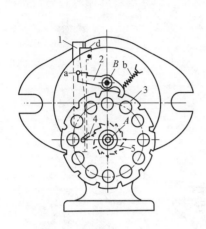

图5-9　手枪盘分度机构

1—滑块;2,4—棘爪;3—手枪盘;5—棘轮

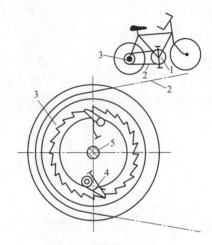

图5-10　超越式棘轮机构

1—链轮;2—链条;3—带棘齿链轮;4—棘爪;5—后轮轴

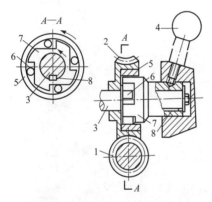

图5-11　钻床中的自动进给机构

1—主动蜗杆;2—蜗轮;3—轴;4—手柄;
5—外环;6—滚柱;7—从动轮

再通过棘爪4的作用,使后轮轴5顺时针转动,从而驱使自行车前进。自行车前进时,如果令踏板不动,因惯性作用后轮轴5便会超越链轮3而转动,棘爪4在棘轮齿背上滑过,从而实现不蹬踏板的自由滑行。

图5-11所示为钻床中的自动进给机构。它以摩擦式棘轮机构作为传动中的超越离合器,实现自动进给和快慢速进给。由主动蜗杆1带动蜗轮2,通过外环5使从动轮7和轴3与之同向同速转动,实现自动进给;当快速转动手柄4时,直接通过轮7使轴3做超越运动,实现快速进给。

第二节　槽轮机构

一、槽轮机构的组成结构及工作原理

槽轮机构又称为马尔他机构,如图5-12所示。

槽轮机构由带有圆柱销的主动销轮1、具有径向直槽的从动槽轮2及机架组成。主动销轮1做匀速连续转动时,驱使从动槽轮2做时转时停的间歇运动。当圆柱销A尚未进入槽轮2的径向槽时,槽轮2的内凹锁住弧β被销轮1的外凸圆弧α卡住,使得槽轮静止不动。当圆柱销A开始进入径向槽时,α弧和β弧脱开,槽轮在销A的驱动下逆时针转动;当圆柱销A开始脱离径向槽时,槽轮的另一内凹锁住弧又被销轮1的外凸圆弧卡住,致使槽轮又静止不动,

直到圆柱销 A 进入槽轮 2 的另一径向槽时,重新开始重复上述运动循环,从而实现从动槽轮的单向间歇转动。

　　槽轮机构主要分为传递平行轴运动的平面槽轮机构和传递相交轴运动的空间槽轮机构两大类。平面槽轮机构又分为外啮合槽轮机构(图 5-12)和内啮合槽轮机构(图 5-13)。外啮合槽轮机构的主、从动轮转向相反;内啮合槽轮机构的主、从动轮转向相同。

　　图 5-14 所示为空间槽轮机构,从动槽轮 2 为半球状结构,槽和锁止弧均分布在球面上,主动构件(销轮 1)的轴线和销 A 的轴线均与槽轮 2 的回转轴线汇交于槽轮球心 O,故又称为球面槽轮机构。当主动构件(销轮 1)连续回转时,槽轮 2 做间歇转动。

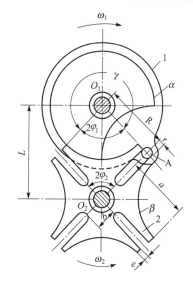

图 5-12　外啮合槽轮机构
1—销轮;2—槽轮

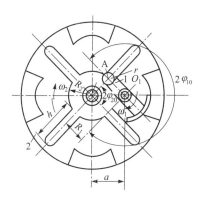

图 5-13　内啮合槽轮机构
1—销轮;2—槽轮

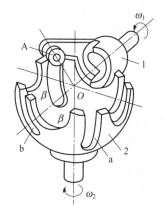

图 5-14　空间槽轮机构
1—销轮;2—槽轮

二、槽轮机构的特点及用途

　　槽轮机构的特点是结构简单,外形尺寸小,工作可靠,制造容易,机械效率高,并能较平稳、准确地进行间歇转位。但在运动过程中的加速度变化较大,冲击较严重,不适用于高速。

　　槽轮机构一般用于转速不是很高、转角不需要调节的自动机械、轻工机械和仪器仪表中。

　　如在电影放映机(图 5-15)及自动照相机中常用的送片机构,转塔自动车床用作转塔刀架的转位机构等(图 5-16)。此外也常与其他机构组合,在自动生产线中作为工件传送或转位机构。

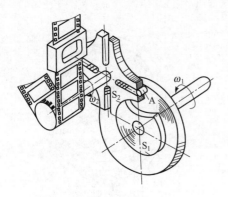

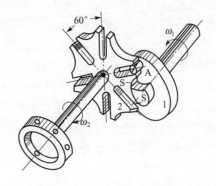

图 5-15　电影放映机送片机构　　　　　　图 5-16　刀架转位机构

第三节　不完全齿轮机构

　　不完全齿轮机构是由渐开线齿轮机构演变而来的一种间歇机构，这种机构的主动轮是只有一个齿或几个齿的不完全齿轮，而从动轮由正常齿和带锁住弧的厚齿彼此相间地组成。

　　不完全齿轮机构有外啮合（图 5-17(a)）、内啮合（图 5-17(b)）以及不完全齿轮齿条机构（图 5-18）。

　　在不完全齿轮机构中，主动轮 1 连续转动，主、从动轮进入啮合时，主动轮 1 推动从动轮 2 转动，退出啮合时，通过两轮轮缘上各有的凹、凸锁止弧起定位作用，使从动轮 2 可靠停歇，从而获得从动轮时转时停的间歇转动。

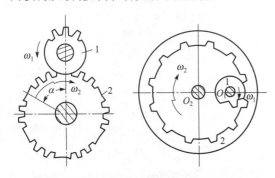

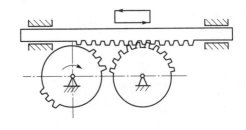

图 5-17　不完全齿轮机构　　　　　　　图 5-18　不完全齿轮齿条机构
(a) 外啮合；(b) 内啮合
1—主动轮；2—从动轮

　　下面简单分析一下图 5-17(a)所示的不完全齿轮机构的工作情况。主动轮 1 上有 3 个轮齿与从动轮上间隔分布的齿槽相啮合，整个轮上有 6 段锁止弧，这样当主动轮转过一周时，从动件所转的角度为 $\alpha = \dfrac{2\pi}{6}$，也就是从动轮间歇地转过六分之一圈。

　　不完全齿轮机构结构简单，设计灵活，从动轮的运动角范围大，很容易实现一个周期中的多次动、停时间不等的间歇运动。缺点是加工复杂，在进入和退出啮合时会因速度突变产生刚性冲击。不完全齿轮机构不宜用于高速传动,而且主、从动轮不能互换。

不完全齿轮机构常应用于计数器、电影放映机和某些具有特殊运动要求的专用机械中。在多工位的自动机中,也常用它作为工作台的间歇转位和间歇进给机构。

习　题

5−1　间歇运动机构有哪几种结构形式?它们各有何运动特点?

5−2　间歇运动机构的主要用途有哪些?举例说明。

第六章　齿轮传动

本章包括圆柱齿轮传动和圆锥齿轮传动两部分内容,讲述齿廓啮合的基本定律,以渐开线直齿圆柱齿轮机构为主线,讲述齿轮的啮合原理、基本参数和基本几何尺寸的计算,讨论齿轮传动的强度计算及结构设计等相关问题。

第一节　齿轮传动的特点、类型及其应用

齿轮传动是非常重要的一种机械传动形式,它可以用来传递空间两任意轴之间的运动和动力。因其传动准确、平稳、效率高,传动功率和速度范围广,使用寿命长等优点而被广泛地应用于各种仪器、仪表中。齿轮传动的缺点为:制造和安装精度要求高,成本较高,不宜于远距离两轴间传动。

根据齿轮传动中两齿轮轴线的相对位置,可将齿轮传动分为平面齿轮传动和空间齿轮传动两大类。

一、平面齿轮传动(平行轴传动)

用于传递两平行轴间运动和动力的齿轮传动称为平面齿轮传动,如图 6-1~图 6-3 所示。

1. 直齿圆柱齿轮传动

图 6-1 所示为直齿圆柱齿轮传动,其中各齿轮轮齿的齿向相对于齿轮的轴线是平行的。图 6-1(a) 所示为外啮合直齿圆柱齿轮传动;图 6-1(b) 所示为内啮合直齿圆柱齿轮传动;图 6-1(c) 所示为齿轮齿条传动,其中齿条可看成直径为无穷大的齿轮的一部分。

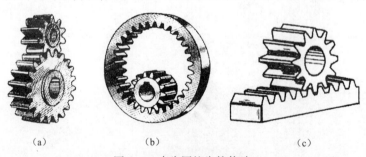

(a) 　　　　　　　　(b) 　　　　　　　　(c)

图 6-1　直齿圆柱齿轮传动

(a) 外啮合;(b) 内啮合;(c) 齿轮齿条

2. 斜齿圆柱齿轮传动

图 6-2 所示为斜齿圆柱齿轮传动,此传动中齿轮的齿向与齿轮的轴线方向有一倾斜角,此角称为斜齿圆柱齿轮的螺旋角。

3. 人字齿轮传动

图 6-3 所示为人字齿轮传动,此传动中的每个人字齿轮均可看成由两个螺旋方向相反的斜齿轮构成。

图 6-2　斜齿圆柱齿轮传动　　　　　　　　图 6-3　人字齿轮传动

二、空间齿轮传动

用于传递相交轴或交错轴间运动和动力的齿轮传动称为空间齿轮传动,如图 6-4~图 6-6 所示。

1. 圆锥齿轮传动

圆锥齿轮传动用于两相交轴之间的传动,圆锥齿轮有直齿(图 6-4(a))、斜齿(图 6-4(b)) 和曲齿(图 6-4(c))之分。

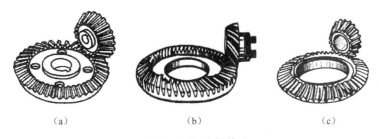

（a）　　　　　　　　（b）　　　　　　　　（c）

图 6-4　圆锥齿轮传动

（a）直齿圆锥齿轮；（b）斜齿圆锥齿轮；（c）曲齿圆锥齿轮

2. 蜗杆传动

蜗杆传动通常用于两交错垂直轴之间的传动,如图 6-5 所示。

3. 交错轴斜齿轮传动

图 6-6 所示为交错轴斜齿圆柱齿轮传动,其中的每一个齿轮都是斜齿圆柱齿轮。

图 6-5　蜗杆传动　　　　　　　　　图 6-6　交错轴斜齿轮传动

另外,根据齿轮传动的工作条件可将齿轮传动分为开式传动和闭式传动两种。闭式传动中的齿轮被封闭在有润滑油的箱体内,齿轮工作在良好润滑和清洁的环境中,传动质量高,适宜于重要的场合；开式齿轮传动中的齿轮暴露在外，润滑和工作条件均较差，这种传动通常用于不重要的场合。

第二节   齿廓啮合的基本定律

一、齿廓啮合的基本定律

一对齿轮传动是靠主动齿轮的齿廓推动从动齿轮的齿廓来实现的，其瞬时传动比 i_{12}（主、从动轮角速度之比）与齿廓的形状有关。为使齿轮传动平稳，就要求齿轮在传动过程中瞬时传动比保持不变。齿廓啮合的基本定律揭示了轮齿齿廓曲线与两轮传动比之间的关系。

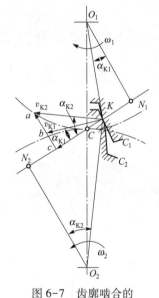

图 6-7   齿廓啮合的基本定律

图 6-7 所示为一对啮合齿轮的齿廓 C_1 和 C_2 在 K 点接触的情形。ω_1 和 ω_2 分别为两轮的角速度，主动齿轮 1 的齿廓 C_1 与从动齿轮 2 的齿廓 C_2 在 K 点啮合（接触），过 K 点作两齿廓的公法线 N_1N_2，此公法线与两轮轮心连线（连心线）交于 C 点，称 C 为啮合节点（简称节点）。

齿廓 C_1 在 K 点的速度为 v_{K1}，齿廓 C_2 在 K 点的速度为 v_{K2}。要保证两齿轮齿廓高副接触，它们在 K 点的速度沿公法线 N_1N_2 方向的分量应相等，即齿面沿接触点公法线 N_1N_2 方向没有相对运动，否则两轮齿面不是相互分离就是相互嵌入，这是正常传动所不允许的。因此有

$$v_{K1} \cos \alpha_{K1} = v_{K2} \cos \alpha_{K2}$$

由于 $v_{K1} = \omega_1 \overline{O_1K}, v_{K2} = \omega_2 \overline{O_2K}$，故

$$\frac{\omega_1}{\omega_2} = \frac{\overline{O_2K} \cos \alpha_{K2}}{\overline{O_1K} \cos \alpha_{K1}}$$

故两轮的瞬时传动比为

$$i_{12} = \frac{\omega_1}{\omega_2} = \frac{\overline{O_2K} \cos \alpha_{K2}}{\overline{O_1K} \cos \alpha_{K1}} = \frac{\overline{O_2N_2}}{\overline{O_1N_1}} = \frac{\overline{O_2C}}{\overline{O_1C}} \qquad (6-1)$$

此式说明：两齿轮啮合时，其瞬时传动比等于啮合节点分连心线所成两段线段的反比。这一规律称为齿廓啮合的基本定律。

由此定律知，两轮的瞬时传动比与节点 C 的位置有关，而节点 C 的位置与两齿廓的形状有关。

要想使齿轮的瞬时传动比保持不变，就必须使节点 C 为定点。分别以 O_1 和 O_2 为圆心，以 $\overline{O_1C}$ 和 $\overline{O_2C}$ 为半径作圆，这两个圆分别称为两轮的啮合节圆，简称节圆。两轮齿廓在节点 C 啮合时，相对速度为零，即 $v_{C1} = v_{C2}$。因此，一对齿轮的啮合传动相当于它们的节圆做纯滚动。

二、共轭齿廓

相互接触并能实现预定传动比要求的一对齿廓称为共轭齿廓。一般来说，只要给出一轮

的齿廓曲线,就可根据齿廓啮合的基本定律求出与之共轭的另一轮的齿廓曲线。因此,理论上可以作为共轭齿廓的曲线是很多的,实际中除了传动比要求外,还应考虑设计、制造、安装、互换性和强度等方面的问题。目前渐开线是定传动比齿轮传动中最常用的齿廓曲线,此外摆线和圆弧曲线也有应用。

第三节　渐开线齿廓及其啮合特性

一、渐开线的形成及渐开线性质

1. 渐开线的形成

在图 6-8 中,当直线 L 沿半径为 r_b 的圆做纯滚动时,直线 L 上任意点的轨迹称为该圆的渐开线,该圆称为渐开线的基圆,r_b 为基圆半径,直线 L 称为渐开线的发生线,A 为渐开线在基圆上的起始点,角 $\theta_K (\angle AOK)$ 称为渐开线 AK 段的展角。

2. 渐开线的性质

由渐开线的形成,可得渐开线的性质如下:

(1) 由于发生线沿基圆进行纯滚动,因此,发生线沿基圆滚过的长度 $\overline{KN}$ 等于基圆被滚过的弧长 $\overset{\frown}{AN}$。

(2) 渐开线上任意一点的法线必是基圆的切线。如图 6-8 所示,KN 既是渐开线 AK 在 K 点的法线,又是基圆的切线。

(3) 切点 N 是渐开线在 K 点的曲率中心,而 $\overline{KN}$ 就是渐开线在 K 点的曲率半径。渐开线上各点的曲率半径不同,离基圆越远,曲率半径越大;反之,离基圆越近,曲率半径越小。渐开线在基圆上的点 A 的曲率半径为零,基圆内没有渐开线。

(4) 渐开线的形状取决于基圆的大小。如图 6-9 所示,基圆半径越小,渐开线越弯曲;基圆半径越大,渐开线越平直。当基圆半径为无穷大时,渐开线就变成一条直线,直线是一条特殊的渐开线。

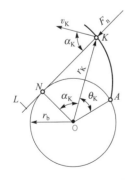

图 6-8　渐开线的形成及性质

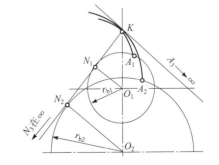

图 6-9　渐开线的形状与基圆半径的关系

3. 渐开线方程

在研究渐开线齿轮啮合传动和几何尺寸计算时,经常需要用到渐开线的代数方程式及渐开线函数。下面就根据渐开线的形成原理来进行推导。

如图 6-8 所示,以 OA 为极坐标轴,渐开线上的任意一点 K 的位置可用向径 r_K 和展角 θ_K

来确定,如以此渐开线作为齿轮的齿廓曲线与另一个齿轮的渐开线齿廓在 K 点啮合时,K 点所受正压力 $\boldsymbol{F}_n$ 的方向(法线 NK 方向)与该点速度方向(垂直于直线 OK)所夹的锐角称为渐开线在 K 点的压力角,用 α_K 表示。

由图6-8的几何关系可得渐开线上任意点的向径、压力角和基圆半径之间的关系为

$$r_K = \frac{r_b}{\cos \alpha_K}$$

又

$$\tan \alpha_K = \frac{\overline{NK}}{\overline{ON}} = \frac{\widehat{AN}}{r_b} = \frac{r_b(\alpha_K + \theta_K)}{r_b} = \alpha_K + \theta_K$$

故

$$\theta_K = \tan \alpha_K - \alpha_K$$

上式说明,展角 θ_K 是压力角 α_K 的函数,工程上常用 inv α_K 表示 θ_K,并称其为渐开线函数,即

$$\theta_K = \text{inv } \alpha_K = \tan \alpha_K - \alpha_K$$

综上所述,渐开线的极坐标方程为

$$\left.\begin{array}{l} r_K = \dfrac{r_b}{\cos \alpha_K} \\[3mm] \theta_K = \text{inv } \alpha_K = \tan \alpha_K - \alpha_K \end{array}\right\} \qquad (6-2)$$

二、渐开线齿廓啮合特性

一对渐开线齿廓进行啮合传动,具有以下特点。

1. 瞬时传动比恒定不变

图6-10所示为一对渐开线齿廓啮合情况,过任意啮合点 K 作两齿廓的公法线,根据渐开线的性质,它必与两齿轮的基圆相切且为其内公切线,N_1、N_2 分别为两个切点。两齿轮基圆大小和位置一定,其在同一个方向上的内公切线只有一条,因此它与连心线的交点只有一个,即无论此两齿廓在何处接触(如 K' 点接触),过其接触点所作齿廓公法线与连心线交点 C 为定点。根据齿廓啮合基本定律有

$$i_{12} = \frac{\omega_1}{\omega_2} = \frac{\overline{O_2 C}}{\overline{O_1 C}} = \frac{r_{b2}}{r_{b1}} = 常数 \qquad (6-3)$$

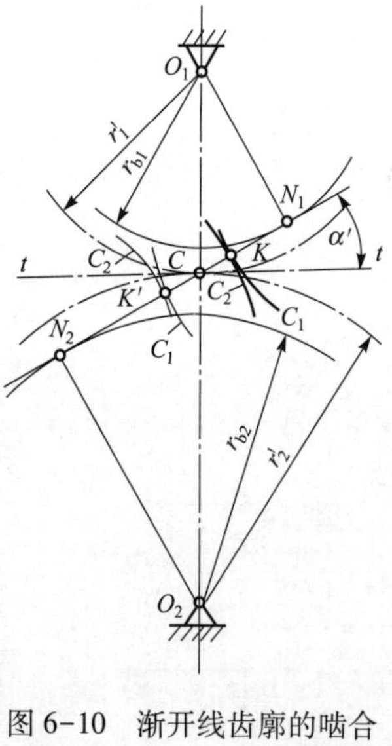

2. 中心距变动不影响传动比

由公式(6-3)可知:一对渐开线齿廓齿轮,无论两轮的安装中心距 a' 如何变化,其传动比 i_{12} 恒等于两轮基圆半径的反比,为一常数。这种中心距改变而传动比不变的性质称为渐开线齿轮传动中心距的可分性。

图6-10　渐开线齿廓的啮合

3. 啮合线是一条直线

一对渐开线齿廓无论在何处啮合(图6-10),其啮合点的公法线 $N_1 N_2$ 恒为两基圆的内公切线,轮齿啮合时啮合点只能在 $N_1 N_2$ 线上,即 $N_1 N_2$ 为啮合点的轨迹,故 $N_1 N_2$ 又称为啮合线。

啮合线 N_1N_2 与两轮连心线 O_1O_2 的垂线 tt 方向(节点 C 的速度方向)所夹的角 α' 称为啮合角,它等于渐开线在节圆上的压力角。当不计齿面间的摩擦力时,齿面间的作用力始终沿接触点的公法线方向作用,即作用力方向始终保持不变;当传递转矩一定时,齿面间的作用力大小也不变。这是渐开线齿廓的重要特性之一。

第四节　渐开线标准直齿圆柱齿轮各部分名称、基本参数和几何尺寸的计算

一、渐开线齿轮各部分的名称

图 6-11 所示为一直齿圆柱齿轮的一部分,各部分名称如下:

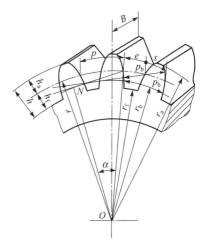

（1）齿顶圆:齿轮各齿顶所在的圆,其半径和直径分别用 r_a 和 d_a 表示。

（2）齿根圆:齿轮各齿槽底部所在的圆,其直径分别用 r_f 和 d_f 表示。

（3）分度圆:在齿顶圆和齿根圆之间规定的一个圆,此圆被作为计算齿轮齿形各部分几何尺寸的基准,其半径和直径分别用 r 和 d 表示。

（4）基圆:齿轮的齿廓曲线渐开线的发生圆,其半径和直径分别用 r_b 和 d_b 表示。

图 6-11　渐开线直齿圆柱齿轮各部分名称

（5）齿厚、齿槽宽、齿距:在齿轮的任意圆周上,一个轮齿两侧齿廓间的弧长叫该圆上的齿厚,用 s_k 表示,分度圆上的齿厚用 s 表示;一个齿槽两侧齿廓间的弧长叫该圆上的齿槽宽,用 e_k 表示,分度圆上的齿槽宽用 e 表示;相邻两齿的同向齿廓之间的弧长叫这个圆上的齿距,用 p_k 表示,分度圆上的齿距用 p 表示。显然,$p_k=s_k+e_k$,$p=s+e$。

（6）齿顶高、齿根高、齿高:轮齿由分度圆至齿顶圆沿半径方向的高度叫齿顶高,用 h_a 表示;由分度圆至齿根圆沿半径方向的高度叫齿根高,用 h_f 表示;由齿根圆至齿顶圆沿半径方向的高度叫齿高,用 h 表示。显然,$h=h_a+h_f$。

（7）法向齿距:齿轮相邻两齿同向齿廓沿公法线方向所量得的距离称为齿轮的法向齿距。根据渐开线的性质,法向齿距等于基圆齿距,都用 p_b 表示。

二、渐开线齿轮的基本参数

1. 齿数 z

齿轮整个圆周上轮齿的总数,用 z 表示。

2. 模数 m

由前述可知:齿轮的分度圆周长等于 πd,也等于 zp,因此有

$$\pi d = pz$$

分度圆直径为

$$d = pz/\pi$$

由于 π 是无理数，这给齿轮的设计、制造等带来了不便。为了便于设计、制造和检验，规定 $p/\pi=m$ 为标准值，称 m 为齿轮分度圆模数，简称模数，单位为 mm。模数 m 已经标准化，设计计算时必须按国家标准所规定的标准模数系列值选取。圆柱齿轮的标准模数系列见表 6-1。

表 6-1　通用机械和重型机械用圆柱齿轮模数（摘自 GB/T 1357—2008）

第一系列	1　1.25　1.5　2　2.5　3　4　5　6　8　10　12　16　20　25　32　40　50
第二系列	1.125　1.375　1.75　2.25　2.75　3.5　4.5　5.5　(6.5)　7　9　11　14　18　22　28　36　45

注：① 优先选用第一系列，括号里的模数尽量不用。
　　② 本标准适用于渐开线圆柱齿轮，对斜齿轮，表中模数为法面模数 m_n。

3. 压力角

齿轮轮齿各圆上压力角的值是不同的，通常所说的压力角是指齿轮分度圆上的压力角。齿轮的分度圆压力角 α、基圆半径 r_b 和分度圆半径 r 之间的关系为

$$r_b = r\cos\alpha = \frac{mz}{2}\cos\alpha \qquad (6-4)$$

显然，齿轮的基圆半径是由齿轮的模数 m、齿数 z 和压力角 α 决定的，而渐开线的形状又是由基圆半径决定的。因此，压力角 α 直接影响齿轮齿廓的形状，进而影响齿轮的传动性能。综合考虑，国家标准（GB/T 1356—2001）规定，分度圆上的压力角为标准值，$\alpha=20°$，在某些特殊情况下也可采用 14.5°、15°、22.5° 或 25° 等。

4. 齿顶高系数 h_a^*

齿轮的齿顶高 $h_a=h_a^* m$，h_a^* 称为齿顶高系数。国家标准（GB/T 1356—2001）规定：$h_a^*=1$。

5. 顶隙系数 c^*

齿轮的齿根高 $h_f=(h_a^*+c^*)m$，c^* 称为顶隙系数，$c^* m$ 称为标准顶隙。国家标准（GB/T 1356—2001）规定：$c^*=0.25$。

至此，可以得出分度圆的完整定义：齿轮上具有标准模数、标准压力角的圆称为分度圆。

三、渐开线标准直齿圆柱齿轮几何尺寸计算

具有标准模数 m、标准压力角 α、标准齿顶高系数 h_a^*、标准顶隙系数 c^*，并且分度圆上的齿厚 s 等于分度圆上的齿槽宽 e 的齿轮称为标准齿轮。为计算方便，现将标准直齿圆柱齿轮几何尺寸计算公式列于表 6-2。

表 6-2　标准直齿圆柱齿轮几何尺寸计算公式

名　称	符　号	计　算　公　式
分度圆直径	d	$d=mz$
基圆直径	d_b	$d_b=d\cos\alpha$
齿顶高	h_a	$h_a=h_a^* m$
齿根高	h_f	$h_f=(h_a^*+c^*)m$
齿　高	h	$h=h_a+h_f=(2h_a^*+c^*)m$
齿顶圆直径	d_a	$d_a=d+2h_a=(z+2h_a^*)m$
齿根圆直径	d_f	$d_f=d-2h_f=(z-2h_a^*-2c^*)m$

名　　称	符　　号	计　算　公　式
齿　距	p	$p = \pi m$
齿　厚	s	$s = \pi m/2$
齿槽宽	e	$e = \pi m/2$
基圆齿距	p_b	$p_b = p\cos \alpha$

四、任意圆弧齿厚和公法线长度

1. 任意圆弧齿厚

在设计、加工和检验齿轮时,经常需要知道某一圆周上的齿厚。如为了确定齿轮啮合时的齿侧间隙,需确定节圆上的齿厚;为检测齿顶强度,需算出齿顶圆上的齿厚。因此,有必要推导出齿轮任意半径 r_K 的圆周上齿厚 s_K 的计算公式。

图 6-12 所示为外齿轮的一个齿。图中,r、s、α 和 θ 分别为分度圆的半径、齿厚、压力角和展角。由于

$$\angle COC' = \angle BOB' - 2\angle BOC = \frac{s}{r} - 2(\theta_K - \theta)$$

则任意半径 r_K 的圆周上的齿厚 s_K 为

$$s_K = r_K \frac{s}{r} - 2r_K(\theta_K - \theta) = s \frac{r_K}{r} - 2r_K(\operatorname{inv} \alpha_K - \operatorname{inv} \alpha) \tag{6-5}$$

式中,$\alpha_K = \arccos\left(\dfrac{r_b}{r_K}\right)$ 为在任意半径 r_K 上的渐开线齿廓压力角。

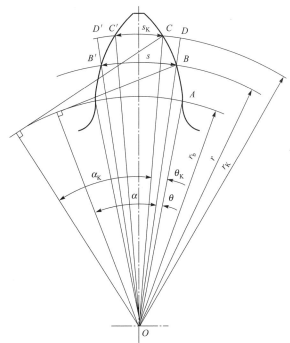

图 6-12　任意圆齿厚图

2. 公法线长度

因为弧齿厚无法测量,弦齿厚的测量又必须以齿顶圆作为基准,不但要求齿轮顶圆的加工精度,而且要采用以尖点与齿廓接触的量具,测量精度较低(图6-13)。为此,一般都通过测量轮齿的公法线长度来表示齿厚的加工精度。

如图6-14所示,作齿轮基圆的切线,它与齿轮不同轮齿的两反向齿廓交于 A、B 两点,根据渐开线的性质,A 与 B 两点的连线为外侧两齿廓的公法线。测量时,卡尺的卡爪跨 k 个轮齿,卡爪的平行平面与渐开线齿廓的切点 A 与 B(或 D)间的距离 AB(或 AD)即为公法线长度,用 W_k 表示。

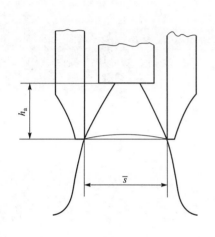

图6-13　弦齿厚测量

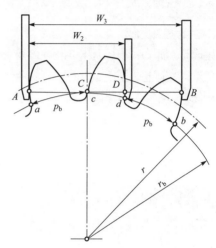

图6-14　公法线长度

当跨2个齿,即 $k=2$ 时,公法线长度为

$$W_2 = (2 - 1)p_b + s_b$$

当跨3个齿,即 $k=3$ 时,公法线长度为

$$W_3 = (3 - 1)p_b + s_b$$

因此,当跨 k 个齿时,公法线长度为

$$W_k = (k - 1)p_b + s_b$$

将基圆齿距 $p_b = \pi m \cos \alpha$ 及基圆齿厚 $s_b = s\cos \alpha + mz\cos \alpha \operatorname{inv} \alpha$ 代入上式得

$$W_k = m\cos \alpha[(k - 1)\pi + z\operatorname{inv} \alpha] + s\cos \alpha \qquad (6-6)$$

对于标准齿轮,其分度圆齿厚 $s = \dfrac{1}{2}\pi m$,故公法线长度为

$$W_k = m\cos \alpha[(k - 0.5)\pi + z\operatorname{inv} \alpha] \qquad (6-7)$$

在测量公法线长度时,跨齿数少,则切点偏向齿根,跨齿数过少,卡爪可能与齿根部的非渐开线齿廓接触;跨齿数多,则切点偏向齿顶,跨齿数过多,卡爪可能与齿顶尖点接触。这两种情况均不能准确测出公法线长。因此,需要确定适当的跨齿数 k。

测量齿轮的公法线长度时,应使卡爪与齿廓中部的渐开线接触。对于标准齿轮,通常希望卡爪与齿廓切在分度圆附近,其跨齿数 k 的计算公式为

$$k = \frac{\alpha}{\pi}z + 0.5 \qquad\qquad (6-8)$$

第五节　渐开线直齿圆柱齿轮的啮合传动

一、渐开线齿轮的正确啮合条件

正确啮合条件也称为齿轮传动的配对条件。虽然渐开线齿廓能满足定传动比传动要求,但这并不意味着任意两个渐开线齿轮都可以配成一对进行正确的啮合传动。那么,到底满足什么条件的两齿轮才能配成一对进行正确的啮合传动呢? 这正是我们要讨论的问题。

齿轮传动是靠轮齿依次啮合来实现的。如图6-15所示的一对齿轮,要想使啮合正确进行,应保证处于啮合线上的各对轮齿都能进入正确的啮合状态,即前一对轮齿在啮合线上的 K 点啮合,后一对轮齿应在啮合线上的 K' 点啮合。根据渐开线的性质有

$$\overline{KK'} = p_{b1} = p_{b2}$$

因 $p_{b1} = \pi m_1 \cos \alpha_1$,$p_{b2} = \pi m_2 \cos \alpha_2$,于是

$$\pi m_1 \cos \alpha_1 = \pi m_2 \cos \alpha_2$$

由于齿轮的模数和压力角都已经标准化了,所以两渐开线直齿圆柱齿轮的正确啮合条件为

$$\left.\begin{array}{r} m_1 = m_2 = m \\ \alpha_1 = \alpha_2 = \alpha \end{array}\right\} \qquad\qquad (6-9)$$

二、渐开线齿轮的连续传动条件

1. 轮齿的啮合过程

图6-16所示为一对啮合的齿轮,轮1为主动轮,顺时针方向转动。当轮1的轮齿根部与

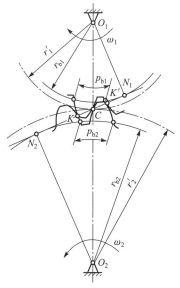

图6-15　正确啮合条件

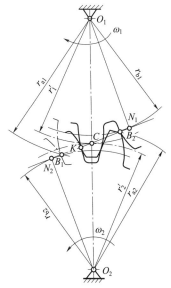

图6-16　轮齿的啮合过程

从动齿轮 2 的轮齿齿顶在啮合线 N_1N_2 上的 B_2 点接触时,这对轮齿开始进入啮合状态。随着传动的进行,两轮齿廓的啮合点沿啮合线向左下方移动,直到主动轮 1 轮齿的齿顶与从动轮 2 轮齿的齿根在啮合线上的 B_1 点接触时,两轮齿将脱离啮合。因此,线段 $\overline{B_1B_2}$ 才是啮合点实际所走过的轨迹,称为实际啮合线。显然 B_1、B_2 点分别为轮 1、轮 2 的齿顶圆与啮合线 N_1N_2 的交点。如果增大两轮的齿顶圆半径,B_1、B_2 将逐渐接近 N_1、N_2,但由于基圆内没有渐开线,因此它们永远也不会超过 N_1、N_2,线段 $\overline{N_1N_2}$ 是理论上最长的啮合线,称为理论啮合线。

2. 连续传动条件

要使齿轮传动连续进行,应使前一对轮齿在 B_1 点退出啮合之前,后一对轮齿就已经从 B_2 点进入啮合。为此,要求实际啮合线段 $\overline{B_1B_2}$ 的长度大于等于轮齿的法向齿距 p_b,即 $\overline{B_1B_2} \geq p_b$。

将实际啮合线段 $\overline{B_1B_2}$ 的长度与法向齿距的比值称为齿轮传动的重合度,用 ε_a 表示。因此,齿轮连续传动的条件为

$$\varepsilon_a = \frac{\overline{B_1B_2}}{p_b} \geq 1 \qquad (6-10)$$

理论上,重合度 $\varepsilon_a = 1$ 就能保证连续传动。在实际应用中,ε_a 值应大于或等于一定的许用值 $[\varepsilon_a]$,即

$$\varepsilon_a \geq [\varepsilon_a]$$

$[\varepsilon_a]$ 的值由齿轮传动的使用要求和制造精度而定,推荐的 $[\varepsilon_a]$ 值见表 6-3。

表 6-3   推荐的 $[\varepsilon_a]$ 值

使用场合	一般机械制造业	汽车拖拉机	金属切削机床
$[\varepsilon_a]$	1.4	1.1~1.2	1.3

3. 重合度的计算公式

一对外啮合齿轮的重合度计算公式可由图 6-17 推导。在图 6-17 中

$$\overline{B_1B_2} = \overline{CB_1} + \overline{CB_2}$$

$$\overline{CB_1} = \overline{N_1B_1} - \overline{N_1C} = r_{b1}(\tan\alpha_{a1} - \tan\alpha') = \frac{mz_1}{2}\cos\alpha(\tan\alpha_{a1} - \tan\alpha')$$

$$\overline{CB_2} = \overline{N_2B_2} - \overline{N_2C} = r_{b2}(\tan\alpha_{a2} - \tan\alpha') = \frac{mz_2}{2}\cos\alpha(\tan\alpha_{a2} - \tan\alpha')$$

因此

$$\overline{B_1B_2} = \frac{mz_1}{2}\cos\alpha(\tan\alpha_{a1} - \tan\alpha') + \frac{mz_2}{2}\cos\alpha(\tan\alpha_{a2} - \tan\alpha')$$

由于

$$p_b = p\cos\alpha = \pi m\cos\alpha$$

所以,一对外啮合直齿圆柱齿轮重合度的计算公式为

$$\varepsilon_a = \frac{\overline{B_1 B_2}}{p_b} = \frac{1}{2\pi}\left[z_1(\tan\alpha_{a1} - \tan\alpha') + z_2(\tan\alpha_{a2} - \tan\alpha')\right] \qquad (6-11)$$

式中，α'为啮合角，也就是节圆压力角；α_{a1}、α_{a2}分别为齿轮1、2的齿顶圆压力角，其值为$\alpha_{a1} = \arccos\dfrac{r_{b1}}{r_{a1}}$，$\alpha_{a2} = \arccos\dfrac{r_{b2}}{r_{a2}}$。

重合度衡量了啮合线上同时参与啮合的轮齿对数的平均值，重合度越大，同时参与啮合的轮齿的对数越多，传动越平稳。由式（6-11）可知，重合度与齿轮的模数无关。增加齿轮的齿数及增大齿轮齿顶高系数h_a^*均可使实际啮合线$\overline{B_1 B_2}$加长，从而使重合度ε_a增大。假想当两齿轮的齿数z_1、z_2都趋于无穷大时，重合度亦趋于最大值ε_{amax}，这时

$$\varepsilon_{amax} = \frac{2h_a^* m}{\pi m\sin\alpha\cos\alpha} = \frac{4h_a^*}{\pi\sin 2\alpha} \qquad (6-12)$$

当$h_a^* = 1$，$\alpha = 20°$时，$\varepsilon_{amax} = 1.981$。

如果$\varepsilon_a = 1$，表明齿轮传动过程中始终只有一对轮齿啮合（只有在B_1和B_2两点接触的瞬间，才有两对轮齿同时啮合）。如果$\varepsilon_a = 2$，表明齿轮传动过程中始终有两对轮齿啮合（只有在B_1和B_2两点及$B_1 B_2$中点接触的瞬间，才有三对轮齿同时啮合）。如果ε_a不是整数，例如$\varepsilon_a = 1.3$（图6-18），则表明在啮合线上$B_2 E$和$B_1 D$（长度各为$0.3p_b$）两段范围内，有两对轮齿同时啮合，称为双齿啮合区；在节点C附近的DE（长度$0.7p_b$）段内，只有一对轮齿啮合，称为单齿啮合区。

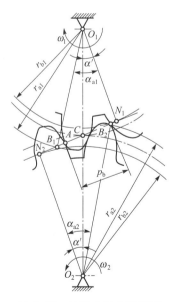

图6-17　外啮合重合度计算

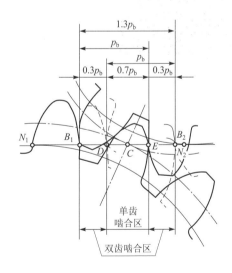

图6-18　重合度的意义

三、齿轮传动的中心距及标准齿轮的安装

1. 齿轮传动的中心距

两齿轮传动的实际中心距（安装中心距）a'恒等于两齿轮节圆半径之和，即

$$a' = r'_1 + r'_2 \qquad (6-13)$$

由于

$$r_b = r\cos\alpha = r'\cos\alpha'$$

故

$$r_{b1} + r_{b2} = (r_1 + r_2)\cos\alpha = (r'_1 + r'_2)\cos\alpha'$$

即

$$a\cos\alpha = a'\cos\alpha'$$

式中，$a = r_1 + r_2$，称为标准中心距。

实际机械中的一对齿轮传动，为了使齿面间形成润滑油膜，防止轮齿因受力变形及热膨胀而引起的挤压现象，两轮齿齿廓之间应有一定空隙，此间隙称为齿侧间隙（简称侧隙）。但为了减小或避免轮齿间空程和反向冲击，此间隙一般较小，通常由加工制造时的齿轮公差来保证。理论上按无侧隙啮合来计算齿轮的几何尺寸和确定中心距。

一对齿轮的啮合传动相当于两个节圆的纯滚动。为保证无齿侧间隙啮合，一个齿轮节圆上的齿厚 s'_1 应等于另一个齿轮节圆上的齿槽宽 e'_2（图 6-19），即

$$s'_1 = e'_2 \quad 或 \quad s'_2 = e'_1 \qquad (6-14)$$

此条件称为齿轮传动的无侧隙啮合条件，即节圆齿厚等于相啮合的齿轮的节圆齿槽宽。

在确定一对齿轮的实际中心距时除应满足无侧隙啮合条件外，还应使一轮的齿顶圆与另一轮的齿根圆之间留有一定的间隙，称为顶隙，以避免一轮的齿顶与另一轮的齿槽底相接触，并能有一定的空隙存储润滑油，此间隙沿半径方向测量，其标准值为 $c = c^* m$。显然，侧隙和顶隙都与齿轮的安装中心距有关。

2. 齿轮的标准安装

两标准齿轮啮合传动时，如把两轮安装成分度圆相切的状态，两轮的节圆分别与其分度圆重合，中心距等于两齿轮分度圆半径之和。由于标准齿轮的分度圆齿厚等于分度圆齿槽宽，即 $s_1 = e_1 = \dfrac{\pi m}{2} = s_2 = e_2$，因此有 $s'_1 = e'_1 = \dfrac{\pi m}{2} = s'_2 = e'_2$，故两轮做无侧隙啮合。将两轮分度圆半径之和称为标准中心距，用 a 表示。此时，顶隙值为

$$\begin{aligned}
c' &= a - r_{a1} - r_{f1} \\
&= r_1 + r_2 - r_{a1} - r_{f2} \\
&= r_1 + r_2 - (r_1 + h_a^* m) - (r_2 - h_a^* m - c^* m) \\
&= c^* m
\end{aligned}$$

综上所述，一对标准齿轮按标准中心距安装，做无侧隙啮合并具有标准顶隙。标准齿轮的这种

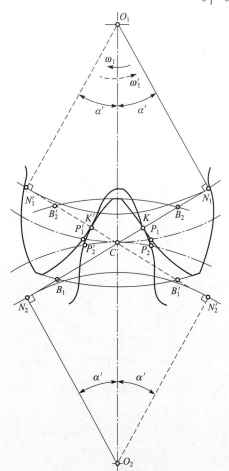

图 6-19　齿轮的安装

安装称为标准安装。

四、齿轮和齿条传动

1. 齿条的结构及其特点

当标准齿轮的齿数为无穷多时,其分度圆、齿顶圆、齿根圆分别演变为分度线、齿顶线、齿根线,且相互平行,此时基圆半径为无穷大,渐开线演变为一条直线,齿轮则变为做直线运动的齿条。

如图6-20所示,齿条有以下特点:

(1) 齿条齿廓为直线,齿廓上各点的压力角均为标准值,且等于齿条齿廓的倾斜角(齿形角),其值为 $\alpha = 20°$。

(2) 在平行于齿条齿顶线的各条直线上,齿条的齿距均相等,其值为 $p = \pi m$,其法向齿距(等于基圆齿距)$p_b = \pi m \cos \alpha$;与齿顶平行且其上的齿厚等于齿槽宽($s = e = \pi m/2$)的直线称为齿条的分度线,它是计算齿条尺寸的基准线。

(3) 分度线至齿顶线的高度为齿顶高 $h_a = h_a^* m$,分度线至齿根线的高度为齿根高 $h_f = (h_a^* + c^*)m$,齿顶线至齿根线的高度为齿高 $h = h_a + h_f$。

2. 齿轮与齿条啮合特点

齿轮与齿条啮合时,啮合线过啮合点垂直于齿条的齿廓且与齿轮的基圆相切。在传动过程中,由于齿轮的基圆大小和位置不变,齿条同向齿廓上任意点法向方向相同,因此啮合线为固定直线。啮合线与过齿轮中心且垂直于齿条分度线的直线的交点 C(节点)为定点。

当齿轮与齿条标准安装时(图6-21中实线部分),齿轮的分度圆与齿条的分度线相切,齿轮与齿条做无侧隙啮合传动且具有标准顶隙。这时齿轮的分度圆与节圆重合,齿条分度线与节线重合,啮合角 α' 等于齿轮分度圆压力角 α,也等于齿条齿形角。

当齿轮与齿条非标准安装时,即将齿条从标准安装位置向远离齿轮轮心方向移动一段距离 x,由于啮合线为定直线,节点 C 没有变,所以齿轮的分度圆仍然与节圆重合,但齿条分度线与节线不再重合,而是相距一段距离 x。

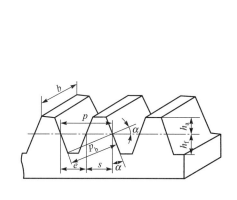

图6-20　标准齿条

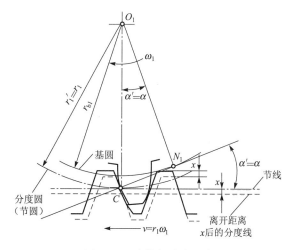

图6-21　齿轮与齿条啮合

综上所述,齿轮与齿条啮合传动时,无论是标准安装,还是非标准安装,齿轮分度圆永远与节圆重合。但只有在标准安装时,齿条的分度线才与节线重合。

例6-1 已知一对标准安装外啮合标准直齿圆柱齿轮的参数为 $z_1 = 22, z_2 = 33, \alpha = 20°$, $m = 2.5$ mm, $h_a^* = 1, c^* = 0.25$,求这对齿轮的主要尺寸和重合度。若两轮的中心距分开 1 mm,重合度又为多少?

解

$d_1 = mz_1 = 2.5 \times 22 = 55 \text{(mm)}$　　　　$d_2 = mz_2 = 2.5 \times 33 = 82.5 \text{(mm)}$

$d_{a1} = d_1 + 2h_a^* m = 60 \text{ mm}$　　　　$d_{a2} = d_2 + 2h_a^* m = 87.5 \text{ mm}$

$d_{f1} = d_1 - 2(h_a^* + c^*)m = 48.75 \text{ mm}$　　$d_{f2} = d_2 - 2(h_a^* + c^*)m = 76.25 \text{ mm}$

$d_{b1} = d_1 \cos\alpha = 55 \times \cos 20° = 51.68 \text{(mm)}$　$d_{b2} = d_2 \cos\alpha = 82.5 \times \cos 20° = 77.52 \text{(mm)}$

$p = \pi m = 7.85 \text{ mm}$　　　　$p_b = p\cos\alpha = \pi m \cos 20° = 7.38 \text{ mm}$

$\alpha_{a1} = \arccos \dfrac{d_{b1}}{d_{a1}} = \arccos \dfrac{51.68}{60} = 30°32'$　$\alpha_{a2} = \arccos \dfrac{d_{b2}}{d_{a2}} = \arccos \dfrac{77.52}{87.5} = 27°38'$

$\alpha' = \alpha = 20°$

则

$$\varepsilon_a = \frac{1}{2\pi}[z_1(\tan\alpha_{a1} - \tan\alpha') + z_2(\tan\alpha_{a2} - \tan\alpha')]$$
$$= \frac{1}{2\pi}[22 \times (\tan 30°32' - \tan 20°) + 33 \times (\tan 27°38' - \tan 20°)]$$
$$= 1.629$$

标准中心距为

$$a = r_1 + r_2 = 27.5 + 41.25 = 68.75 \text{（mm）}$$

增大 1 mm 时,中心距为

$$a' = a + 1 = 69.75 \text{（mm）}$$

由公式 $a'\cos\alpha' = a\cos\alpha$,求得啮合角为

$$\alpha' = \arccos\frac{a}{a'}\cos\alpha = \arccos\frac{68.75}{69.75} \times 0.9397 = 22°9'$$

由此可得

$$\varepsilon_a = \frac{1}{2\pi}[z_1(\tan\alpha_{a1} - \tan\alpha') + z_2(\tan\alpha_{a2} - \tan\alpha')]$$
$$= \frac{1}{2\pi}[22 \times (\tan 30°32' - \tan 22°9') + 33 \times (\tan 27°38' - \tan 22°9')]$$
$$= 1.252$$

第六节　渐开线齿廓的根切现象、变位齿轮的概念

一、渐开线齿轮轮齿的加工

齿轮轮齿的加工方法很多,最常用的是切削法,从原理上可将切削法分为仿形法和范成法。

1. 仿形法

仿形法利用刀具的轴面齿形与所切制的渐开线齿轮的齿槽形状相同的特点，在轮坯上直接加工出齿轮的齿形。仿形法常用刀具有盘状铣刀和指状铣刀两种，如图 6-22 所示。切齿时刀具绕轴线转动，同时轮坯沿轴线移动；铣完一个齿槽后，轮坯旋转（360°/z）的角度，再铣下一个齿槽，直至铣出全部轮齿。仿形法加工齿轮方法简单，但生产率和精度低，只适用于精度要求不高的单件和小批量齿轮加工中。

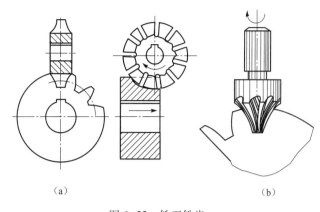

图 6-22　铣刀铣齿

（a）盘铣刀加工齿轮；（b）指状铣刀加工齿轮

2. 范成法

插齿和滚齿是范成法加工齿轮的常用形式。插齿法所用刀具有齿轮形插刀（图 6-23）和齿条形插刀（图 6-24），滚齿法所用刀具为齿轮滚刀（图 6-25）。

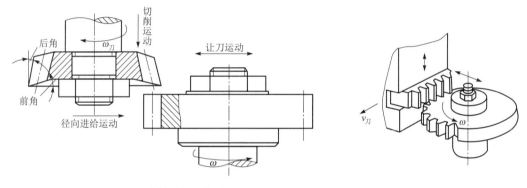

图 6-23　齿轮形插刀插齿　　　　　　　　　图 6-24　齿条形插刀插齿

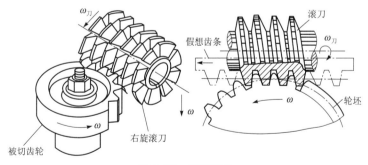

图 6-25　滚刀滚齿

范成法加工齿轮是利用一对齿轮或齿轮和齿条在啮合传动时，齿廓互为包络线的原理。插刀与轮坯间的定传动比 $i_{12} = \dfrac{\omega_1}{\omega_2} = \dfrac{z_{被加工齿轮}}{z_{刀具}}$（或 $v = r\omega_2$）的运动称为范成运动。插齿刀加工齿轮工作是不连续的，而滚齿刀能连续切削，故滚齿比插齿生产率高。

二、渐开线齿廓的根切

用范成法加工齿轮时，有时会出现刀具顶部把被加工齿轮齿根部已经切制出来的渐开线齿廓切去一部分，这种现象称为根切现象，如图6-26所示。产生严重根切的齿轮，一方面轮齿的抗弯强度被削弱了；另一方面会使实际啮合线缩短，使重合度降低，影响传动的平稳性。因此，在设计齿轮时应尽量避免发生根切现象。设计时

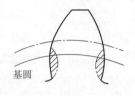

图 6-26　根切现象

必须了解根切现象产生的原因，清楚产生根切现象的几何条件和避免根切的措施。

1. 根切原因

下面以齿条形刀具加工标准齿轮为例，说明产生根切现象的原因。齿条刀的齿形（图6-27）与标准齿条刀的齿形相同，只是刀顶直刃（刀顶线）比标准齿条刀的齿顶高 c^*m。在

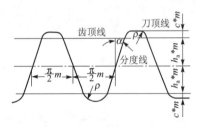

图 6-27　齿条形插刀的齿廓形状

范成切齿过程中，刀顶直刃切出齿轮的齿根圆，高度为 c^*m 的齿顶圆角刃切出齿轮根部介于渐开线与齿根圆弧间的过渡曲线，只有齿条刀齿侧直刃才能切制出齿轮齿廓的渐开线部分。

在图6-28中，当刀具的刀刃与被切制齿轮在 B_2 点（位置Ⅰ）啮合时，开始加工轮坯上轮齿的渐开线齿廓，当刀刃与轮坯的啮合点达到啮合极限点 N_2 点（位置Ⅱ）时，即加工出轮齿由基圆至齿顶圆间的渐开线齿廓。但由于刀的齿顶线比 N_2 点高，刀具与被切制齿轮的轮齿此时尚未脱离啮合，在随后的加工过程中超过 N_2 点的刀刃不但不能继续加工渐开线齿廓，还会把已经加工好的渐开线齿廓切去一部分，由此出现根切现象。

综上所述，用范成法加工齿轮时，如齿条刀具的齿顶线超过被加工齿轮的基圆与啮合线切点 N_2，就会出现根切现象。

2. 不出现根切的最少齿数

加工标准齿轮，如不出现根切，刀具的齿顶线到节线距离 h_a^*m 应小于等于啮合极限点 N_2 到节线距离 $\overline{N_2Q}=r\sin^2\alpha$（图6-28），即

$$h_a^*m \le r\sin^2\alpha = \frac{mz}{2}\sin^2\alpha$$

$$z \ge \frac{2h_a^*}{\sin^2\alpha}$$

因此，加工标准齿轮不出现根切的最少齿数为

$$z_{\min} = \frac{2h_a^*}{\sin^2\alpha} \qquad (6-15)$$

当 $h_a^*=1$，$\alpha=20°$ 时，$z_{\min}=17$。

三、变位齿轮传动

1. 最小变位系数

为使结构紧凑，有时需要小于17个齿而

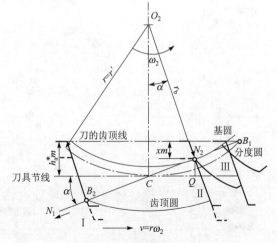

图 6-28　根切现象发生的原因

又不出现根切的齿轮,此时,只要使刀具的齿顶线不超过 N_2 点即可。为此,可将刀具从标准安装位置向远离轮坯轮心方向移动一段距离 xm(x 称为变位系数,m 为模数),使刀具齿顶线落在 N_2 点之下(图6-28),即

$$(h_a^* - x)m \leqslant r\sin^2\alpha = \frac{mz}{2}\sin^2\alpha$$

$$h_a^* - x \leqslant \frac{z}{2}\sin^2\alpha$$

$$x \geqslant h_a^* - \frac{z}{2}\sin^2\alpha = h_a^*\left(1 - \frac{z}{z_{\min}}\right)$$

因此,用标准齿条刀切制少于最少齿数齿轮不出现根切的最小变位系数为

$$x_{\min} = h_a^* - \frac{z}{2}\sin^2\alpha = h_a^*\left(1 - \frac{z}{z_{\min}}\right) \tag{6-16}$$

当 $h_a^* = 1$,$\alpha = 20°$时,$z_{\min} = 17$,$x_{\min} = \dfrac{17-z}{17}$。当 $z < 17$ 时,$x_{\min} > 0$,这说明为了避免根切,刀具应向远离轮坯轮心方向移动,移动最小距离为 $x_{\min}m$,这时刀具的分度线与被加工齿轮的分度圆相离 xm;当 $z > 17$ 时,$x_{\min} < 0$,这说明加工时刀具向轮坯轮心方向移动一段距离也不会出现根切,移动最大距离为 $x_{\min}m$,这时刀具的分度线与被加工齿轮的分度圆相交 xm。

2. 变位齿轮概念

用范成法加工齿轮时,如果齿条刀的分度线不与齿轮的分度圆相切,而是与齿轮的分度圆相离($x>0$)或相交($x<0$),由于这时齿条刀在节线上的齿厚不等于齿槽宽,加工出的齿轮分度圆上的齿厚也不等于分度圆上的齿槽宽,这种齿轮称为变位齿轮。

当 $x>0$ 时,加工出的齿轮为正变位齿轮,x 称为正变位系数;当 $x<0$ 时,加工出的齿轮为负变位齿轮,x 称为负变位系数;当 $x=0$ 时,加工出的齿轮即为标准齿轮。

3. 变位齿轮的几何尺寸

变位齿轮与同参数的标准齿轮相比,它们的渐开线相同,只是使用同一条渐开线的不同部分。分度圆、基圆、齿距、基圆齿距不变,而齿顶圆、齿根圆,齿顶高、齿根高,分度圆齿厚和齿槽宽均发生了变化。

1)齿厚与齿槽宽

如图6-29所示,对于正变位齿轮来说,刀具节线上的齿厚比分度线上的齿厚减少了 $2\overline{JK}$,因此被切制齿轮分度圆上的齿槽宽将减少 $2\overline{JK}$。由图中几何关系知 $\overline{JK} = xm\tan\alpha$,故正变位齿轮齿槽宽的计算公式为

$$e = \frac{\pi m}{2} - 2xm\tan\alpha \tag{6-17}$$

齿厚的计算公式为

$$s = \frac{\pi m}{2} + 2xm\tan\alpha \tag{6-18}$$

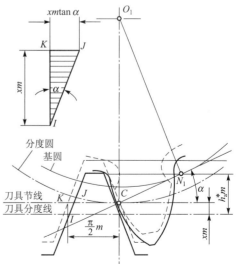

图6-29　正变位齿轮齿厚变化

2）齿顶高及齿根高

刀具节线至刀顶线之间的距离为齿根高。对于变位量为 xm 的正变位齿轮（图 6-29），齿根高比相应的标准齿轮减少了 xm，即

$$h_f = (h_a^* + c^* - x)m \tag{6-19}$$

由于变位齿轮的分度圆与相应标准齿轮一样，故变位齿轮的齿顶圆仅仅取决于轮坯顶圆的大小，若暂不计变位齿轮齿顶高对顶隙的影响，为了保持全齿高不变，正变位齿轮的齿顶高较相应的标准齿轮增大 xm，即

$$h_a = (h_a^* + x)m \tag{6-20}$$

3）公法线与跨齿数

变位齿轮的公法线长度计算公式为

$$W_k = m\cos\alpha\left[(k - 0.5)\pi + z\mathrm{inv}\,\alpha\right] + 2xm\sin\alpha \tag{6-21}$$

对于变位齿轮，通常希望量爪与齿廓的切点位于齿廓上向径等于（$r+xm$）的点处，其跨齿数 k 的计算公式为

$$k = \frac{\alpha}{\pi}z + 0.5 + \frac{2x}{\pi\tan\alpha} \tag{6-22}$$

对于负变位齿轮，以上几个公式同样适用，只需注意变位系数为负值即可。

同参数的标准齿轮与变位齿轮的尺寸比较见图 6-30。

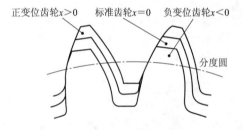

图 6-30　变位齿轮与标准齿轮比较

4. 齿轮传动的类型

齿轮传动的类型是根据一对齿轮传动变位系数和（x_1+x_2）的不同来划分的。$x_1+x_2=0$，且 $x_1 = x_2=0$ 为标准齿轮传动；$x_1+x_2=0$，且 $x_1 = -x_2 \neq 0$ 为高变位齿轮传动或等移距变位齿轮传动；$x_1+x_2 \neq 0$ 为角变位齿轮传动或不等移距变位齿轮传动，其中 $x_1+x_2>0$ 为正传动，$x_1+x_2<0$ 为负传动。

1）标准齿轮传动

这类齿轮传动设计简单，只要齿数大于最少齿数就不会出现根切。重合度一般足够大，无须验算，但小齿轮的齿根强度较弱、齿面耐磨性较差。

2）高变位齿轮传动

无侧隙啮合中心距等于标准中心距，啮合角等于分度圆压力角，节圆与分度圆重合。适当选择变位系数，可使大、小两齿轮强度趋于相等，从而提高一对齿轮传动的承载能力，改善齿轮的磨损情况。因中心距为标准值，故这种齿轮传动可用来替换或修复旧机械中的原有标准齿轮传动。高变位齿轮传动必须成对设计、制造和使用，小齿轮齿顶易变尖，重合度与相应标准齿轮传动比略有减小。

3）正传动

无侧隙啮合中心距大于标准中心距，啮合角大于分度圆压力角，节圆与分度圆相离。两轮齿数和不受 $z_1+z_2 \geqslant 2z_{\min}$ 限制，因此，机构可以更为紧凑；适当选择变位系数可提高齿轮传动的承载能力。正传动的缺点为：当变位系数和较大时，由于啮合角增大及实际啮合线减短，重合度降低较多，因此必须校验。另外，还需校验齿顶厚度，以免太薄。

4）负传动

无侧隙啮合中心距小于标准中心距,啮合角小于分度圆压力角,节圆与分度圆相交。负传动的重合度略有增加,但轮齿的接触与弯曲强度都有所降低。总体来看,负传动的缺点较多,除用于凑配中心距外,一般不宜采用。

变位齿轮传动特别是角变位齿轮传动是渐开线齿轮技术特有的成果。在制造工艺上变位齿轮与标准齿轮完全一样,所需技术装备也完全相同,只需适当调整轮坯与刀具的径向相对位置就能加工出变位齿轮。如能在设计上正确选用变位系数,则可获得比标准齿轮传动更好的啮合性能、更高的承载能力和更大的适应性。

第七节 平行轴斜齿圆柱齿轮机构

平行轴斜齿圆柱齿轮机构,简称斜齿轮机构。

一、斜齿轮齿面的形成和斜齿轮传动的特点

如图 6-31 所示,直齿轮的齿面是平面 S 上任意一条与基圆柱母线 NN' 平行的直线 KK' 所展成的渐开线曲面。KK' 上任意一点的轨迹均为渐开线,即直齿轮在垂直于齿轮轴线的任意平面(端面)上的齿形均相同,齿廓曲线为渐开线,从齿轮的整个宽度上看,其齿廓曲面为渐开面。斜齿轮的齿面形成与直齿轮相似,不同之处在于斜齿轮的齿面发生线 KK' 与基圆柱的母线 NN' 不平行,有一偏斜角 β_b,KK' 上各点的轨迹仍为渐开线,但它们的集合所构成的斜齿轮的齿廓曲面并不是真正的渐开面,而是一个渐开线螺旋面,如图 6-32 所示。

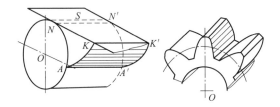

图 6-31 直齿轮齿面形成和齿面接触线

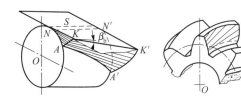

图 6-32 斜齿轮齿面形成和齿面接触线

斜齿轮传动时,齿面的接触线为斜直线(与齿轮轴线夹角为 β_b),齿面接触线的长度由短逐渐变长,再由长逐渐变短,最后脱离啮合,这表明斜齿轮的轮齿是逐渐进入啮合,又逐渐脱离啮合的。因此,斜齿轮传动平稳,冲击、振动和噪声小,重合度大,承载能力强,结构紧凑,因而在大功率和高速齿轮传动中广泛应用。

二、斜齿轮的基本参数

斜齿轮的齿廓曲面与任意圆柱面的交线均为螺旋线,螺旋线的切线方向与齿轮轴线之间所夹的锐角称为螺旋角。不同圆柱面上螺旋线的螺旋角不同。分度圆柱面上螺旋线的螺旋角简称螺旋角,用 β 表示,它是斜齿轮的一个重要参数。

斜齿轮轮齿螺旋方向有左旋和右旋之分,如图 6-33 所示。

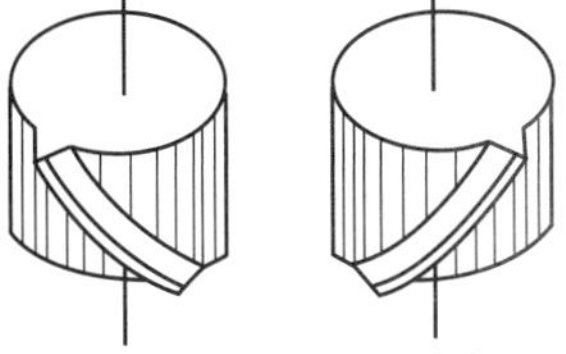

图 6-33 斜齿轮的旋向

(a) 左旋;(b) 右旋

斜齿轮在垂直于螺旋方向的法面齿形不同于端面的渐开线齿形,故斜齿轮有端面和法面两套参数。法面参数 m_n、α_n、h_{an}^* 和 c_n^* 均与刀具参数相同,都是标准值。而端面齿廓曲线是真正的渐开线,斜齿圆柱齿轮的几何尺寸如 d、d_b、d_a、d_f 等的计算均应在端面上进行,即用端面参数计算。因此,必须建立端面参数与法面参数之间的换算关系。

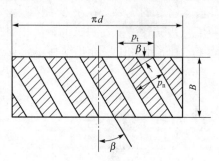

图 6-34   斜齿轮端法面模数关系

1. 法面模数 m_n 与端面模数 m_t

将斜齿轮分度圆柱面展开(图 6-34),p_n 为法面齿距,p_t 为端面齿距,根据图中的几何关系可得

$$p_n = p_t \cos \beta$$

因为 $p_n = \pi m_n$,$p_t = \pi m_t$,所以,斜齿轮端、法面模数的关系为

$$m_n = m_t \cos \beta \qquad (6-23)$$

2. 齿顶高系数 h_{an}^*、h_{at}^* 和顶隙系数 c_n^*、c_t^*

斜齿轮的齿顶高和齿根高,不论从法面还是端面上看都是相同的,即 $h_a = h_{an}^* m_n = h_{at}^* m_t$,$c = c_n^* m_n = c_t^* m_t$,故

$$h_{at}^* = h_{an}^* m_n / m_t = h_{an}^* \cos \beta \qquad (6-24)$$

$$c_t^* = c_n^* m_n / m_t = c_n^* \cos \beta \qquad (6-25)$$

3. 法面压力角 α_n 与端面压力角 α_t

为方便起见,用斜齿条的端、法面压力角来定义斜齿轮的端、法面压力角。

在图 6-35 中,AOB 所在的面为端面,此面内的压力角为斜齿轮的端面压力角 α_t,AOC 所在的面为法面,此面内的压力角为斜齿轮的法面压力角 α_n。其中

$$\tan \alpha_n = \frac{OC}{OA}, \tan \alpha_t = \frac{OB}{OA}$$

因为 $OC = OB \cos \beta$,所以

$$\tan \alpha_n = \cos \beta \tan \alpha_t \qquad (6-26)$$

4. 法面变位系数 x_n 与端面变位系数 x_t

变位量无论从端面看还是从法面看均相同,即 $x_n m_n = x_t m_t$,故

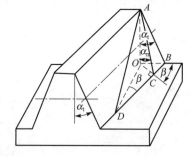

图 6-35   斜齿条压力角

$$x_t = x_n \cos \beta \qquad (6-27)$$

三、几何尺寸计算

从端面上看,斜齿轮啮合与直齿轮完全相同,所以,斜齿轮的几何尺寸及与渐开线齿廓啮合有关的计算公式和直齿轮完全一样,不过要换成斜齿轮的端面参数。但因端面参数不是标准值,故还需进一步用法面参数表达斜齿轮几何尺寸的计算公式,具体计算公式见表 6-4。斜齿圆柱齿轮传动中心距的配凑可通过改变螺旋角 β 来实现,因而变位斜齿轮很少使用。

表 6-4　标准斜齿圆柱齿轮几何尺寸计算公式

名　称	符　号	计　算　公　式
分度圆直径	d	$d = m_t z = m_n z / \cos\beta$
基圆直径	d_b	$d_b = d\cos\alpha_t$
齿顶高	h_a	$h_a = h_{an}^* m_n = h_{at}^* m_t$
齿根高	h_f	$h_f = (h_{an}^* + c_n^*) m_n = (h_{at}^* + c_t^*) m_t$
齿全高	h	$h = h_a + h_f = (2h_{an}^* + c_n^*) m_n = (2h_{at}^* + c_t^*) m_t$
齿顶圆直径	d_a	$d_a = d + 2h_a = (z + 2h_{at}^*) m_t = (z/\cos\beta + 2h_{an}^*) m_n$
齿根圆直径	d_f	$d_f = d - 2h_f = (z - 2h_{at}^* - 2c_t^*) m_t = (z/\cos\beta - 2h_{an}^* - 2c_n^*) m_n$
顶　隙	c	$c = c_n^* m_n = c_t^* m_t$
中心距	a	$a = (d_1 + d_2)/2 = (z_1 + z_2) m_n / 2\cos\beta$

四、斜齿轮传动的正确啮合条件

一对斜齿圆柱齿轮正确啮合时,除满足直齿圆柱齿轮的正确啮合条件外,螺旋角还应匹配,即

$$\left.\begin{array}{l} m_{n1} = m_{n2} = m \quad\text{或}\quad m_{t1} = m_{t2} \\ \alpha_{n1} = \alpha_{n2} = \alpha \quad\text{或}\quad \alpha_{t1} = \alpha_{t2} \\ \beta_1 = -\beta_2 (\text{"}-\text{"代表旋向相反}) \end{array}\right\} \qquad (6-28)$$

五、重合度 ε_γ 计算

从端面看,斜齿轮啮合与直齿轮完全一样,因此将端面参数代入直齿轮重合度计算公式即可求得斜齿轮的端面重合度

$$\varepsilon_a = \frac{\overline{B_1 B_2}}{p_{bt}} = \frac{L}{p_{bt}} = \frac{1}{2\pi}\left[z_1(\tan\alpha_{at1} - \tan\alpha_t') + z_2(\tan\alpha_{at2} - \tan\alpha_t') \right]$$

斜齿轮传动的实际啮合区比直齿轮大 $\Delta L = B\tan\beta_b$(图 6-36),由此形成的轴面重合度 ε_β 为

$$\varepsilon_\beta = \Delta L / p_{bt} = B\tan\beta_b / p_{bt}$$

斜齿圆柱齿轮传动的总重合度为 $\varepsilon_\gamma = \varepsilon_a + \varepsilon_\beta$。

六、当量齿数

斜齿轮的法面齿形比较复杂,但其受力与强度设计都以法面为依据。另外,用仿形法加工斜齿轮时,铣刀是沿着螺旋齿槽的方向进刀的,因此必须按照齿轮的法面齿形来选择铣刀的号码。为此,需要研究斜齿轮的法面齿形。虚拟一个齿形与斜齿轮的法面齿形相当的直齿轮,将这个直齿轮称为斜

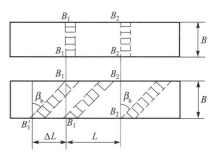

图 6-36　斜齿轮传动重合度

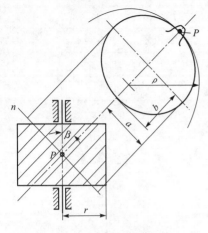

图 6-37　斜齿轮的当量齿轮

齿轮的当量齿轮，该直齿轮的参数与斜齿轮的法面参数相同，其齿数称为斜齿轮的当量齿数，用 z_v 表示。

图 6-37 所示为斜齿轮的分度圆柱，过任意齿的齿厚中点 P 作分度圆柱螺旋线的法平面，该法平面与分度圆柱的交线为一椭圆，它的长半轴为 $a = r/\cos\beta$，短半轴为 $b = r$。由图可见，点 P 附近的一段椭圆弧段与以椭圆在 P 点处的曲率半径 ρ 为半径所画的圆弧非常相近。因此，以 ρ 为分度圆半径，斜齿轮的 m_n 为模数，α_n 为压力角的直齿圆柱齿轮即为斜齿圆柱齿轮的当量齿轮。由高等数学知，椭圆在 P 点的曲率半径为

$$\rho = \frac{a^2}{b} = \left(\frac{r}{\cos\beta}\right)^2 \frac{1}{r} = \frac{r}{\cos^2\beta}$$

式中，z 为斜齿圆柱齿轮的齿数。

当量齿数为

$$z_v = \frac{2\rho}{m_n} = \frac{2r}{m_n\cos^2\beta} = \frac{2}{m_n\cos^2\beta}\left(\frac{m_t z}{2}\right) = \frac{z}{\cos^3\beta} \tag{6-29}$$

由此可求出斜齿圆柱齿轮不出现根切的最少齿数为 $z_{min} = z_{vmin}\cos^3\beta$。

七、交错轴斜齿轮机构简介

两个法面参数相等的斜齿轮，如果 $\beta_1 \neq -\beta_2$，就不能安装成平行轴传动，只能安装成交错轴传动，这种齿轮传动称为交错轴斜齿轮传动（图 6-38），由于交错轴斜齿轮传动是点接触啮合传动，不宜传递较大载荷，故多用于传递两交错轴间的运动。

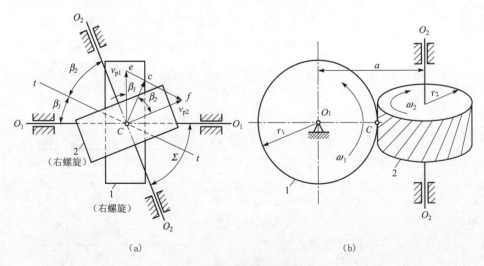

（a）　　　　　　　　　　　　（b）

图 6-38　交错轴斜齿轮机构

1. 中心距、轴交角

图 6-38 所示为一对交错轴斜齿轮传动,两轮分度圆柱在 P 点相切。两轮轴线在两轮分度圆柱公切面上的投影的夹角 Σ 称为轴交角。由于两齿轮啮合时,它们的齿向必须一致,因此,两轮的螺旋角 β_1、β_2 与轴交角 Σ 之间的关系为

$$\Sigma = |\beta_1 + \beta_2| \tag{6-30}$$

式中,β_1、β_2 均为代数值。

当两轮螺旋方向相同时,β_1、β_2 运用正值代入,如图 6-38 所示;当两轮螺旋方向相反时,一个用正值代入,一个用负值代入,如图 6-39 所示。当 $\Sigma = 0°$ 时,即为斜齿圆柱齿轮机构。

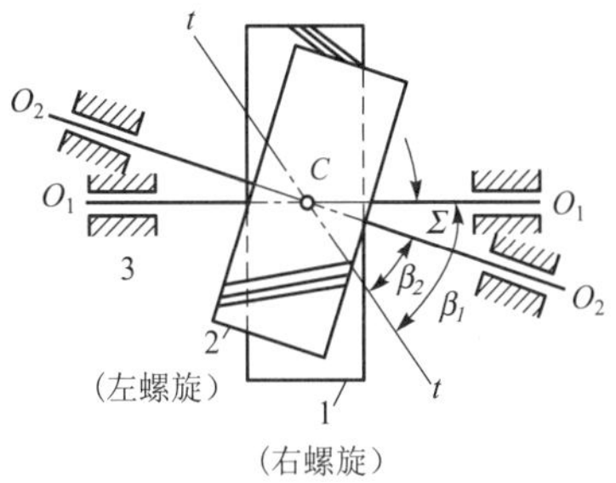

一对标准安装的交错轴斜齿轮传动的中心距(二交错轴的公垂线)仍然等于两齿轮分度圆半径之和(见图 6-38),即

$$a = \frac{d_1 + d_2}{2} = \frac{m_n}{2}\left(\frac{z_1}{\cos \beta_1} + \frac{z_2}{\cos \beta_2}\right) \tag{6-31}$$

图 6-39　旋向相反轴交角

因此,可借助改变两轮螺旋角大小的方法来满足中心距的要求。

2. 正确啮合条件

一对交错轴斜齿轮传动,其轮齿是在法面内相啮合的,因而两轮的法面模数、法面压力角、法面齿顶高系数和法面顶隙系数均为标准值,而且相同。由于交错轴斜齿轮传动中两轮的螺旋角不一定相等,所以两轮的端面模数、端面压力角、端面齿顶高系数和端面顶隙系数不一定相等,这是它与平形轴斜齿轮传动的不同之处。由此得交错轴斜齿轮传动的正确啮合条件为

$$\left.\begin{array}{c} m_{n1} = m_{n2} = m_n \\ \alpha_{n1} = \alpha_{n2} = \alpha_n \end{array}\right\} \tag{6-32}$$

3. 传动比及从动轮转向

交错轴斜齿轮传动的传动比 i_{12} 为

$$i_{12} = \frac{\omega_1}{\omega_2} = \frac{z_2}{z_1} = \frac{d_2\cos \beta_2}{d_1\cos \beta_1} \tag{6-33}$$

式(6-33)表明,交错轴斜齿轮传动的传动比不仅仅与分度圆直径有关,还与螺旋角的大小有关。

从动轮的转向由主动轮的转向及两轮螺旋角的方向决定。在图 6-40 所示的传动中,根据相对运动的原理,主动轮 1 上的 C 点速度 v_{C1} 与从动轮 2 上的 C 点速度 v_{C2} 之间的相对运动关系为

$$v_{C2} = v_{C1} + v_{C2C1}$$

式中,v_{C2C1} 为两齿廓啮合点沿轮齿公切线 tt 方向的相对速度,即沿齿长方向的滑动速度,由图中的速度三角形即可求得 v_{C2},从而判断出从动轮的转向。由此可见,可通过改变螺旋角的方向来改变

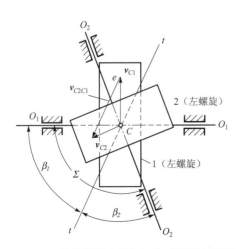

图 6-40　交错轴斜齿轮机构从动轮转向判断

从动轮的转向，这是交错轴斜齿轮机构的一个特点。

交错轴斜齿轮传动中，由于相互啮合的一对齿廓为点接触，而且轮齿间除与一般的齿轮传动一样有沿齿高方向的相对滑动外，还有沿齿长方向的相对滑动，因而易磨损、寿命低、机械效率低，故不适于高速重载的传动中。但其可用于齿轮的剃齿加工中。

第八节 直齿圆锥齿轮机构

圆锥齿轮机构用于传递两相交轴之间的运动，轴交角 Σ 可根据需要而定，一般 $\Sigma = 90°$。圆锥齿轮的轮齿有直齿、斜齿和曲齿等形式之分（图 6-4）。由于直齿圆锥齿轮的设计、制造和安装简便，应用又十分广泛，故本节只对直齿圆锥齿轮加以讨论。在本节以后的讨论中将把直齿圆锥齿轮简称为圆锥齿轮。

圆锥齿轮的轮齿分布在圆锥体的表面上，因此对应圆柱齿轮中的各"圆柱"都将变成"圆锥"，如分度圆锥、齿顶圆锥、齿根圆锥等。另外，圆锥齿轮的轮齿由大端至小端逐渐变小，不同端面上的齿形是不一样的，当然参数也不同。为了计算和测量方便，取大端参数为标准值。

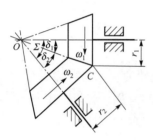

图 6-41 圆锥齿轮传动

一、传动比与分度圆锥角

满足啮合条件正确安装的一对圆锥齿轮的啮合传动相当于一对节圆锥进行纯滚动，并且其分度圆锥与节圆锥重合，如图 6-41 所示。图中 δ_1、δ_2 分别为大、小锥齿轮的分度圆锥母线与各自轴线所夹的角，称为锥齿轮的分度圆锥角；$\Sigma = \delta_1 + \delta_2$ 为轴交角；r_1、r_2 分别为大、小锥齿轮大端的分度圆半径；OC 为锥齿轮的锥距，用 R 表示。圆锥齿轮传动的传动比为

$$i_{12} = \frac{\omega_1}{\omega_2} = \frac{z_2}{z_1} = \frac{r_2}{r_1} = \frac{R\sin\delta_2}{R\sin\delta_1} = \frac{\sin\delta_2}{\sin\delta_1} \tag{6-34}$$

如果 $\Sigma = 90°$，则 $i_{12} = \tan\delta_2 = \cot\delta_1$。

二、圆锥齿轮的背锥、当量齿轮和当量齿数

圆锥齿轮大端的齿廓曲线上的任意点距锥顶的距离相等，因此圆锥齿轮的齿廓曲线为球面渐开线。由于无法将其展开在平面上，这给圆锥齿轮的设计和计算带来了诸多不便，通常用下面近似方法来研究圆锥齿轮。

图 6-42 所示为圆锥齿轮在其轴面上的投影图，OBC 为分度圆锥，过圆锥齿轮大端的点 C 作 OC 的垂线与圆锥齿轮的轴线交于点 O_1，以 O_1 为锥顶，O_1C 为母线，OO_1 为轴线作一圆锥（背锥）与圆锥齿轮大端球面在分度圆处相切。将圆锥齿轮的球面渐开线齿形投影到

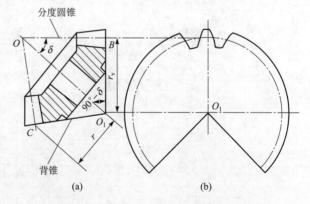

图 6-42 圆锥齿轮的背锥、当量齿轮

背锥上,背锥上的齿形与圆锥齿轮大端上的齿形十分接近,因此可近似地用背锥上的齿形来代替圆锥齿轮大端的齿形。

背锥可展成平面,展开后得到一扇形齿轮,其轮齿参数与锥齿轮大端轮齿参数完全相同,齿数为圆锥齿轮的真实齿数。将扇形缺口补齐成一圆形齿轮,该圆形齿轮称为圆锥齿轮的当量齿轮,其齿数 z_v 为当量齿数。

当量齿数 z_v 与实际齿数 z 的关系为

$$z_v = \frac{2r_v}{m} = \frac{2r}{m\cos\delta} = \frac{mz}{m\cos\delta} = \frac{z}{\cos\delta} \qquad (6-35)$$

三、圆锥齿轮的参数及几何尺寸计算

与圆柱齿轮相仿,圆锥齿轮的基本参数有: m、α、h_a^*、c^*、z。这里 m 指圆锥齿轮大端模数,为标准值(表6-5)。一对圆锥齿轮正确啮合的条件为

$$\left.\begin{array}{l} m_1 = m_2 = m \\ \alpha_1 = \alpha_2 = \alpha \\ R_1 = R_2 = R \end{array}\right\} \qquad (6-36)$$

表 6-5 圆锥齿轮标准模数系列(摘自 GB/T 12368—1990)

…	1	1.125	1.25	1.375	1.5	1.75	2	2.5	2.75	3	3.25	3.5	3.75	4	4.5	5	5.5	6
6.5	7	8	9	10	…												

圆锥齿轮的轮齿通常可分为正常收缩齿和等顶隙收缩齿两种,如图6-43和图6-44所示。

正常收缩齿圆锥齿轮(图6-43)的齿顶圆锥、分度圆锥和齿根圆锥交于一点。当满足啮合条件的一对正常收缩齿圆锥齿轮进行啮合传动时,顶隙由大端至小端逐渐收缩,轮齿小端润滑较差。

等顶隙收缩齿圆锥齿轮(图6-44)的分度圆锥与齿根圆锥交于一点,齿顶圆锥位于它们之下,其母线与另一配对的锥齿轮齿根圆锥母线平行,这种圆锥齿轮传动顶隙由大端至小端是相等的,润滑状况得到改善。

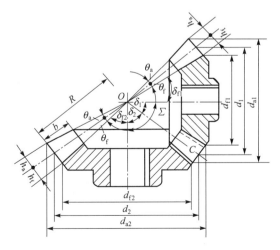

图 6-43 正常收缩齿圆锥齿轮

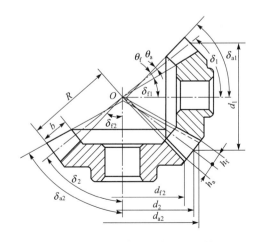

图 6-44 等顶隙收缩齿圆锥齿轮

$\Sigma = 90°$标准直齿圆锥齿轮几何尺寸计算公式见表 6-6。

表 6-6 $\Sigma = 90°$标准直齿圆锥齿轮几何尺寸计算公式

名　称	符　号	计　算　公　式
大端模数	m	标准值（见表 6-5）
传动比	i	$i = \dfrac{z_2}{z_1} = \tan \delta_2 = \cot \delta_1$
齿顶高	h_a	$h_a = h_a^* m, h_a^* = 1$
齿根高	h_f	$h_f = (h_a^* + c^*)m, c^* = 0.2$
齿高	h	$h = h_a + h_f = (2h_a^* + c^*)m$
分度圆直径	$d_1 \backslash d_2$	$d_1 = mz_1, d_2 = mz_2$
齿顶圆直径	d_{a1}, d_{a2}	$d_{a1} = d_1 + 2h_a\cos \delta_1, d_{a2} = d_2 + 2h_a\cos \delta_2$
齿根圆直径	d_{f1}, d_{f2}	$d_{f1} = d_1 - 2h_f\cos \delta_1, d_{f2} = d_2 - 2h_f\cos \delta_2$
锥距	R	$R = \sqrt{r_1^2 + r_2^2} = \dfrac{m}{2}\sqrt{z_1^2 + z_2^2} = \dfrac{d_1}{2\sin \delta_1} = \dfrac{d_2}{2\sin \delta_2}$
齿宽	b	$b \leqslant \dfrac{R}{3}$
齿根角	θ_f	$\theta_f = \arctan \dfrac{h_f}{R}$
齿顶角	θ_a	$\theta_a = \arctan \dfrac{h_a}{R}$（正常收缩齿），$\theta_a = \theta_f$（等顶隙收缩齿）
根锥角	δ_{f1}, δ_{f2}	$\delta_{f1} = \delta_1 - \theta_f, \delta_{f2} = \delta_2 - \theta_f$
顶锥角	δ_{a1}, δ_{a2}	$\delta_{a1} = \delta_1 + \theta_a, \delta_{a2} = \delta_2 + \theta_a$

第九节　齿轮传动受力分析

对齿轮传动进行承载能力计算，设计安装齿轮的轴和选择轴承时均需对齿轮传动进行受力分析。

进行受力分析时，忽略齿面间的摩擦力（切向力），因此齿面间总作用力即为法向力 $\boldsymbol{F}_n$，并假定齿面间的总法向力集中作用在齿宽中点处的啮合节点上。

一、圆柱齿轮传动的受力分析

设 d_1 为主动轮分度圆直径（mm），n_1 为主动轮的转速（r/min），主动轮传递的功率为 P_1（kW），则主动轮传递的转矩 T_1 为

$$T_1 = 9\ 550\ \frac{P_1}{n_1} \quad (\text{N·m})$$

(6-37)

1. 直齿圆柱齿轮传动的受力分析

图 6-45 所示为一对标准直齿轮啮合时主动轮 1 齿面受力图,将法向力 F_{n1}(沿啮合公法线方向)分解为沿圆周方向的圆周力 F_{t1} 和沿半径方向的径向力 F_{r1},得到下面计算公式

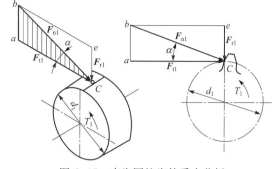

图 6-45　直齿圆柱齿轮受力分析

$$\left.\begin{array}{l} F_{t1} = \dfrac{2\ 000T_1}{d_1} \\[3mm] F_{r1} = F_{t1}\tan\ \alpha \\[3mm] F_{n1} = \dfrac{F_{t1}}{\cos\ \alpha} \end{array}\right\}$$

(6-38)

2. 斜齿圆柱齿轮传动的受力分析

图 6-46 所示为一对标准斜齿轮啮合时主动轮 1 齿面受力图,F_{n1} 作用在法面 Cab 上,F_{n1} 将(沿啮合公法线方向)分解为圆周力 F_{t1}、径向力 F_{r1} 和沿齿轮轴线方向的轴向力 F_{a1},各力可用如下公式计算

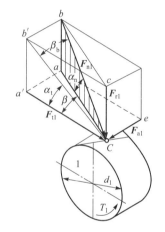

图 6-46　斜齿圆柱齿轮受力分析

$$\left.\begin{array}{l} F_{t1} = \dfrac{2\ 000T_1}{d_1} \\[3mm] F_{r1} = F_{t1}\tan\ \alpha_n/\cos\ \beta \\[3mm] F_{a1} = F_{t1}\tan\ \beta \\[3mm] F_{n1} = \dfrac{F_{t1}}{\cos\ \beta\cos\ \alpha_n} \end{array}\right\}$$

(6-39)

作用在主动轮和从动轮上的对应力等值反向,即

$$F_{r1} = -F_{r2},\ F_{t1} = -F_{t2},\ F_{a1} = -F_{a2}(\text{斜齿轮})$$

各力方向为:径向力 F_r 分别指向各自轮心。圆周力 F_{t1} 作用在主动轮上,是阻力,其方向与主动轮的回转方向相反;圆周力 F_{t2} 作用在从动轮上,是驱动力,与从动轮回转方向相同。直齿轮齿面间无轴向力作用,主动斜齿轮上的轴向力 F_{a1} 的方向可用右手或左手定则判断:对于右旋斜齿轮,用右手判断;对于左旋斜齿轮,用左手判断,四指弯曲方向代表主动轮 1 的转速 n_1 的方向,则大拇指的指向为 F_{a1} 的方向。

二、圆锥齿轮传动的受力分析

在对圆锥齿轮传动进行受力分析时,假定齿面间的总作用力集中作用在齿宽中点处分度圆上的 C 点(啮合节点)处(图 6-47),齿宽中点处的分度圆直径为 d_m。

图 6-47 所示为主动锥齿轮 1 的受力图,将法向力 F_{n1} 分解成圆周力 F_{t1}、径向力 F_{r1} 和沿齿轮轴线方向的轴向力 F_{a1},并可用如下公式计算各力

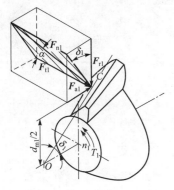

图 6-47　圆锥齿轮受力分析

$$F_{t1} = \frac{2\ 000T_1}{d_{m1}}$$

$$F_{r1} = F_{t1} \tan \alpha \cos \delta_1$$

$$F_{a1} = F_{t1} \tan \alpha \sin \delta_1$$

$$F_{n1} = \frac{F_{t1}}{\cos \alpha}$$

$$(6-40)$$

作用在主动轮和从动轮上的各对分力的对应关系为

$$F_{r1} = -F_{a2},\ F_{t1} = -F_{t2},\ F_{a1} = -F_{r2}$$

其中,圆周力与径向力方向的判断方法同圆柱齿轮,轴向力的方向永远过力的作用点指向锥齿轮的大端。

第十节　齿轮传动的失效形式、设计准则和齿轮材料

一、齿轮轮齿的失效形式

通常,齿轮的失效主要出现在轮齿部分,齿轮的其余部分,如轮毂、轮辐等,通常是根据经验确定尺寸。常见的轮齿失效形式有齿面损伤和轮齿折断两大类。而齿面损伤又分为齿面点蚀、齿面磨损、齿面胶合和塑性变形等形式。

1. 轮齿折断

轮齿折断分为弯曲疲劳折断和过载折断,在正常工况下,主要为弯曲疲劳折断。轮齿承载时,齿根处受到较大的交变的弯曲应力作用,再加上齿根部的小圆角、加工刀痕和材料内部缺陷引起的应力集中,使齿根部产生疲劳裂纹并逐渐扩展,最终导致轮齿疲劳折断。这种折断是由轮齿齿根弯曲疲劳强度不足所致(图 6-48)。

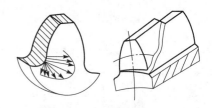

图 6-48　轮齿折断

此外,对于承受短期过载或冲击载荷作用的齿轮,轮齿也可能产生折断,这种折断称为过载折断,由轮齿齿根弯曲静强度不足所致。

轮齿折断是由轮齿的弯曲强度不足所致。选用适当的材料和热处理方式,使齿根芯部具有足够的韧性;增大齿轮模数,减小齿根处应力集中;对齿根进行强化处理等方法,均可提高轮齿的抗折断能力。

2. 齿面点蚀

轮齿承载时,轮齿工作面受到脉动循环接触应力的反复作用。在交变的接触应力的反复作用下,轮齿齿面的表层出现疲劳裂纹,而后疲劳裂纹逐渐扩展,齿面金属微粒剥落而在齿面上形成小麻坑,称为疲劳点蚀,简称为点蚀。点蚀通常首先出现在轮齿节线附近靠近齿根的表面上,这是因为轮齿在节线附近处啮合,啮合线上同时参与啮合的轮齿的对数少,齿面接触应力大,并且节线附近啮合时齿面间的相对滑动速度小,不易形成油膜,齿面间摩擦力较大,如图 6-49 所示。

图 6-49　齿面点蚀

点蚀是润滑良好的闭式齿轮传动中最常见的失效形式。在开式齿轮传动中,一般不出现点蚀,因开式齿轮齿面磨损快,一旦点蚀出现很快就被磨去。

点蚀是由齿面接触疲劳强度不足所致。提高齿面的硬度和降低表面粗糙度及增加润滑油黏度等方法均可提高齿面的抗点蚀能力。

3. 齿面磨损

在齿轮传动中,当一些硬颗粒进入齿面间时,会引起齿面磨粒磨损。齿面严重磨损后,齿廓的渐开线形状受到破坏,传动的振动、噪声加大,且由于磨损使齿厚变薄,最后导致轮齿折断。磨粒磨损是开式齿轮传动的主要失效形式。

用闭式齿轮传动代替开式齿轮传动、提高齿面硬度和降低齿面表面粗糙度、改善润滑和密封条件等均可提高齿面的抗磨粒磨损的能力。

4. 齿面胶合

在齿轮传动中,由于齿面温度过高或压力过大会使齿面金属出现黏在一起的现象,随着齿面间的相对运动,黏结的金属被大片地撕落,使齿面间沿相对运动方向形成条状的沟痕,这种现象称为黏着磨损,即齿面胶合,如图 6-50 所示。

图 6-50　齿面胶合

选用抗胶合能力好的齿轮材料配对、提高齿面硬度和降低齿面表面粗糙度,以及采用抗胶合能力强的润滑剂并加入适当的添加剂等方法均可提高齿面的抗胶合能力。

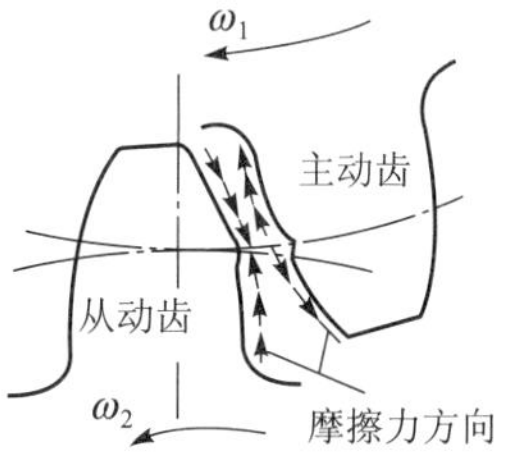

5. 齿面塑性变形

当齿面硬度不高,而又受到较大接触应力时,在摩擦力作用下,齿面材料会沿着摩擦力方向发生塑性流动而使渐开线齿形遭到破坏。根据主、从动轮齿面上的摩擦力方向,塑性变形后,主动轮的工作齿面沿节线处会出现沟痕,而从动齿轮的齿面沿节线处会出现凸棱,如图 6-51 所示。

图 6-51　齿面塑性变形

提高齿面硬度、增加润滑油的黏度、改善润滑状况等,均有利于提高齿面的抗塑性变形的能力。

二、设计准则

在实际齿轮传动时,应针对齿轮传动的主要失效形式进行相应的计算。对于闭式齿轮传动,因齿面点蚀和齿轮弯曲折断均可能发生,故需同时计算齿面接触疲劳强度和齿根弯曲疲劳强度。目前一般的设计方法是按齿面接触疲劳强度设计公式确定齿轮的主要尺寸,然后再校核齿根的弯曲疲劳强度;而对于开式齿轮传动,由于主要失效形式是齿面磨损和轮齿断齿,故一般按齿根弯曲疲劳强度设计公式计算出模数 m,为考虑齿面磨损的影响,可将求得的模数 m 适当增大 10% ~ 15%。

三、齿轮材料

齿轮的常用材料为锻钢,如各种碳素结构钢和合金结构钢;其次是铸铁、铸钢及非金属材料。

1. 锻钢

锻钢的机械强度高,除尺寸大、形状复杂的齿轮外,大多数齿轮都用锻钢制造。按其齿面硬度不同,可分为两大类。

1) 软齿面齿轮

齿面硬度≤350 HBS 的齿轮为软齿面齿轮,这类齿轮通常由中碳钢(45 钢、35 钢等)或中碳合金钢(40Gr、35SiMn 等)经正火或调制处理后切制而成。由于小齿轮转速高、受力次数多，因此设计时，应使小齿轮齿面硬度比大齿轮高 30~50 HBS。软齿面齿轮的综合机械性能较好，加工工艺简单，成本低，通常用于对尺寸和重量无严格限制的一般机械传动中。

　　2）硬齿面齿轮

　　齿面硬度>350 HBS 的齿轮为硬齿面齿轮。这类齿轮通常由 20 钢、20Gr、20GrMnTi 等钢经表面渗碳淬火处理；45 钢、40Gr 等经表面淬火或整体淬火处理。齿面硬度可达 HRC 45~62。由于齿面硬度较高，故这类齿轮先进行切齿加工，后进行热处理，最后还须对齿轮进行磨齿等精加工以消除热处理引起的轮齿变形。由于加工工艺复杂、成本高，硬齿面齿轮通常只用于高速、重载、精度高及结构紧凑的场合。

　　2. 铸钢

　　当齿轮尺寸较大(例如齿顶圆直径大于 400~600 mm)或结构较复杂轮坯不易锻造时，可采用铸钢。铸钢的耐磨性和强度均较好，但由于铸造时内应力较大，故轮坯加工前应经正火或退火处理，也可进行调质处理。

　　3. 铸铁

　　铸铁抗弯强度、抗冲击和耐磨性能较差，但抗胶合和点蚀能力较好，成本低，因此常用于低速、轻载、大尺寸和开式齿轮传动中。常用的铸铁牌号有：HT 200、HT 300、QT 500-7 等。

　　4. 非金属材料

　　高速、轻载、精度要求不高的齿轮传动中，齿轮可用非金属材料制作，如尼龙、夹布塑胶等。齿轮常用的材料及力学性能见表 6-7。

表 6-7　齿轮常用材料及力学性能

材料牌号	热　处　理	强度极限 σ_B	屈服极限 σ_S	硬　　度	
		MPa		HBS	HRC（齿面）
45	正　火	580	290	162~217	
	调　质	647	370	217~255	
	表面淬火				40~50
40Gr	调　质	700	500	241~286	
	表面淬火				48~55
35SiMn	调　质	750	470	217~269	
42SiMn	表面淬火				45~55
40GrNiMo	调　质	980	833	283~330	
20Gr	渗碳淬火	637	392		56~62
20GrMnTi	渗碳淬火	1 100	850		56~62
ZG310-570	正　火	570	310	160~210	
ZG340-640	正　火	640	340	179~229	
HT 200		200		151~229	
HT 250		250		180~269	
HT 300		300		207~313	
QT 500-7	正　火	500	320	180~230	
QT 600-3	正　火	600	370	190~270	
夹布胶木		100		25~35	

第十一节　轮齿的强度计算

一、齿轮的精度

国家标准 GB/T 10095.1~2—2008 规定了单个渐开线圆柱齿轮 0~12 共 13 个精度等级。0 级精度最高,12 级精度最低,齿轮副中两个齿轮的精度等级一般取成相同。

实际应用中,选用齿轮精度等级时,应仔细分析对齿轮传动提出的功能要求和工作条件。在工程实际中,绝大多数齿轮的精度等级采用类比法确定。

各类机械产品中的齿轮常用的精度等级范围列于表 6-8,供设计时参考。

表 6-8　各种机械中的齿轮精度等级

应用范围	精度等级	应用范围	精度等级
测量齿轮	2~5	载重汽车	6~9
透平齿轮	3~6	一般减速器	6~9
精密切削机床	3~7	拖拉机	6~10
航空发动机	4~8	起重机械	7~10
一般切削机床	5~8	轧钢机	6~10
内燃或电动机车	5~8	地质矿山绞车	7~10
轻型汽车	5~8	农业机械	8~11

二、计算载荷

齿轮受力分析中计算出的总法向力 F_n 称为名义载荷。而实际工作中,制造、安装误差,轮齿、轴和轴承受载后的变形,原动机与工作机的不同性能,传动中工作载荷与工作速度的变化等因素都会使轮齿实际所受的载荷大于名义载荷,故轮齿强度计算时应考虑上述因素的影响,用计算载荷 F_{nc} 来进行计算。计算载荷 F_{nc} 等于名义载荷乘以载荷系数 K(其值选取见表 6-9),即

$$F_{nc} = KF_n \tag{6-41}$$

表 6-9　载荷系数 K

原 动 机	工作机的载荷特性		
	均　匀	中等冲击	强烈冲击
电动机	1~1.2	1.2~1.6	1.6~1.8
多缸内燃机	1.2~1.6	1.6~1.8	1.9~2.1
单缸内燃机	1.6~1.8	1.8~2.0	2.2~2.4

齿轮相对于轴承对称布置、齿宽较小时,取较小值;齿轮相对于轴承非对称布置或悬臂布置时取较大值;软齿面齿轮取小值,硬齿面齿轮取大值。

三、许用应力

对于钢和铸铁齿轮,其齿面接触疲劳强度的许用应力 $[\sigma_H]$ 和齿根弯曲疲劳强度的许用应

力 $[\sigma_F]$ 见表 6-10。

表 6-10　许用接触应力 $[\sigma_H]$ 和许用弯曲应力 $[\sigma_F]$

材　料	热处理方式	齿面硬度	$[\sigma_H]$	$[\sigma_F]$
			MPa	
普通碳钢	正　火	150~210 HBS	240+0.8 HBS	130+0.15 HBS
碳素钢	调质、正火	170~270 HBS	380+0.7 HBS	140+0.2 HBS
	表面淬火	45~58 HRC	500+11 HRC	160+2.5 HRC
合金钢	调　质	200~350 HBS	380+ HBS	155+0.3 HRC
	表面淬火	45~58 HRC	500+11 HRC	160+2.5 HRC
	渗碳淬火	54~64 HRC	23 HRC	5.8 HRC
碳素铸钢	调质、正火	170~230 HBS	310+0.7 HRC	120+0.2 HRC
合金铸钢	调　质	200~350 HBS	340+ HBS	125+0.25 HBS
灰铸铁		150~250 HBS	120+ HBS	30+0.1 HRC
球墨铸铁		150~300 HBS	170+1.4 HBS	130+0.2 HBS

注：① 表中 $[\sigma_H]$ 及 $[\sigma_F]$ 的算式是根据 GB/T 3480—1997 应力区域图拟定的。

② 接触强度安全系数为 $S_H = 1 \sim 1.1$。

③ 弯曲强度安全系数为 $S_F = 1.1 \sim 1.25$。

④ 当轮齿受双向弯曲时，应将式中的 $[\sigma_F]$ 乘以 0.7。

四、齿面接触疲劳强度计算

点蚀是闭式齿轮传动的主要失效形式之一，要想避免出现点蚀破坏，应限制齿面接触应力 σ_H，使其不超过许用值 $[\sigma_H]$。接触应力分布与计算较复杂，一般借用弹性力学理论来计算 σ_H。

当两个半径为 ρ_1、ρ_2，法向压力为 F_n 的圆柱面接触时，由于接触处的局部弹性变形，接触区域实际上为一长方形表面，其最大接触应力（位于接触中心）可用赫兹公式计算，即

$$\sigma_H = \sqrt{\dfrac{F_n}{\pi b\left(\dfrac{1-\mu_1^2}{E_1}+\dfrac{1-\mu_2^2}{E_2}\right)}\dfrac{\rho_2 \pm \rho_1}{\rho_1\rho_2}} \qquad (6-42)$$

式中，μ_1、μ_2 分别为两圆柱体材料的泊松比；E_1、E_2 分别为两圆柱体材料的弹性模量（MPa）；ρ_1、ρ_2 分别为两圆柱体接触点的曲率半径（mm）；b 为两圆柱体的接触长度（mm）；"+""-"分别用于外接触与内接触。

1. 标准直齿轮传动齿面接触疲劳强度计算

两齿轮啮合时，可以认为是以两齿廓在接触点处的曲率半径为半径的两个圆柱体互相接触，如图 6-52 所示。由于齿面在不同点啮合时，啮合点处的曲率半径是不同的，考虑点蚀通常出现在节点附近，一般来讲，轮齿在节点处啮合时齿面间的接触应力最大，因此以节点作为计算接触应力的计算点。

将 $\rho_1 = \dfrac{d_1}{2}\sin\alpha$，$\rho_2 = \dfrac{d_2}{2}\sin\alpha$，计算载荷 $F_{nc} = \dfrac{2\,000KT_1}{d_1\cos\alpha}$，大、小两轮齿数比 $u = \dfrac{z_2}{z_1} = \dfrac{d_2}{d_1}$，压力角

$\alpha = 20°$,代入赫兹公式(6-42)得齿面接触应力的计算公式为

$$\sigma_H = 112Z_E \sqrt{\frac{KT_1}{bd_1^2} \cdot \frac{u \pm 1}{u}}$$

式中,$Z_E = \sqrt{\dfrac{1}{\pi\left(\dfrac{1-\mu_1^2}{E_1}+\dfrac{1-\mu_2^2}{E_2}\right)}}$,$Z_E$ 为材料的弹性系数($\sqrt{MPa}$)。

根据强度条件,齿面接触疲劳强度的校核公式为

$$\sigma_H = 112Z_E \sqrt{\frac{KT_1}{bd_1^2} \cdot \frac{u \pm 1}{u}} \leqslant [\sigma_H]$$

取齿宽系数 $\psi_d = \dfrac{b}{d_1}$(表6-11),b 为齿宽,由齿面接触疲劳强度的校核公式可得齿面接触疲劳强度的设计公式为

$$d_1 \geqslant \sqrt[3]{\left(\frac{112Z_E}{[\sigma_H]}\right)^2 \cdot \frac{KT_1(u \pm 1)}{\psi_d u}}$$

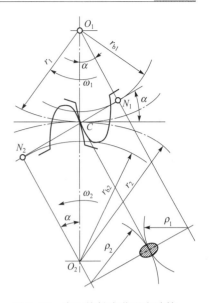

图6-52　齿面接触疲劳强度计算

式中,"+"用于外啮合,"−"用于内啮合。

两轮均为钢时,$Z_E = 189.8$;一轮为钢,一轮为铸铁时,$Z_E = 162$;两轮均为铸铁时,$Z_E = 143.7$。

对于一对钢制齿轮,上述公式可简化为

$$\sigma_H = 21\,268 \sqrt{\frac{KT_1}{bd_1^2} \cdot \frac{u \pm 1}{u}} \leqslant [\sigma_H] \tag{6-43}$$

$$d_1 \geqslant 766 \sqrt[3]{\frac{KT_1(u \pm 1)}{\psi_d u [\sigma_H]^2}} \tag{6-44}$$

表6-11　齿宽系数 ψ_d

齿轮相对于轴承的位置	齿面硬度	
	软齿面(大轮或大、小轮硬度)≤350 HBS	硬齿面(大、小轮硬度)>350 HBS
对称布置	0.8~1.4	0.4~0.9
非对称布置	0.6~1.2	0.3~0.6
悬臂布置	0.3~0.4	0.15~0.25

2. 斜齿轮齿面接触疲劳强度计算

斜齿圆柱齿轮的强度可近似用其当量圆柱齿轮的强度来代替,因此斜齿轮的强度计算原理与直齿轮相同。考虑到斜齿圆柱齿轮传动齿面接触线为斜直线,接触线长,重合度大,承载能力比较强等特点,可得到斜齿圆柱齿轮齿面接触疲劳强度的计算公式为

$$\sigma_{\mathrm{H}} = 110 Z_{\mathrm{E}} \sqrt{\frac{KT_1}{bd_1^2} \cdot \frac{u \pm 1}{u}} \leqslant [\sigma_{\mathrm{H}}]$$

$$d_1 \geqslant \sqrt[3]{\left(\frac{110 Z_{\mathrm{E}}}{[\sigma_{\mathrm{H}}]}\right)^2 \cdot \frac{KT_1(u \pm 1)}{\psi_{\mathrm{d}} u}}$$

对于一对钢制齿轮，上述公式可简化为

$$\sigma_{\mathrm{H}} = 20\,930 \sqrt{\frac{KT_1}{bd_1^2} \cdot \frac{u \pm 1}{u}} \leqslant [\sigma_{\mathrm{H}}] \tag{6-45}$$

$$d_1 \geqslant 757 \sqrt[3]{\frac{KT_1(u \pm 1)}{\psi_{\mathrm{d}} u [\sigma_{\mathrm{H}}]^2}} \tag{6-46}$$

3. 锥齿轮齿面接触疲劳强度计算

圆锥齿轮的强度计算可近似地用平均分度圆处的当量圆柱齿轮来代替，齿面接触强度的计算公式为

$$\sigma_{\mathrm{H}} = 112 Z_{\mathrm{E}} \sqrt{\frac{KT_1}{bd_1^2\left(1 - 0.5\frac{b}{R}\right)^2} \cdot \frac{\sqrt{u^2 \pm 1}}{u}} \leqslant [\sigma_{\mathrm{H}}]$$

$$d_1 \geqslant \sqrt[3]{\left(\frac{158 Z_{\mathrm{E}}}{[\sigma_{\mathrm{H}}]}\right)^2 \cdot \frac{KT_1}{(1 - 0.5\psi_{\mathrm{R}})^2 \psi_{\mathrm{R}} u}}$$

对于一对钢制直齿锥齿轮，上述公式可简化为

$$\sigma_{\mathrm{H}} = 21\,268 \sqrt{\frac{KT_1}{bd_1^2\left(1 - 0.5\frac{b}{R}\right)^2} \cdot \frac{\sqrt{u^2 \pm 1}}{u}} \leqslant [\sigma_{\mathrm{H}}] \tag{6-47}$$

$$d_1 \geqslant 966 \sqrt[3]{\frac{KT_1}{(1 - 0.5\psi_{\mathrm{R}})^2 \psi_{\mathrm{R}} u [\sigma_{\mathrm{H}}]^2}} \tag{6-48}$$

式中，齿宽系数 $\psi_{\mathrm{R}} = \dfrac{b}{R}$，一般取 $0.2 \sim 0.35$，常取 0.3。

4. 有关接触强度的两点说明

（1）在对齿轮进行接触强度计算时，两轮的接触应力相同，但许用接触应力一般不同。因此，以上各式中，应取两轮许用应力的较小值代入。

（2）在载荷、齿轮材料、传动比和齿宽一定的前提下，接触疲劳强度主要与齿轮的分度圆直径有关。

五、弯曲疲劳强度计算

为防止轮齿疲劳折断，应对轮齿进行弯曲疲劳强度计算，使齿根的弯曲应力小于等于齿轮弯曲疲劳强度的许用应力，即 $\sigma_{\mathrm{F}} \leqslant [\sigma_{\mathrm{F}}]$。

1. 直齿轮的弯曲疲劳强度计算

在推导齿根的弯曲应力计算公式时，将齿轮的轮齿近似地看成一个悬臂梁，并假定法向力 F_{n} 全部由一对轮齿承担且作用于齿顶，如图6-53所示。轮齿在齿根的危险截面通常用30°切

线法确定,即图中的 AB 截面。危险截面为一矩形,它的宽度为 s_F,长为齿轮的宽度 b,危险截面距分力 $F_n\cos\alpha_F$ 为 h_F。危险截面上的最大弯曲应力为

$$\sigma_F = \frac{M}{W} = \frac{F_n\cos\alpha_F \cdot h_F}{\dfrac{bs_F^2}{6}}$$

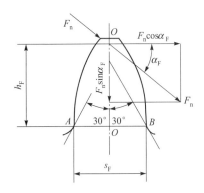

图 6-53　轮齿弯曲强度计算

用计算载荷 $F_{nc} = KF_n = \dfrac{2\ 000KT_1}{d_1\cos\alpha}$ 代替 F_n,上式改写为

$$\sigma_F = \frac{2\ 000KT_1}{bd_1m} \cdot \frac{6\left(\dfrac{h_F}{m}\right)\cos\alpha_F}{\left(\dfrac{s_F}{m}\right)^2\cos\alpha}$$

令 $Y_{Fa} = \dfrac{6\left(\dfrac{h_F}{m}\right)\cos\alpha_F}{\left(\dfrac{s_F}{m}\right)^2\cos\alpha}$,并称 Y_{Fa} 为齿形系数。Y_{Fa} 与齿轮的模数无关,只与齿轮的齿形有关。

进一步将 $d_1 = mz_1$ 代入上式,实际计算时,考虑到齿根圆角处的应力集中,引入齿根应力修正系数 Y_{Sa}。因此,可得齿根弯曲应力的计算公式为

$$\sigma_F = \frac{2\ 000KT_1}{bd_1m}Y_{Fa}Y_{Sa} = \frac{2\ 000KT_1}{bd_1m}Y_{FS}$$

式中,Y_{FS} 为复合齿形系数,$Y_{FS} = Y_{Fa}Y_{Sa}$,可由表 6-12 查取。

表 6-12　标准外齿轮复合齿形系数 Y_{FS}

$z(z_v)$	17	18	19	20	21	22	23	24	25	26	27	28	29
Y_{FS}	4.51	4.45	4.41	4.36	4.33	4.30	4.27	4.24	4.21	4.19	4.17	4.15	4.13
$z(z_v)$	30	35	40	45	50	60	70	80	90	100	150	200	∞
Y_{FS}	4.12	4.06	4.04	4.02	4.01	4.00	3.99	3.98	3.97	3.96	4.00	4.03	4.06

齿根弯曲疲劳强度校核公式为

$$\frac{2\ 000KT_1}{bd_1m}Y_{FS} \leqslant [\sigma_F] \qquad (6-49)$$

将 $\psi_d = \dfrac{b}{d_1}$,$d_1 = mz_1$ 代入式(6-49),得弯曲疲劳强度设计公式为

$$m^3 \geqslant \frac{2\ 000KT_1}{\psi_d z_1^2[\sigma_F]}Y_{FS} \qquad (6-50)$$

2. 斜齿轮弯曲疲劳强度计算

斜齿轮传动时,齿面接触线为斜直线,受载时,轮齿的折断形式多为局部折断。若按局部折断计算斜齿轮的弯曲应力较为困难,考虑斜齿轮的特点,对直齿轮的弯曲疲劳强度的计算公式进行必要修正得斜齿轮的弯曲强度校核和设计公式为

$$\sigma_{F} = \frac{1\ 600KT_1}{bd_1m_n}Y_{FS} \leqslant [\sigma_F] \tag{6-51}$$

$$m_n^3 \geqslant \frac{1\ 600KT_1}{\psi_d z_1^2} \cdot \frac{Y_{FS}}{[\sigma_F]} \tag{6-52}$$

式中，m_n 为斜齿轮的法面模数，复合齿形系数 Y_{FS} 按斜齿轮的当量齿数查表 6-12。

3. 锥齿轮的弯曲疲劳强度计算

校核和设计公式分别为

$$\sigma_{F} = \frac{2\ 000KT_1}{bd_{m1}m_m} = \frac{2\ 000KT_1}{bd_1m\left(1-0.5\dfrac{b}{R}\right)^2}Y_{FS} \leqslant [\sigma_F] \tag{6-53}$$

$$m^3 \geqslant \frac{4\ 000KT_1}{\psi_R(1-0.5\psi_R)^2 z_1^2\sqrt{1+u^2}} \cdot \frac{Y_{FS}}{[\sigma_F]} \tag{6-54}$$

式中，复合齿形系数 Y_{FS} 按锥齿轮的当量齿数查表 6-12。

4. 有关弯曲强度的两点说明

（1）在对齿轮进行弯曲强度计算时，两轮的弯曲应力一般是不相等的，许用弯曲应力一般也不同，因此在设计时应代入两轮 $\dfrac{Y_{FS}}{[\sigma_F]}$ 中的大者。

（2）在载荷、齿轮材料、传动比和齿宽一定的前提下，弯曲疲劳强度主要与齿轮的模数 m 有关。

第十二节　设计实例

齿轮传动设计时参数较多，其中一部分是由标准决定的参数，如 $\alpha(\alpha_n)$、$h_a^*(h_{an}^*)$、$c^*(c_n^*)$ 等；一部分是由强度计算决定的参数，如分度圆直径 d_1、模数 m；还有一部分参数需要人为选择，如齿数 z_1、齿宽系数 ψ_d 或 ψ_R、螺旋角 β 等，这些参数直接影响设计结果。

一、齿轮传动主要设计参数的选择

1. 齿轮齿数 z_1 和模数 m

齿数多，传动的平稳性将增加，由于 $d_1 = mz_1$，故在 d_1 一定的前提下，增大 z_1，m 相应减小。模数小的齿轮虽然加工工艺性好，但轮齿弯曲强度会降低。

对于闭式齿轮传动，由于轮齿的弯曲强度一般都有富裕，设计时按齿面接触强度确定了小齿轮分度圆直径 d_1 后，小齿轮的齿数宜多选一些，通常 z_1 在 $20 \sim 40$ 之间选取。开式齿轮传动，齿数不宜选用过多，通常 z_1 在 $17 \sim 20$ 之间选取。

为防止断齿，传递动力的齿轮模数 m 或 m_n 应不小于 2 mm。

2. 齿宽系数 ψ_d 或 ψ_R

齿宽系数越大，齿轮的宽度越大，承载能力越强。但齿宽过大，会使载荷沿齿宽分布不均匀的现象加剧，因此齿宽系数不宜过大或过小。设计时圆柱齿轮参考表 6-11 选取，锥齿轮一般取 $0.2 \sim 0.35$，常取 0.3。

3. 螺旋角 β

螺旋角 β 大,传动平稳,承载能力强,但螺旋角太大会引起较大的轴向力。一般 β 在 $8° \sim 15°$ 之间选取。

二、设计实例

例 6-2　设计一带式运输机的单级减速器中的直齿圆柱齿轮传动。已知减速器中的输入功率为 10 kW,满载转速 $n = 960$ r/min,传动比 $i_{12} = 4$,单向运转、载荷平稳。

解　1. 选择齿轮材料、确定许用应力

载荷中等且平稳、速度不高、传动尺寸无特殊要求,因此两齿轮均可用软齿面齿轮。为保证大、小齿轮齿面硬度差 $30 \sim 50$ HBS,小齿轮可用 45 钢调质,齿面硬度为 230 HBS,大齿轮用 45 钢正火,齿面硬度为 190 HBS。根据两轮的齿面硬度,由表 6-10 中的算式得两轮的接触疲劳强度和弯曲疲劳强度的许用应力如下:

$$[\sigma_{H1}] = 380 + 0.7 \text{ HBS} = 541 \text{ MPa} \qquad [\sigma_{H2}] = 380 + 0.7 \text{ HBS} = 513 \text{ MPa}$$

$$[\sigma_{F1}] = 140 + 0.2 \text{ HBS} = 186 \text{ MPa} \qquad [\sigma_{F2}] = 140 + 0.2 \text{ HBS} = 178 \text{ MPa}$$

2. 选取设计参数

(1) 小齿轮齿数 z_1:对于闭式软齿面齿轮传动,通常 z_1 在 $20 \sim 40$ 之间选取。现取 $z_1 = 24$,则 $z_2 = 4 \times 24 = 96$。

(2) 齿数比:$u = i_{12} = 96/24 = 4$。

(3) 齿宽系数 ψ_d:单级齿轮传动,齿轮相对于两支承对称布置,两轮均为软齿面,查表 6-11 取 $\psi_d = 1.0$。

3. 按齿面接触疲劳强度设计

(1) 小齿轮的转矩:$T_1 = 9\ 550 \times P/n = 9\ 550 \times 10/960 = 99.48(\text{N} \cdot \text{m})$。

(2) 载荷系数:查表 6-9,$K = 1.2$。

(3) 按齿面接触疲劳强度设计得

$$d_1 \geqslant 766 \sqrt[3]{\frac{KT_1(u+1)}{\psi_d u [\sigma_H]^2}} = 766 \times \sqrt[3]{\frac{1.2 \times 99.48 \times (4+1)}{4 \times 513^2}} = 63.4 \text{ (mm)}$$

(4) 确定齿轮模数:$m = \dfrac{d_1}{z_1} \geqslant \dfrac{63.4}{24} = 2.64 \text{ (mm)}$。据表 6-1,取标准模数 $m = 2.75$。

(5) 小齿轮直径:$d_1 = mz_1 = 24 \times 2.75 = 66 \text{ (mm)}$。

4. 齿轮几何尺寸计算

$$d_1 = mz_1 = 2.75 \times 24 = 66(\text{mm})$$

$$d_2 = mz_2 = 2.75 \times 96 = 264(\text{mm})$$

$$d_{a1} = mz_1 + 2h_a^* m = 66 + 5.5 = 71.5(\text{mm})$$

$$d_{a2} = mz_2 + 2h_a^* m = 264 + 5.5 = 269.5(\text{mm})$$

$$d_{f1} = mz_1 - 2(h_a^* + c^*)m = 66 - 6.875 = 59.125(\text{mm})$$

$$d_{f2} = mz_2 - 2(h_a^* + c^*)m = 164 - 6.875 = 157.125(\text{mm})$$

$$a = (d_1 + d_2)/2 = (66 + 264)/2 = 165(\text{mm})$$

$$b = \psi_d d_1 = 1.0 \times 66 = 66 (\text{mm})$$

取　$b_2 = 66$ mm，$b_1 = 66 + 5 = 71$（mm）。

5. 校核弯曲疲劳强度

由齿数查表 6-12 得两齿轮的复合齿形系数为：$Y_{FS1} = 4.24$，$Y_{FS2} = 3.96$。

$$\sigma_{F1} = \frac{2\ 000 K T_1}{b d_1 m} Y_{FS1} = \frac{2\ 000 \times 1.2 \times 99.45}{66^2 \times 2.75} \times 4.24$$

$$= 84.46 (\text{MPa}) \leqslant [\sigma_{F1}] = 186 \text{ MPa}$$

合格。

$$\sigma_{F2} = \frac{2\ 000 K T_1}{b d_1 m} Y_{FS2} = \frac{2\ 000 \times 1.2 \times 99.45}{66^2 \times 2.75} \times 3.96$$

$$= 78.88 (\text{MPa}) \leqslant [\sigma_{F2}] = 178 \text{ MPa}$$

合格。

6. 齿轮传动的精度等级

据表 6-8，选用 8 级精度。

7. 结构设计（略）

例 6-3　某二级圆柱齿轮减速器，电动机驱动，单向运转、载荷中等冲击，试设计高速级斜齿轮传动。已知传递功率 15 kW，小齿轮转速 $n_1 = 1\ 460$ r/min，传动比 $i_{12} = 4.8$，要求结构紧凑。

解　1. 选择齿轮材料、确定许用应力

中等冲击、要求结构紧凑，因此可采用硬齿面齿轮传动。大、小齿轮均可用 40Gr 表面淬火，齿面硬度为 52 HRC。根据两轮的齿面硬度，由表 6-10 的算式得两轮的接触疲劳强度和弯曲疲劳强度的许用应力如下：

$$[\sigma_{H1}] = [\sigma_{H2}] = 500 + 11 \text{ HRC} = 1\ 072 \text{ MPa}$$

$$[\sigma_{F1}] = [\sigma_{F2}] = 160 + 2.5 \text{ HRC} = 290 \text{ MPa}$$

2. 设计参数

（1）齿数 z_1：取 $z_1 = 23$，则 $z_2 = 4.8 \times 23 = 110.4$，取 $z_2 = 110$。

（2）齿数比和实际传动比：$u = i_{12} = 110/23 = 4.783$，传动比误差 $\Delta i = \dfrac{|4.8 - 4.783|}{4.8} = 0.354\% \leqslant 5\%$，在许可范围内。

（3）齿宽系数 ψ_d：二级齿轮传动，齿轮相对于两支承非对称布置，两轮均为硬齿面，查表 6-11，取 $\psi_d = 0.5$。

（4）初选螺旋角：$\beta = 12°$。

3. 按齿面接触疲劳强度设计

（1）小齿轮的转矩：$T_1 = 9\ 550 \times P/n = 9\ 550 \times 15/1\ 460 = 98.12$（N·m）。

（2）载荷系数：查表 6-9，$K = 1.4$。

（3）按齿面接触疲劳强度设计得

$$d_1 \geqslant 757 \sqrt[3]{\frac{K T_1 (u + 1)}{\psi_d u [\sigma_H]^2}} = 757 \times \sqrt[3]{\frac{1.4 \times 98.12 \times (4.783 + 1)}{0.5 \times 4.783 \times (1\ 072)^2}} = 50.05 (\text{mm})$$

（4）确定齿轮模数：$m_n = \dfrac{d_1}{z_1}\cos\beta \geqslant \dfrac{50.05 \times \cos 12°}{23} = 2.12$（mm）。据表 6-1，取标准模数 $m_n = 2.5$ mm。

（5）协调设计参数：$a = \dfrac{m_n(z_1 + z_2)}{2\cos\beta} = \dfrac{2.5 \times (23 + 110)}{2\cos 12°} = 169.96$（mm），为制造、检测方便，中心距应圆整成整数，最好以 0 或 5 结尾。取 $a = 170$ mm，则实际螺旋角为

$$\beta = \arccos \frac{m_n(z_1 + z_2)}{2a} = \arccos \frac{2.5 \times (23 + 110)}{2 \times 170} = 12.057° = 12°03'24''$$

（6）小齿轮直径：$d_1 = m_n z_1 / \cos\beta = 23 \times 2.5 / 0.978 = 58.797$（mm）。

4. 齿轮几何尺寸计算

$$m_t = m_n / \cos\beta = 2.5 / \cos 12.057° = 2.556 (\text{mm})$$

$$d_1 = m_n z_1 / \cos\beta = 2.5 \times 23 / \cos 12.057° = 58.797 (\text{mm})$$

$$d_2 = m_n z_2 / \cos\beta = 2.5 \times 110 / \cos 12.057° = 281.203 (\text{mm})$$

$$d_{a1} = d_1 + 2h_{an}^* m_n = 58.797 + 5 = 63.797 (\text{mm})$$

$$d_{a2} = d_2 + 2h_{an}^* m_n = 281.203 + 5 = 286.203 (\text{mm})$$

$$d_{f1} = d_1 - 2(h_{an}^* + c_n^*) m_n = 58.797 - 6.25 = 52.547 (\text{mm})$$

$$d_{f2} = d_2 - 2(h_{an}^* + c_n^*) m_n = 281.203 - 6.25 = 174.953 (\text{mm})$$

$$a = (d_1 + d_2)/2 = 170 \text{ mm}$$

$$b = \psi_d d_1 = 0.5 \times 58.797 = 29.399 (\text{mm})$$

取　$b_2 = 30$ mm　　　$b_1 = 30 + 5 = 35$（mm）。

5. 校核弯曲疲劳强度

$$z_{v1} = \frac{z_1}{\cos^3\beta} = \frac{23}{\cos^3 12.057°} = 24.6$$

$$z_{v2} = \frac{z_2}{\cos^3\beta} = \frac{110}{\cos^3 12.057°} = 117.6$$

用当量齿数查表 6-12 得两齿轮的复合齿形系数为

$$Y_{FS1} = 4.22, Y_{FS2} = 3.97$$

由于大小齿轮的许用弯曲应力相等，故只需校核齿轮 1 的弯曲疲劳强度。

$$\sigma_{F1} = \frac{2000KT_1}{bd_1 m} Y_{FS1} = \frac{2000 \times 1.4 \times 98.12}{30 \times 58.797 \times 2.5} \times 4.22 = 268.296 (\text{MPa}) \leqslant [\sigma_F] = 290 \text{ MPa}　合格$$

6. 确定齿轮传动的精度等级

据表 6-8，选用 8 级精度。

7. 结构设计（略）

例 6-4　试设计一单级闭式圆锥齿轮减速器，已知电动机功率 $P = 7.5$ kW，转速 $n = 970$ r/min，传动比 $i = 2.5$，单向运转，载荷平稳。

解　1. 选择齿轮材料、确定许用应力

载荷中等且平稳、速度不高、传动尺寸无特殊要求，因此两齿轮均可用软齿面齿轮。为保证大、小齿轮齿面硬度差 30~50 HBS，小齿轮可用 45 钢调质，齿面硬度为 230 HBS，大齿轮用

45 钢正火,齿面硬度为 190 HBS。根据两轮的齿面硬度,由表 6-10 中的计算式得两轮的接触疲劳强度和弯曲疲劳强度得许用应力如下:

$$[\sigma_{H1}] = 380 + 0.7 \ HBS = 541 \ MPa$$

$$[\sigma_{H2}] = 380 + 0.7 \ HBS = 513 \ MPa$$

$$[\sigma_{F1}] = 140 + 0.2 \ HBS = 186 \ MPa$$

$$[\sigma_{F2}] = 140 + 0.2 \ HBS = 178 \ MPa$$

2. 选取设计参数

(1) 齿轮齿数 z_1:闭式软齿面齿轮传动, 取 $z_1 = 32$, 则 $z_2 = 2.5 \times 32 = 80$。

(2) 齿数比:$u = i_{12} = 80/32 = 2.5$。

(3) 齿宽系数:$\psi_R = 0.3$。

3. 按齿面接触疲劳强度设计

(1) 小齿轮的转矩:$T_1 = 9\ 550 \times P/n = 9\ 550 \times 7.5/970 = 73.84 (\text{N} \cdot \text{m})$。

(2) 载荷系数:查表 6-9,$K = 1.2$。

(3) 按齿面接触疲劳强度设计得

$$d_1 \geqslant 966 \sqrt[3]{\frac{KT_1}{(1-0.5\psi_R)^2 \psi_R u [\sigma_H]^2}} = 966 \times \sqrt[3]{\frac{1.2 \times 73.84}{(1-0.5 \times 0.3)^2 \times 0.3 \times 2.5 \times 513^2}}$$
$$= 78.084 (\text{mm})$$

(4) 确定齿轮模数:$m = \dfrac{d_1}{z_1} \geqslant \dfrac{78.084}{32} = 2.440$。据表 6-5,取标准模数 $m = 2.5$ mm。

(5) 小齿轮直径:$d_1 = mz_1 = 32 \times 2.5 = 80 (\text{mm})$。

4. 齿轮几何尺寸计算

(1) 分度圆直径

$$d_1 = mz_1 = 32 \times 2.5 = 80 (\text{mm})$$
$$d_2 = mz_2 = 80 \times 2.5 = 200 (\text{mm})$$

(2) 分度圆锥角

$$\delta_1 = \arctan \frac{z_1}{z_2} = \arctan \frac{1}{2.5} = 21.801° = 21°48'05''$$

$$\delta_2 = \arctan \frac{z_2}{z_1} = \arctan 2.5 = 21.801° = 68.199° = 68°11'55''$$

(3) 锥距

$$R = \frac{\sqrt{d_1^2 + d_2^2}}{2} = \frac{\sqrt{80^2 + 200^2}}{2} = 107.703 (\text{mm})$$

(4) 齿宽

$b = \psi_R R = 0.3 \times 107.703 = 32.31 (\text{mm})$,圆整取 $b = 33$ mm,其他尺寸略。

5. 校核弯曲疲劳强度

$$z_{v1} = \frac{z_1}{\cos \delta_1} = \frac{32}{\cos 21.801°} = 34.46, \quad z_{v2} = \frac{z_2}{\cos \delta_2} = \frac{80}{\cos 68.199°} = 215.41$$

由当量齿数 z_{v1}、z_{v2},查表 6-12 得两齿轮的复合齿形系数为:$Y_{FS1} = 4.07$,$Y_{FS2} = 4.03$。

$$\sigma_{F1} = \frac{2\ 000KT_1}{bd_1m(1-0.5\frac{b}{R})^2}Y_{FS1} = \frac{2\ 000 \times 1.2 \times 73.84}{33 \times 80 \times 2.5 \times 0.847^2} \times 4.07$$

$$= 151.25(MPa) \leqslant [\sigma_{F1}] = 186\ MPa \qquad 合格$$

$$\sigma_{F2} = \frac{2\ 000KT_1}{bd_1m(1-0.5\frac{b}{R})^2}Y_{FS1} = \frac{2\ 000 \times 1.2 \times 73.84}{33 \times 80 \times 2.5 \times 0.847^2} \times 4.03$$

$$= 149.77(MPa) \leqslant [\sigma_{F2}] = 178\ MPa \qquad 合格$$

6. 圆锥齿轮传动的精度

略(按 GB/T 11365—1989)。

第十三节　齿轮的结构设计和润滑

一、齿轮的结构

由于锻造后钢材机械性能较好,故通常齿顶圆直径小于 500 mm 的齿轮都用锻造毛坯,当齿顶圆直径大于 500 mm 时,宜采用铸造毛坯。

1. 锻造齿轮

1) 齿轮轴

圆柱齿轮齿顶圆直径小于 2d 或齿根圆与轮毂孔键槽槽底的距离 δ 小于 $2.5m_n$(图 6-55(a))或圆锥齿轮小端齿根圆至键槽底部的距离 δ 小于 1.6m(m 为大端模数)(图 6-55(b))时,通常将齿轮与轴制成一体,这种结构称为齿轮轴,如图 6-54 所示。

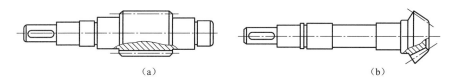

（a）　　　　　　　　　　　　　　　（b）

图 6-54　齿轮轴

（a）圆柱齿轮轴；（b）圆锥齿轮轴

2) 实体结构齿轮

齿根圆直径比轴的直径大出两倍齿高,且齿顶圆直径小于 160 mm 时,一般可制成实体结构,如图 6-55 所示。

3) 腹板结构

齿根圆直径比轴的直径大出两倍齿高,且齿顶圆直径大于 160 mm 时,一般可制成腹板式结构。为减轻重量,往往在腹板上开一些圆孔,如图 6-56 所示。

2. 铸造齿轮

当齿顶圆直径大于 500 mm 时,因锻造困难,宜采用铸钢或铸铁铸造毛坯,常用轮腹式结构,如图 6-57 所示。

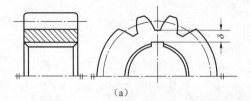

图 6-55　实体结构齿轮

(a) 圆柱齿轮；(b) 圆锥齿轮

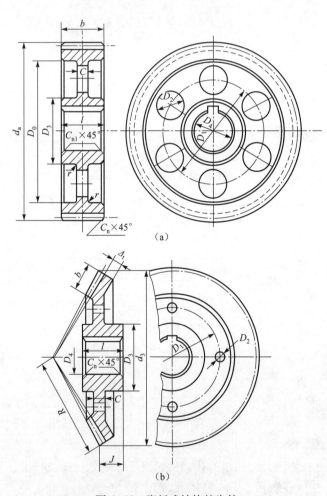

图 6-56　腹板式结构的齿轮

$d_a < 500$ mm；$D_3 = 1.6 D_4$(钢)；$D_2 = (0.25 \sim 0.35)(D_0 - D_3)$；$D_1 = 0.5(D_0 + D_3)$；$C_n = 0.5 m_n$；$r = 1$ mm。

圆柱齿轮　$l = (1.2 \sim 1.5) D_4 \geqslant b$；$D_0 = d_a - (10 \sim 14) m_n$；$C = (0.2 \sim 0.3) b \geqslant 8$ mm。

圆锥齿轮　$l = (1.0 \sim 1.2) D_4$；$\Delta_t = (3 \sim 4) m \geqslant 10$ mm；J 由结构设计确定

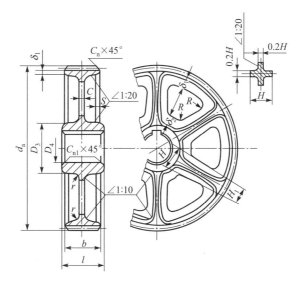

图 6-57　轮辐式结构齿轮

$D_3 = 1.6D_4$（铸钢）；$D_3 = 1.8D_4$（铸铁）；$\delta_1 = (3 \sim 4) m_n$；$C = 0.2H \geqslant 10 \text{ mm}$；$S = 0.8\ C \geqslant 10 \text{ mm}$；$\delta_2 = (1 \sim 1.2)\delta_1$；

$H = 0.8d_c$（铸钢）；$H_1 = 0.8$ H；$r > 5$ mm；$R \approx 0.5H$；$l = (1.2 \sim 1.5)D_4 \geqslant b$；轮辐数常取为 6

二、齿轮传动的润滑

齿轮传动常采用的润滑方式有：

（1）人工定期加入润滑油或润滑脂，适用于开式、半开式或圆周速度低的闭式齿轮传动中。

（2）将大齿轮浸入润滑油池中，适用于齿轮圆周速度 $v \leqslant 12$ m/s 的情况。

（3）喷油润滑，适用于齿轮圆周速度 $v > 12$ m/s 的情况。

习　题

6-1　一对正确安装的外啮合标准直齿圆柱齿轮传动，中心距 $a = 120$ mm，传动比 $i = 3$，小齿轮齿数 $z_1 = 20$。试确定这对齿轮模数和分度圆直径、齿顶圆直径和齿根圆直径。

6-2　已知一对标准斜齿圆柱齿轮的模数 $m_n = 3$ mm，齿数 $z_1 = 23$，$z_2 = 76$，螺旋角 $\beta = 8°6'34''$，试求传动中心距和两轮各部分尺寸。

6-3　已知一对直齿圆锥齿轮传动 $\Sigma = 90°$，$z_1 = 17$，$z_2 = 43$，$m = 3$ mm，试求两轮分度圆直径、齿顶圆直径、齿根圆直径、分度圆锥角、齿顶圆锥角、齿根圆锥角、锥距和当量齿数。

6-4　下列两对齿轮中，哪一对齿轮的接触疲劳强度大？哪一对齿轮的弯曲疲劳强度大？为什么？传递的转矩 T_1、齿宽 b、齿轮材料、热处理、硬度及工作条件相同。

（1）$z_1 = 20$，　$z_2 = 40$，　$m = 4$ mm，　$\alpha = 20°$

（2）$z_1 = 40$，　$z_2 = 80$，　$m = 2$ mm，　$\alpha = 20°$

6-5　题 6-5 图中某二级斜齿圆柱齿轮减速器，高速级小斜齿轮 1 的转向和旋向如图所示。为使中间轴上两齿轮的轴向力方向相反，试确定其他斜齿轮的螺旋线方向，并在啮合点处画出齿轮 3 各分力方向。

6-6 题 6-6 图中某二级圆锥-圆柱齿轮减速器，已知主动轮 1 的转向，为使轴 Ⅱ 上轴承所受轴向力抵消一部分，试确定轮 3 和轮 4 的螺旋线方向、各轮转向，并在啮合点处画出轮 2 各分力方向。

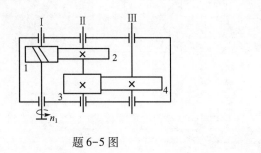

题 6-5 图

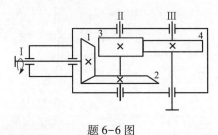

题 6-6 图

6-7 某二级圆柱齿轮减速器，电动机驱动，单向运转，载荷平稳。试设计低速级齿轮传动。已知：低速级传递功率 $P_1 = 10\ \text{kW}$，小齿轮转速 $n_1 = 400\ \text{r/min}$，传动比 $i = 4$。

6-8 试设计一闭式直齿圆锥齿轮传动，轴交角 $\Sigma = 90°$，传递功率 $P = 3\ \text{kW}$，转速 $n_1 = 970\ \text{r/min}$，齿数比 $u = 2.3$，小锥齿轮悬臂布置。

第七章　蜗杆传动

蜗杆传动是由交错轴斜齿圆柱齿轮传动演变而来的,用来传递空间两交错轴间的运动和动力。蜗杆传动广泛应用于机床、汽车、冶金、矿山和起重运输机械设备等的传动系统及仪器仪表中,同时蜗杆传动的自锁性常被用于各种提升设备、电梯、卷扬机等起重机械中,起安全保护作用。

本章主要讨论蜗杆传动的特点、参数、几何尺寸计算及设计计算等问题。

第一节　蜗杆传动特点、类型

一、蜗杆传动及特点

蜗杆传动是由蜗杆和蜗轮组成的(图7-1),常用于传递两根交错轴之间的运动和动力。一般情况下两根轴的轴线相互垂直交错,两根轴的交错角为90°。蜗杆的齿数比较少、分度圆直径比较小,通常作为减速传动的主动件;齿数较多、分度圆直径较大的蜗轮作主动件用于增速的情况很少,因为此时效率较低甚至会发生自锁。与螺纹一样,蜗杆和蜗轮的轮齿有左旋、右旋之分,并且当两根轴的交错角为90°时,蜗轮的旋向与蜗杆的旋向相同。常用的是右旋蜗杆。

图 7-1　蜗杆传动

蜗杆传动的传动比大,结构比较紧凑,单级传动就可以得到很大的传动比,一般在动力传动中的常用传动比为10~80,也可以达80以上。此外蜗杆传动工作平稳,噪声小,广泛地应用于各类机械和仪器中。但蜗杆与蜗轮啮合传动时齿面滑动速度较大,摩擦磨损较严重,发热大,传动效率较低,故不适用于大功率长期连续工作。由于齿面间滑动速度较大,为防止或减轻磨损及胶合,常用青铜等贵重金属制造蜗轮,而钢制蜗杆齿面应具有较高的硬度和较小的表面粗糙度,因此价格较高。

二、蜗杆传动的类型

在蜗杆传动的制造中,通常采用车削或磨削的方法加工蜗杆,用与蜗杆外廓相同的滚刀在与蜗轮毛坯做啮合的传动过程中切削加工出蜗轮。蜗杆传动的类型通常根据蜗杆形状和加工方法划分。根据蜗杆的形状可以分为圆柱面蜗杆传动、环面蜗杆传动和锥面蜗杆传动,如图7-2所示。

最常用的是阿基米德圆柱蜗杆传动(ZA蜗杆),本章只讨论这种蜗杆传动,其他各种类型的蜗杆传动可以参考相关资料和设计手册。

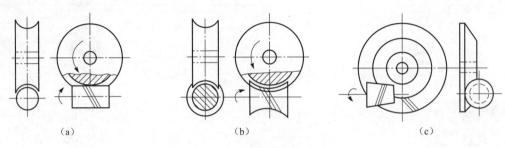

图 7-2　蜗杆传动类型

（a）圆柱面蜗杆传动；（b）环面蜗杆传动；（c）锥面蜗杆传动

第二节　蜗杆传动的主要参数和几何尺寸

一、正确啮合条件

对于两轴线垂直交错的阿基米德圆柱蜗杆传动，通过蜗杆轴线并垂直于蜗轮轴线的平面称为中间平面（图 7-3）。在中间平面内圆柱蜗杆的齿形与渐开线斜齿条相同，蜗杆与蜗轮的啮合相当于渐开线斜齿条与斜齿轮的啮合，蜗杆传动的设计计算都以中间平面的参数和几何关系为准。因此，蜗杆传动的正确啮合条件是

$$m_{a1} = m_{t2} = m$$
$$\alpha_{a1} = \alpha_{t2} = \alpha \qquad\qquad (7-1)$$
$$\gamma = \beta \text{（旋向相同）}$$

式中，m_{a1}、m_{t2} 分别为蜗杆的轴面模数和蜗轮的端面模数；α_{a1}、α_{t2} 分别为蜗杆的轴面压力角和蜗轮的端面压力角；γ、β 分别为蜗杆的导程角和蜗轮的螺旋角。

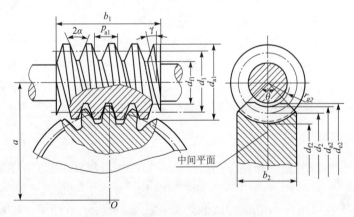

图 7-3　阿基米德圆柱蜗杆传动

二、主要参数

1. 模数和压力角

蜗杆的轴面模数和压力角、蜗轮的端面模数和压力角应该取标准数值。阿基米德圆柱蜗

杆传动的标准压力角规定为 20°，而模数需要根据轮齿的强度确定，且为符合国家标准规定的标准数值。

2. 齿数和传动比

由于蜗杆的导程角比较小，螺旋角比较大，致使蜗杆的轮齿绕蜗杆轴线形成螺旋形轮齿。因此，蜗杆的头数（即蜗杆的齿数）通常很少。蜗杆头数应根据要求的传动比并考虑效率来选定，一般为 $z_1 = 1 \sim 4$。若要得到大传动比，则可取 $z_1 = 1$，但传动效率较低。蜗杆头数多，传动效率和承载能力都较高；但蜗杆头数太多，会带来蜗杆加工的困难。

为了避免蜗轮轮齿发生根切，蜗轮齿数不应少于 26。但蜗轮齿数过多，会使蜗轮结构尺寸过大，蜗杆长度也随之增加，致使蜗杆刚度和啮合刚度降低，因此也不宜大于 80。

设蜗杆头数为 z_1，蜗轮齿数为 z_2，则蜗杆主动时蜗杆传动的传动比为

$$i = \frac{\omega_1}{\omega_2} = \frac{n_1}{n_2} = \frac{z_2}{z_1} \qquad (7-2)$$

式中，ω_1、ω_2 分别为蜗杆和蜗轮的角速度；n_1、n_2 分别为蜗杆和蜗轮的转速。

3. 蜗杆分度圆直径 d_1 和导程角 γ

由蜗杆分度圆柱面展开图 7-4 可知

$$\tan\gamma = \frac{z_1 p_a}{\pi d_1} = \frac{z_1 \pi m}{\pi d_1} = \frac{z_1 m}{d_1}$$

令　$q = \dfrac{z_1}{\tan\gamma} = \dfrac{d_1}{m}$，称 q 为蜗杆直径系数。

则

$$d_1 = qm \qquad (7-3)$$

当用滚刀加工蜗轮时，为了保证蜗杆

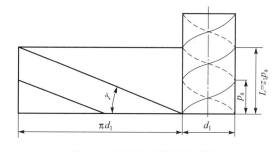

图 7-4　蜗杆分度圆柱展开图

与该蜗轮的正确啮合，所用蜗轮滚刀的齿形及直径必须与相啮合的蜗杆相同。这样，每一种尺寸的蜗杆，就对应有一把蜗轮滚刀。因此，为了减少滚刀的规格数量，规定蜗杆分度圆直径 d_1 为标准值，且与模数 m 相搭配，根据强度条件确定，其对应关系见表 7-1。

表 7-1　圆柱蜗杆传动标准模数 m、齿数 z_1、分度圆直径 d_1 及 m^3q 值（摘自 GB/T 10085—1988）

m	1.25		1.6		2			
d_1	20	**22.4**	20	**28**	(18)	22.4	(28)	**35.5**
q	16.000	17.920	12.500	17.500	9.000	11.200	14.000	17.750
z_1	1	1	1,2,4	1	1,2,4	1,2,4,6	1,2,4	1
m^3q	31.25	35	51.2	71.68	72	89.6	112	142
m	2.5				3.15			
d_1	(22.4)	28	(35.5)	**45**	(28)	35.5	(45)	**56**
q	8.960	11.200	14.200	18.000	8.889	11.270	14.286	17.778
z_1	1,2,4	1,2,4,6	1,2,4	1	1,2,4	1,2,4,6	1,2,4	1
m^3q	140	175	221.875	281.25	277.83	352.25	446.52	555.67

续表

m	4				5			
d_1	(31.5)	40	(50)	**71**	(40)	50	(63)	**90**
q	7.875	10.000	12.500	17.750	8.000	10.000	12.600	18.000
z_1	1,2,4	1,2,4,6	1,2,4	1	1,2,4	1,2,4,6	1,2,4	1
$m^3 q$	504	640	800	1 136	1 000	1 250	1 575	2 250
m	6.3				8			
d_1	(50)	63	(80)	**112**	(63)	80	(100)	**140**
q	7.936	10.000	12.698	17.778	7.875	10.000	12.500	17.500
z_1	1,2,4	1,2,4,6	1,2,4	1	1,2,4	1,2,4,6	1,2,4	1
$m^3 q$	1 984	2 500	3 175	4 445	4 032	5 120	6 400	8 960
m	10				12.5			
d_1	(71)	90	(112)	160	(90)	112	(140)	200
q	7.100	9.000	11.200	16	7.200	8.960	11.200	16.000
z_1	1,2,4	1,2,4,6	1,2,4	1	1,2,4	1,2,4	1,2,4	1
$m^3 q$	7 100	9 000	11 200	16 000	14 062	17 500	21 875	31 250
m	16				20			
d_1	(112)	140	(180)	250	(140)	160	(224)	315
q	7.000	8.750	11.25	15.625	7.000	8.000	11.200	15.750
z_1	1,2,4	1,2,4	1,2,4	1	1,2,4	1,2,4	1,2,4	1
$m^3 q$	28 672	35 840	46 080	64 000	56 000	64 000	89 600	126 000

注：括号内的数字尽可能不采用，黑体 d_1 值为蜗杆导程角 $\gamma < 3°30'$ 的自锁蜗杆。

4. 中心距 a

蜗杆传动的标准中心距为

$$a = \frac{1}{2}(d_1 + d_2) = \frac{m}{2}(q + z_2) \qquad (7-4)$$

三、几何尺寸计算

阿基米德圆柱蜗杆传动的各部分几何尺寸计算可参考表7-2和图7-5。

表7-2　阿基米德圆柱蜗杆传动几何尺寸计算表

序号	名　称	代号	计　算　式	说　明
1	蜗杆头数	z_1		根据表7-1选标准值
2	蜗轮齿数	z_2	$z_2 = iz_1$	结果要圆整，i 为减速比
3	模数	m		根据强度和表7-1选标准值
4	压力角	α	$\alpha = 20°$	标准值
5	蜗杆分度圆直径	d_1		根据强度和表7-1选

续表

序号	名　称	代　号	计　算　式	说　明
6	蜗杆直径系数	q	$q=\dfrac{d_1}{m}$	
7	蜗杆分度圆导程角	γ	$\tan\gamma=\dfrac{mz_1}{d_1}=\dfrac{z_1}{q}$	与蜗轮螺旋角 β 相等
8	蜗轮分度圆直径	d_2	$d_2=mz_2$	
9	标准中心距	a	$a=\dfrac{1}{2}(d_1+d_2)$	
10	蜗杆齿顶圆直径	d_{a1}	$d_{a1}=d_1+2h_a^* m$	齿顶高系数 $h_a^*=1$（正常齿），$h_a^*=0.8$（短齿）
11	蜗杆齿根圆直径	d_{f1}	$d_{f1}=d_1-2(h_a^*+c^*)m$	顶隙系数 $c^*=0.2$ 或 0.15 或 0.3
12	蜗杆螺旋部分长度	b_1	建议 $b_1=2m\sqrt{z_2+1}$	
13	蜗轮喉圆直径	d_{a2}	$d_{a2}=d_2+2h_a^* m$	即中间平面内蜗轮齿顶圆直径
14	蜗轮齿根圆直径	d_{f2}	$d_{f2}=d_2-2(h_a^*+c^*)m$	
15	蜗轮咽喉母圆半径	r_{g2}	$r_{g2}=a-\dfrac{1}{2}d_{a2}$	
16	蜗轮齿宽	b_2	建议 $b_2\approx 2m(0.5+\sqrt{q+1})$	根据结构，与 θ 有关
17	蜗轮齿宽角	θ	$\theta=2\arcsin\left(\dfrac{b_2}{d_1}\right)$	

18	蜗轮外圆直径	d_{e2}	z_1	1	2~3	4
			d_{e2}	$\leqslant d_{a2}+2m$	$\leqslant d_{a2}+1.5m$	$\leqslant d_{a2}+m$

19	蜗轮宽度	B	z_1	1~3	4
			B	$\leqslant 0.75d_{a1}$	$\leqslant 0.67d_{a1}$

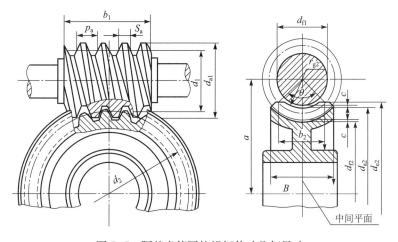

图 7-5　阿基米德圆柱蜗杆传动几何尺寸

第三节　蜗杆传动的受力分析

如图 7-6 所示，如果忽略蜗杆和蜗轮齿面之间的摩擦力，作用在蜗杆齿面节点上的法向力 F_{n1} 可以分解为三个相互垂直的分力：圆周力 F_{t1}、轴向力 F_{a1} 和径向力 F_{r1}；同理，作用在蜗轮齿面节点上的法向力 F_{n2} 可以分解为三个相互垂直的分力：圆周力 F_{t2}、轴向力 F_{a2} 和径向力 F_{r2}；如果蜗杆轴线与蜗轮轴线相互垂直交错，由于 F_{n1} 与 F_{n2} 是作用力与反作用力的关系，所以它们的数值大小如下：

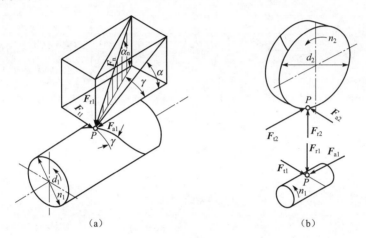

图 7-6　蜗杆传动受力分析

$$
\left.
\begin{aligned}
F_{a1} &= F_{t2} = \frac{2\,000T_2}{d_2} \\[2mm]
F_{t1} &= F_{a2} = \frac{2\,000T_1}{d_1} \\[2mm]
F_{r1} &= F_{r2} \approx F_{a1}\tan\alpha \\[2mm]
F_n &= F_{n1} \approx F_{n2} = \frac{F_{t2}}{\cos\alpha_n\cos\gamma} \approx \frac{F_{t2}}{\cos\alpha\cos\gamma}
\end{aligned}
\right\}
\qquad (7-5)
$$

式中，T_1 和 T_2 分别为蜗杆及蜗轮上的转矩（N·m）。

蜗杆传动各分力的方向可以按圆柱齿轮相同的方法确定，但应注意蜗杆和蜗轮各分力方向之间的关系

$$
\boldsymbol{F}_{a1} = -\boldsymbol{F}_{t2} \quad \boldsymbol{F}_{t1} = -\boldsymbol{F}_{a2} \quad \boldsymbol{F}_{r1} = -\boldsymbol{F}_{r2} \qquad (7-6)
$$

式中，负号表示方向相反。

如果考虑蜗杆与蜗轮齿面间的摩擦力，可以将 $T_2 = iT_1\eta$ 代入进行计算，η 为蜗杆传动的效率，i 为蜗杆传动的传动比。

第四节　蜗杆传动的相对滑动速度和效率

一、滑动速度

蜗杆与蜗轮在节点的相对速度称为滑动速度。滑动速度的大小,对传动啮合处的润滑情况及磨损、胶合有着很大的影响。如图7-7所示,由于蜗杆传动啮合节点处蜗杆的切向速度 v_1 与蜗轮切向速度 v_2 互相垂直,使得两齿面间有较大的滑动速度。根据图7-7,可得蜗杆与蜗轮的滑动速度 v_s 为

$$v_s = \sqrt{v_1^2 + v_2^2} = \frac{v_1}{\cos\gamma} = \frac{\pi d_1 n_1}{60 \times 1\,000\cos\gamma} \qquad (7-7)$$

式中, d_1 为蜗杆的节圆直径(mm); n_1 为蜗杆转速(r/min); γ 为蜗杆的导程角。

蜗杆传动若在充分润滑条件下工作,相对滑动速度大,使啮合点处易于形成油膜,则传动效率、发热和磨损大为改善。但在重载或润滑膜被破坏时可使工况恶化,导致磨损和发热加剧,易于齿面胶合。

在多级齿轮与蜗杆联合传动的设计中,一般将蜗杆传动布置于高速级并充分润滑,这样可以使蜗杆传动工作在轻载速度较高的条件下效率大大提高。

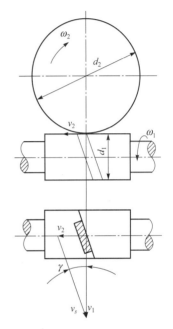

图7-7　蜗杆传动的滑动速度

二、效率

闭式蜗杆传动的功率损耗一般包括三部分,即啮合摩擦损耗、轴承摩擦损耗及浸入油池中的零件搅油时的溅油损耗。因此蜗杆传动的总效率为

$$\eta = \eta_1 \eta_2 \eta_3 \qquad (7-8)$$

式中, η_1 为啮合效率; η_2 为轴承效率; η_3 为溅油效率。

当蜗杆为主动时,蜗杆传动的啮合效率为

$$\eta_1 = \frac{\tan\gamma}{\tan(\gamma + \rho_v)} \qquad (7-9)$$

当蜗轮为主动时,蜗杆传动的啮合效率为

$$\eta_1 = \frac{\tan(\gamma - \rho_v)}{\tan\gamma} \qquad (7-10)$$

式中, γ 为蜗杆的导程角, ρ_v 为齿面当量摩擦角。

当蜗杆为主动时,一般情况下随着导程角 γ 增加(或头数 z_1 增加),蜗杆传动的啮合效率增加。但导程角 γ 或头数 z_1 增加,会加大加工的困难程度。所以,通常头数 z_1 在 1~4 之间选取。此外,选用减摩材料(如锡青铜)作蜗轮轮齿、硬齿面蜗杆及降低表面粗糙度等,都可以提高传动效率。

初步设计时,蜗杆传动的总效率可以参考下面的数值。

闭式传动

$$z_1 = 1, \qquad \eta = 0.7 \sim 0.75$$
$$z_1 = 2, \qquad \eta = 0.75 \sim 0.82$$
$$z_1 = 3 \sim 4, \qquad \eta = 0.82 \sim 0.92$$

开式传动

$$z_1 = 1 \sim 2, \qquad \eta = 0.6 \sim 0.7$$

三、自锁

当蜗轮为主动，且 $\gamma < \rho_v$ 时，啮合效率 η_1 为负值，即蜗杆传动发生"自锁"。对于这种蜗杆传动，当蜗杆为主动时其传动效率极低，通常效率<50%。另外，在振动条件下摩擦系数的值波动可能很大，因此不宜单靠蜗杆传动的自锁作用来实现制动，在重要场合应另外设计制动装置。

第五节　蜗杆传动的设计

一、失效形式和材料选择

1. 失效形式

（1）由于有较大的相对滑动速度，重载下润滑不充分或散热不好时，可能破坏油膜而产生蜗轮齿面的磨损与胶合，需要进行润滑设计、热平衡计算、蜗轮齿面胶合计算。

（2）开式传动中更易磨损，使齿厚减薄而可能产生弯曲断齿，这种情况通常发生在蜗轮轮齿上，需要对蜗轮轮齿进行齿根弯曲疲劳强度校核。

（3）闭式传动中，蜗轮齿面也可能出现点蚀、塑性变形等软齿面经常出现的齿面失效形式，需要对蜗轮轮齿进行齿面接触疲劳强度校核。

（4）由于蜗杆轮齿强度较高，但直径较小，沿轴线方向较长，容易出现刚度不足而影响轮齿啮合状况，因此通常只对蜗杆进行刚度校核。

2. 材料选择

根据蜗杆传动的特点，蜗杆与蜗轮啮合传动时滑动速度很大，蜗杆的材料不仅要求有足够的强度，还必须具有良好的减摩耐磨性能和抗胶合的能力。因此，常采用青铜等减摩耐磨性能较好的材料作蜗轮的轮齿齿圈，与淬硬的钢制蜗杆相配。

对于高速重载的蜗杆一般采用碳素钢或合金钢制造，要求表面粗糙度低并具有较高的硬度，蜗杆齿面经齿面硬化热处理（淬火等）得到很高的硬度，然后磨削或抛光，能够提高传动的承载能力。

对于低速传动中的蜗杆可不用表面硬化热处理，甚至可采用铸铁。

在滑动速度较高（$5 \sim 25$ m/s）、长期工作的重要的高速蜗杆传动中，蜗轮常用铸造锡青铜制造，它们的抗胶合和磨损的性能好，允许的滑动速度大，容易切削加工；但价格贵，强度较低。

在滑动速度 $v_s < 8$ m/s 的蜗杆传动中，可采用铸造铝铁青铜或铸造锌青铜，它们有足够的强度，铸造性能好、耐冲击、价廉，但切削性能差、抗胶合性能不如锡青铜。

在滑动速度 $v_s < 2$ m/s 的蜗杆传动中，可用球墨铸铁或灰铸铁蜗轮，也可用尼龙或增强尼龙材料制成。

常用的蜗轮材料及许用应力可以参考表7-3、表7-4及表7-6，蜗杆材料可参考圆柱齿轮。

二、蜗轮轮齿强度

1. 蜗轮的接触强度计算

对于铸锡青铜制造的蜗轮,蜗轮的接触强度计算的目的是避免蜗轮轮齿表面发生疲劳点蚀失效;对于灰铸铁或铸铝铁青铜,蜗轮的接触强度计算的目的是避免蜗轮轮齿表面发生胶合失效,属于条件性验算。

把蜗杆传动近似地看作斜齿条与斜齿轮的啮合传动,蜗轮齿面的接触强度计算方法与斜齿轮相似,仍以赫兹公式为计算基础,采用推导斜齿轮齿面接触强度计算公式同样的方法,可得到蜗轮齿面的接触强度校核公式为

$$\sigma_{H2} = Z_E \sqrt{\frac{9\ 000KT_2}{m^3 q z_2^2}} \leqslant [\sigma_{H2}] \qquad (7-11)$$

蜗轮齿面的接触强度初步设计公式为

$$m^3 q \geqslant 9\ 000KT_2 \left(\frac{Z_E}{z_2 [\sigma_{H2}]}\right)^2 \qquad (7-12)$$

式中,K 为载荷系数,初步计算时,可取 $K = 1.2 \sim 2$。若需要精确数值,可参考机械设计手册;T_2 为蜗轮转矩($N \cdot m$);z_2 为蜗轮齿数;$[\sigma_{H2}]$ 为蜗轮齿面接触疲劳许用应力(MPa),可参考表 7-3 和表 7-4;Z_E 为弹性系数,对于钢制蜗杆与青铜蜗轮,$Z_E = 155\sqrt{MPa}$。

根据 $m^3 q$ 值,参考表 7-1 可以确定 m 和 d_1 两个参数的标准数值。

表 7-3　铸造锡青铜的许用接触应力 $[\sigma_{H2}]$

蜗轮材料	铸造方法	滑动速度 /($m \cdot s^{-1}$)	蜗杆齿面硬度	
			≤350 HBS	>350 HBS
			MPa	
ZCuSn10P1	砂　型	≤12	180	200
	金属型	≤15	200	220
ZCuSn5Pb5Zn5	砂　型	≤10	110	125
	金属型	≤12	135	150

表 7-4　铸造铝铁青铜和铸铁的许用接触应力 $[\sigma_{H2}]$

材料		滑动速度/($m \cdot s^{-1}$)							
蜗轮	蜗杆	0.25	0.5	1	2	3	4	5	6
		MPa							
ZCuAl10Fe3	淬火钢	—	250	230	210	180	160	120	90
ZCuAl10Fe3Mn2	淬火钢	—	250	230	210	180	160	120	90
ZCuZn38Mn2Pb2	淬火钢	—	215	200	180	150	135	95	75
HT200(120~150 HBS)	渗碳钢	160	230	115	90	—	—	—	—
HT200(120~150 HBS)	调质或正火钢	140	110	90	70	—	—	—	—
注:当蜗杆未经淬火时,表中数值降低 20%									

2. 蜗轮的弯曲疲劳强度计算

蜗轮的弯曲疲劳强度计算的目的是避免蜗轮轮齿出现齿根弯曲疲劳断裂失效。但蜗轮轮齿弯曲疲劳强度所限定的承载能力,大多超过齿面点蚀和热平衡计算所限定的承载能力。只有在少数情况下,例如蜗轮采用脆性材料时,计算弯曲强度才有意义。

蜗轮的弯曲疲劳强度计算,是近似地将蜗轮看作斜齿圆柱齿轮,再按圆柱齿轮弯曲强度公式推导方法,得到蜗轮的弯曲疲劳强度计算的校核公式为

$$\sigma_{F2} = \frac{1\ 530 K T_2 \cos\ \gamma}{m^3 q z_2} Y_{F2} \leqslant [\sigma_{F2}] \qquad (7-13)$$

蜗轮齿根的弯曲疲劳强度初步设计公式为

$$m^3 q \geqslant \frac{1\ 530 K T_2 \cos\ \gamma}{z_2 [\sigma_{F2}]} Y_{F2} \qquad (7-14)$$

式中,$[\sigma_{F2}]$为蜗轮轮齿的弯曲疲劳许用应力(MPa),对于无限寿命(循环次数大于25×10^7),可参考表7-6;Y_{F2}为蜗轮齿形系数,参考表7-5。

表7-5　蜗轮齿形系数

z_v	20	24	26	28	30	32	35	37
Y_F	1.98	1.88	1.85	1.80	1.76	1.71	1.64	1.61
z_v	40	45	50	60	80	100	150	300
Y_F	1.55	1.48	1.45	1.40	1.34	1.30	1.27	1.24

表7-6　蜗轮材料的弯曲疲劳强度许用应力$[\sigma_{F2}]$

材　料	铸造方法	蜗杆硬度≤350 HBS		蜗杆硬度>350 HBS	
		单向受载	双向受载	单向受载	双向受载
		MPa			
ZCuSn10P1	砂　型	51	32	64	40
	金属型	70	40	75	50
ZCuSn5PbZn5	砂　型	33	24	46	36
	金属型	40	29	49	40
ZCuAl10Fe3	砂　型	82	64	103	80
	金属型	90	80	113	100
ZCuAl10Fe3Mn2	金属型	90	80	113	100
ZCuZn38Mn2Pb2	金属型	62	55	77	69
HT150	砂　型	38	24	48	30
HT200	砂　型	48	30	60	38

三、蜗杆的刚度计算

由于蜗杆的刚度较低,而轮齿强度较高,故只对蜗杆进行刚度计算即可。可以将其视为以齿根圆直径为直径的轴,进行刚度校核,只计算其最大挠度即可,校核条件公式为

$$y_{\max} \leqslant [y]$$

式中，$y_{\max}$ 为蜗杆轴的最大挠度，计算方法可参考相关资料；$[y]$ 为许用挠度，一般取 $[y] = d_1/100$。

四、热平衡计算

蜗杆传动由于效率低、摩擦损失大，所以工作时发热量大。在闭式传动中，如果产生的热量不能及时散逸，将因油温不断升高而使润滑油稀释、黏度降低，润滑油很容易从啮合齿面之间被挤出或润滑油膜被破坏而使润滑失效，从而增大摩擦损失，轮齿磨损加剧，甚至发生胶合。所以，必须进行热平衡计算，以保证油温稳定地处于规定的范围内。

假定摩擦损耗全部转换成热量，在单位时间内，蜗杆传动由于摩擦损耗而产生的热量为

$$H_1 = 1\,000P(1-\eta)$$

式中，P 为蜗杆传动额定功率（kW）；η 为蜗杆传动总效率。

单位时间内，通过齿轮箱体外壁和其他辅助散热装置所散逸的热量为

$$H_2 = K_s A(t_1 - t_0)$$

式中，A 为散热面积（m^2）；t_0 为环境温度，通常取 20 ℃，若超过则按实际温度计；t_1 为油温；K_s 为散热系数（$W/(m^2 \cdot ℃)$），通风散热不佳时取 8~10，通风散热良好时取 14~17。

当达到热平衡时，产生的热量与散逸的热量相等，温度达到稳定，即

$$H_1 = H_2$$

由该等式可得

$$t_1 = t_0 + \frac{1\,000P(1-\eta)}{K_s A} \leqslant [t] \qquad (7-15)$$

该温度 t_1 为蜗杆传动长期稳定运转达到热平衡时的油温，设计时应保证不超过许用油温 $[t]$，一般限制在 60 ℃~70 ℃，最高不超过 90 ℃。

通常在设计中可采取以下几种提高散热能力的措施：

（1）增加散热面积：例如，在箱体外壁合理设计并铸出或焊上散热筋片。

（2）提高表面散热系数：例如，在蜗杆端部加装风扇（图 7-8（a）），可将 K_s 提高到21~28。

（3）在减速器油池中加装蛇形冷却水管进行冷却（图 7-8（b））。

（4）采用喷油润滑（图 7-8（c））。

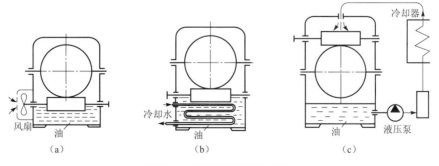

图 7-8　蜗杆减速器散热措施

（a）蜗杆端部加装风扇；（b）蛇形冷却水管进行冷却；（c）采用喷油润滑

五、润滑方式选择

为了提高蜗杆传动的效率、防止由于润滑不良而早期发生剧烈的磨损及胶合,蜗杆传动的润滑设计是非常重要的。润滑的目的:除用于减摩外,还可用润滑油进行冷却,以保证正常油温和黏度。

常采用黏度大的矿物油进行润滑,润滑油中往往加入各种添加剂,如加有硫化鲸鱼油制成的油性极压添加剂的高黏度润滑油,可提高传动的抗胶合能力。但是用青铜制造的蜗轮不能采用抗胶合能力强的活性润滑油,以免腐蚀青铜。

蜗杆传动所采用的润滑方法及润滑装置与齿轮传动的基本相同。闭式蜗杆传动一般采用浸油或喷油润滑,一般根据相对滑动速度及载荷类型进行选择。滑动速度 v_s <5~10 m/s 的蜗杆传动用油池浸油润滑,应有适当的油量。蜗杆滑动速度 v_s >4 m/s 时,常将蜗杆置于蜗轮之上,此时蜗轮浸入油内的深度不得超过蜗轮半径的三分之一;否则,将蜗杆下置,浸油深度为蜗杆的 1~2 个齿高。若滑动速度 v_s >10~15 m/s,则应采用喷油润滑,喷油嘴要对准蜗杆啮入端;当蜗杆属正反双向运转时,两边都要装有喷油嘴,而且要控制一定的油压。开式蜗杆传动采用黏度较高的齿轮油或润滑脂直接润滑。有关润滑油黏度和润滑方法的推荐见表7-7。

表 7-7　蜗杆传动润滑油黏度和润滑方法

滑动速度 $v_s/(\text{m} \cdot \text{s}^{-1})$	<1	<2.5	<5	5~10	10~15	15~25	>25
工作条件	重载	重载	中载	—	—	—	—
黏度 $\nu(40 ℃)/(\text{CST})$	750	470	375	280	130~180	130	95
润滑方式	浸油			浸油或喷油	喷油压强 N/mm²		
					0.07	0.2	0.3

六、蜗杆和蜗轮的结构

1. 蜗杆结构

由于蜗杆的直径较小,一般蜗杆与轴成为一体。图7-9(a)所示为车削蜗杆结构,图7-9(b)所示为铣削蜗杆结构。车削蜗杆结构的退刀槽尺寸根据设计手册确定,退刀槽对蜗杆的刚度有影响。

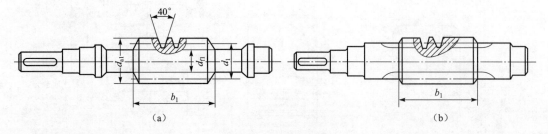

(a)　　　　　　　　　　　　　　(b)

图 7-9　蜗杆的结构
(a) 车削蜗杆;(b) 铣削蜗杆

2. 蜗轮结构

蜗轮常用的结构有整体式和组合式两种。

铸铁或直径较小的青铜蜗轮（$d_2 \leqslant 100$ mm），可浇铸成整体式结构，如图 7-10(a)所示。

直径较大的青铜蜗轮，为了节省贵重有色金属，一般采用青铜齿圈与铸铁或铸钢轮芯组成组合式蜗轮。当尺寸不太大或工作温度变动较小时，可采用图 7-10(b)所示的组合结构：齿圈和轮芯采用过盈配合 H7/s6 或 H7/r6 连接，为了增加连接的可靠性，常在接缝处加台阶并安装4~6 个紧固螺钉，为便于钻孔，应将螺钉孔中心线向材料较硬的轮芯偏移 2~3 mm。对于尺寸比较大或容易磨损需要经常更换齿圈的蜗轮，可采用图 7-10(c)所示的组合结构：定位面可采用过渡配合或间隙配合（H7/m6、H7/h6），齿圈和轮芯最好采用铰制孔用螺栓连接，该结构工作可靠、拆装方便。图 7-10(d)所示的组合结构为：在铸铁轮芯上直接加铸青铜齿圈，然后切齿，该结构只适合大批量生产。

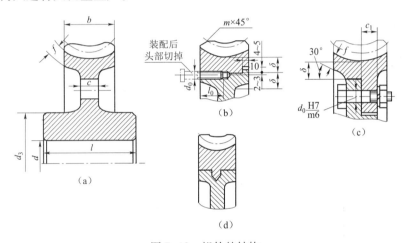

图 7-10　蜗轮的结构

(a)整体式；(b)齿圈压配式；(c)螺栓连接式；(d)镶铸式

$f = 1.7m \geqslant 10\text{mm}$；$\delta = 2m \geqslant 10\text{mm}$；$d_3 = (1.6 \sim 1.8)d$；$l = (1.2 \sim 1.8)d$；

$d_0 = (0.075 \sim 0.12)d \geqslant 5$ mm；$l_0 = 2d_0$；$c \approx 0.3b$；$c_1 \approx 0.25b$

例　设计一起重设备用的蜗杆传动，载荷为中等冲击，蜗杆轴由电动机驱动，传递的额定功率 $P_1 = 5$ kW，蜗杆转速为 $n_1 = 1\ 460$ r/min，蜗轮转速为 $n_2 = 120$ r/min，单班连续工作，要求工作寿命为无限寿命。

解　采用阿基米德圆柱蜗杆传动。

1. 选择材料

蜗杆采用 45 钢，齿面淬火，硬度 45 HRC。蜗轮用 ZCuSn10P1 金属型铸造。

2. 选择齿数

理论传动比

$$i' = \frac{n_1}{n_2} = \frac{1\ 460}{120} = 12.17$$

选取蜗杆头数 $z_1 = 4$，则蜗轮齿数 $z_2 = i'z_1 = 4 \times 12.17 = 48.68$，圆整取 $z_2 = 49$。

实际传动比

$$i = \frac{z_2}{z_1} = \frac{49}{4} = 12.25$$

蜗轮实际转速

$$n_2 = \frac{n_1}{i} = \frac{1\,460}{12.25} = 119.18\,(\text{r/min})$$

验算蜗轮转速误差

$$\Delta n = \frac{n_2 - n_2'}{n_2'} = \frac{119.18 - 120}{120} = -0.68\%$$

3. 按蜗轮齿面接触疲劳强度确定主要参数

初选效率 $\eta = 0.9$。

计算蜗轮轴上的转矩

$$T_2 = 9\,550\,\frac{P_2}{n_2} = 9\,550\,\frac{\eta P_1}{n_2}$$

$$= 9\,550 \times \frac{0.9 \times 5}{119.18} = 360.58\,(\text{N} \cdot \text{m})$$

蜗轮接触许用应力（表 7-3）

$$[\sigma_{H2}] = 220\ \text{MPa}$$

取载荷系数 $K = 1.6$，$Z_E = 155\ \sqrt{\text{MPa}}$。

根据接触强度初步设计公式（7-12）

$$m^3 q \geqslant 9\,000 K T_2 \left(\frac{Z_E}{z_2 [\sigma_{H2}]} \right)^2 = 9\,000 \times 1.6 \times 360.58 \times \left(\frac{155}{49 \times 220} \right)^2 = 1\,073\,(\text{mm})^3$$

根据表 7-1，取标准数值：

模数　$m = 5$ mm；

分度圆直径　$d_1 = 50$ mm；

蜗杆直径系数　$q = 10.000$。

4. 校核蜗轮弯曲强度

蜗杆导程角

$$\gamma = \arctan \frac{z_1}{q} = \arctan \frac{4}{10} = 21.801\,409° = 21°48'05''$$

蜗轮弯曲许用应力（表 7-6）

$$[\sigma_{F2}] = 73\ \text{MPa}$$

蜗轮当量齿轮 z_v

$$z_v = \frac{z_2}{\cos^3 \gamma} = \frac{49}{\cos^3 21.801\,409°} = 61.218\,6$$

蜗轮齿形系数 Y_{F2}（表 7-5）

$$Y_{F2} = 1.40 + \frac{1.34 - 1.40}{80 - 60} \times (61.218\,6 - 60) = 1.396\,3$$

根据蜗轮齿根弯曲强度校核公式（7-13）

$$\sigma_{F2} = \frac{1\,530KT_2\cos\gamma}{m^3qz_2}Y_{F2}$$

$$= \frac{1\,530 \times 1.6 \times 360.54 \times \cos21.801\,409°}{5^3 \times 10 \times 49} \times 1.396\,3$$

$$= 18.68(\mathrm{MPa})$$

$$\sigma_{F2} \leqslant [\sigma_{F2}] \qquad 安全$$

5. 蜗杆刚度计算(略)

6. 热平衡计算(略)

7. 其他几何尺寸计算

(1) 实际中心距

$$a = \frac{1}{2}(d_1 + d_2) = \frac{1}{2} \times (50 + 245) = 147.5(\mathrm{mm})$$

(2) 蜗杆齿顶圆直径

$$d_{a1} = d_1 + 2h_a^*m = 50 + 2 \times 1 \times 5 = 60(\mathrm{mm})$$

(3) 蜗杆齿根圆直径

$$d_{f1} = d_1 - 2(h_a^* + c^*)m = 50 - 2 \times (1 + 0.2) \times 5$$
$$= 38(\mathrm{mm})$$

(4) 蜗杆螺旋部分长度

$$b_1 = 2m\sqrt{z_2 + 1} = 2 \times 5 \times \sqrt{49 + 1} = 70.7(\mathrm{mm})$$

圆整,取 $b_1 = 71$ mm。

(5) 蜗轮喉圆直径(齿顶圆直径)

$$d_{a2} = d_2 + 2h_a^*m = 245 + 2 \times 1 \times 5 = 255(\mathrm{mm})$$

(6) 蜗轮齿根圆直径

$$d_{f2} = d_2 - 2(h_a^* + c^*)m = 245 - 2 \times (1 + 0.2) \times 5 = 233(\mathrm{mm})$$

(7) 蜗轮咽喉母圆半径

$$r_{g2} = a - \frac{1}{2}d_{a2} = 147.5 - \frac{1}{2} \times 255 = 20(\mathrm{mm})$$

(8) 蜗轮齿宽

$$b_2 \approx 2m(0.5 + \sqrt{q + 1}) = 2 \times 5 \times (0.5 + \sqrt{10 + 1}) = 38.2(\mathrm{mm})$$

圆整,取 $b_2 = 38$ mm。

(9) 蜗轮齿宽角

$$\theta = 2\arcsin\left(\frac{b_2}{d_1}\right) = 2 \times \arcsin\left(\frac{38}{50}\right) = 98.928\,96° = 98°55'42''$$

(10) 蜗轮外圆直径

$$d_{e2} \leqslant d_{a2} + m = 255 + 5 = 260(\mathrm{mm})$$

取 $d_{e2} = 260$ mm。

（11）蜗轮宽度

$$B \leqslant 0.67 d_{a1} = 0.67 \times 60 = 40.2 (\text{mm})$$

取 $B = 40$ mm。

8. 精度选择

略（按 GB/T 10089—1988）。

9. 绘制工作图（略）

习　　题

7-1　与圆柱齿轮相比，蜗杆传动有什么特点？

7-2　蜗杆传动的效率主要与哪些因素有关？在设计中如何提高啮合效率？

7-3　蜗杆传动正确啮合的条件是什么？

7-4　蜗杆传动常见的失效形式有哪些？对应的设计计算是什么？

7-5　蜗杆和蜗轮常用什么材料？它们各有什么特点？

7-6　蜗杆传动设计中，为什么要进行热平衡计算？如果温度过高，常采用哪些散热措施？

7-7　蜗杆传动设计中，在什么情况下应将蜗杆上置，在什么情况下应将蜗杆下置，为什么？

7-8　如题 7-8 图所示蜗杆—斜齿圆柱齿轮二级减速传动：

（1）蜗杆主动时，试确定其他齿轮的转向。

（2）确定小斜齿轮的旋向，使蜗轮和小斜齿轮的轴向力相互抵消一部分。

（3）画出蜗轮和大斜齿轮的三个分力方向。

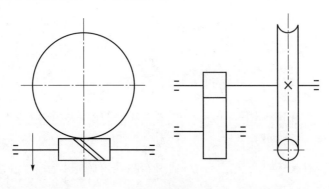

题 7-8 图

7-9　设计一个由电动机驱动的蜗杆减速器，蜗杆传动功率为 $P_1 = 7$ kW，蜗杆转速 $n_1 = 1\ 480$ r/min，要求理论减速比 $i = 18.5$，单向传动，载荷平稳，无限寿命。

第八章 带 传 动

带传动是一种通过中间挠性体(传动带),将主动轴上的运动和动力传递给从动轴的机械传动形式。根据工作原理不同,带传动分为摩擦型和啮合型两种类型。工程实际中,带传动常应用于传动功率不大(<50~100 kW)、速度适中(带速一般为 5~30 m/s)、传动距离较大的场合。在多级传动系统中,通常将它置于第一级(直接与原动机相连),起到过载保护并减小结构尺寸和质量的效果。

由于采用挠性带作为中间元件来传递运动和动力,故带传动具有以下一般特点,即中间元件具有挠性,可以起到缓冲和吸振的作用;传动平稳、无噪声;能够实现较大距离间两轴的传动;通过改变带长,能适合不同的中心距要求。

本章主要讨论带传动的工作原理、结构、设计计算及其应用等问题。

第一节 带传动类型及其工作原理

带传动一般由主动带轮 1、从动带轮 2、紧套在两带轮上的传动带 3 和机架组成,如图 8-1(a)所示。当主动轮转动时,通过带和带轮之间的工作表面摩擦力或啮合作用,驱动从动轮转动并传递动力。带传动的传动比为 $i=n_1/n_2$。

一、摩擦型带传动

摩擦型带传动如图 8-1(a)所示,它是依靠挠性带与带轮接触面上的摩擦力来传递运动和动力的。

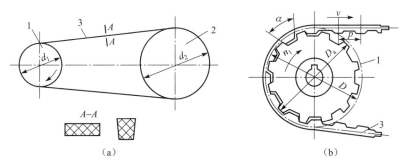

图 8-1 带传动类型简图
(a) 摩擦型带传动;(b) 啮合型带传动
1—主动带轮;2—从动带轮;3—传送带

摩擦型带传动中,根据挠性带截面形状的不同,可划分为平带传动、V 带传动、多楔带传动、圆带传动等形式,其截面形状分别如图 8-2(a)~图 8-2(d)所示。V 带传动又分为普通 V 带传动和窄 V 带传动。

平带的截面形状为矩形,与带轮轮面相接触的内表面为工作面,带的挠性较好,带轮制造方便,适合于两轴平行、转向相同的较远距离传动;尤其是轻质薄型的各式高速平带,较为广泛地应用于高速传动,或中心距较大及两轴交叉或半交叉传动等场合。

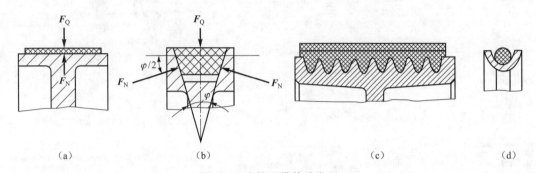

图 8-2　摩擦型带传动类型

(a) 平带传动;(b) V 带传动;(c) 多楔带传动;(d) 圆形带传动

V 带的截面形状为等腰梯形,与带轮轮槽相接触的两侧面为工作面,在相同张紧力和相同摩擦系数的情况下,V 带传动产生的摩擦力比平带传动的摩擦要大,因而 V 带传动能力强,结构更加紧凑,广泛应用于机械传动中。

多楔带相当于平带与多根 V 带的组合,兼有两者的优点,多用于结构要求紧凑的大功率传动中。与 V 带传动一样,多楔带传动也具有带的厚度较大、挠性较差、带轮制造比较复杂等不足。

圆形带的截面形状为圆形,仅用于载荷很小、速度较低的小功率场合,例如缝纫机、仪器、牙科医疗器械中。

摩擦型带传动除了具备带传动的一般特点以外,还具有以下特点:过载时将产生带沿着带轮工作面打滑,对其他机件起到安全保护作用;结构简单,制造成本低,拆装方便;带与带轮面之间存在弹性滑动,导致传动效率较低、传动比不准确、带的寿命较短等。

二、啮合型带传动

啮合型带传动依靠同步带上的齿与带轮齿槽之间的啮合来传递运动和动力,如图 8-1(b)所示,通常称为同步带传动。

同步带传动兼有带传动和啮合传动的优点,既可保证传动比准确,也可保证较高的传动效率(98% 以上);适应的传动比较大,可达 10,且适应于较高的速度,带速可达 50 m/s。其缺点是同步带及带轮制造工艺复杂,安装要求较高。

同步带传动主要用于中小功率、传动比要求精确的场合,如打印机、绘图仪、录音机、电影放映机等精密机械中。

第二节　带传动工作情况分析

一、带传动的受力分析

带传动在安装时按照规定的张紧程度张紧。在主动轮转动(工作)之前,传动带的受力很简单,任何一个截面上仅受一个相同的初拉力 F_0,并在带和带轮接触面之间产生正压力作用,如图 8-3(a)所示。

在工作时,主动轮 1 以转速 n_1 转动,在带与带轮接触面间产生摩擦力,带在进入主动轮 1 的一边被进一步拉紧伸长,称为紧边;其上拉力增大至 F_1,称为紧边拉力。带在退出主动轮的一边被相对地放松,称为松边,其上的拉力降至 F_2,称为松边拉力,如图 8-3(b)所示。

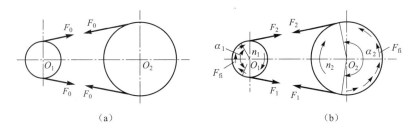

图 8-3　带传动受力分析

(a) 工作前带的受力;(b) 工作中带的受力

在带与带轮的接触表面上,产生了沿接触弧段分布的摩擦力 F_{fi}。取主动轮一端的一段带,假设接触弧段上摩擦力的总和为 $F_f = \Sigma F_{fi}$,根据其受力和力矩平衡条件得

$$F_f = F_1 - F_2 \tag{8-1}$$

即带与带轮工作面间的摩擦力等于紧边拉力和松边拉力之差。紧、松边拉力之差 $F(=F_f)$ 称为带传动的有效圆周力。

可以认为,工作前后带的总长度保持不变,则紧边的伸长量等于松边的收缩量。对于受力与变形成线性关系的传动带,紧边拉力增量等于松边拉力减量,$F_1 - F_0 = F_0 - F_2$,即

$$F_1 + F_2 = 2F_0 \tag{8-2}$$

由式(8-1)、式(8-2)可进一步表示有效圆周力 F 与初拉力 F_0 及紧、松边拉力 F_1、F_2 之间的关系为

$$F_1 = F_0 + F/2$$
$$F_2 = F_0 - F/2 \tag{8-3}$$

有效圆周力 $F(\text{N})$ 与带传动功率 $P(\text{kW})$、带速 $v(\text{m/s})$ 之间的关系为

$$F = 1\,000P/v \tag{8-4}$$

当带速一定时,传递的功率越大,则有效圆周力越大,所需带与带轮之间的摩擦力也越大。但是带与带轮间的摩擦力存在一个极限值,即所能传递的有效圆周力存在一个最大值 F_{max}。对于一定结构的带传动,在安装张紧后,如果由于载荷要求的有效圆周力 F 超过这个最大有效圆周力 F_{max},带与带轮工作表面将产生显著的相对滑动。这种现象称为打滑,是带传动的一种失效形式。

一定结构的带传动在规定的传动条件下,所能传递的最大有效圆周力 F_{max} 可由欧拉公式推导获得

$$F_{max} = 2F_0 \frac{e^{f\alpha_1} - 1}{e^{f\alpha_1} + 1} \tag{8-5}$$

式中,f 为带与带轮工作面间的摩擦系数(V 带为当量摩擦系数 f_v);α_1 为小带轮的包角(rad)。

二、带的应力分析

带传动过程中,在带的截面产生的应力包括三种。

1. 由拉力产生的拉应力

假设带的截面面积为 A,则在紧边和松边上由拉力产生的拉应力分别为

$$\sigma_1 = F_1/A \qquad \sigma_2 = F_2/A \tag{8-6}$$

2. 由离心力产生的拉应力

由于带本身的质量,在带绕过带轮做圆周运动时将产生离心力。此离心力使环形封闭带在全长上受到相同的拉应力 σ_c 作用。离心拉应力可由下式计算

$$\sigma_c = \frac{qv^2}{A} \tag{8-7}$$

式中,v 为带速(m/s);q 为带单位长度上的质量(kg/m),见表8-2。

3. 由弯曲产生的弯曲应力

带绕过带轮时,由于带的弯曲变形,将产生弯曲应力,如图8-4所示。带的弯曲应力大小为

$$\sigma_b \approx \frac{Eh}{d_d} \tag{8-8}$$

式中,E 为带材料的弹性模量(MPa);h 为带的高度(mm);d_d 为带轮的基准直径(mm)。

由上式可知,带越厚,或者带轮直径越小,带所受的弯曲应力就越大。显然,带绕过小带轮时产生的弯曲应力 σ_{b1} 大于带绕过大带轮时的弯曲应力 σ_{b2},因此设计中应当限制小带轮的最小直径 d_{1min}。

上述三种应力沿带长的分布情况如图8-5所示,不同截面上的应力大小用该处引出的法线线段的长短来表示。

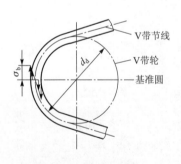

图8-4　带的弯曲应力

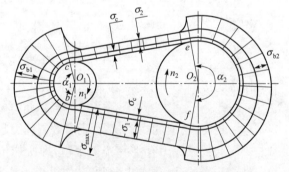

图8-5　带上应力分布及变化情况

由图8-5可知,带上最大应力发生在带的紧边进入小带轮处,其值为

$$\sigma_{max} = \sigma_1 + \sigma_c + \sigma_{b1} \tag{8-9}$$

三、带传动的弹性滑动与打滑

1. 弹性滑动现象

作为弹性体的传动带,它在拉力作用下的伸长变形量随受力大小的不同而变化。带的拉

伸变形规律基本遵循虎克定律,即变形量与受力成正比。

如图 8-5 所示,带自 b 点由紧边进入主动轮之前,带所受拉力为 $F_b = A(\sigma_1 + \sigma_c)$;在该点带的速度和带轮表面的速度相等。当带由 b 点转到 c 点的过程中,带内截面拉力由 F_b 降低到 $F_c = A(\sigma_2 + \sigma_c)$,因而带的拉伸变形量也随之逐渐减小。也就是说,带在逐渐缩短,这样造成带运动的实际结果是一方面带随着带轮运动,一方面又沿带轮运动相反方向向后回缩,致使带的速度落后于带轮速度,形成两者之间不显著的相对滑动。

同样的现象发生在从动轮上,但情况正好相反。在 e 点处带和带轮具有相同的速度,当带由 e 点转到 f 点的过程中,带的弹性变形伸长量随着带内拉力的增大而增大,也就是说带在逐渐伸长,造成带在从动轮表面上产生局部微小的向前相对滑动,使得带速高于从动轮速度。

上述这种由于带的弹性变形量的变化而引起带在带轮表面上产生局部、微小相对滑动的现象,称为弹性滑动。在带传动中,由于摩擦力使带在紧边和松边产生不同程度的拉伸变形,因而弹性滑动是摩擦型带传动特有的现象,在工作时是不可避免的。

带传动的弹性滑动现象引起的后果包括:降低传动效率;从动轮的圆周速度低于主动轮,造成传动比误差;引起带的磨损等。从动轮的圆周速度 v_2 低于主动轮的圆周速度 v_1 的降低程度,可用滑动率 ε 来表示

$$\varepsilon = \frac{v_1 - v_2}{v_1} \times 100\% \qquad (8-10)$$

带传动的滑动率一般为 $1\% \sim 2\%$,在一般计算中可以忽略不计。计入弹性滑动影响时,带传动传动比的准确计算公式为

$$i = \frac{n_1}{n_2} = \frac{d_2}{d_1} \cdot \frac{1}{1-\varepsilon} \qquad (8-11)$$

2. 弹性滑动与打滑

打滑是指由于传递载荷的需要,当带传动所需有效圆周力超过带与带轮面间摩擦力的极限时,带与带轮面在整个接触弧段发生显著的相对滑动。打滑将使带传动失效并加剧带的磨损,因而在正常工作中应当避免出现打滑现象。

弹性滑动与打滑是两个截然不同的概念,不应混淆。它们的区别如表 8-1 所示。

表 8-1　弹性滑动与打滑的区别

	弹性滑动	打　滑
现　　象	局部带在局部带轮面上发生微小滑动	整个带在整个带轮面上发生显著滑动
产生原因	带轮两边的拉力差,产生带的变形量变化	所需有效圆周力超过摩擦力最大值
性　　质	不可避免	可以且应当避免
后　　果	v_2 小于 v_1;效率下降;带磨损	传动失效;引起带的严重磨损

第三节　普通 V 带传动的设计计算

一、V 带规格和基本尺寸

普通 V 带是截面呈等腰梯形的橡胶带,两侧面为工作面。带体由顶胶、抗拉体、底胶和包

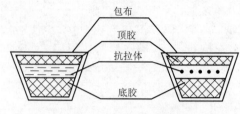

图 8-6　普通 V 带的结构

布组成,如图 8-6 所示。抗拉体分为帘布结构和线绳结构两种,是承受负载拉力的主体,其上下的顶胶和底胶分别承受弯曲变形的拉伸和压缩作用。线绳结构普通 V 带具有柔韧性(挠性)好的特点,适用于带轮直径较小、转速较高的场合,有利于提高使用寿命。

普通 V 带按照截面尺寸大小被标准化为七种型号,由小到大分别命名为 Y、Z、A、B、C、D 和 E 型。各型普通 V 带的截面尺寸见表 8-2 所示。

表 8-2　普通 V 带截面尺寸(摘自 GB/T 11544—2003)及带轮沟槽尺寸(摘自 GB/T 13575.1—2008)

			型　　号					
			Y	Z	A	B	C	D	E
普通 V 带尺寸 /mm		节宽 b_p	5.3	8.5	11.0	14.0	19.0	27.0	32.0
		顶宽 b	6	10	13	17	22	32	38
		高度 h	4	6	8	11	14	19	23
		楔角 α	40°						
每米带长质量 q /(kg·m⁻¹)			0.023	0.060	0.105	0.170	0.300	0.630	0.970
带轮沟槽尺寸 /mm		b_d	5.3	8.5	11	14	19	27	32
		h_{amin}	1.6	2.0	2.75	3.5	4.8	8.1	9.6
		h_{fmin}	4.7	7.0	8.7	10.8	14.3	19.9	23.4
		e	8±0.3	12±0.3	15±0.3	19±0.4	25.5±0.5	37±0.6	44.5±0.7
		f_{min}	6	7	9	11.5	16	23	28
	d_d 轮槽角 φ /(°)	φ = 32°	≤60	—	—	—	—	—	—
		φ = 34°	—	≤80	≤118	≤190	≤315	—	—
		φ = 36°	>60	—	—	—	—	≤475	≤600
		φ = 38°	—	>80	>118	>190	>315	>475	>600

(a)　　　　　　　　(b)

V带绕过带轮时发生弯曲变形,在带的高度方向上有一个既不受拉也不受压的中性层,称为节面,节面宽度 b_p 称为节宽,如表8-2中图所示。带在带轮上弯曲时,其节宽保持不变。

在V带轮上,与V带节面处于同一位置上的轮槽宽度称为轮槽的基准宽度,用 b_d 表示。基准宽度处的带轮直径,称为带轮的基准直径,用 d_d 表示,它是V带轮的公称直径。

普通V带都制成无接头的环形。V带在规定的张紧力下,位于带轮基准直径上的周线长度称为V带的基准长度,用 L_d 表示。d_{d1}、d_{d2} 和 L_d 用于带传动的几何计算。V带基准长度的尺寸系列见表8-3。

表8-3 普通V带基准长度 L_d 系列及其带长修正系数 K_L(摘自 GB/T 13575.1—2008)

Y 型		Z 型		A 型		B 型		C 型		D 型		E 型	
L_d	K_L	L_d	K_L	L_d	K_L	L_d	K_L	L_d	K_L	L_d	K_L	L_d	K_L
200	0.81	405	0.87	630	0.81	930	0.83	1 565	0.82	2 470	0.82	4 660	0.91
224	0.82	475	0.90	700	0.83	1 000	0.84	1 760	0.85	3 100	0.86	5 040	0.92
250	0.84	530	0.93	790	0.85	1 100	0.86	1 950	0.87	3 330	0.87	5 420	0.94
280	0.87	625	0.96	890	0.87	1 210	0.87	2 195	0.90	3 730	0.90	6 100	0.96
315	0.89	700	0.99	990	0.89	1 370	0.90	2 420	0.92	4 080	0.91	6 850	0.99
355	0.92	780	1.00	1 100	0.91	1 560	0.92	2 715	0.94	4 620	0.94	7 650	1.01
400	0.96	920	1.04	1 250	0.93	1 760	0.94	2 880	0.95	5 400	0.97	9 150	1.05
450	1.00	1 080	1.07	1 430	0.96	1 950	0.97	3 080	0.97	6 100	0.99	12 230	1.11
500	1.02	1 330	1.13	1 550	0.98	2 180	0.99	3 520	0.99	6 840	1.02	13 750	1.15
		1 420	1.14	1 640	0.99	2 300	1.01	4 060	1.02	7 620	1.05	15 280	1.17
		1 540	1.54	1 750	1.00	2 500	1.03	4 600	1.05	9 140	1.08	16 800	1.19
				1 940	1.02	2 700	1.04	5 380	1.08	10 700	1.13		
				2 050	1.04	2 870	1.05	6 100	1.11	12 200	1.16		
				2 200	1.06	3 200	1.07	6 815	1.14	13 700	1.19		
				2 300	1.07	3 600	1.09	7 600	1.17	15 200	1.21		
				2 480	1.09	4 060	1.13	9 100	1.21				
				2 700	1.10	4 430	1.15	10 700	1.24				
						4 820	1.17						
						5 370	1.20						
						6 070	1.24						

V带的型号由V带截面代号和基准长度组成,如A1 550表示A型V带,基准长度为1 550 mm。V带型号印制在带的外表面上。

二、V 带传动设计准则

根据带传动的工作情况分析可知,V 带传动的主要失效形式如下:

(1) V 带疲劳断裂。带在交变应力下工作,运行一定时间后, V 带上局部出现疲劳裂纹或脱层,随之出现疏松状态甚至断裂。

(2) 打滑。当工作外载荷超过 V 带传动的最大有效圆周力时,带沿着带轮工作表面出现相对滑动,导致传动失效。

因此,为了保证传动的正常工作,V 带传动设计的计算准则是:在保证带传动不打滑的条件下,保证 V 带具有一定的疲劳寿命。

三、单根 V 带许用功率

按照 V 带传动的设计准则,根据前述带传动受力分析关系式可推导获得保证不打滑单根 V 带所能传递的功率 P_0,即

$$P_0 = \sigma_1 A\left(1 - \frac{1}{e^{f\alpha_1}}\right)\frac{v}{1\ 000} \tag{8-12}$$

式中,A 为 V 带的截面面积。

为了使 V 带具有一定的疲劳寿命,应使 $\sigma_{\max} = \sigma_1 + \sigma_b + \sigma_c \leqslant [\sigma]$,即

$$\sigma_1 \leqslant [\sigma] - \sigma_b - \sigma_c \tag{8-13}$$

式中,$[\sigma]$ 为带的许用应力(MPa)。

将式(8-13)代入式(8-12)中,获得带传动在既不打滑又保证带一定疲劳寿命条件下,单根 V 带能够传递的功率

$$P_0 = ([\sigma] - \sigma_b - \sigma_c)\left(1 - \frac{1}{e^{f\alpha_1}}\right)\frac{Av}{1\ 000} \quad (\text{kW}) \tag{8-14}$$

对于一定材质和规格尺寸的 V 带,在特定的试验条件($\alpha_1 = \alpha_2 = 180°$;疲劳寿命约为 $10^8 \sim 10^9$ 次;载荷平稳)下,通过试验获得 V 带的许用应力$[\sigma]$,代入式(8-14)进行计算,即可获得单根 V 带在特定条件下所能传递的功率 P_0,称为单根 V 带的基本额定功率,见表 8-4。

表 8-4　单根普通 V 带基本额定功率 P_0(摘自 GB/T 13575.1—2008)　　　　kW

带型	小带轮基准直径 d_{dt}/mm	小带轮转速 n_1/(r·min⁻¹)										
		200	400	700	800	950	1 200	1 450	1 600	2 000	2 400	2 800
Z	50	0.04	0.06	0.09	0.10	0.12	0.14	0.16	0.17	0.20	0.22	0.26
	56	0.04	0.06	0.11	0.12	0.14	0.17	0.19	0.20	0.25	0.30	0.33
	63	0.05	0.08	0.13	0.15	0.18	0.22	0.25	0.27	0.32	0.37	0.41
	71	0.06	0.09	0.17	0.20	0.23	0.27	0.30	0.33	0.39	0.46	0.50
	80	0.10	0.14	0.20	0.22	0.26	0.30	0.35	0.39	0.44	0.50	0.56
	90	0.10	0.14	0.22	0.24	0.28	0.33	0.36	0.40	0.48	0.54	0.60

续表

带型	小带轮基准直径 d_{d1}/mm	小带轮转速 n_1/(r·min^{-1})										
		200	400	700	800	950	1 200	1 450	1 600	2 000	2 400	2 800
A	75	0.15	0.26	0.40	0.45	0.51	0.60	0.68	0.73	0.84	0.92	1.00
	90	0.22	0.39	0.61	0.68	0.77	0.93	1.07	1.15	1.34	1.50	1.64
	100	0.26	0.47	0.74	0.83	0.95	1.14	1.32	1.42	1.66	1.87	2.05
	112	0.31	0.56	0.90	1.00	1.15	1.39	1.61	1.74	2.04	2.30	2.51
	125	0.37	0.67	1.07	1.19	1.37	1.66	1.92	2.07	2.44	2.74	2.98
	140	0.43	0.78	1.26	1.41	1.62	1.96	2.28	2.45	2.87	3.22	3.48
	160	0.51	0.94	1.51	1.69	1.95	2.36	2.73	2.94	3.42	3.80	4.06
	180	0.59	1.09	1.76	1.97	2.27	2.74	3.16	3.40	3.93	4.32	4.54
B	125	0.48	0.84	1.30	1.44	1.64	1.93	2.19	2.33	2.64	2.85	2.96
	140	0.59	1.05	1.64	1.82	2.08	2.47	2.82	3.00	3.42	3.70	3.85
	160	0.74	1.32	2.09	2.32	2.66	3.17	3.62	3.86	4.40	4.75	4.89
	180	0.88	1.59	2.53	2.81	3.22	3.85	4.39	4.68	5.30	5.67	5.76
	200	1.02	1.85	2.96	3.30	3.77	4.50	5.13	5.46	6.13	6.47	6.43
	224	1.19	2.17	3.47	3.86	4.42	5.26	5.97	6.33	7.02	7.25	6.95
	250	1.37	2.50	4.00	4.46	5.10	6.04	6.82	7.20	7.87	7.89	7.14
	280	1.58	2.89	4.61	5.13	5.85	6.90	7.76	8.13	8.60	8.22	6.80
C	200	1.39	2.41	3.69	4.07	4.58	5.29	584	6.07	6.34	6.02	5.01
	224	1.70	2.99	4.64	5.12	5.78	6.71	7.45	7.75	8.06	7.57	6.08
	250	2.03	3.62	5.64	6.23	7.04	8.21	9.04	9.38	9.62	8.75	6.56
	280	2.42	4.32	6.76	7.52	8.49	9.81	10.72	11.06	11.04	9.50	6.13
	315	2.84	5.14	8.09	8.92	10.05	11.53	12.46	12.72	12.14	9.43	4.16
	355	3.36	6.05	9.50	10.46	11.73	13.31	14.12	14.19	12.59	7.98	—
	400	3.91	7.06	11.02	12.10	13.48	15.04	15.53	15.24	11.95	4.34	—
	450	4.51	8.20	12.63	13.80	15.23	16.59	16.47	15.57	9.64	—	—
D	355	5.31	9.24	13.70	14.83	16.15	17.25	16.77	15.63	—	—	—
	400	6.52	11.45	17.07	18.46	20.06	21.20	20.15	18.31	—	—	—
	450	7.90	13.86	20.63	22.25	24.01	24.84	22.02	19.59	—	—	—
	500	9.21	16.20	23.99	25.76	27.50	26.71	23.59	18.88	—	—	—
	560	10.76	18.95	27.73	29.55	31.04	29.67	22.58	15.13	—	—	—
	630	12.54	22.05	31.68	33.38	34.19	30.15	18.08	6.25	—	—	—
	710	14.55	25.45	35.59	36.87	36.35	27.88	7.99	—	—	—	—
	800	16.76	29.08	39.14	39.55	36.76	21.32	16.82	—	—	—	—

带型	小带轮基准直径 d_{dt}/mm	小带轮转速 n_1/(r·min^{-1})										
		200	400	700	800	950	1 200	1 450	1 600	2 000	2 400	2 800
E	500	10.86	18.55	26.21	27.57	28.32	25.53	15.35	—	—	—	—
	560	13.09	22.49	31.59	33.03	33.40	28.49	8.85	—	—	—	—
	630	15.65	26.95	37.26	38.52	37.92	29.17	—	—	—	—	—
	710	18.52	31.83	42.87	43.52	41.02	25.91	—	—	—	—	—
	800	21.70	37.05	47.96	47.38	41.59	16.46	—	—	—	—	—
	900	25.15	42.49	51.95	49.21	38.19	—	—	—	—	—	—
	1000	28.52	47.52	54.00	48.19	30.08	—	—	—	—	—	—
	1120	32.47	52.98	53.62	42.77	—	—	—	—	—	—	—

当实际工作条件与上述试验条件不同时,应对单根 V 带的基本额定功率加以修正,获得实际工作条件下单根 V 带所能传递的功率,称为许用功率

$$[P_0] = (P_0 + \Delta P_0)K_\alpha K_L \tag{8-15}$$

式中,K_α 为包角系数,计入包角 $\alpha_1 \neq 180°$ 时对传动能力的影响,见表 8-5;K_L 为带长修正系数,计入带长不等于特定长度时对传动能力的影响,见表 8-3;ΔP_0 为功率增量,计入传动比 $i \neq 1$ 时,带在大带轮上的弯曲程度减小对传动能力的影响,见表 8-6。

表 8-5　包角系数 K_α(摘自 GB/T 13575.1—2008)

α_1/(°)	180	175	170	165	160	155	150	145	140	135
K_α	1.00	0.99	0.98	0.96	0.95	0.93	0.92	0.91	0.89	0.88
α_1/(°)	130	125	120	115	110	105	100	95	90	—
K_α	0.86	0.84	0.82	0.80	0.78	0.76	0.74	0.72	0.69	—

表 8-6　单根普通 V 带基本额定功率的增量 ΔP_0(摘自 GB/T 13575.1—2008)　　　　kW

带型	传动比 i	小带轮转速 n_1/(r·min^{-1})										
		200	400	700	800	950	1 200	1 450	1 600	2 000	2 400	2 800
Z	1.00~1.01	0.00	0.00	0.00	0.00	0.00	0.00	0.00	0.00	0.00	0.00	0.00
	1.02~1.04	0.00	0.00	0.00	0.00	0.00	0.00	0.00	0.01	0.01	0.01	0.01
	1.05~1.08	0.00	0.00	0.00	0.00	0.00	0.01	0.01	0.01	0.01	0.02	0.02
	1.09~1.12	0.00	0.00	0.00	0.00	0.01	0.01	0.01	0.01	0.02	0.02	0.02
	1.13~1.18	0.00	0.00	0.00	0.01	0.01	0.01	0.01	0.01	0.02	0.02	0.03
	1.19~1.24	0.00	0.00	0.00	0.01	0.01	0.01	0.02	0.02	0.02	0.03	0.03
	1.25~1.34	0.00	0.00	0.00	0.01	0.01	0.02	0.02	0.02	0.03	0.03	0.03
	1.35~1.50	0.00	0.00	0.01	0.01	0.01	0.02	0.02	0.02	0.03	0.03	0.04
	1.51~1.99	0.00	0.00	0.01	0.02	0.02	0.02	0.02	0.03	0.03	0.04	0.04
	≥2.00	0.00	0.00	0.01	0.02	0.02	0.03	0.03	0.03	0.04	0.04	0.04

续表

带型	传动比 i	小带轮转速 $n_1/(\text{r} \cdot \text{min}^{-1})$										
		200	400	700	800	950	1 200	1 450	1 600	2 000	2 400	2 800
A	1.00~1.01	0.00	0.00	0.00	0.00	0.00	0.00	0.00	0.00	0.00	0.00	0.00
	1.02~1.04	0.00	0.01	0.01	0.01	0.01	0.02	0.02	0.02	0.03	0.03	0.04
	1.05~1.08	0.01	0.01	0.02	0.02	0.03	0.03	0.04	0.04	0.06	0.07	0.08
	1.09~1.12	0.01	0.02	0.03	0.03	0.04	0.05	0.06	0.06	0.08	0.10	0.11
	1.13~1.18	0.01	0.02	0.04	0.04	0.05	0.07	0.08	0.09	0.11	0.13	0.15
	1.19~1.24	0.01	0.03	0.05	0.05	0.06	0.08	0.09	0.11	0.13	0.16	0.19
	1.25~1.34	0.02	0.03	0.06	0.06	0.07	0.10	0.11	0.13	0.16	0.19	0.23
	1.35~1.51	0.02	0.04	0.07	0.08	0.08	0.11	0.13	0.15	0.19	0.23	0.26
	1.52~1.99	0.02	0.04	0.08	0.09	0.10	0.13	0.15	0.17	0.22	0.26	0.30
	≥2.00	0.03	0.05	0.09	0.10	0.11	0.15	0.17	0.19	0.24	0.29	0.34
B	1.00~1.01	0.00	0.00	0.00	0.00	0.00	0.00	0.00	0.00	0.00	0.00	0.00
	1.02~1.04	0.01	0.01	0.02	0.03	0.03	0.04	0.05	0.06	0.07	0.08	0.10
	1.05~1.08	0.01	0.03	0.05	0.06	0.07	0.08	0.10	0.11	0.14	0.17	0.20
	1.09~1.12	0.02	0.04	0.07	0.08	0.10	0.13	0.15	0.17	0.21	0.25	0.29
	1.13~1.18	0.03	0.06	0.10	0.11	0.13	0.17	0.20	0.23	0.28	0.34	0.39
	1.19~1.24	0.04	0.07	0.12	0.14	0.17	0.21	0.25	0.28	0.35	0.42	0.49
	1.25~1.34	0.04	0.08	0.15	0.17	0.20	0.25	0.31	0.34	0.42	0.51	0.59
	1.35~1.51	0.05	0.10	0.17	0.20	0.23	0.30	0.36	0.39	0.49	0.59	0.69
	1.52~1.99	0.06	0.11	0.20	0.23	0.26	0.34	0.40	0.45	0.56	0.68	0.79
	≥2.00	0.06	0.13	0.22	0.25	0.30	0.38	0.46	0.51	0.63	0.76	0.89
C	1.00~1.01	0.00	0.00	0.00	0.00	0.00	0.00	0.00	0.00	0.00	0.00	0.00
	1.02~1.04	0.02	0.04	0.07	0.08	0.09	0.12	0.14	0.16	0.20	0.23	0.27
	1.05~1.08	0.04	0.08	0.14	0.16	0.19	0.24	0.28	0.31	0.39	0.47	0.55
	1.09~1.12	0.06	0.12	0.21	0.23	0.27	0.35	0.42	0.47	0.59	0.70	0.82
	1.13~1.18	0.08	0.16	0.27	0.31	0.37	0.47	0.58	0.63	0.78	0.94	1.10
	1.19~1.24	0.10	0.20	0.34	0.39	0.47	0.59	0.71	0.78	0.98	1.18	1.37
	1.25~1.34	0.12	0.23	0.41	0.47	0.56	0.70	0.85	0.94	1.17	1.41	1.64
	1.35~1.51	0.14	0.27	0.48	0.55	0.65	0.82	0.99	1.10	1.37	1.65	1.92
	1.52~1.99	0.16	0.31	0.55	0.63	0.74	0.94	1.14	1.25	1.57	1.88	2.19
	≥2.00	0.18	0.35	0.62	0.71	0.83	1.06	1.27	1.41	1.76	2.12	2.47

续表

带型	传动比 i	小带轮转速 $n_1/(\text{r}\cdot\text{min}^{-1})$										
		200	400	700	800	950	1 200	1 450	1 600	2 000	2 400	2 800
D	1.00~1.01	0.00	0.00	0.00	0.00	0.00	0.00	0.00	0.00	—	—	—
	1.02~1.04	0.07	0.14	0.24	0.28	0.33	0.42	0.51	0.56	—	—	—
	1.05~1.08	0.14	0.28	0.49	0.56	0.66	0.84	1.01	1.11	—	—	—
	1.09~1.12	0.21	0.42	0.73	0.83	0.99	1.25	1.51	1.67	—	—	—
	1.13~1.18	0.28	0.56	0.97	1.11	1.32	1.67	2.02	2.23	—	—	—
	1.19~1.24	0.35	0.70	1.22	1.39	1.60	2.09	2.52	2.78	—	—	—
	1.25~1.34	0.42	0.83	1.46	1.67	1.92	2.50	3.02	3.33	—	—	—
	1.35~1.51	0.49	0.97	1.70	1.95	2.31	2.92	3.52	3.89	—	—	—
	1.52~1.99	0.56	1.11	1.95	2.22	2.64	3.34	4.03	4.45	—	—	—
	≥2.00	0.63	1.25	2.19	2.50	2.97	3.75	4.53	5.00	—	—	—
E	1.00~1.01	0.00	0.00	0.00	0.00	0.00	0.00	0.00	—	—	—	—
	1.02~1.04	0.14	0.28	0.48	0.55	0.65	—	—	—	—	—	—
	1.05~1.08	0.28	0.55	0.97	1.10	1.29	—	—	—	—	—	—
	1.09~1.12	0.41	0.83	1.45	1.65	1.95	—	—	—	—	—	—
	1.13~1.18	0.55	1.00	1.93	2.21	2.62	—	—	—	—	—	—
	1.19~1.24	0.69	1.38	2.41	2.76	3.27	—	—	—	—	—	—
	1.25~1.34	0.83	1.65	2.89	3.31	3.92	—	—	—	—	—	—
	1.35~1.51	0.96	1.93	3.38	3.86	4.58	—	—	—	—	—	—
	1.52~1.99	1.10	2.20	3.86	4.41	5.23	—	—	—	—	—	—
	≥2.00	1.24	2.48	4.34	4.96	5.89	—	—	—	—	—	—

四、V 带传动主要参数设计要点及步骤

普通 V 带传动设计中,一般情况下给定的原始设计数据和要求包括:使用条件,名义传动功率 P,主、从动带轮的转速 n_1、n_2(或传动比 i),安装或外廓尺寸要求等。

V 带传动设计的内容包括:确定 V 带的型号、长度及根数,V 带传动的中心距及其变化范围,V 带轮的结构型式及尺寸,V 带的张紧力,V 带轮作用于轴上的力等,并以零件图形式表达 V 带轮结构。

普通 V 带传动设计计算步骤及主要参数的设计要点如下:

1. 确定计算功率 P_c

计算功率 P_c 是考虑设计 V 带传动的使用场合和工况条件差异,引入工作情况系数 K_A 对名义传动功率 P 进行修正的值

$$P_c = K_A P \tag{8-16}$$

式中,K_A 为工作情况系数,见表 8-7。

表 8-7 带传动工作情况系数 K_A（摘自 GB/T 13575.1—2008）

载荷性质	工作机类型	K_A					
		空载、轻载启动			重载启动		
		每天工作小时数					
		<10	10~16	>16	<10	10~16	>16
载荷变动微小	液体搅拌机、通风机和鼓风机（7.5 kW 以下）、离心式水泵和压缩机、轻型输送机	1.0	1.1	1.2	1.1	1.2	1.3
载荷变动小	带式输送机（不均匀载荷）、通风机（>7.5 kW）、旋转式水泵和压缩机（非离心式）、发电机、金属切削机床、印刷机、旋转筛、锯木机和木工机械	1.1	1.2	1.3	1.2	1.3	1.4
载荷变动较大	制砖机、斗式提升机、往复式水泵和压缩机、起重机、磨粉机、冲剪机床、橡胶机械、振动筛、纺织机械、重载输送机	1.2	1.3	1.4	1.4	1.5	1.6
载荷变动大	破碎机（旋转式、颚式等）、磨碎机（球磨、棒磨、管磨）	1.3	1.4	1.5	1.5	1.6	1.8

注：① 空载、轻载启动——电动机（交流启动、三角启动、直流并励），四缸以上的内燃机，装有离心式离合器、液力联轴器的动力机。
　　② 重载启动——电动机（联机交流启动、直流复励或串励）、四缸以下的内燃机。
　　③ 在反复启动、正反转频繁、工作条件恶劣等场合下，普通 V 带 K_A 应乘 1.2，窄 V 带应乘 1.1。
　　④ 对于增速传动，K_A 应根据增速比 i 的大小乘系数 C；当 $1.25 \leqslant i \leqslant 1.74$ 时，$C = 1.05$；当 $1.75 \leqslant i \leqslant 2.49$ 时，$C = 1.11$；当 $2.5 \leqslant i \leqslant 3.49$ 时，$C = 1.18$；当 $i \geqslant 3.5$ 时，$C = 1.25$。

2. 选择 V 带截面型号

根据计算功率 P_c 和小带轮转速 n_1 由图 8-7 选择 V 带截面型号。图中当工况位于两种型号分界线附近时，可分别选择两种型号进行计算，择优选择设计方案。

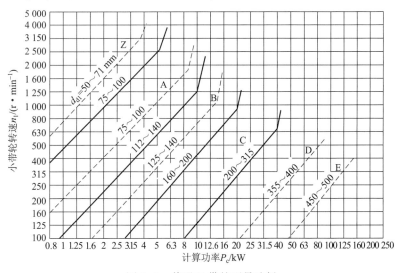

图 8-7 普通 V 带的型号选择

3. 确定带轮基准直径 d_{d1}、d_{d2}

带轮直径越小，传动尺寸结构越紧凑，但带承受的弯曲应力越大，会降低带的使用寿命；同时，带速也低，导致带的传动（功率）能力不足。相反，如果带轮直径过大，则传动尺寸增大，结构不紧凑，不符合机械设计的基本要求。因此，小带轮的基准直径应根据实际情况合理选用，保证小带轮的基准直径 d_{d1} 不小于表 8-8 中所列最小基准直径 d_{dmin}，并按表中所列标准直径系列值选用。

表 8-8 V 带轮最小基准直径与基准直径系列（摘自 GB/T 13575.1—2008） mm

带型	基准直径 d_d	最小基准直径 d_{dmin}
Y	20,22.4,25,28,31.5,35.5,40,45,50,56,80,90,100,112,125	20
Z	50,56,63,71,75,80,90,100,112,125,132,140,150,160,180,200,224,250,280,315,355,400,500,630	50
A	75,80,85,90,95,100,106,112,118,125,132,140,150,160,180,200,224,250,280,315,355,400,450,500,560,630,710,800	75
B	125,132,140,150,160,170,180,200,224,250,280,315,355,400,450,500,560,600,630,710,750,800,900,1 000,1 120	125
C	200,212,224,236,250,265,280,300,315,335,355,400,450,500,560,600,630,710,750,800,900,1 000,1 120,1 250,1 400,1 600,2 000	200
D	355,375,400,425,450,475,500,560,600,630,710,750,800,900,1 000,1 060,1 120,1 250,1 400,1 500,1 600,1 800,2 000	355
E	500,530,560,600,630,670,710,800,900,1 000,1 120,1 250,1 400,1 500,1 600,1 800,2 000,2 240,2 500	500

按照 $d_{d2} = i d_{d1}$ 计算，并取表 8-8 中最接近的标准尺寸确定大带轮的基准直径。根据传动要求速度误差的情况，也可按 $d_{d2} = i(1-\varepsilon)d_{d1}$ 准确计算大带轮直径。

4. 验算带速 v

小带轮基准直径选用的合理性由带速验算来控制，带速为

$$v = \frac{\pi d_{d1} n_1}{60 \times 1\ 000} \tag{8-17}$$

通常情况下，带速在 5~25 m/s 之间为宜；为了充分发挥带传动的能力，V 带传动的最佳带速范围为 10~20 m/s。若带速过高，会因离心力过大而降低带和带轮间的正压力，从而降低传动能力；而且单位时间内应力循环次数增加，将降低带的疲劳寿命。若带速过低，则所需有效圆周力大，导致 V 带的根数增多、结构尺寸加大。带速不符合上述要求时，应重新选择 d_{d1}。

5. 确定中心距 a 和带的基准长度 L_d

带传动中心距的选择直接关系到带的基准长度 L_d 和小带轮包角 α_1 的大小，并影响传动的性能。中心距较小，传动较为紧凑，但带长较短，单位时间内带绕过带轮的次数增多，从而降低带的疲劳寿命；而中心距过大，则传动的外廓尺寸大，且容易引起带的颤振，影响正常工作。

当传动设计对结构无特别要求时，可按下式初步选择中心距 a_0

$$0.7(d_{d1} + d_{d2}) \leqslant a_0 \leqslant 2(d_{d1} + d_{d2}) \qquad (8-18)$$

确定 a_0 后,由传动的几何关系可计算带的基准长度初值 L_{d0}

$$L_{d0} = 2a_0 + \frac{\pi}{2}(d_{d1} + d_{d2}) + \frac{(d_{d2} - d_{d1})^2}{4a_0} \qquad (8-19)$$

由 L_{d0} 计算值查表 8-3,选取相近值作为带的基准长度 L_d,则带传动的实际中心距

$$a \approx a_0 + \frac{L_d - L_{d0}}{2} \qquad (8-20)$$

实际中心距的调节范围应控制在 $a_{min} = a - 0.015L_d(\text{mm})$ 和 $a_{max} = a + 0.03L_d(\text{mm})$ 之间。

6. 验算小带轮包角 α_1

中心距 a 选择的合理性由小带轮包角验算加以控制。按照带传动的几何关系,小带轮包角

$$\alpha_1 \approx 180° - \frac{d_{d2} - d_{d1}}{a} \times 57.3° \qquad (8-21)$$

α_1 是影响带传动工作能力的重要参数之一,一般要求 $\alpha_1 > 120°$;否则应适当增大中心距或减小传动比来满足。

7. 确定带的根数 Z

传动计算功率 P_c 需要多根 V 带来执行。带的根数为

$$Z = \frac{P_c}{[P_0]} = \frac{P_c}{(P_0 + \Delta P_0)K_\alpha K_L} \qquad (8-22)$$

按式(8-22)计算值圆整确定带的根数 Z。为了保证多根带受力均匀,所确定的 Z 值不应当超过表 8-9 所推荐的最多使用根数 Z_{max};否则应当改选带的截面型号或加大带轮直径后重新设计。

表 8-9 V 带传动允许的最多使用根数

V 带型号	Y	Z	A	B	C	D	E
Z_{max}	1	2	5	6	8	8	9

8. 确定初拉力 F_0

张紧初拉力 F_0 是保证带传动正常工作的重要因素。初拉力过小,摩擦力小,传动易打滑;初拉力过大,会增大带的拉应力,降低带的疲劳强度,同时增大作用在带轮轴上的压力,故初拉力 F_0 大小应适当。推荐单根 V 带张紧初拉力 F_0 为

$$F_0 = 500 \frac{P_c}{vZ}\left(\frac{2.5}{K_\alpha} - 1\right) + qv^2 \qquad (8-23)$$

式中,P_c 为计算功率(kW);v 为带速(m/s);Z 为带的根数;K_α 为包角系数,见表 8-5;q 为带单位长度的质量(kg/m),见表 8-2。

带传动在此初拉力的张紧下,作用于带轮轴上的载荷为

$$F_Q = 2ZF_0\sin\frac{\alpha_1}{2} \qquad (8-24)$$

9. 带轮结构设计

按照带轮结构设计要点确定带轮结构类型、材料、结构尺寸，绘制带轮工作图。

五、设计实例

例　试设计一个带式输送机的 V 带传动装置。已知其原动机为 Y132S-4 型三相异步电动机，额定功率 $P=5.5$ kW，转速 $n_1=1\,440$ r/min；传动比 $i=3.6$；单班制工作；系统的安装布置要求传动中心距 $a \leqslant 1\,000$ mm。

解　1. 确定计算功率 P_c

根据给定的工作条件，由表 8-7 查得工作情况系数 $K_A=1.1$，故

$$P_c = K_A P = 1.1 \times 5.5 = 6.05 (\text{kW})$$

2. 选择 V 带型号

按 $P_c=6.05$ kW 和 $n_1=1\,440$ r/min，由图 8-7 选择 A 型 V 带。

3. 确定带轮基准直径 d_{d1}、d_{d2}

根据 V 带型号查表 8-8，并参考图 8-7，选择 $d_{d1}=100$ mm$>d_{dmin}$。

由 $d_{d2}=id_{d1}$ 计算从动轮直径为

$$d_{d2} = id_{d1} = 3.6 \times 100 = 360 (\text{mm})$$

由表 8-8 选取最接近的基准直径为 $d_{d2}=355$ mm。

4. 验算带速 v

V 带传动带速为

$$v = \frac{\pi d_{d1} n_1}{60 \times 1\,000} = \frac{3.14 \times 100 \times 1440}{60\,000} = 7.54 (\text{m/s})$$

$v<25$ m/s，因此带速适宜。

5. 确定中心距 a 和带的基准长度 L_d

由式(8-18)初定中心距 a_0

$$0.7(d_{d1}+d_{d2}) \leqslant a_0 \leqslant 2(d_{d1}+d_{d2})$$

即　　　　　　　　　　　　　318.5 mm $\leqslant a_0 \leqslant 910$ mm

初定中心距　　　　　　　　　　$a_0 = 700$ mm

由式(8-19)计算带的基准长度初值 L_{d0}

$$L_{d0} = 2a_0 + \frac{\pi}{2}(d_{d1}+d_{d2}) + \frac{(d_{d2}-d_{d1})^2}{4a_0}$$

$$= 2 \times 700 + \frac{\pi}{2}(100+355) + \frac{(355-100)^2}{4 \times 700}$$

$$= 2\,137.14 (\text{mm})$$

由表 8-3 选取接近的基准长度 $L_d=2\,200$ mm。

因此，带传动的实际中心距为

$$a \approx a_0 + \frac{L_d - L_{d0}}{2} = 700 + \frac{2\,200 - 2\,137.94}{2} = 731.4 (\text{mm})$$

满足 $a \leqslant 1\,000$ mm 的要求。

安装时应保证的最小中心距 $a_{\min}$、调整时的最大中心距 $a_{\max}$ 分别为

$$a_{\min} = a - 0.015L_{d} = 731.4 - 0.015 \times 2\,200 = 698.4\,(\text{mm})$$

$$a_{\max} = a + 0.03L_{d} = 731.4 + 0.03 \times 2\,200 = 797.4\,(\text{mm})$$

6. 校核小带轮包角 α_1

$$\alpha_1 = 180° - \frac{d_{d2} - d_{d1}}{a} \times 57.3° = 180° - \frac{355 - 100}{731.4} \times 57.3° = 160.0°$$

$\alpha_1 > 120°$ 合格。

7. 计算所需 V 带根数 Z

查表 8-4 得其基本额定功率 $P_0 = 1.32\,\text{kW}$；查表 8-6 得额定功率增量 $\Delta P_0 = 0.17\,\text{kW}$；查表 8-5 得包角系数 $K_\alpha = 0.95$；查表 8-3 得带长修正系数 $K_L = 1.06$，则

$$Z = \frac{P_c}{(P_0 + \Delta P_0)K_\alpha K_L} = \frac{6.05}{(1.32 + 0.17) \times 0.95 \times 1.06} = 4.03$$

取 V 带根数 $Z = 4$ 根。按表 8-9，有 $Z \leqslant Z_{\min} = 5$。

8. 确定初拉力 F_0 和轴上压力 F_Q

查表 8-2 得 A 型 V 带 $q = 0.10\,\text{kg/m}$，由式(8-23)计算确定带传动的初拉力为

$$F_0 = 500 \times \frac{P_c}{vZ}\left(\frac{2.5}{K_\alpha} - 1\right) + qv^2$$

$$= 500 \times \frac{6.05}{4 \times 7.54} \times \left(\frac{2.5}{0.95} - 1\right) + 0.105 \times 7.54^2 = 170\,(\text{N})$$

由式(8-24)计算作用于带轮轴上的压力为

$$F_Q = 2ZF_0\sin\frac{\alpha_1}{2} = 2 \times 4 \times 170 \sin\left(\frac{160.5°}{2}\right) = 1\,339\,(\text{N})$$

9. 大小带轮的结构设计与工作图绘制(略)

第四节　V 带传动结构设计

一、V 带轮结构设计

带轮常用的材料包括铸铁、铸钢、铝合金或工程塑料，铸铁材料应用最广。当带速 $v < 25\,\text{m/s}$ 时，常用灰口铸铁 HT150 或 HT200；当 $v \geqslant 25 \sim 40\,\text{m/s}$ 时，宜用球墨铸铁、铸钢或冲压钢板焊接制造带轮；小功率传动带轮可采用铸铝或工程塑料。

V 带轮是典型的盘类零件，由轮缘、轮毂和轮辐(或腹板)三部分组成。

轮缘是带轮的外圈部分，其上开有梯形槽，是传动带安装及带轮的工作部分。轮槽工作面需要精细加工(表面粗糙度一般为 $Ra2.5\,\mu\text{m}$)，以减少带的磨损。轮缘及轮槽的结构尺寸见表 8-2。

轮毂是带轮与轴的安装配合部分；轮辐则是连接轮缘和轮毂的中间部分。

当采用铸铁材料制造时，根据轮辐结构的不同，V 带轮有实心、腹板、孔板和椭圆轮辐四种典型结构型式。当带轮基准直径 $d_d \leqslant (2.5 \sim 3)d$($d$ 为带轮轴直径)时，采用实心式结构，如图 8-8(a)所示；当 $d_d \leqslant 350\,\text{mm}$，且 $d_2 - d_1 < 100\,\text{mm}$ 时(d_1 为轮毂外径，d_2 为轮缘内径)，采用腹

板式结构,如图 8-8(b)所示;若 $d_2-d_1 \geqslant 100$ mm,则采用孔板式结构,如图 8-8(c)所示;当 $d_d>350$ mm时,应采用椭圆轮辐式结构,如图 8-8(d)所示。如图 8-8 所示带轮的有关结构尺寸,可考参图中所附经验公式取值。

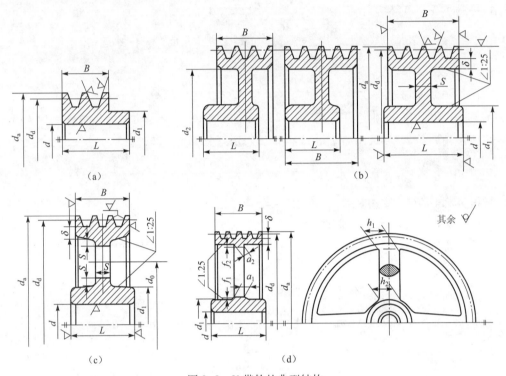

图 8-8　V 带轮的典型结构

(a) 实心式;(b) 腹板式;(c) 孔板式;(d) 椭圆轮辐式

$$d_1=(1.8\sim 2)d;d_0=0.5(d_1+d_2);S=(0.2\sim 0.3)B;h_1=290\times\sqrt[3]{\frac{P}{nm}}\quad(\text{式中},P\text{ 为功率},n\text{ 为转速},m\text{ 为轮辐数});$$

$$h_2=0.8h_1;a_1=0.4h_1;a_2=0.8a_1;f_1=0.2h_1;f_2=0.2h_2;L=(1.5\sim 2)d,\text{当 }B<1.5d\text{ 时},L=B$$

二、带传动的张紧装置

传动带安装在带轮上,通过中心距调整获得一定的张紧力,保证带传动的有效承载。但是,在工作一段时间后,由于带的塑性变形会产生带的松弛现象,使得带中初拉力逐渐减小,承载能力随之降低。为了保证带传动的正常工作,应当始终保持带在带轮上具有一定的张紧力,因此,必须采用适当的张紧装置,常用的张紧装置如图 8-9 所示。张紧装置分为定期张紧、自动张紧和利用张紧轮方式三种类型。

1. 定期张紧装置

在水平布置或与水平面倾斜不大的带传动中,可用图 8-9(a)所示的张紧装置,将装有带轮的电动机安装在滑轨上,通过调节螺钉来调整电动机的位置,加大中心距,以达到张紧目的。

在垂直或接近垂直的带传动中,可用图 8-9(b)所示的张紧装置,通过调节螺杆来调整摆动架(电动机轴中心)的位置,加大中心距而达到张紧的目的。

2. 自动张紧装置

图 8-9(c)所示为一种自动张紧装置,它将装有带轮的电动机安装在浮动摆架上,利用电动机及摆架的自重使带轮随同电动机绕固定支承轴摆动,自动调整中心距达到张紧的目的。这种方法常用于带传动功率小且近似垂直布置的情况。

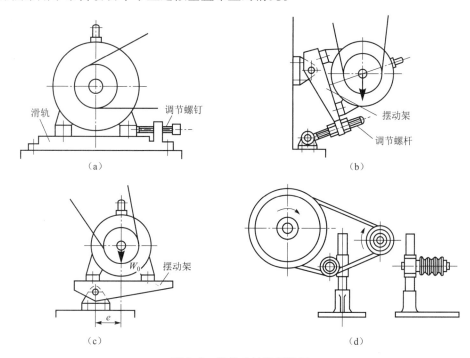

图 8-9　带传动的张紧装置
(a) 滑轨调整式;(b) 螺杆调整式;(c) 摆架自动张紧式;(d) 张紧轮式

3. 利用张紧轮方式

当带传动中心距不能调节时,可以采用张紧轮将带张紧,如图 8-9(d)所示。张紧轮一般应布置在松边的内侧,从而使带只受单向弯曲;同时,为了保证小带轮包角不致减小过多,张紧轮应尽量靠近大带轮安装。

习　题

8-1　带传动有哪些主要类型?各有什么特点?

8-2　带传动中,紧边和松边是如何产生的?怎样理解紧边和松边的拉力差即为带传动的有效圆周力(有效拉力)?

8-3　增大初拉力可以使带与带轮间的摩擦力增加,但为什么带传动不能过大地增大初拉力来提高带的传动能力,而是把初拉力控制在一定数值上?

8-4　带的工作速度一般为 5~25 m/s,带速为什么不宜过高又不宜过低?

8-5　张紧力的大小对带传动的影响如何?

8-6　带传动工作时,带内应力变化情况如何?最大应力发生在什么位置?由哪些应力组成?

8-7 为什么要限制包角的最小值? 如何增大包角?

8-8 普通 V 带的基准长度是指哪个部位的长度?

8-9 为什么普通 V 带剖面楔角为 40°,而带轮槽的楔角却制成 34°、36°或 38°? 什么情况下采用较小的槽楔角?

8-10 为什么说弹性滑动是带传动的固有特性? 弹性滑动对传动有什么影响?

8-11 带传动的打滑是怎样发生的? 打滑多发生在大轮还是小轮上? 为什么?

8-12 为什么要对 V 带传动中小带轮基准直径的最小值加以限制?

8-13 带传动的主要失效形式是什么? 单根普通 V 带所能传递的功率是根据什么准则确定的?

8-14 安装带传动,为什么要把带张紧? 在什么情况下使用张紧轮? 张紧轮布置在何处较为合理?

8-15 带传动的主动轮转速 $n_1 = 1\,460$ r/min,主动带轮基准直径 $d_{d1} = 180$ mm,从动带轮转速 $n_2 = 650$ r/min,传动中心距 $a \approx 800$ mm,工作情况系数 $K_A = 1$,采用 3 根 B 型 V 带。试求带传动允许传递的功率 P。

8-16 试设计一带式输送机中的普通 V 带传动。已知电动机功率 $P = 7.5$ kW,转速 $n_1 = 1\,440$ r/min,减速器输入轴转速 $n_2 = 630$ r/min,每天工作 16 h,希望中心距不超过 700 mm。

第九章　常见其他传动简介

为了满足工业生产的不同需求,机器中除广泛采用前面介绍的各种常用机构及传动外,有时还需要用到其他形式和用途的传动,如链传动、摩擦传动、螺旋传动等。

本章将对这些传动的工作原理、结构、设计计算及其应用等作简单介绍。

第一节　链　传　动

链传动是由装在平行轴上的主、从动链轮和绕在链轮上的环形链条所组成的,依靠链条作为中间挠性体的啮合传动,如图 9-1 所示,是一种广泛应用的机械传动形式,通常应用于轴距较远的场合。

与同样依靠中间挠性体的带传动相比,链传动具有啮合传动的明显特点,即能够保持准确的平均传动比;传动效率较高(封闭式链传动 $\eta = 0.95 \sim 0.99$),传动功率大;结构简单,易于标准化,制造、使用成本低;能够在高温、多尘、油污等恶劣的环境中工作;对传动轴压力较小等优点。同时,也有瞬时传动比不恒定、传动平稳性较差、产生冲击和噪声等缺点,不宜用于高速的场合。

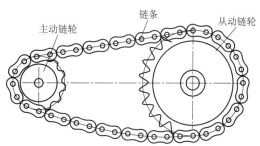

图 9-1　链传动简图

一般链传动的适用范围为:传递功率 $P \leqslant 100$ kW,链速 $v \leqslant 15$ m/s,传动比 $i \leqslant 8$(一般情况下 $i = 2 \sim 3$)。

一、滚子链的结构

按照用途不同,链可分为传动链、起重链和牵引链。传动链用来传递运动和动力;起重链用于起重机械中提升重物;牵引链用于链式输送机中移动重物。

在传动链中,按照链条结构的不同,分为滚子链传动和齿形链传动两种类型,常用的是滚子链传动。

1. 滚子链的结构

滚子链的结构如图 9-2 所示,它由滚子 1、套筒 2、销轴 3、内链板 4 和外链板 5 所组成。滚子与套筒、套筒与销轴之间均为间隙配合而形成动连接;而内链板与套筒、外链板与销轴之间则均为过盈配合连接而构成内、外链节。传动时,通过套筒绕销轴的自由转动,可使内、外链板之间做相对转动;同时,滚子在链轮的齿间滚动,以减轻与链轮轮齿之间的磨损。

当传递功率较大而采用单排链传动能力不足时,可采用双排链(图 9-3)或多排链结构。多排链的承载能力与排数成正比。但由于精度的影响,排数越多,越难以保证各排链所受载荷均匀,故排数不宜过多,双排链结构应用较多。

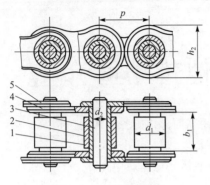

图 9-2　滚子链的结构

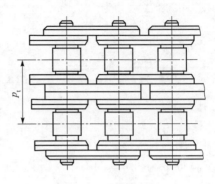

图 9-3　双排滚子链

1—滚子;2—套筒;3—销轴;4—内链板;5—外链板

为了使链板各横截面具有接近相等的抗拉强度,并减轻链的质量和运动惯性,内、外链板均制成"∞"形。传动中链的磨损主要发生在销轴与套筒的接触面上,因此,内、外链板间应留少许间隙,以便润滑油渗入销轴和套筒的摩擦面间。

为了形成链节首尾相连的环形链条,要用接头加以连接。滚子链的接头型式如图 9-4 所示。当链节数为偶数时,接头处可采用图 9-4(a)所示的开口销或图 9-4(b)所示的弹簧卡片来固定。一般前者用于大节距,后者用于小节距。当链节数为奇数时,需要增加一个图 9-4(c)所示的过渡链节才能构成环形。由于过渡链节的链板要受附加弯矩的作用,形成链的薄弱环节,所以应尽量避免使用奇数链节。

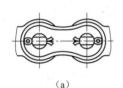
（a）

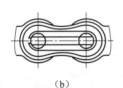
（b）

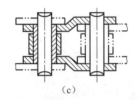
（c）

图 9-4　滚子链的接头型式

（a）钢丝锁销;（b）弹簧卡片;（c）过渡链节

2. 滚子链的基本参数

如图 9-2 所示,滚子链和链轮啮合的基本参数是节距 p、滚子外径 d_1 和内链节内宽 b_1(对于多排链还有排距 p_t,见图 9-3)。其中节距 p 表示相邻两销轴之间的距离,是滚子链的主要参数。节距增大时,链条中各零件的尺寸也要相应地增大,可传递的功率也随着增大。

滚子链结构及其基本参数与尺寸已经标准化(GB/T 1243—2006),分为 A、B 两种系列(对应于美国标准、欧洲标准)。设计中推荐优先使用 A 系列链。滚子链链条的链号、主要尺寸和抗拉强度见表9-1,其中的链号反映该链条节距大小,节距 p = 链号×25.4/16 mm。

滚子链的标记方法为

链号-排数-整链链节数-标准编号

例如　08A-1-88 GB/T 1243—2006,表示链号为 08A(A 系列、节距为 12.7 mm)、单排、链长为 88 节的滚子链。

链的使用寿命在很大程度上取决于链的材料及热处理方法。因此,组成链的所有元件均需经过热处理,以提高其强度、耐磨性和耐冲击性。

表 9-1　链条的链号、主要尺寸及抗拉强度(摘自 GB/T 1243—2006)

链号	节距 p(nom)	滚子直径 d_1(max)	内节内宽 b_1(min)	销轴直径 d_2(max)	内链板高度 h_2(max)	排距 p_t	抗拉强度	
							单排(min)	双排(min)
	mm						kN	
05B	8.00	5.00	3.00	2.31	7.11	5.64	4.4	7.8
06B	9.525	6.35	5.72	3.28	8.26	10.24	8.9	16.9
08A	12.7	7.92	7.85	3.98	12.07	14.38	13.9	27.8
08B	12.7	8.51	7.75	4.45	11.81	13.92	17.8	31.1
10A	15.875	10.16	9.40	5.09	15.09	18.11	21.8	43.6
10B	15.875	10.16	9.65	5.08	14.73	16.59	22.2	44.5
12A	19.05	11.91	12.57	5.96	18.10	22.78	31.3	62.6
12B	19.05	12.07	11.68	5.72	16.13	19.46	28.9	57.8
16A	25.40	15.88	15.75	7.94	24.13	29.29	55.6	111.2
16B	25.40	15.88	17.02	8.28	21.08	31.88	60.0	106.0
20A	31.75	19.05	18.90	9.54	30.17	35.76	87.0	174.0
20B	31.75	19.05	19.56	10.19	26.42	36.45	95.0	170.0
24A	38.10	22.23	25.22	11.11	36.20	45.44	125.0	250.0
24B	38.10	25.40	25.40	14.63	33.40	48.36	160.0	280.0
28A	44.45	25.40	25.22	12.71	42.23	48.87	170.0	340.0
28B	44.45	27.94	30.99	15.90	37.08	59.56	200.0	360.0
32A	50.80	28.58	31.55	14.29	48.26	58.55	223.0	446.0
32B	50.80	29.21	30.99	17.81	42.29	58.55	250.0	450.0
36A	57.15	35.71	35.48	17.46	54.30	65.84	281.0	562.0
40A	63.50	39.68	37.85	19.85	60.33	71.55	347.0	694.0
40B	63.50	39.37	38.10	22.89	52.96	72.29	355.0	630.0
48A	76.20	47.63	47.35	23.81	72.39	87.83	500.0	1 000.0
48B	76.20	48.26	45.72	29.24	63.88	91.21	560.0	1 000.0
56B	88.90	53.98	53.34	34.32	77.85	106.6	850.0	1 600.0
64B	101.60	63.50	60.96	39.40	90.17	119.89	1 120.0	2 000.0
72B	114.30	72.39	68.58	44.48	103.63	136.27	1 400.0	2 500.0

注:重载系列链条参见 GB/T 1243—2006。

二、滚子链链轮结构

1. 链轮的齿形

滚子链与链轮齿并非共轭啮合,故链轮齿形具有较大的灵活性,GB/T 1243—2006 中只规定了轮齿的最大齿槽形状和最小齿槽形状,即规定了如图 9-5 所示的齿侧圆弧半径 r_e、滚子定位圆弧半径 r_i 及滚子定位角 α 的最小值和最大值(详见 GB/T 1243—2006)。实际齿槽形状取决于加工刀具和加工方法,但要求处于最小和最大齿侧圆弧半径之间。在对应于滚子定位圆弧角处与滚子定位圆弧应平滑连接。链轮齿形可采用渐开线齿廓链轮滚刀以范成法加工。

2. 链轮的主要尺寸

链轮的主要尺寸包括齿数 z、分度圆直径 d、齿顶圆直径 d_a、齿根圆直径 d_f、节距多边形以上的齿高 h_a、齿宽 b_{f1} 等。分度圆是指链轮上销轴中心所在且被链条节距等分的圆,如图 9-5 所示。

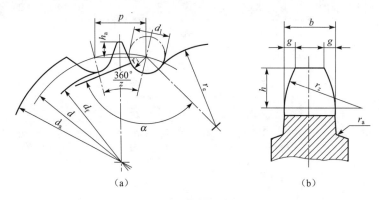

图 9-5　链轮的齿形

链轮主要尺寸的计算公式:

分度圆直径

$$d = p/\sin(180°/z)$$

齿顶圆直径

$$d_{amax} = d + 1.25\,p - d_1,\ d_{amin} = d + (1 - 1.6/z)\,p - d_1$$

齿根圆直径

$$d_f = d - d_1$$

3. 链轮结构与制造材料

作为典型的盘类零件,链轮按照尺寸大小可选取图 9-6 所示不同的结构。当链轮尺寸较小时,采用图 9-6(a)所示的整体式结构;中等直径的链轮可采用图 9-6(b)所示孔板式结构;直径较大的链轮可采用图 9-6(c)所示焊接结构或图 9-6(d)所示装配式组合结构。

链轮的材料应保证具有足够的强度和良好的耐疲劳性。通常采用碳钢或合金钢制造,齿面经过热处理,保证足够的强度和耐磨性。

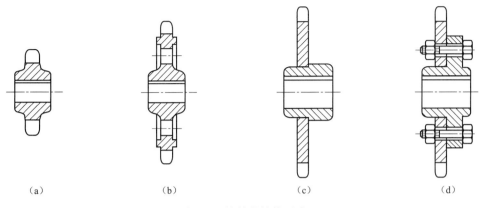

图 9-6　链轮的结构型式

（a）整体式；（b）孔板式；（c）焊接式；（d）装配式

第二节　摩擦传动

一、摩擦传动的工作原理及特点

摩擦传动如图 9-7 所示,由两个相互压紧的摩擦轮及压紧装置等组成。它依靠两摩擦轮接触面间的切向摩擦力传递运动和动力。

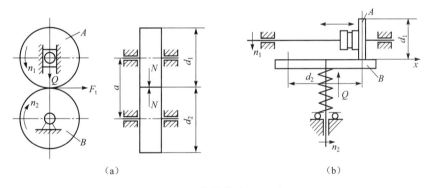

图 9-7　摩擦传动原理图

摩擦传动具有结构简单、传动平稳、无噪声、过载时打滑能够起到保护机件作用等优点,可实现无级变速,因而具有较宽的应用范围。但摩擦传动在运转中存在滑动、传动效率低、传动比不能保持准确、结构尺寸大以及作用于轴和轴承上的载荷大等缺点,因而只适宜传递动力不大的场合。摩擦传动一般适用的传动功率不大于 20 kW,传动比不大于 7,线速度不大于 25 m/s。

二、摩擦传动中的滑动与传动比

摩擦传动中,主动轮依靠与从动轮之间的接触摩擦传递运动和动力,而主动轮所受的摩擦与其速度方向相反,从动轮所受的摩擦与其速度方向相同,结果造成主动轮接触面层在进入区

段上受压缩，而在离开的区段上受拉伸。从动轮的接触表面刚好相反，其接触面层在进入区段

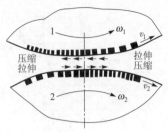

压缩
拉伸

拉伸
压缩

图9-8　摩擦传动中的弹性滑动

上受拉伸，而在离开区段上受压缩，如图9-8所示。因此，在主、从动轮的进入区段与离开区段上产生的切向变形不同，造成与理论上两个相切圆做纯滚动相比，从动轮上指定点落后于主动轮上对应点的位置，使得从动轮的速度落后于主动轮的速度。这种现象称为摩擦传动的弹性滑动，它是摩擦传动的固有现象，是不可避免的。

摩擦传动中的弹性滑动现象将造成从动轮的速度损失、传动比不准确、摩擦轮的磨损和工作表面温度升高等情况。其中的速度损失程度采用滑动率来表示

$$\varepsilon = \frac{v_1 - v_2}{v_1} \times 100\%$$

摩擦轮的材质不同，摩擦传动的滑动率数值不同。当两轮皆为钢质时，$\varepsilon \approx 0.2\%$；当两轮为钢材对夹布胶木时，$\varepsilon \approx 1\%$；当两轮为钢材对橡胶时，$\varepsilon \approx 3\%$。

摩擦传动的传动比计算，当忽略弹性滑动时，$i = n_1/n_2 = d_2/d_1$；当需要准确计算时，传动比 $i = n_1/n_2 = d_2/d_1/(1-\varepsilon)$。

三、摩擦传动的类型及其应用

1. 圆柱平摩擦轮传动

如图9-9所示，圆柱平摩擦轮传动分为外切和内切平摩擦轮传动两种类型，其传动比为 $i = \dfrac{n_1}{n_2} = \mp \dfrac{R_2}{R_1(1-\varepsilon)}$，式中"−""+"分别表示外切或内切时，主、从动轮的转向相反或相同。此种结构型式简单，制造容易，但所需压紧力较大，宜用于小功率传动。

2. 圆柱槽摩擦轮传动

图9-10所示为圆柱槽摩擦轮传动，其特点是带有 2β 角度的槽，侧面接触。因此，这种传动在同样压紧力的条

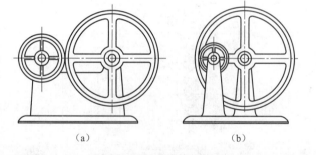

(a)　　　　　　　(b)

图9-9　圆柱平摩擦轮传动

件下，可以增大切向摩擦力，提高传动功率。但这种传动易发热与磨损，传动效率较低，并且对加工和安装要求较高。该传动适用于绞车驱动装置等机械中。

3. 圆锥摩擦轮传动

图9-11所示为圆锥摩擦轮传动，可传递两相交轴之间的运动和动力，两轮锥面相切。当两圆锥角 $\delta_1 + \delta_2 \neq 90°$ 时，其传动比为 $i = \dfrac{n_1}{n_2} = \dfrac{1}{1-\varepsilon} \cdot \dfrac{\sin \delta_2}{\sin \delta_1}$；当两圆锥角 $\delta_1 + \delta_2 = 90°$ 时，其传动比为 $i = \dfrac{n_1}{n_2} = \dfrac{\tan \delta_2}{1-\varepsilon}$。

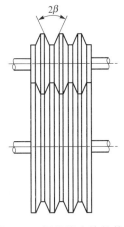

图9-10 圆柱槽摩擦轮传动

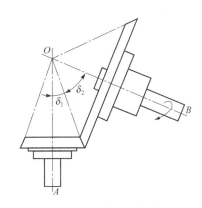

图9-11 圆锥摩擦轮传动

　　垂直相交轴圆锥摩擦轮传动在实际使用中通常采用双从动轮对称布置的结构型式,以改善受力状况。这种形式的摩擦轮传动结构简单,易于制造,但安装要求较高,常用于摩擦压力机中。

　　4. 滚轮圆盘式摩擦传动

　　图9-12所示为滚轮圆盘式摩擦传动,用于传递两垂直相交轴间的运动。盘形摩擦轮装在轴1上,滚轮2装在轴3上,并可沿轴3上的花键移动,其传动比为

$$i = \frac{n_1}{n_2} = \frac{r}{a(1-\varepsilon)}$$

式中,r为滚轮的半径;a为滚轮与摩擦盘的接触点到轴1的距离。

　　此种结构形式需要压紧力较大,易发热和磨损。如果将滚轮制成鼓形,可减小相对滑动。如果沿轴3方向移动滚轮,可实现正反向无级变速。此机构常用于摩擦压力机中。

　　5. 滚轮圆锥式摩擦传动

　　图9-13所示为滚轮圆锥式摩擦传动,滚轮2绕轴3转动,并可在轴3的花键上移动。轴3与轴1间的夹角为γ,其值等于摩擦轮的半锥角。轴1与轴3的传动比为

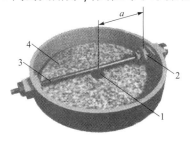

图9-12 滚轮圆盘式摩擦传动

1,3—轴;2—滚轮;4—盘形摩擦轮

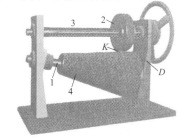

图9-13 滚轮圆锥式摩擦传动

1,3—轴;2—滚轮;4—圆锥形摩擦轮

$$i = \frac{n_1}{n_3} = \frac{r}{(R - a\sin\gamma)(1-\varepsilon)}$$

式中,r为滚轮的半径;a为滚轮2与摩擦锥的接触点K到摩擦锥底端D点间的距离;R为摩擦锥底端的半径。

　　该机构兼有圆柱和圆锥摩擦轮传动的特点,可用于无级变速传动机构中。

第三节　无级变速传动

为了获得最为合适的工作速度,传动系统通常需要在一定范围内任意调整输出转速,这就要求进行无级变速传动。实现无级变速的方法很多,例如机械式无级变速、变频式无级变速、电子式无级变速、液力变矩器式调速,等等。其中,机械式无级变速主要依靠摩擦传动原理,借助于摩擦轮或摩擦盘、球、环等,通过改变主动件和从动件的传动半径,使输出轴的转速无级地变化。

摩擦式无级变速传动具有以下优点:构造简单,制造成本低;过载时可利用摩擦传动元件间的打滑而避免机件损坏;运转平稳、无噪声,可用于较高转速的传动;易于进行平缓连续地变速,获得所要求的速度输出;有些摩擦式无级变速传动还可在较大的变速范围内具有传递恒定功率的特性,可升速、降速。其缺点包括:不能保证精确的传动比;承受过载和冲击能力差;传递大功率时结构尺寸过大,轴和轴承上的载荷较大。

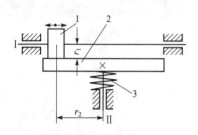

图9-14　滚轮平盘式无级变速传动
1—主动滚轮;2—从动平盘;3—弹簧

工程中摩擦式无级变速传动包括以下主要类型:

1. 滚轮平盘式无级变速传动

如图9-14所示,主动滚轮1与从动平盘2之间用弹簧3压紧。工作时依靠滚轮与平盘接触处的摩擦力传动,其传动比 $i=r_2/r_1$。当操纵滚轮1作轴向移动时,即可改变 r_2,从而实现无级变速传动。

这种结构形式的无级变速传动,传递相交轴的运动和动力,可实现升速或降速传动,可以逆转,并且具有结构简单、制造方便等特点。但传动存在较大的相对滑动及磨损严重等不足。

2. 钢球外锥轮式无级变速传动

如图9-15所示,这种传动结构主要由两个锥轮1、2和一组钢球3(通常为6个)组成。主、从动锥轮1和2分别装在轴Ⅰ、Ⅱ上,钢球3被压紧在两锥轮的工作锥面上,并可绕轴4自由转动。工作时,主动锥轮1依靠摩擦力带动钢球3绕轴4旋转,钢球同样依靠摩擦力带动从动锥轮2转动。轴Ⅰ、Ⅱ的传动比 $i=(r_1/R_1)\times(R_2/r_2)$,由于 $R_1=R_2$,所以 $i=r_1/r_2$。调整支承轴4的倾斜角度与倾斜方向,即可改变钢球3的传动半径 r_1 和 r_2,从而实现无级变速。

这种结构用于相同轴线的无级变速传动,可以用作升速或降速传动;主、从动轴位置可调换,实现对称调速。其具有结构简单、传动平稳、相对滑动小、结构紧凑等特点,而且具有传递恒定功率的特性。

3. 菱锥式无级变速传动

如图9-16所示,空套在轴4上的菱形滚锥3(通常为5或6个)被压紧在主、从动轮1、2之间。轴4支承在支架5上,其倾斜角是固定的。工作时,主动轮1靠摩擦力带动菱锥3绕轴4旋转,菱锥又靠摩擦力带动从动轮2旋转。轴Ⅰ、Ⅱ间的传动比 $i=(r_1/R_1)\times(R_2/r_2)$。操

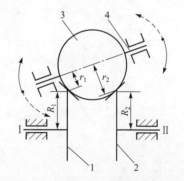

图9-15　钢球外锥轮式无级变速传动
1—主动锥轮;2—从动锥轮;
3—钢球;4—钢球转轴

作支架 5 做水平移动,可改变菱锥的传动半径 r_1 和 r_2,从而实现无级变速。

这种结构型式为同轴线传动,可以用作升速和降速传动,具有传递恒定功率的特性。

4. 宽 V 带式无级变速传动

如图 9-17 所示,在主动轴 I 和从动轴 II 上分别装有锥轮 $1a$、$1b$ 和 $2a$、$2b$,其中锥轮 $1b$ 和 $2a$ 分别固定在轴 I 和轴 II 上,锥轮 $1a$ 和 $2b$ 可以沿轴 I、II 同步移动。宽 V 带 3 套在两对锥轮之间,工作时如同 V 带传动,传动比 $i=r_2/r_1$。通过轴向同步移动锥轮 $1a$ 和 $2b$,可改变传动半径 r_1 和 r_2,从而实现无级变速。

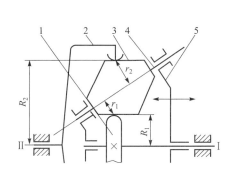

图 9-16　菱锥式无级变速传动

1—主动轮;2—从动轮;3—菱形滚锥;
4—滚锥轴;5—滚锥轴支架

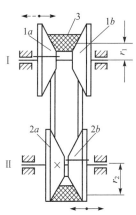

图 9-17　宽 V 带式无级变速传动

$1b$,$2a$—固定锥轮;$1a$,$2b$—可移动锥轮;3—宽 V 带

这种结构为平行轴传动,可以用作升速或降速传动;同时,主、从动轮位置可以互换,实现对称调速。传动具有传递恒定功率的特性,结构尺寸较大。

第四节　螺旋传动

一、螺旋传动的类型和应用

螺旋传动是利用螺杆(丝杠)和螺母组成的螺旋副来实现传动要求的。它主要用于将回转运动转变为直线运动,同时传递运动和动力。

按照用途不同,螺旋传动分为传力螺旋、传导螺旋和调整螺旋三种类型。传力螺旋以传递动力为主,要求以较小的转矩产生较大的轴向推力,用以克服工件阻力,如各种起重或加压装置的螺旋。这种传力螺旋主要是承受很大的轴向力,一般为间歇性工作,每次的工作时间较短,工作速度也不高,通常具有自锁能力。

传导螺旋以传递运动为主,有时也承受较大的轴向力,如机床进给机构的螺旋等。传导螺旋通常需要在较长的时间内连续工作,工作速度较高,要求具有较高的传动精度。

调整螺旋主要用于调整、固定零件的相对位置,如机床、仪器及测试装置中的微调机构螺旋。调整螺旋不经常转动,一般在空载下调整。

按照螺旋副摩擦性质的不同,螺旋传动又可分为滑动螺旋、滚动螺旋和静压螺旋,其传动原理及结构如图 9-18 所示。

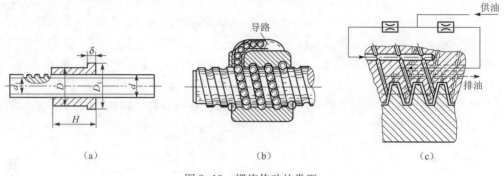

图 9-18　螺旋传动的类型

(a) 滑动螺旋；(b) 滚动螺旋；(c) 静压螺旋

如图 9-18(a) 所示的滑动螺旋传动应用较广，其特点是结构简单，制造方便，成本低；易于实现自锁；运转平稳。缺点在于当低速或进行运动微调时可能出现爬行现象；摩擦阻力大，传动效率低（一般为 30% ~ 60%）；螺纹间有侧向间隙，反向时有空行程；磨损较大。其广泛应用于机床的进给、分度、定位等机构，压力机、千斤顶的传力螺旋等。

如图 9-18(b) 所示的滚动螺旋也称滚珠丝杠，其特点是摩擦阻力小，传动效率高（90% 以上）；运转平稳，低速时不爬行，启动时无抖动；经调整和预紧可实现高精度定位；传动具有可逆性，如果运用于禁止逆转的场合，需要加设防逆转机构；使用寿命长。缺点为结构复杂，制造困难；抗冲击能力差。应用于精密和数控机床、测试机械、仪器的传动和调整螺旋，车辆、飞机上的传动和传力螺旋。

如图 9-18(c) 所示的静压螺旋传动具有摩擦阻力小，传动效率高（达 99%）；运转平稳，无爬行现象；传动具有可逆性，不需要时应加设防逆转机构；反向时无空行程，定位精度高，轴向刚度大；磨损小，寿命长等优点。其缺点为结构复杂，制造较难，供油系统要求高。应用于精密机床的进给、分度机构的传动螺旋。

二、滑动螺旋传动

滑动螺旋传动的螺纹副可采用矩形螺纹、梯形螺纹及锯齿形螺纹，如图 9-19 所示。其中，矩形螺纹的牙型角为 $\alpha = 0°$，传动效率高，但齿根强度较低，加工困难。梯形螺纹牙型角 $\alpha = 30°$，牙型半角 $\beta = 15°$，牙根强度高，对中性好，传动效率较高，是应用最广泛的一种传动螺纹。锯齿形螺纹两侧的牙型斜角分别为 $\beta = 3°$ 和 $\beta' = 30°$；3° 的侧面为工作面，30° 的侧面为非工作面，用来增加牙根的强度。这种螺纹传动效率高，用于单向受载的螺旋传动。

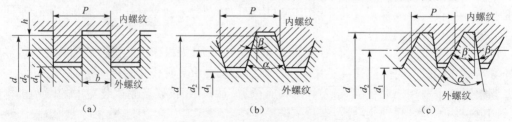

图 9-19　传动螺旋的螺纹结构

(a) 矩形螺纹；(b) 梯形螺纹；(c) 锯齿形螺纹

　　滑动螺旋工作时,螺杆与螺母主要承受转矩和轴向载荷(拉力或压力)的作用,同时在螺杆和螺母的旋合螺纹间有较大的相对滑动。滑动螺旋传动的主要失效形式是螺纹磨损。因此,滑动螺旋传动的主要参数(螺杆中径及螺母高度)是根据螺旋副的耐磨性计算而确定的。

　　滑动螺旋的结构包括螺杆、螺母的结构形式及其固定和支承结构形式。螺旋传动的工作刚度与精度等和支承结构有直接关系,当螺杆短而粗且垂直布置时,如起重及加压装置的传力螺旋,可以采用螺母本身作为支承的结构。当螺杆细长且水平布置时,如机床的传导螺旋(丝杠)等,应在螺杆两端或中间附加支承,以提高螺杆工作刚度。

　　螺母结构有整体螺母、组合螺母和剖分螺母等形式。整体螺母结构简单,但由磨损而产生的轴向间隙不能补偿,只适合在精度要求较低的螺旋中使用。对于经常双向传动的传导螺旋,为了消除轴向间隙并补偿旋合螺纹的磨损,通常采用组合螺母结构。如图 9-20 所示,利用调整螺钉 2 可使斜块 3 将其两侧的螺母挤紧,减小螺纹副的间隙,提高传动精度。

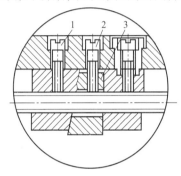

图 9-20　组合螺母
1—固定螺钉;2—调整螺母;3—调整楔块

　　传动用螺杆的螺纹一般采用右旋结构,只有在特殊情况下采用左旋螺纹。作为细长轴型结构,螺杆的长度 L 与中径 d_2 的比值 L/d_2(长径比)的取值范围为 20~60。

　　螺杆的材料要有足够的强度和耐磨性。螺母的材料除了要有足够的强度外,还要求在与螺杆材料相配合时摩擦系数小,且耐磨性较好。

三、滚动螺旋传动

　　滚动螺旋是将滑动螺旋传动中丝杠与螺母间的滑动摩擦改变为滚动摩擦的螺旋传动形式,明显地减小了传动摩擦,提高了传动效率。

　　滚动螺旋间的滚动体绝大多数为钢球,也有采用圆柱滚子、圆锥滚子或圆片滚子的。在 JB/T 3162.1—1991 中将滚动螺旋传动称为滚珠丝杠副,分为定位滚珠丝杠副(P 类)和传动滚珠丝杠副(T 类)。前者是通过旋转角度和导程控制轴向位移量的滚珠丝杠副,后者与旋转角度无关,而用于传递动力的滚珠丝杠副。

　　按照钢球循环的方式,滚动螺旋副分为外循环式和内循环式两种结构形式。图 9-21(a)所示为单螺母外循环滚动螺旋副的典型结构;图 9-21(b)所示为双螺母内循环垫片调整式滚动螺旋副的典型结构。

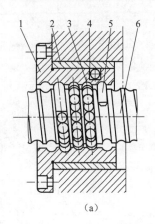 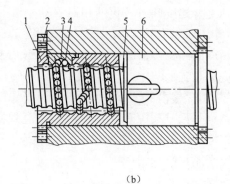

（a）　　　　　　　　　　　　　　　　　　　（b）

图 9-21　两种滚动螺旋副的典型结构

（a）单螺母外循环滚动螺旋副；

1—螺母；2—套；3—钢球；4—螺旋槽返回道；5—挡球器；6—螺杆

（b）双螺母内循环垫片调整式滚动螺旋

1、6—螺母；2—调整垫片；3—返回器；4—钢球；5—螺杆

习　　题

9-1　与带传动相比，链传动具有哪些优缺点？它主要适用于何种场合？

9-2　链节数通常应取什么数？为什么？

9-3　国家标准中对于链轮齿形是如何规定的？

9-4　阐明摩擦传动的工作原理和应用场合。

9-5　试说明摩擦传动中弹性滑动的现象、发生原因及其影响。

9-6　举例说明无级变速传动的种类、变速原理及其特点。

9-7　传力螺旋、传导螺旋和调整螺旋各自的工作特点及应用场合是什么？

9-8　滑动螺旋、滚动螺旋和静压螺旋各自的应用特点是什么？

第十章 轮　　系

本章将在一对齿轮传动的基础上,讨论各种齿轮传动组合而成的齿轮传动系统。

本章重点讨论定轴轮系、周转轮系、复合轮系的传动比计算,介绍轮系的功用,最后对其他行星传动进行简单介绍。

第一节　轮系的类型

由一对相啮合的齿轮构成的传动是齿轮传动中最简单的形式。但往往由于主动轴与从动轴之间的距离较远,或需要有较大的传动比等原因,在实际工程机械中,常常需要采用一系列彼此啮合的齿轮所构成的系统进行传动。这种由一系列齿轮组成的传动系统称为轮系,如图10-1所示。

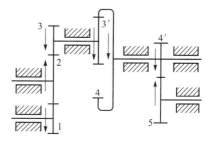

图 10-1　定轴轮系

轮系可由各种类型的圆柱齿轮、圆锥齿轮、蜗杆蜗轮等组成。根据轮系运转时各齿轮几何轴线在空间的相对位置关系是否变动,将轮系分为定轴轮系和周转轮系两种基本类型。周转轮系又可进一步细分为行星轮系和差动轮系。轮系中全部由平面齿轮机构构成的轮系称为平面轮系,包含空间齿轮机构的轮系称为空间轮系。

一、定轴轮系

轮系在运转过程中,如果每个齿轮的几何轴线位置相对于机架的位置均固定不动,则称该轮系为定轴轮系(图10-1)。图 10-1 中所标箭头方向为轮系中各轮转向。

二、周转轮系

轮系运转时,如果至少有一个齿轮的轴线位置相对于机架的位置是变动的,则称该轮系为周转轮系(图10-2)。在图 10-2 所示的轮系中,齿轮 2 一方面绕其自身轴线自转,另一方面又

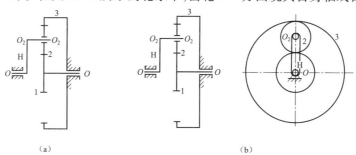

（a）　　　　　　　　　　（b）

图 10-2　周转轮系及其类型

（a）行星轮系；（b）差动轮系

随着构件 H 一起绕固定轴线公转，如同行星绕日运行一样，这种既自转又公转的齿轮被称为行星轮；带动行星轮 2 做公转的构件 H 则被称为系杆或行星架；齿轮 1 和 3 均与齿轮 2 啮合，它们的轴线相重合且相对机架的位置固定不变，称为中心轮（或太阳轮）。以上是组成周转轮系的基本构件。

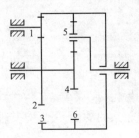

图 10-3　复合轮系

根据周转轮系所具有的自由度数目的不同，周转轮系可进一步分为行星轮系（图 10-2（a））和差动轮系（图 10-2（b））。自由度为 1 的周转轮系称为行星轮系；自由度为 2 的周转轮系称为差动轮系。

此外，在机械传动中，常将由定轴轮系和周转轮系或由两个以上的周转轮系构成的复杂轮系称为复合轮系或混合轮系（图 10-3）。

第二节　定轴轮系传动比的计算

轮系中首、末两轮的角速度（或转速）之比，称为轮系的传动比。由于角速度有方向性，因此轮系的传动比包括首、末两轮角速度比的大小计算和首、末两轮转向关系的确定。

一、传动比大小的计算

以图 10-1 所示的轮系为例，讨论其传动比大小的计算方法。已知各轮齿数，且齿轮 1 为主动轮（首轮），齿轮 5 为从动轮（末轮），则该轮系的总传动比为

$$i_{15} = \frac{\omega_1}{\omega_5}$$

由图 10-1 可见，从首轮到末轮之间的传动，是通过一对对齿轮依次啮合来实现的。轮系中各对啮合齿轮传动比的大小如下

$$i_{12} = \frac{\omega_1}{\omega_2} = \frac{z_2}{z_1}$$

$$i_{23} = \frac{\omega_2}{\omega_3} = \frac{z_3}{z_2}$$

$$i_{3'4} = \frac{\omega_{3'}}{\omega_4} = \frac{z_4}{z_{3'}}$$

$$i_{4'5} = \frac{\omega_{4'}}{\omega_5} = \frac{z_5}{z_{4'}}$$

由于齿轮 3 与 3′、4 与 4′各分别固定在同一根轴上，所以 $\omega_3 = \omega_{3'}$、$\omega_4 = \omega_{4'}$，将上述各式两边分别连乘，得

$$i_{12}\, i_{23}\, i_{3'4}\, i_{4'5} = \frac{\omega_1}{\omega_2} \frac{\omega_2}{\omega_3} \frac{\omega_{3'}}{\omega_4} \frac{\omega_{4'}}{\omega_5} = \frac{\omega_1}{\omega_5}$$

即

$$i_{15} = \frac{\omega_1}{\omega_5} = i_{12}\, i_{23}\, i_{3'4}\, i_{4'5} = \frac{z_2 z_3 z_4 z_5}{z_1 z_2 z_{3'} z_{4'}}$$

上式表明：定轴轮系的传动比为组成该轮系的各对啮合齿轮传动比的连乘积，其大小等于各对啮合齿轮中所有从动轮齿数的连乘积与所有主动轮齿数的连乘积之比，即

$$i_{1k} = \frac{\omega_1}{\omega_k} = \frac{n_1}{n_k} = \frac{z_2 \cdots z_k}{z_1 \cdots z_{k-1}} = \frac{\text{所有从动轮齿数的连乘积}}{\text{所有主动轮齿数的连乘积}} \qquad (10-1)$$

由图 10-1 中可以看出,齿轮 2 同时与齿轮 1 和齿轮 3 相啮合,它既作主动轮又作从动轮,其齿数 z_2 在公式中的分子分母上同时出现,可以约去。齿轮 2 的作用仅仅是改变齿轮 3 的转向,而它的齿数并不影响传动比的大小,我们称该齿轮为惰轮。

二、首、末轮转向关系的确定

在工程实际中,不仅需要确定传动比的大小,还需要根据主动轮的转向确定从动轮转向。一般应按各对啮合齿轮的传动类型,逐对判断其相对转向,并用箭头在图中标出(见图10-1)。下面将分几种情况来对多对齿轮啮合传动中首、末轮转向关系的确定加以讨论。

1. 轮系中各轮几何轴线均互相平行

当定轴轮系各轮几何轴线均互相平行时,首、末两轮的转向不是相同就是相反,因此在传动比数值前加上"+""-"号来表示首、末两轮的转向关系。由于一对内啮合圆柱齿轮的转向相同,而一对外啮合圆柱齿轮的转向相反,因此每经过一次外啮合就改变一次方向,若用 m 表示轮系中外啮合齿轮对数,则可用 $(-1)^m$ 来确定轮系传动比的"+""-"号,即

$$i_{1k} = \frac{\omega_1}{\omega_k} = (-1)^m \frac{z_2 \cdots z_k}{z_1 \cdots z_{k-1}} \qquad (10-2)$$

若计算结果为"+",表明首、末两轮的转向相同;反之,则转向相反。

2. 轮系中所有各齿轮的几何轴线不都平行,但首、末两轮的轴线互相平行

当轮系中首、末两轮的轴线互相平行时,传动比计算式前应加"+""-"号表示两轮转向关系,但不能用 $(-1)^m$ 确定其符号,只能用标注箭头法确定。如图 10-4 所示,在图上用箭头依传动顺序逐一标出各轮转向,因首、末两轮几何轴线平行,且方向相反,则传动比计算结果中加上"-"号。

3. 轮系中首、末两轮几何轴线不平行

当首、末两轮几何轴线不平行时,不能用"+""-"号来表示它们的转向关系,计算出的传动比只是绝对值大小,其相对转向只能由在运动简图上依次标出箭头的方法确定。

图 10-5 所示为一空间定轴轮系,当各轮齿数及首轮的转向已知时,可求出其传动比大小及标出各轮的转向,即

$$i_{18} = \frac{n_1}{n_8} = \frac{z_2 z_4 z_6 z_8}{z_1 z_3 z_5 z_7}$$

末轮即蜗轮,沿顺时针方向转动。

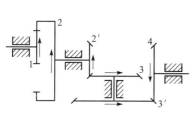

图 10-4　定轴轮系

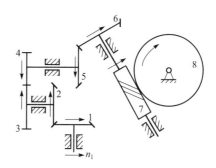

图 10-5　空间定轴轮系

例 10-1   在图 10-6 所示的轮系中,已知各轮齿数,齿轮 1 为主动轮,求传动比 i_{16}。

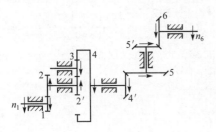

图 10-6   空间定轴轮系

解   根据公式(10-1)计算其传动比的大小为

$$i_{16} = \frac{n_1}{n_6} = \frac{z_2 z_4 z_5 z_6}{z_1 z_{2'} z_{4'} z_{5'}}$$

由于该空间定轴轮系中的首、末两轮的几何轴线平行,故传动比计算式前应加“+”“-”号表示两轮转向关系。从主动轮 1 起,依次在图中用箭头标出各轮转向,由此可知,齿轮 1 和 6 的转向相同,则

$$i_{16} = \frac{n_1}{n_6} = +\frac{z_2 z_4 z_5 z_6}{z_1 z_{2'} z_{4'} z_{5'}}$$

第三节   周转轮系传动比的计算

在周转轮系中,至少有一个轮的轴线相对于机架的位置是变动的,所以不能用计算定轴轮系传动比的方法来计算周转轮系的传动比。倘若将周转轮系中的系杆 H 固定,周转轮系便转化为定轴轮系,那么传动比的计算问题也就迎刃而解。

根据这一思路,我们来分析轮系中的相对运动。假设将运动的参照系移至系杆 H 上,站在系杆 H 上看轮系的运动,这时可认为相对于参照系来说系杆 H 没转(也就是说轮系中各轮相对于系杆 H 的运动已被转化为定轴转动)。

从这一相对运动法的设想出发,利用反转法便可将原周转轮系转化为假想的定轴轮系,这个假想的定轴轮系称为周转轮系的转化机构或转化轮系。

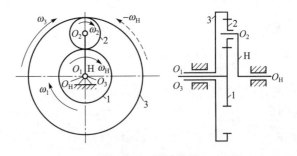

图 10-7   周转轮系

如图 10-7 所示,设 ω_1、ω_2、ω_3、ω_H 分别为中心轮 1、行星轮 2、中心轮 3 和系杆 H 的角速度(绝对角速度)。

现给整个周转轮系加上一个 $-\omega_H$ 的公共角速度,此时系杆 H 相对固定不动,原周转轮系就被转化为假想的定轴轮系。这时转化轮系中各构件的角速度(相对角速度)分别变为 ω_1^H、ω_2^H、ω_3^H、ω_H^H,它们与原周转轮系中各轮的角速度的关系见表 10-1。

表 10-1   周转轮系转化机构中各构件的角速度

构件代号	原周转轮系角速度	转化轮系中角速度
1	ω_1	$\omega_1^H = \omega_1 - \omega_H$
2	ω_2	$\omega_2^H = \omega_2 - \omega_H$
3	ω_3	$\omega_3^H = \omega_3 - \omega_H$
H	ω_H	$\omega_H^H = \omega_H - \omega_H = 0$

首先根据传动比的概念,得到已转化为定轴轮系的转化轮系传动比 i_{13}^{H} 为

$$i_{13}^{\mathrm{H}} = \frac{\omega_1^{\mathrm{H}}}{\omega_3^{\mathrm{H}}} = \frac{\omega_1 - \omega_{\mathrm{H}}}{\omega_3 - \omega_{\mathrm{H}}} = -\frac{z_2 z_3}{z_1 z_2} = -\frac{z_3}{z_1}$$

式中,"–"号表示在转化机构中 ω_1^{H} 和 ω_3^{H} 转向相反。

根据上述原理,很容易得出周转轮系转化机构传动比的一般式。对于周转轮系中任意两轴线平行的齿轮 1 和齿轮 k,它们在转化轮系中的传动比为

$$i_{1k}^{\mathrm{H}} = \frac{\omega_1^{\mathrm{H}}}{\omega_k^{\mathrm{H}}} = \frac{\omega_1 - \omega_{\mathrm{H}}}{\omega_k - \omega_{\mathrm{H}}} = \pm \frac{\text{从动轮齿数连乘积}}{\text{主动轮齿数连乘积}} \quad (10-3)$$

在各轮齿数已知的情况下,只要给定 ω_1、ω_k、ω_{H} 中任意两项,即可求得第三项,从而可求出原周转轮系中任意两构件之间的传动比。

利用公式计算时应注意:

(1) 公式只适用于齿轮 1、齿轮 k 和系杆 H 三构件的轴线平行或重合的情况,齿数比前的"+""–"号由转化轮系按定轴轮系方法确定。

(2) ω_1、ω_k、ω_{H} 均为代数值,代入公式计算时要带上相应的"+""–"号,当规定某一构件转向为"+"时,则转向与之相反的为"–"。计算出的未知转向应由计算结果中的"+""–"号判断。

(3) $i_{1k}^{\mathrm{H}} \neq i_{1k}$,因 $i_{1k}^{\mathrm{H}} = \omega_1^{\mathrm{H}}/\omega_k^{\mathrm{H}}$,其大小和转向按定轴轮系传动比的方法确定;而 $i_{1k} = \omega_1/\omega_k$,其大小和转向由计算结果确定。

例 10-2　在图10-8所示的双排外啮合行星轮系中,已知 $z_1 = 100$,$z_2 = 101$,$z_{2'} = 100$,$z_3 = 99$。求传动比 $i_{\mathrm{H}1}$。

解　由式(10-3)得

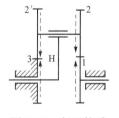

图 10-8　行星轮系

$$i_{13}^{\mathrm{H}} = \frac{\omega_1^{\mathrm{H}}}{\omega_3^{\mathrm{H}}} = \frac{\omega_1 - \omega_{\mathrm{H}}}{\omega_3 - \omega_{\mathrm{H}}} = + \frac{z_2 z_3}{z_1 z_{2'}} = + \frac{101 \times 99}{100 \times 100}$$

将 $\omega_3 = 0$ 代入上式得

$$i_{13}^{\mathrm{H}} = \frac{\omega_1 - \omega_{\mathrm{H}}}{0 - \omega_{\mathrm{H}}} = 1 - \frac{\omega_1}{\omega_{\mathrm{H}}} = 1 - i_{1\mathrm{H}} = + \frac{101 \times 99}{100 \times 100}$$

进一步

$$i_{1\mathrm{H}} = 1 - \frac{101 \times 99}{100 \times 100} = \frac{1}{10\ 000}$$

故

$$i_{\mathrm{H}1} = \frac{\omega_{\mathrm{H}}}{\omega_1} = \frac{1}{i_{1\mathrm{H}}} = + 10\ 000$$

$i_{\mathrm{H}1}$ 为"+",说明齿轮 1 与系杆 H 转向相同。

此例表明:周转轮系可用少数几对齿轮获得相当大的传动比,但必须说明,这类行星轮系传动,减速比越大,传动效率越低,当轮 1 主动时,可能产生自锁,一般不宜用来传递大功率,只用于轻载下的运动传递及作为微调机构。若将齿轮 2' 的齿数减去一个齿 ($z_{2'} = 99$),则 $i_{\mathrm{H}1} = -100$。

这说明同一结构类型的行星轮系,齿数仅作微小变动,结果,传动比变化很大,输出构件的转向也随之改变,这是行星轮系与定轴轮系的显著区别。

例 10-3　图10-9所示空间轮系中,已知 $z_1 = 35$,$z_2 = 48$,$z_{2'} = 55$,$z_3 = 70$,$n_1 = 250$ r/min,$n_3 = $

100 r/min,转向如图 10-9 所示。试求系杆 H 的转速 n_H 的大小和转向。

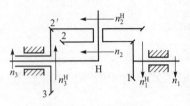

图 10-9　空间轮系

解　这是一个差动轮系,首先要计算其转化轮系的传动比,即

$$i_{13}^H = \frac{n_1^H}{n_3^H} = \frac{n_1 - n_H}{n_3 - n_H} = -\frac{z_2 z_3}{z_1 z_{2'}} = -\frac{48 \times 70}{35 \times 55} = -1.75$$

由上式导出

$$n_H = \frac{n_3 i_{13}^H - n_1}{i_{13}^H - 1} = -\frac{-1.75 n_3 - n_1}{-1.75 - 1} = \frac{1.75 n_3 + n_1}{2.75}$$

由于 n_1、n_3 转向相反,若令 n_1 为正值,则 n_3 应以负值代入,于是有

$$n_H = \frac{1.75 \times (-100) + 250}{2.75} = 27.27(\text{r/min})$$

计算结果为"+",说明 n_H 与 n_1 转向相同。

第四节　复合轮系传动比的计算

在计算复合轮系的传动比时,不能将其视为一个整体而用一个统一的公式进行计算,而应先将其划分为各种基本轮系,分别列出各基本轮系的传动比计算式,然后根据各基本轮系间的连接关系,将各计算式联立求解。轮系划分时,先由整个轮系的运动情况找出周转轮系的部分,周转轮系的特点是具有行星轮,为此先要找出在运转中轴线不固定的行星轮及支撑行星轮的系杆(注意,系杆可能是一个齿轮或具有其他功用的构件)。然后找出与行星轮相啮合且轴线固定的中心轮,这些行星轮、中心轮、系杆就构成一个简单的周转轮系。一个轮系中有几个系杆,就包含了几个简单的周转轮系,其余部分就是定轴轮系。

例 10-4　在图 10-10 所示轮系中,各轮齿数已知,$n_1 = 300$ r/min,试求系杆 H 的转速 n_H 的大小和转向。

解　该轮系中齿轮 3 的几何轴线是相对机架变动的,故齿轮 3 是行星轮。支撑齿轮 3 的构件 H 为系杆。齿轮 2'、4 与行星轮 3 啮合,是中心轮。因此,齿轮 2'、3、4 和系杆 H 组成周转轮系。其余齿轮 1、2 构成定轴轮系。

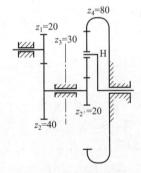

图 10-10　混合轮系

在周转轮系中

$$i_{2'4}^H = \frac{n_{2'} - n_H}{n_4 - n_H} = -\frac{z_4}{z_{2'}} = -\frac{80}{20} = -4 \qquad ①$$

在定轴轮系中

$$i_{12} = \frac{n_1}{n_2} = -\frac{z_2}{z_1} = -\frac{40}{20} = -2 \qquad ②$$

因 $n_2 = n_{2'}$,$n_4 = 0$,则由①、②两式联立求解得

$$n_H = -30 \text{ r/min}$$

式中,"-"号说明 n_H 与 n_1 转向相反。

例 10-5　图 10-11 所示为一电动卷扬机减速器的运动简图。已知各轮齿数为:$z_1 = 24$,$z_2 = 52$,$z_{2'} = 21$,$z_3 = 78$,$z_{3'} = 18$,$z_4 = 30$,$z_5 = 78$。试求传动比 i_{15}。

解 该轮系中,双联齿轮 2-2' 的几何轴线绕齿轮 5 的轴线转动,是行星轮;卷筒与内齿轮 5 连成一体,就是系杆 H。与行星轮相啮合的齿轮 1 和 3 是中心轮。因此,齿轮 1、2-2'、3 和系杆 H 组成一个差动轮系。其余齿轮 3'、4、5 构成定轴轮系。

在周转轮系中

$$i_{13}^H = i_{13}^5 = \frac{n_1 - n_5}{n_3 - n_5} = \frac{\dfrac{n_1}{n_5} - 1}{\dfrac{n_3}{n_5} - 1} = -\frac{z_2 z_3}{z_1 z_{2'}} = -\frac{52 \times 78}{24 \times 21} = -8.05 \qquad ①$$

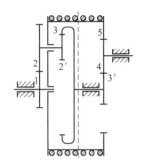

$$i_{3'5} = \frac{n_{3'}}{n_5} = -\frac{z_5}{z_{3'}} = -\frac{78}{18} \qquad ②$$

在定轴轮系中,由于 $n_3 = n_{3'}$,联立 ①、② 两式求解得

$$i_{13}^H = \frac{\dfrac{n_1}{n_5} - 1}{\dfrac{n_3}{n_5} - 1} = \frac{\dfrac{n_1}{n_5} - 1}{-\dfrac{78}{18} - 1} = -8.05$$

图 10-11 电动卷扬机减速器

即

$$i_{15} = \frac{n_1}{n_5} = +43.9$$

式中,"+"号说明 n_5 与 n_1 转向相同。

第五节 轮系的功能

轮系广泛应用于各种机械和仪表中,其主要功能有以下几个方面。

一、获得大的传动比

一般一对齿轮传动时 $i_{max} = 5 \sim 7$,当要求大的传动比时,可用多级齿轮组成的定轴轮系,也可采用行星轮系获得相当大的传动比。例如图 10-8 所示,当 $z_1 = 100$,$z_2 = 101$,$z_{2'} = 100$,$z_3 = 99$ 时,传动比 $i_{H1} = 10\ 000$。

二、实现变速、变向传动

主动轴转速和转向不变时,利用轮系可使从动轴获得不同的转速和转向。汽车、机床、起重设备等都需要这种变速传动。例如汽车变速箱可以使行驶的汽车方便地实现变速和变向倒车。如图 10-12 所示汽车变速箱,牙嵌离合器分为 A、B 两半,其中 A 和齿轮 1 固连在输入轴 I 上,B 和滑移双联齿轮(4-6)用花键与输出轴 II 相连。齿轮 2、3、5、7 固连在轴 III 上。齿轮 8 固连在轴 IV 上。按照不同的传动路线,该变速器可使输出轴得到四挡转速:

低速挡(一挡):齿轮 5、6 相啮合,齿轮 3、4 和离合器 A、B 均

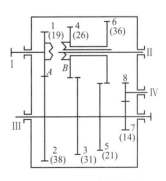

图 10-12 汽车变速箱

脱离;

中速挡(二挡):齿轮 3、4 相啮合,齿轮 5、6 和离合器 A、B 均脱离;

高速挡(三挡):齿轮 3、4 和 5、6 均脱离,离合器 A、B 相嵌合;

倒车挡:齿轮 6、8 相啮合,齿轮 3、4 和 5、6 以及离合器 A、B 均脱离。

此时,由于惰轮 8 的作用,输出轴Ⅱ反转。

差动轮系和复合轮系也可以实现变速、变向传动。龙门刨床工作台就是由两个差动轮系串联构成的变向机构。

三、实现运动的合成与分解

合成运动和分解运动可用差动轮系来实现。运动的合成是将两个输入运动合成为一个输出运动,而运动的分解则正相反。

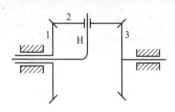

图 10-13　差动轮系

图 10-13 所示为一个用作合成运动的最简单的差动轮系,其传动比为

$$i_{13}^{H} = \frac{n_1^{H}}{n_3^{H}} = \frac{n_1 - n_H}{n_3 - n_H} = -\frac{z_3}{z_1} = -1$$

当 $z_1 = z_3$ 时,$2n_H = n_1 + n_3$。

此轮系用作加法机构,实现运动合成,广泛地应用在机床、计算机构和补偿装置中。

图 10-14 所示为装在汽车后桥上的差速器,可作为差动轮系分解运动的实例。当汽车转弯时,发动机的运动由变速箱通过传动轴传到齿轮 1,再带动齿轮 2 及固接在其上的系杆 H 转动,将运动传递给左右两车轮。

当汽车直线行驶时,前轮的转向机构通过地面的约束作用,使两后轮转速相同,即 $n_3 = n_5$。由差动轮系传动比的计算公式可导出

$$2n_H = n_3 + n_5 \qquad ①$$

由 $n_3 = n_5$,得 $n_H = n_3 = n_5 = n_2$。

这时齿轮 3、5 和系杆 H 与齿轮 2 如同一个固连的整体,一起转动。

当汽车向左转弯时,为使车轮做纯滚动以减少轮胎的磨损,要求右轮比左轮转得快一些。这时齿轮 3 和 5 之间便发生相对转动,齿轮 4 除随齿轮 2 绕后车轮轴线公转外,还进行自转,由齿轮 3、5、2 和 H 组成的差动轮系便发挥作用。当车身绕瞬时回转中心 P 转动时,左右两轮走过的弧长与它们至 P 点的距离成正比,即

$$\frac{n_3}{n_5} = \frac{(r - L)}{(r + L)} \qquad ②$$

由①、②两式解得此时汽车两后轮的转速分别为

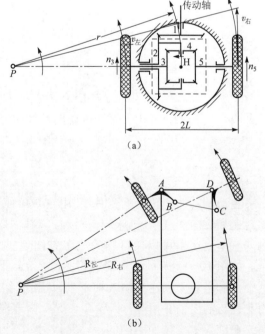

图 10-14　汽车后桥差速器

(a)差速器简图;(b)转向机构示意图

$$n_3 = \frac{r - L}{r} n_H , n_5 = \frac{r + L}{r} n_H$$

这说明:当汽车转弯时,可利用上述差速器自动将主轴的转动分解为两个后轮的不同转动。

差动轮系可分解运动的特性,广泛应用在汽车、飞机等动力传动中。

四、其他

利用轮系可以使一个主动构件同时带动若干个从动构件转动,实现分路传动。其可进行相距较远的两轴之间的传动,实现结构紧凑的大功率传动。

第六节 其他行星传动简介

一、渐开线少齿差行星传动

渐开线少齿差行星传动如图 10-15 所示,通常中心轮 1 固定,系杆 H 为输入轴,V 为输出轴。输出轴 V 与行星轮 2 通过等角速比机构 3 相连接,所以输出轴 V 的转速始终与行星轮 2 的绝对转速相同。在此传动中,由于中心轮 1 和行星轮 2 都是渐开线齿轮,齿数差很少,故称为渐开线少齿差行星传动。其转化轮系传动比为

$$i_{21}^H = \frac{n_2 - n_H}{n_1 - n_H} = + \frac{z_1}{z_2}$$

将 $n_1 = 0$ 代入上式得

$$1 - \frac{n_2}{n_H} = \frac{z_1}{z_2}$$

$$i_{2H} = \frac{n_2}{n_H} = 1 - \frac{z_1}{z_2} = - \frac{z_1 - z_2}{z_2}$$

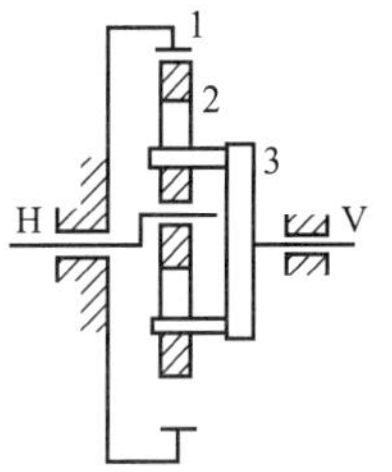

图 10-15 少齿差行星传动

故

$$i_{HV} = i_{H2} = - \frac{z_2}{z_1 - z_2}$$

由此可知,两轮齿数差越少,传动比越大。通常齿数差为 1~4。当齿数差 $z_1 - z_2 = 1$ 时,称为一齿差行星传动,此时传动比达最大值,即

$$i_{HV} = - z_2$$

少齿差行星传动运动的输出方式通常采用销孔输出机构作为等角速比机构,如图 10-16 所示。在行星轮 2 上沿半径为 ρ 的圆周开若干孔,孔半径为 r_w。在输出轴圆盘上,沿半径为 ρ 的圆周上制造相同数目的、均匀分布的圆柱销,销上再套以外半径为 r_p 的销套,并将其分别插入轮 2 的圆孔中,使行星轮和输出轴连接起来。设计时取行星轮轴线与输出轴轴线间的距离

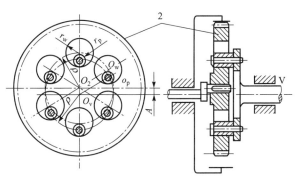

图 10-16 等角速比输出机构

$A = r_w - r_p$，这种传动保证输入轴与输出轴的轴线重合。

在四边形 $O_2 O_v O_p O_w$ 中，$O_2 O_v = A = O_p O_w$，$O_2 O_w = \rho = O_v O_p$，所以在任意位置，$O_2 O_v O_p O_w$ 总保持为一平行四边形，即等角速比机构的运动可以用平行四边形机构来代替。无论行星轮转到何处，$O_2 O_w$ 与 $O_v O_p$ 始终保持平行，保证输出轴 V 的转速始终与行星轮的绝对转速相同。

渐开线少齿差行星传动装置的特点是传动比大、结构简单紧凑、齿轮易加工、装配方便，常用在起重运输、仪表、轻化和食品工业。因齿数差过小可能引起干涉，故必须进行复杂的变位计算，承载能力较低。

二、摆线针轮行星传动

摆线针轮行星传动的原理和结构与渐开线少齿差行星传动基本相同，如图 10-17 所示，由系

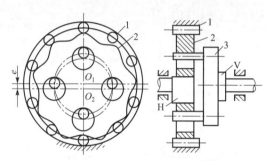

图 10-17　摆线针轮行星传动
1—针轮；2—摆线行星轮；3—输出机构

杆 H、行星轮 2（其齿廓曲线为变态外摆线，也称摆线轮）和一个内齿轮 1（针轮）组成，运动仍依靠等角速比的销孔输出机构传出。因为这种传动的齿数差总等于 1，所以传动比为

$$i_{HV} = i_{H2} = \frac{n_H}{n_2} = -\frac{z_2}{z_1 - z_2} = -z_2$$

这种传动与少齿差行星传动不同之处在于齿廓曲线不同。摆线针轮行星传动，传动比大、结构紧凑、效率高，由于同时承担载荷的齿数多，齿廓间为滚动摩擦，因此承载力大、传动平稳、轮

齿磨损小、使用寿命长。但它的加工工艺较复杂，精度要求高，故必须用专用机床和刀具来加工摆线齿轮。摆线针轮行星传动广泛应用于军工、矿山、冶金、化工及造船等工业的机械设备上。

三、谐波齿轮传动

图 10-18 所示谐波齿轮传动装置由波发生器 H、刚轮 1 和柔轮 2 组成。其中柔轮为一薄壁构件，外壁有齿，内壁孔径略小于波发生器的长度。在相当于系杆的波发生器 H 作用下，相当于行星轮的柔轮产生弹性变形而呈椭圆形状。其椭圆长轴两端的轮齿插进刚轮的齿槽中，而短轴两端的轮齿则与刚轮脱开，其他各处的轮齿则处于啮合和脱开的过渡阶段。

一般刚轮固定不动，当波发生器 H 回转时，柔轮与刚轮的啮合区跟着发生转动。由于在传动过程中柔轮产生的弹性波形近似于谐波，故称为谐波齿轮传动。

由于柔轮比刚轮少 $(z_1 - z_2)$ 个齿，所以 H 转一周，柔轮相对刚轮沿相反方向转过 $(z_1 - z_2)$ 个齿的角度，即反转 $\frac{z_1 - z_2}{z_2}$ 周，其传动比为

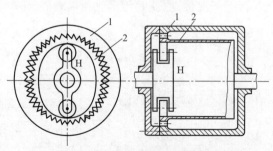

图 10-18　谐波齿轮传动
1—刚轮；2—柔轮；H—波发生器

$$i_{H2} = \frac{n_H}{n_2} = -\frac{1}{(z_1 - z_2)/z_2} = -\frac{z_2}{z_1 - z_2}$$

按照波发生器 H 上安装滚轮数不同,谐波传动分为双波传动(图 10-18)和三波传动(图 10-19)等,最常用的是双波传动。谐波齿轮传动的齿数差应等于波数或波数的整数倍。为了加工方便,谐波齿轮的齿形多采用渐开线齿廓。整体式谐波减速器结构见图 10-20,其中 1 为刚轮,2 为柔轮,H 为波发生器,H 的左端为输入轴,2 的右端为输出轴。

谐波传动装置不需要等角速比机构,因此结构简单;传动比大,体积小,质量轻,效率高;啮合齿数多,承载力大,传动平稳;它的齿侧间隙小,适用于反向传动。但柔轮周期性发生变形,容易发热,需用抗疲劳强度很高的材料,且对加工、热处理要求都很高,否则极易损坏。为了避免柔轮变形过大,在传动比小于 35 时不宜采用。

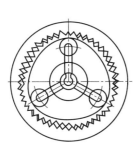

图 10-19 三波谐波传动

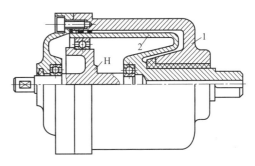

图 10-20 整体式谐波减速器
1—刚轮;2—柔轮;H—波发生器

谐波齿轮传动是在行星轮传动基础上发展起来的新型传动装置,目前已应用于造船、机器人、机床、仪表装置和军事装备等各个方面。

习 题

10-1 题10-1 图所示为具有空间齿轮机构的定轴轮系,已知 $z_1 = 15, z_2 = 25, z_{2'} = 15, z_3 = 30, z_{3'} = 15, z_4 = 30, z_{4'} = 2$(右旋)$, z_5 = 60, z_{5'} = 20(m = 4 \text{ mm})$,若 $n_1 = 500 \text{ r/min}$,求齿条6线速度 v 的大小和转向。

10-2 在题10-2 图所示轮系中,已知 $z_1 = 12, z_2 = 52, z_3 = 76, z_4 = 49, z_5 = 12, z_6 = 73$,试求 i_{1H}。

10-3 在题10-3 图所示行星减速机构中,已知 $z_1 = z_2 = 17, z_3 = 51$,当手柄转过 90° 时,转盘 H 转过多少度?

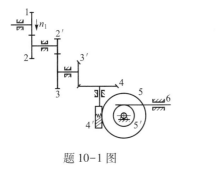

题 10-1 图

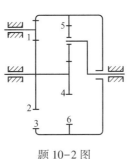

题 10-2 图

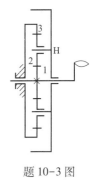

题 10-3 图

10-4 在题10-4 图所示轮系中，已知 $z_1 = 60, z_2 = 40, z_{2'} = z_3 = 20$，若 $n_1 = n_3 = 120$ r/min，且 n_1 与 n_3 转向相反，求 n_H 的大小、方向。

10-5 题10-5 图所示为一车床尾架进给机构，已知各轮齿数 $z_1 = z_2 = z_4 = 18, z_3 = 54$，当 $n_1 = 10$ r/min 时，分别求出题 10-5 图(a)、(b)中丝杠的转速。

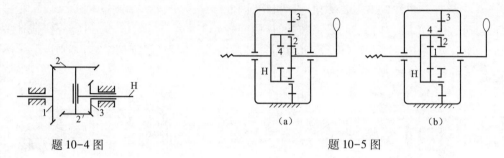

题 10-4 图   题 10-5 图

10-6 在题10-6 图所示轮系中，已知各轮齿数 $z_1 = 15, z_2 = 33, z_3 = 81, z_{2'} = 30, z_4 = 78$，求传动比 i_{14}。

10-7 在题10-7 图所示轮系中，若已知各轮齿数，试用齿数写出传动比 i_{16} 的表达式。

题 10-6 图   题 10-7 图

10-8 在题10-8 图所示轮系中，已知各轮齿数 $z_1 = 56, z_2 = 62, z_3 = 58, z_4 = 60, z_5 = 35, z_6 = 30$，若 $n_{\mathrm{III}} = 70$ r/min，$n_{\mathrm{II}} = 140$ r/min，两轴转向相同，试求轴 I 转速并判断其转向。

10-9 在题10-9 图所示轮系中，各轮齿数为 $z_1 = 36, z_2 = 60, z_3 = 23, z_4 = 49, z_{4'} = 69, z_5 = 31, z_6 = 131, z_7 = 91, z_8 = 36, z_9 = 167$，若 $n_1 = 3\ 549$ r/min，试求 n_H。

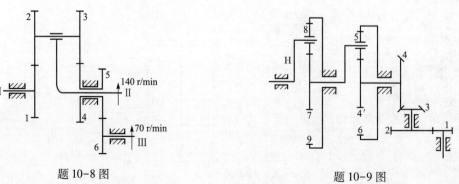

题 10-8 图   题 10-9 图

第十一章 连 接

机械构件通常是由若干零、部件按工作要求用各种不同的连接方式组合而成的。根据连接拆卸后连接件是否被破坏,可分为可拆连接和不可拆连接。如螺纹连接、键连接、花键连接、销连接等属于可拆连接;焊接和铆接等属于不可拆连接,而过盈配合连接可制成可拆连接或不可拆连接。

本章主要介绍机器中常用的连接方法、特点、适用场合以及相应的设计方法。

第一节 螺纹连接

利用带有螺纹的零件构成的可拆连接,称为螺纹连接。因其结构简单、拆装方便、连接可靠、互换性好,在机械制造中应用十分广泛。

一、螺纹及基本参数

常用的螺纹主要有普通螺纹、管螺纹、梯形螺纹、锯齿形螺纹和矩形螺纹。前两种主要用于连接,后三种主要用于传动。其中除矩形螺纹外,都已标准化。标准螺纹的基本尺寸可查阅有关标准。常用螺纹的类型、特点和应用见表11-1。

表 11-1 常用螺纹的特点和应用

螺纹类型		牙型图	特点和应用
三角螺纹	普通螺纹	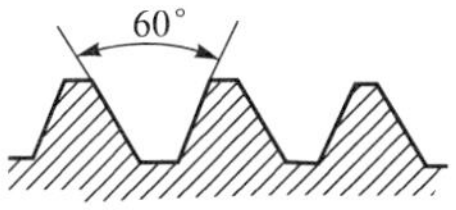	牙型角 $\alpha = 60°$,当量摩擦系数大,自锁性能好。同一公称直径,按螺距 P 的大小分为粗牙和细牙。粗牙螺纹用于一般连接,细牙螺纹常用于细小零件或薄壁管件的连接中
	圆柱管螺纹	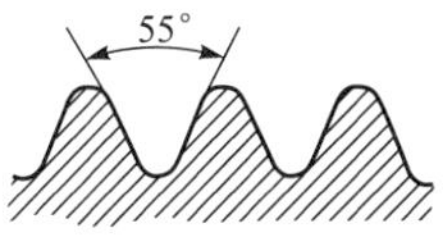	牙型角 $\alpha = 55°$,牙顶有较大圆角,内、外螺纹旋合后无径向间隙
梯形螺纹		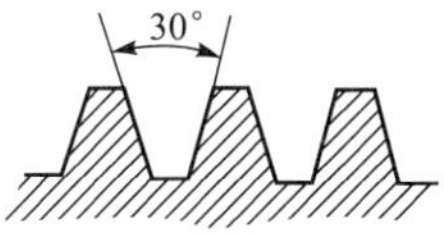	牙型为等腰梯形,牙型角 $\alpha = 30°$,与矩形螺纹相比,传动效率较低,但工艺性好,牙根强度高,对中性好,是应用较广的传动螺纹
锯齿形螺纹		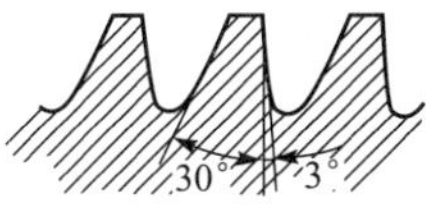	牙型为不等腰梯形,工作面的牙型斜角为3°,非工作面的牙型斜角为30°。传动效率较梯形螺纹高,牙根强度也高,但只能用于单向受力的传动螺旋机构,如螺旋压力机

续表

螺纹类型	牙 型 图	特点和应用
矩形螺纹		牙型斜角为 0°，传动效率高，但牙根强度差。矩形螺纹尚未标准化，很少采用，目前已逐渐被梯形螺纹代替

螺纹的主要几何参数（图 11-1）有：

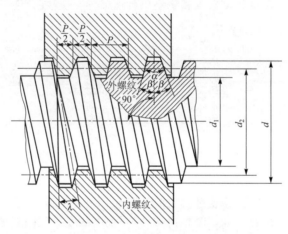

图 11-1　螺纹的基本参数

（1）基本大径 $d(D)$：与外螺纹牙顶或内螺纹牙底相重合的假想圆柱面直径，在标准中定为公称直径。

（2）基本小径 $d_1(D_1)$：与外螺纹牙底或内螺纹牙顶相重合的假想圆柱面直径。

（3）基本中径 $d_2(D_2)$：假想圆柱的直径，该圆柱母线上牙型的沟槽和凸起宽度相等。

（4）线数 n：螺纹的螺旋线数目。连接用螺纹要求有自锁性，故多用单线螺纹。

（5）螺距 P：螺纹相邻两牙在中径上对应两点间的轴向距离。

（6）导程 S：螺纹上任一点沿同一条螺旋线转一周所移动的轴向距离，$S=nP$。

（7）升角 λ：在中径圆柱面上，螺旋线的切线与垂直于螺纹轴线的平面间的夹角，$\tan\lambda=\dfrac{np}{\pi d_2}$。

（8）牙型角 α：螺纹轴向截面内，螺纹牙型两侧边的夹角。

（9）牙型斜角 β：轴向剖面内，螺纹牙型的侧边与螺纹轴线的垂线间的夹角。对三角形、梯形等对称牙型，$\beta=\alpha/2$。

二、螺纹连接的类型和螺纹紧固件

1. 螺纹连接类型

螺纹紧固件连接的主要类型有：螺栓连接、双头螺柱连接、螺钉连接和紧定螺钉连接，其用途和特点见表 11-2。

表 11-2 螺纹紧固件连接的主要类型

类 型		结 构	尺 寸	特点及应用
螺栓连接	普通螺栓连接	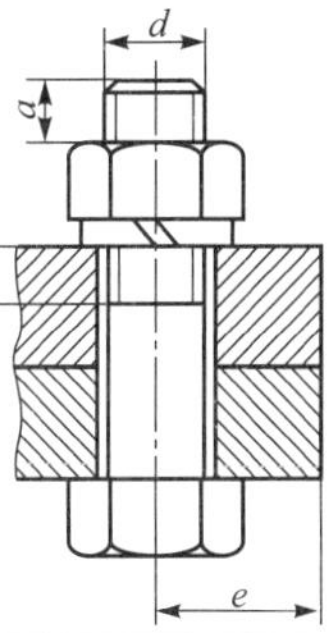	螺纹余留长度 l_1 　普通螺栓连接 　　静载荷 $l_1 \geqslant (0.3\sim0.5)d$ 　　变载荷 $l_1 \geqslant 0.75d$ 　　冲击载荷或弯曲载荷 $l_1 \geqslant d$ 　　铰制孔用螺栓连接 $l_1 \approx d$ 螺纹伸出长度　$a=(0.2\sim0.3)d$ 螺栓轴线到被连接件边缘的距离 $e=d+(3\sim6)$ mm	在被连接件上开有通孔，插入螺栓后在螺栓的另一端拧上螺母。这种连接结构简单，装拆方便，使用时不受被连接件材料的限制，因此应用极广。 　普通螺栓连接中被连接件上的通孔和螺栓杆间留有间隙，通孔的加工精度要求低；铰制孔用螺栓连接中孔和螺栓杆多采用基孔制过渡配合（H7/m6、H7/n6），这种连接能精确固定被连接件的相对位置，并能承受横向载荷，但孔的加工精度要求较高
	铰制孔用螺栓连接			
螺钉连接			拧入深度 H，当带螺纹孔件材料为： 　钢或青铜 $H=d$ 　铸铁 $H=(1.25\sim1.5)d$ 　铝合金 $H=(1.5\sim2.5)d$ 螺纹孔深度 $H_1=H+(2\sim2.5)P$ 钻孔深度 $H_2=H_1+(0.5\sim1)d$ a、e、l_1 同螺栓连接	螺钉直接拧入被连接件的螺纹孔中，不用螺母，在结构上比双头螺柱连接简单、紧凑。其用途和双头螺柱连接相似，用于受力不大，或不需要经常拆装的场合
双头螺柱连接				这种连接适用结构上不能采用螺栓连接的场合，例如被连接件之一太厚不宜制成通孔，且需要经常拆装时，往往采用双头螺柱连接

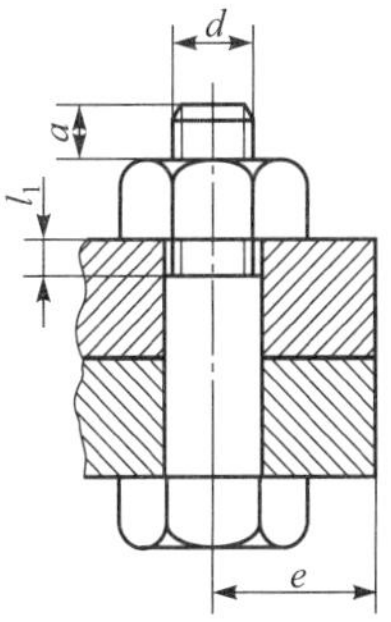

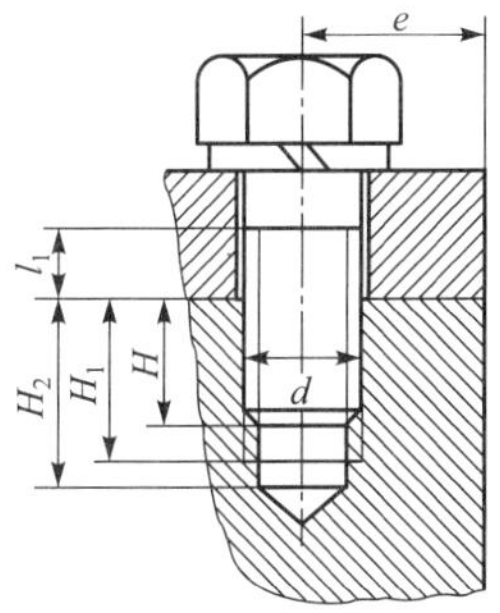

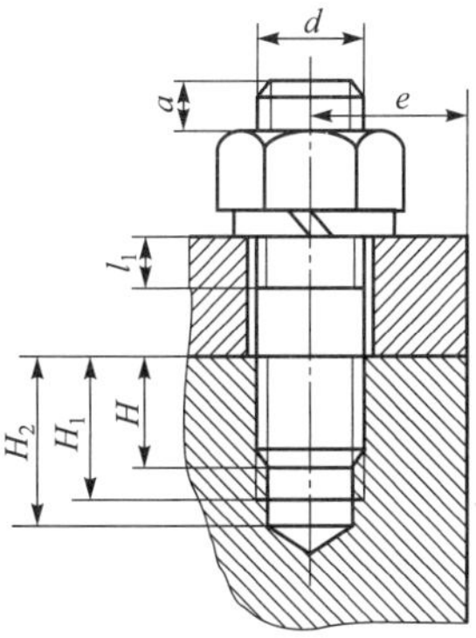

类 型	结 构	尺 寸	特点及应用
紧定螺钉连接	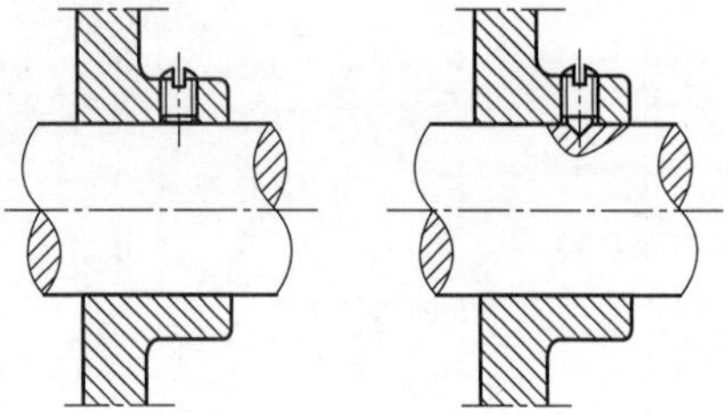		利用拧入零件螺纹孔中的螺钉末端顶住另一零件的表面或顶入相应的凹坑中，以固定两个零件的相对位置，并可传递不大的力或转矩

2. 常用螺纹紧固件

机械制造中常用的螺纹紧固件有螺栓、双头螺柱、螺钉、螺母和垫片等，这些零件都是标准件，设计时可根据有关标准选用。它们的结构、特点及应用见表 11-3。

表 11-3 常用螺纹紧固件

类 型	图 例	结构特点和应用
六角头螺栓	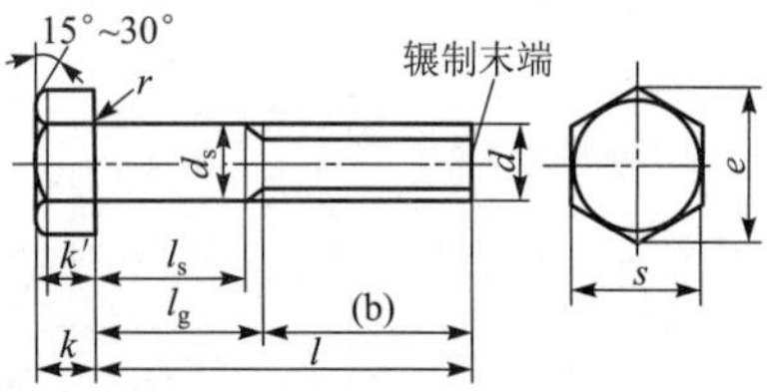	种类很多，应用最广，精度分为 A、B、C 三级，通用机械制造中多用 C 级。螺栓杆部可制出一段螺纹或全螺纹，螺纹可用粗牙或细牙
双头螺柱	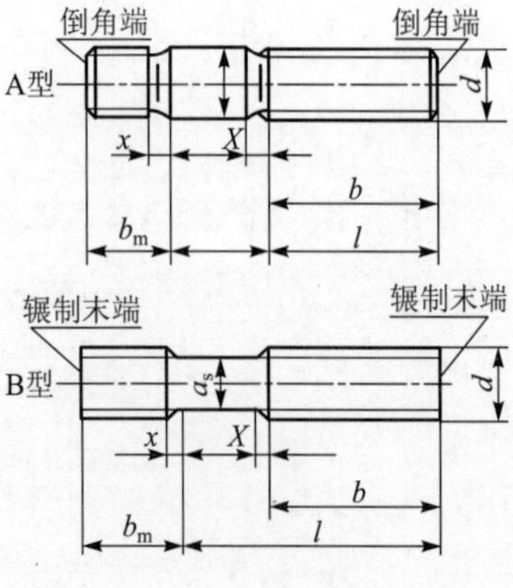	螺柱两端都制有螺纹，两端螺纹可相同或不同，螺柱可带退刀槽或制成腰杆，也可制成全螺纹的螺柱。螺柱的一端常用于旋入铸铁或有色金属的螺纹孔中，旋入后即不拆卸，另一端则用于安装螺母以固定其他零件

类 型	图 例	结构特点和应用
螺钉	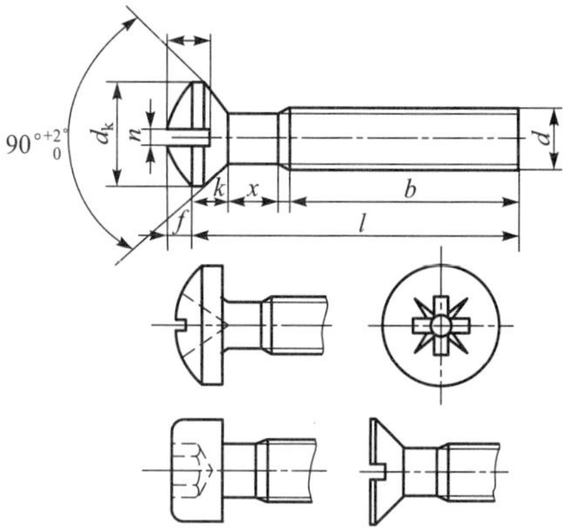	螺钉头部形状有圆柱头、方头、沉头、半沉头、盘头等。头部起子槽有一字槽、十字槽和内六角孔等形式。十字槽螺钉头部强度高、对中性好,便于自动装配。内六角孔螺钉能承受较大的扳手力矩,连接强度高,可代替六角头螺栓,用于要求结构紧凑的场合
紧定螺钉	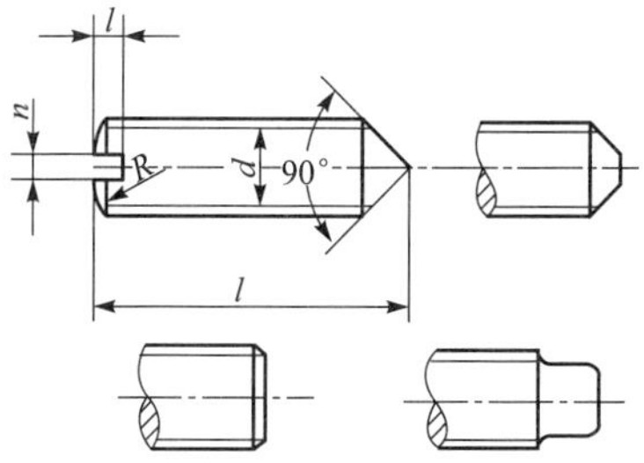	紧定螺钉的末端形状,常用的有锥端、平端和圆柱端。锥端适用于被紧定零件的表面硬度较低或不经常拆卸的场合;平端接触面积大,不伤零件表面,常用于顶紧硬度较大的平面或经常拆卸的场合;圆柱端压入轴上的凹坑中,适用于紧定空心轴上的零件位置
六角螺母	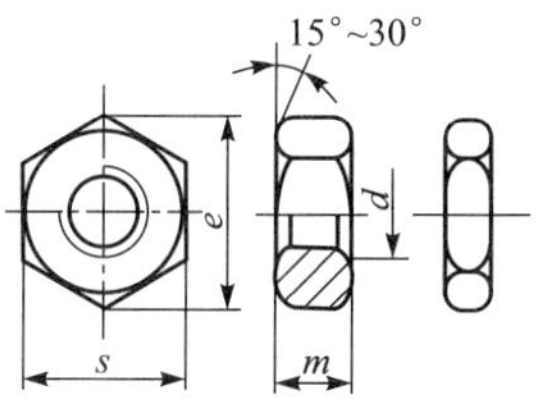	根据螺母厚度不同,分为标准的和薄的两种。薄螺母常用于受剪力的螺栓上或空间尺寸受限制的场合。螺母的制造精度和螺栓相同,分为 A、B、C 三级,分别与相同级别的螺栓配用
圆螺母	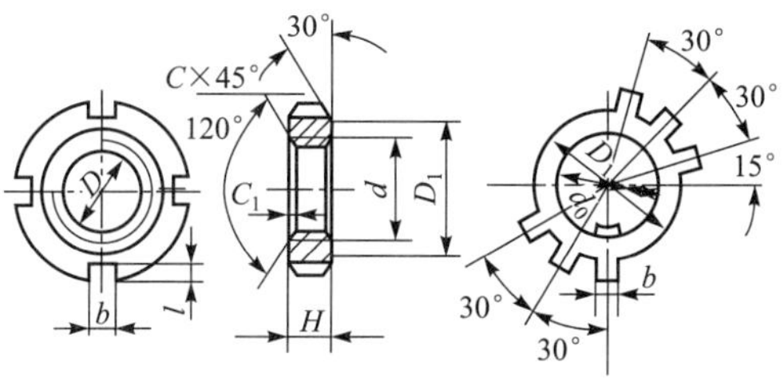	圆螺母常与止动垫圈配用,装配时将垫圈内舌插入轴上的槽内,而将垫圈的外舌嵌入圆螺母的槽内,螺母即被锁紧。常作为滚动轴承的轴向固定用

类　型	图　例	结构特点和应用
垫圈	平垫圈　斜垫圈	垫圈是螺纹连接中不可缺少的附件，常放置在螺母和被连接件之间，起保护支撑表面等作用。平垫圈按加工精度不同，分为 A 级和 C 级两种。用于同一螺纹直径的垫圈又分为特大、大、普通和小四种规格，特大垫圈主要在铁木结构上使用。斜垫圈只用于倾斜的支撑面上

根据 GB/T 3103.1—2002 的规定，螺纹紧固件分为三个精度等级，其代号为 A、B、C 级。A 级精度的公差小，精度最高，用于要求配合精确、防止振动等重要零件的连接；B 级精度多用于承受较大载荷且经常拆卸、调整或承受变载荷的连接；C 级精度多用于精度一般的螺纹连接。常用的标准螺纹紧固件（螺栓、螺钉），通常选用 C 级精度。

3. 螺纹紧固件常用材料和机械性能等级

国家标准规定螺纹紧固件按材料的机械性能分级。螺栓、螺钉、双头螺柱及螺母机械性能等级见表 11-4。螺栓、螺柱、螺钉的机械性能等级分为 9 级，自 4.6 至 12.9；螺母的性能等级分为七级，从 4 到 12。性能等级的标记代号含义为小数点前的数字代表材料的抗拉强度 σ_B 的 1/100，小数点后的数字代表材料的屈服强度（σ_S 或 $\sigma_{0.2}$）与抗拉强度（σ_B）之比值的 10 倍，即 $10\dfrac{\sigma_S}{\sigma_B}$。例如螺栓性能等级 4.6，其中 4 表示材料的抗拉强度为 400 MPa，6 表示屈服强度与抗拉强度之比为 0.6。

表 11-4　螺栓、螺钉、双头螺柱及螺母的机械性能等级及材料

（摘自 GB/T 3098.1—2010 和 GB/T 3098.2—2000）

		性能等级	4.6	4.8	5.6	5.8	6.8	8.8 ≤M16	8.8 >M16	9.8 ≤M16	10.9	12.9
螺栓、螺钉、双头螺柱	抗拉强度 σ_B/MPa	公称值	400		500		600	800		900	1 000	1 200
		最小值	400	420	500	520	600	800	830	900	1 040	1 220
	屈服强度 σ_S/MPa	公称值	240	320	300	400	480	640	640	720	900	1 080
		最小值	240	340	300	420	480	640	660	720	940	1 100
	硬度 HBS_{min}		114	124	147	152	181	45	250	286	316	380
	推荐材料		15 Q235	16 Q215	25 35	15 Q235	45	35	35	35 45	40Gr 15MnVB	30GrMnTi 15MnVB

续表

相配合螺母	性能等级	4 或 5	5	6	8 或 9	9	10	12
	推荐材料	10 Q215			35		40Gr 15MnVB	30GrMnTi 15MnVB

螺纹紧固件常用材料一般为中低碳钢,如 Q215、Q235、10、15、35 和 45 钢等。在承受变载荷或有冲击、振动的重要连接中可用合金钢,如 40Gr、15MnVB 和 30CrMnSi 等。螺母材料一般比配合螺栓的硬度低 20~40HBS,以减轻螺栓磨损。随着生产技术的不断发展,高强度螺栓的应用日益增多。当有防腐蚀或导电要求时,螺纹紧固件可用铜及其合金或其他有色金属。近年来还发展了塑料螺栓、螺母。螺纹紧固件常用材料的疲劳性能见表 11-5。

表 11-5　螺纹紧固件常用材料疲劳极限

钢　号	10	Q235	35	45	40Cr
弯曲疲劳极限 σ_{-1}/MPa	160~220	170~220	220~300	250~340	320~440
拉压疲劳极限 σ_{-1p}/MPa	120~150	120~160	170~220	190~250	240~340

三、螺纹连接的预紧和防松

1. 螺纹连接的预紧

在实用中,绝大多数螺纹连接在装配时都必须拧紧,因此,连接在承受工作载荷之前,预先受到力的作用,这个预加作用力 F' 称为预紧力。这种有预紧力的螺纹连接称为紧连接。预紧的目的在于增强连接的可靠性和紧密性,以防止受载后被连接件间出现缝隙或发生相对滑移。经验证明:适当选用较大的预紧力对螺纹连接的可靠性以及连接件的疲劳强度都是有利的,特别对于像气缸盖、管路凸缘、齿轮箱、轴承盖等紧密性要求较高的螺纹连接,预紧更为重要。但过大的预紧力也会导致整个连接的结构尺寸增大、螺栓被拉断。因此,绝大多数重要的紧连接,在装配时要严格控制预紧力的大小。

通常通过控制拧紧力矩等方法来控制预紧力的大小。图 11-2、图11-3 所示分别为控制拧紧力矩的测力矩扳手和定力矩扳手。测力矩扳手的工作原理是根据扳手上的弹性元件 1,在拧紧力的作用下所产生的弹性变形来指示拧紧力矩的大小。为方便计量,可将指示刻度 2 直接以力矩值标出。定力矩扳手的工作原理是当拧紧力矩超过规定值时,弹簧 3 被压缩,扳手卡盘 1 与圆柱销 2 之间打滑,如果继续转动手柄,卡盘将不再转动。

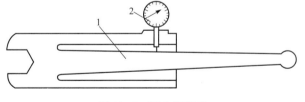

图 11-2　测力矩扳手
1—弹性元件;2—指示刻度

对于常用 M10~M68 粗牙普通钢制螺纹,拧紧力矩

$$T \approx 0.2F'd$$

对于一定公称直径 d 的螺栓,当所要求的预紧力 F' 已知时,即可按上式确定扳手的拧紧力矩 T。一般标准扳手的长度 $L \approx 15d$,若拧紧力为 F,则 $T = FL$,$F' \approx 75F$。假定 $F = 200$ N,则

$F' = 15\ 000$ N。如果用这个预紧力拧紧 M12 以下的钢制螺栓,就很可能过载拧断。因此,对于重要的连接,应尽可能不采用直径过小(例如小于 M12)的螺栓。必须使用时,应严格控制其拧紧力矩。

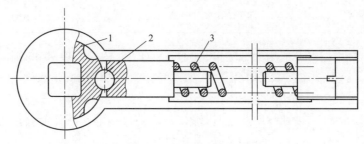

图 11-3　定力矩扳手

1—扳手卡盘;2—圆柱销;3—弹簧

2. 螺纹连接的防松

连接螺纹都能满足自锁条件,在静载荷和工作温度变化不大时,一般不会自动松脱。但在振动或变载荷的作用下,螺旋副间的摩擦力可能减小或瞬时消失,使连接松脱。连接一旦出现松脱,轻者会影响机器的正常运转,重者会造成严重事故。因此,为了防止连接松脱,保证连接安全可靠,设计时必须采取有效的防松措施。

防松的方法,按其工作原理可分为摩擦防松、机械防松以及铆冲防松等。常用的防松方法见表 11-6。

表 11-6　螺纹连接常用防松方法

防松方法	结构型式	特点和应用
对顶螺母		两螺母对顶拧紧后,使旋合螺纹间始终受到附加的压力和摩擦力的作用。结构简单,适用于平稳、低速和重载的固定装置上的连接
弹簧垫圈		螺母拧紧后,靠垫圈压平而产生的弹性反力使旋合螺纹间压紧。同时垫圈斜口的尖端抵住螺母与被连接件的支撑面起到防松作用。结构简单、应用广泛
开口销		六角开槽螺母拧紧后,将开口销穿入螺栓尾部小孔和螺母的槽内,并将开口销尾部掰开与螺母侧面贴紧。适用于较大冲击、振动的高速机械中运动部件的连接

防松方法	结构型式	特点和应用
止动垫圈		螺母拧紧后,将单耳或双耳止动垫圈分别向螺母和被连接件的侧面折弯贴紧,即可将螺母锁住。结构简单,使用方便,防松可靠

四、单个螺栓的强度计算

对单个螺栓而言,螺栓受载形式不外乎轴向受拉和横向受剪两类,受力的性质分静载荷和变载荷两种。

受拉螺栓的失效形式主要是螺栓杆部的损坏:在轴向静载荷的作用下,螺栓的失效多为螺纹部分的塑性变形和断裂;在轴向变载荷的作用下,螺栓的失效多为螺栓的疲劳断裂,毁坏的地方都是截面有剧烈变化因而有应力集中之处。根据统计分析,在静载荷下螺栓连接是很少发生破坏的,只有在严重过载的情况下才会发生。就破坏性质而言,约有90%的螺栓属于疲劳破坏。统计资料表明,变载荷受拉螺栓(图11-4)在从螺母支撑面算起第一圈或第二圈螺纹处毁坏的约占65%,在光杆与螺纹部分交界处毁坏的约占20%,在螺栓头与杆交界处毁坏的约占15%。如果螺纹精度较低或经常装拆,还可能经常发生滑扣失效。

受剪螺栓连接(如受横向载荷的铰制孔用螺栓连接)的主要失效形式为:螺栓杆和孔壁相接触的表面被压溃。

综上所述,对于受拉螺栓,其设计准则是保证螺栓的静力或疲劳拉伸强度;对于受剪螺栓,其设计准则是保证连接的挤压强度和螺栓

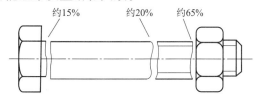

约15%　约20%　约65%

图11-4 变载荷受拉螺栓损坏统计

的剪切强度,其中连接的挤压强度对连接的可靠性起决定性作用。

螺栓连接的强度计算,首先应根据连接的类型、连接的装配情况(预紧或不预紧)、载荷状态等条件,确定螺栓的受力;然后按相应的强度条件计算螺栓危险截面的直径(螺纹小径)或校核其强度。螺栓的其他部分(螺纹牙、螺栓头、光杆)和螺母、垫圈的结构尺寸,是根据等强度条件及使用经验规定的,通常都不需要进行强度计算,可按螺栓螺纹的公称直径在标准中选定。

螺栓连接的强度计算方法同样也适用于双头螺柱连接和螺钉连接。

1. 受拉螺栓连接的强度计算

1)松连接螺栓强度计算

松连接螺栓装配时,螺母不需要拧紧,在承受工作载荷之前,螺栓不受力。这种连接应用范围有限,图11-5所示为起重吊钩的螺栓连接。

一般机械用的松螺栓连接,其螺纹部分的强度条件为

$$\sigma = \frac{F}{\frac{\pi}{4}d_1^2} \leqslant [\sigma] \tag{11-1}$$

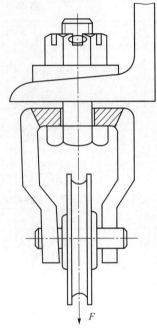

图 11-5　起重吊钩的
松螺栓连接

式中,F 为螺栓承受的工作拉力(N);d_1 为螺纹小径(mm);$[\sigma]$ 为松螺栓连接的许用拉应力(MPa),一般取 $[\sigma]=\sigma_{\mathrm{s}}/S$,安全系数 $S=1.2\sim1.7$。

松连接螺栓小径 d_1 的设计公式为

$$d_1 \geqslant \sqrt{\dfrac{4F}{\pi[\sigma]}} \tag{11-2}$$

由 d_1 查手册确定螺纹公称直径 d。

2) 紧螺栓连接强度计算

紧连接螺栓在安装时必须将螺母拧紧,所以螺纹部分不仅受预紧力 F' 所产生的拉伸应力的作用,还受螺纹副摩擦力矩 T_1 产生的扭转切应力作用。螺栓危险截面的拉伸应力

$$\sigma = \dfrac{F'}{\dfrac{\pi}{4}d_1^2}$$

螺栓危险截面的扭转切应力

$$\tau = \dfrac{T_1}{W} = \dfrac{F'\tan(\lambda+\rho_{\mathrm{v}})\dfrac{d_2}{2}}{\dfrac{\pi}{16}d_1^3}$$

$$= \tan(\lambda+\rho_{\mathrm{v}}) \cdot \dfrac{2d_2}{d_1} \cdot \dfrac{F'}{\dfrac{\pi}{4}d_1^2}$$

对于常用的 M10~M64 钢制普通螺纹,将 $\tan\rho_{\mathrm{v}} \approx 0.17$,$\dfrac{d_2}{d_1} \approx 1.04\sim1.08$,$\tan\lambda = 0.05$ 代入得

$$\tau \approx 0.5\sigma$$

由于螺栓材料是塑性的,故可根据第四强度理论来确定螺纹部分的计算应力

$$\sigma_{\mathrm{ca}} = \sqrt{\sigma^2 + 3\tau^2} = \sqrt{\sigma^2 + 3(0.5\sigma)^2} = 1.3\sigma \tag{11-3}$$

由此可见,对于 M10~M64 普通螺纹的钢制紧螺栓连接,在拧紧时虽然受拉伸和扭转的联合作用,但计算时仍可按纯拉伸计算紧螺栓的强度,仅将所受的拉力(预紧力)增大 30%,以考虑扭转的影响。

(1) 仅承受预紧力的紧连接螺栓的强度计算。图 11-6 所示的普通螺栓连接承受横向工作载荷时,由于预紧力的作用,将在接合面间产生摩擦力来抵抗工作载荷,这时螺栓仅承受预紧力的作用,且预紧力不受工作载荷的影响。预紧力 F' 的大小,根据接合面不产生滑移的条件确定。螺栓危险截面的强度条件为

$$\sigma_{\mathrm{ca}} = 1.3\sigma = \dfrac{1.3F'}{\dfrac{\pi}{4}d_1^2} \leqslant [\sigma] \tag{11-4}$$

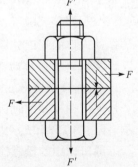

图 11-6　承受横向载荷的
普通螺栓连接

式中,F' 为预紧力(N);d_1 为螺纹小径(mm);$[\sigma]$ 为螺栓材料的许

用应力(MPa),见表11-7。设计公式为

$$d_1 \geqslant \sqrt{\frac{5.2F'}{\pi[\sigma]}}$$ (11-5)

这种靠摩擦力承受横向工作载荷的紧螺栓连接,具有结构简单和装配方便等优点。但一般来讲螺栓与连接的尺寸较大,且可靠性较差。为避免上述缺点,必要时可采用图11-7所示的各种减载装置。此外,还可采用铰制孔用螺栓连接来承受横向载荷,以减少螺栓连接的预紧力及其结构尺寸。

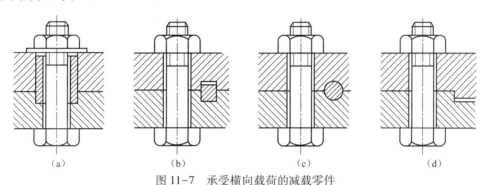

图 11-7 承受横向载荷的减载零件
(a)套筒减载;(b)键减载;(c)销钉减载;(d)止口减载

表 11-7 受轴向载荷的紧螺栓连接的许用应力

载荷性质	许用应力	不控制预紧力时的安全系数 S			控制预紧力时的安全系数 S
		直径 材料			不分直径
		M6~M16	M16~M30	M30~M60	
静载	$[\sigma] = \dfrac{\sigma_\mathrm{s}}{S}$	碳钢 4~3	3~2	2~1.3	1.2~1.5
		合金钢 5~4	4~2.5	2.5	
变载	按最大应力 $[\sigma_t] = \dfrac{\sigma_\mathrm{s}}{S}$	碳钢 10~6.5	6.5		1.2~1.5
		合金钢 7.5~5	5		
	按循环应力幅 $[\sigma_a] = \dfrac{\varepsilon\sigma_{-1p}}{S_a \cdot K_\sigma}$	$S_a = 2.5 \sim 2$			$S_a = 1.5 \sim 2.5$

注:(1) σ_{-1p} 为材料拉压疲劳极限(见表11-5)。
　　(2) ε 为尺寸系数(见表11-8)。
　　(3) K_σ 为有效应力集中系数(见表11-9)。

表 11-8 尺寸系数

d	≤12	16	20	24	32	40	48	56	64	72	80
ε	1	0.88	0.81	0.75	0.67	0.65	0.59	0.56	0.53	0.51	0.49

表 11-9　螺纹的有效应力集中系数

抗拉强度 σ_B/MPa	400	600	800	1000
K_σ	3	3.9	4.8	5.2
注:碾压螺纹的 K_σ 应降低 20% ~ 30%。				

（2）承受预紧力 F' 和工作拉力 F 的紧连接螺栓强度计算。这在紧螺栓连接中是比较常见且非常重要的一种受力形式。这种紧螺栓连接承受轴向拉伸工作载荷后，由于螺栓和被连接件的弹性变形，螺栓所受的总拉力并不等于预紧力和工作拉力之和。这时螺栓的总拉力 F_0 除和预紧力 F'、工作拉力 F 有关外，还与螺栓刚度 C_L 及被连接件刚度 C_F 等因素有关。

图 11-8 给出了单个螺栓连接在承受轴向拉伸载荷前后的受力及变形情况。图 11-8（a）所示为螺母刚好拧到和被连接件相接触，但尚未拧紧的情况。此时，螺栓和被连接件都不受力，因而也不产生变形。

图 11-8（b）所示为螺母已拧紧，但尚未承受工作载荷。此时，螺栓受预紧力 F'，产生的拉伸变形为 δ_L；被连接件接触面间压力为 F'，被连接件产生的压缩变形为 δ_F。

图 11-8（c）所示为拧紧后的螺栓又承受轴向工作载荷 F 时的情况。若螺栓和被连接件的材料在弹性变形范围内，则两者的受力与变形的关系符合虎克定律，当螺栓承受工作载荷 F 后，因所受的拉力由 F' 增至 F_0 而继续伸长，其变形量增加 $\Delta\delta_L$，总伸长量为 $\delta_L+\Delta\delta_L$，相应的拉力就是螺栓的总拉力 F_0。与此同时，原来被压缩的被连接件，因螺栓伸长而被放松，其压缩量减小了 $\Delta\delta_F$。根据连接的变形协调条件，被连接件压缩变形的减小量 $\Delta\delta_F$ 应等于螺栓拉伸变形的增加量 $\Delta\delta_L$，即 $\Delta\delta_F=\Delta\delta_L$，因而，被连接件总压缩量为 $\delta_F-\Delta\delta_L$，此时被连接件接触面间的压力由 F' 减至 F''，F'' 称为剩余预紧力。

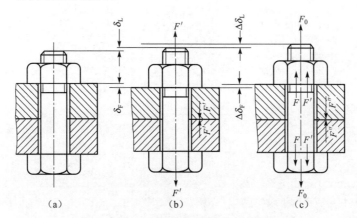

图 11-8　单个紧螺栓连接受力变形图
（a）螺母未拧紧；（b）螺母已拧紧；（c）已承受工作载荷

上述的螺栓和被连接件的受力与变形关系，可用如图 11-9 所示的线图表示。图中纵坐标代表力，横坐标代表变形。图 11-9（a）、（b）分别表示螺栓和被连接件只在预紧力作用下的受力与变形的关系，图 11-9（c）表示螺栓与被连接件在预紧力和轴向工作载荷同时作用下的受力与变形的关系。

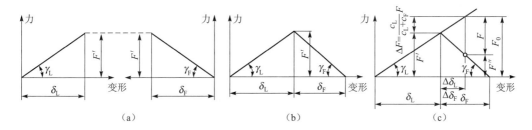

图 11-9 单个紧螺栓连接受力变形线图

（a），（b）受工作载荷前螺栓和被连接件受力与变形图；（c）受轴向工作载荷后螺栓和被连接件受力与变形图

由上述分析知：受工作载荷 F 后，螺栓所受总拉力 F_0 等于工作拉力 F 和剩余预紧力 F'' 之和，即

$$F_0 = F + F''$$

为了保证连接的紧密性，以防止连接受载后接合面间产生缝隙，应使剩余预紧力 $F''>0$。剩余预紧力推荐值如下：

对于有密封性要求的连接：$F''=(1.5\sim1.8)F$。

对于一般连接，工作载荷稳定时：$F''=(0.2\sim0.6)F$；

工作载荷不稳定时：$F''=(0.6\sim1.0)F$。

对于地脚螺栓连接：$F''=F$。

另外，根据图 11-9 的几何关系，可知

$$F_0 = \Delta F + F' = F + F'' \tag{11-6}$$

而

$$\Delta F = \Delta\delta_L \cdot \tan\gamma_L = \Delta\delta_L \frac{F'}{\delta_L} = \Delta\delta_L \cdot C_L$$

$$F - \Delta F = \Delta\delta_F \cdot \tan\gamma_F = \Delta\delta_F \frac{F'}{\delta_F} = \Delta\delta_F \cdot C_F = \Delta\delta_L C_F$$

式中，$\tan\gamma_L = C_L$ 为螺栓刚度；$\tan\gamma_F = C_F$ 为被连接件的刚度。

所以

$$\Delta F = \frac{C_L}{C_L + C_F} F$$

将上式代入式（11-6）可得

$$F' = F'' + \frac{C_F}{C_L + C_F} F \tag{11-7}$$

$$F'' = F' - \frac{C_F}{C_L + C_F} F \tag{11-8}$$

$$F_0 = F' + \Delta F = F' + \frac{C_L}{C_L + C_F} F = F' + K_c F \tag{11-9}$$

令 $K_c = \dfrac{C_L}{C_L + C_F}$ 为螺栓的相对刚度，其大小与螺栓和被连接件的结构尺寸、材料以及垫片、工作载荷的作用位置等因素有关，其值可通过实验获得。一般在设计时，可根据不同的垫片材

料使用下列推荐数据：

　　金属垫片（或无垫片）　0.2~0.3

　　皮革垫片　0.7

　　铜皮石棉垫片　0.8

　　橡胶垫片　0.9

　　设计时，可先根据连接的受载情况，求出螺栓的工作拉力 F，再根据连接的工作要求选取剩余预紧力 F'' 的值，然后按式（11-6）计算螺栓的总拉力 F_0，求得 F_0 值后即可进行螺栓强度计算。考虑到螺栓在 F_0 作用下还可能补充拧紧的危险情况，将总拉力增加30%以考虑扭转的影响，于是螺栓危险截面的拉伸强度条件为

$$\sigma_{ca} = \frac{1.3F_0}{\frac{\pi}{4}d_1^2} \leqslant [\sigma] \tag{11-10}$$

设计公式为

$$d_1 \geqslant \sqrt{\frac{5.2F_0}{\pi[\sigma]}} \tag{11-11}$$

式中，$[\sigma]$ 为紧螺栓连接的许用应力，见表11-7。

　　若轴向工作载荷为变载荷，在 $0~F$ 之间变化，则螺栓的总拉力将在 $F'~F_0$ 之间变化，如图11-10所示。设计时，一般可先按静载荷强度计算公式（11-11）初定螺栓直径，然后再校核疲劳强度，不过许用应力 $[\sigma]$ 应按表11-7中变载荷一栏选取。

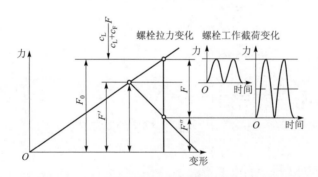

图 11-10　工作载荷变化时螺栓总拉力的变化

　　由于影响变载荷零件疲劳强度的主要因素是应力幅，故应计算应力幅 。螺栓拉力变化幅度为

$$\frac{F_0 - F'}{2} = \frac{F' + K_c F - F'}{2} = \frac{K_c}{2}F$$

故相应的循环应力幅为

$$\sigma_a = \frac{\sigma_{max} - \sigma_{min}}{2} = \frac{K_c F/2}{\frac{\pi}{4}d_1^2}$$

疲劳强度的校核公式为

$$\sigma_{\mathrm{a}} = \frac{2K_{\mathrm{c}}F}{\pi d_1^2} \leqslant [\sigma_{\mathrm{a}}] \tag{11-12}$$

式中,$[\sigma_{\mathrm{a}}]$为螺栓的许用应力幅(MPa),按表 11-7 所给公式计算。

2. 受剪螺栓连接(受横向载荷的铰制孔用螺栓连接)强度计算

如图 11-11 所示的铰制孔螺栓连接,螺栓杆与孔壁之间无间隙。在横向载荷 F 作用下连接失效的主要形式为螺栓杆被剪断、螺栓杆或孔壁被压溃。因此,应分别按挤压及剪切强度条件计算。计算时,假设螺栓杆与孔壁表面上的压力分布是均匀的,又因这种连接所受的预紧力很小,所以不考虑预紧力和螺纹摩擦力矩的影响。

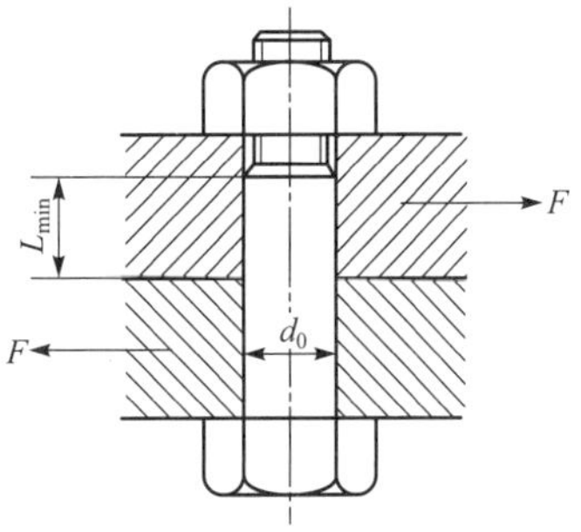

螺栓杆与孔壁的挤压强度条件为

$$\sigma_{\mathrm{P}} = \frac{F}{d_0 L_{\min}} \leqslant [\sigma_{\mathrm{P}}] \tag{11-13}$$

图 11-11　承受横向载荷的铰制孔用螺栓连接

螺栓杆的剪切强度条件为

$$\tau = \frac{F}{\frac{\pi}{4} m d_0^2} \leqslant [\tau] \tag{11-14}$$

式中,F 为螺栓所受的工作切力(N);d_0 为螺栓剪切面的直径(可取螺栓孔的直径)(mm);$L_{\min}$ 为螺栓杆与孔壁挤压面的最小高度(mm),设计时应使 $L_{\min} \geqslant 1.25 d_0$;$[\sigma_{\mathrm{P}}]$ 为螺栓或孔壁材料的许用挤压应力(MPa),取其中较小者,见表 11-10;m 为螺栓受剪面数目;$[\tau]$ 为螺栓材料许用切应力(MPa),见表 11-10。

表 11-10　受横向载荷的螺栓连接许用应力及安全系数

		剪　切		挤　压	
		许用应力	S_τ	许用应力	S_{P}
静载	钢	$[\tau] = \dfrac{\sigma_{\mathrm{S}}}{S_\tau}$	2.5	$[\sigma_{\mathrm{P}}] = \dfrac{\sigma_{\mathrm{S}}}{S_{\mathrm{P}}}$	1.25
	铸铁			$[\sigma_{\mathrm{P}}] = \dfrac{\sigma_{\mathrm{B}}}{S_{\mathrm{P}}}$	2~2.5
变载	钢	$[\tau] = \dfrac{\sigma_{\mathrm{S}}}{S_\tau}$	3.5~5	按静载降低 20%~30%	
	铸铁				

五、螺栓组连接受力分析

大多数机器的螺纹连接件都是成组使用的,称为螺栓组连接,下面讨论它的设计和计算问题。

设计螺栓组连接时,首先需要选定螺栓的数目及布置形式,然后确定螺栓连接的结构尺寸。在确定螺栓尺寸时,对于不重要的螺栓连接,可以参考现有的机械设备,用类比法确定,不再进行强度校核。但对于重要的连接,应根据连接的工作载荷,分析各螺栓的受力状况,找出受力最大的螺栓进行强度校核。

1. 螺栓组连接的结构设计

螺栓组连接结构设计的主要目的是合理地确定连接接合面的几何形状和螺栓的布置形式,力求各螺栓和连接接合面间受力均匀,便于加工和装配。为此,设计时应综合考虑以下几方面的问题。

（1）连接接合面的几何形状通常都设计成轴对称的简单几何形状,如圆形、环形、矩形、三角形等。这样不但便于加工制造,而且便于对称合理地布置螺栓,使各个螺栓受力合理,连接接合面受力也比较均匀,如图 11-12 所示。

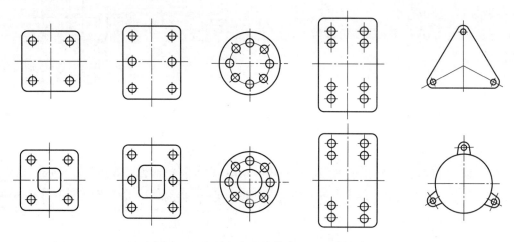

图 11-12　螺栓组的连接接合面的形状设计

（2）螺栓的布置应使各螺栓的受力合理。对于铰制孔用螺栓连接,不要在平行于工作载荷的方向上成排地布置八个以上的螺栓,以免载荷分布过于不均。当螺栓连接承受弯矩或转矩时,应使螺栓的位置适当靠近连接接合面的边缘,以减小螺栓的受力（图 11-13）。如果同时承受轴向载荷和较大的横向载荷,应采用销、套筒、键等抗剪零件来承受横向载荷,以减小螺栓的预紧力及其结构尺寸。

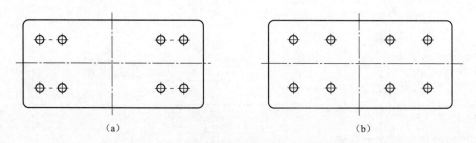

图 11-13　接合面受弯矩或转矩时螺栓的布置
（a）合理;（b）不合理

（3）螺栓的排列应有合理的间距、边距。布置螺栓时,各螺栓轴线间以及螺栓轴线和机体壁间的最小距离,应根据扳手所需活动空间的大小来决定。扳手空间的尺寸可查阅有关标准。

对于压力容器等紧密性要求较高的重要连接,螺栓的间距 t_0 不得大于表 11-11 所推荐的数值。

表 11-11 螺栓间距 t_0

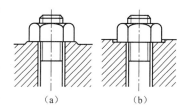	工作压力/MPa					
	≤1.6	>1.6~4	>4~10	>10~16	>16~20	>20~30
	t_0					
	7d	5.5d	4.5d	4d	3.5d	3d
注:d 为螺纹公称直径。						

(4)同一螺栓组中螺栓的材料、直径和长度均应相同,以简化结构和便于加工装配。

(5)分布在同一圆周上的螺栓数目,应取成 4、6、8 等偶数,以便在圆周上钻孔时的分度和画线。

(6)工艺上保证被连接件、螺母和螺栓头部的支撑面平整,并与螺栓轴线相垂直。在铸、锻件等的粗糙表面上安装螺栓时,应制成凸台或沉头座(图 11-14)等。

螺栓组的结构设计,除综合考虑以上各点外,还要根据连接的工作条件合理地选择螺栓组的防松措施。

2. 螺栓组连接的受力分析

进行螺栓组连接受力分析的目的是根据连接的结构和受载情况,求出受力最大的螺栓及其所受的力,以便进行螺栓连接的强度计算。下面对四种典型的受载情况分别进行讨论。

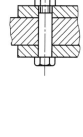

图 11-14 凸台与沉头座

(a)凸台;(b)沉头座

1)受横向载荷的螺栓组连接

图 11-15 所示为由四个螺栓组成的受横向载荷的螺栓组连接。横向载荷的作用线与螺栓轴线垂直,并通过螺栓组的对称中心。当采用螺栓杆与孔壁间留有间隙的普通螺栓连接时

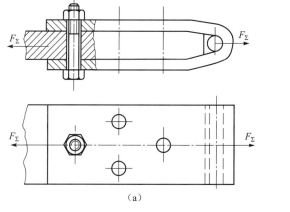

(a) (b)

图 11-15 受横向载荷的螺栓组连接

(a)普通螺栓连接;(b)铰制孔用螺栓连接

（图 11-15（a）），靠连接预紧后在接合面间产生的摩擦力来抵抗横向载荷；当采用铰制孔用螺栓连接时（图 11-15（b）），靠螺栓杆受剪切及螺栓杆与孔壁的挤压来抵抗横向载荷。虽然两者的传力方式不同，但计算时可近似地认为，在横向总载荷 F_Σ 的作用下，各螺栓所承担的工作载荷是均等的。因此，对于铰制孔用螺栓连接，每个螺栓所受的横向工作切力为

$$F = \frac{F_\Sigma}{z} \tag{11-15}$$

式中，z 为螺栓数目。

求得 F 后，分别按式（11-13）、式（11-14）校核螺纹连接的挤压强度与剪切强度。

对于普通螺栓连接，应保证连接预紧后，接合面间所产生的最大摩擦力大于或等于横向载荷。

假设各螺栓所需要的预紧力均为 F'，螺栓数目为 z，则其平衡条件为

$$f F' z m \geqslant K_n F_\Sigma \quad \text{或} \quad F' \geqslant \frac{K_n F_\Sigma}{fzm} \tag{11-16}$$

式中，f 为接合面间的摩擦系数，见表 11-12；m 为摩擦工作面数（图 11-15 中，$m=2$）；K_n 为可靠性系数，一般取 $K_n=1.1 \sim 1.3$。

求得 F' 后，按式（11-5）计算强度。

表 11-12　连接接合面的摩擦系数

被连接件	接合面的表面状态	摩擦系数 f
钢或铸铁零件	干燥的加工表面	0.10~0.16
	有油的加工表面	0.06~0.10
钢结构构件	轧制表面、经钢丝刷清理浮锈	0.30~0.35
	涂富锌漆	0.35~0.40
	喷砂处理	0.45~0.55
铸铁对砖料、混凝土或木材	干燥表面	0.40~0.45

2）受转矩的螺栓组连接

如图 11-16 所示，转矩 T 作用在连接接合面内，在转矩 T 的作用下，底板有绕通过螺栓组中心 O 并与接合面相垂直的轴线转动的趋势。为了防止底板转动，可以采用普通螺栓连接，也可采用铰制孔用螺栓连接。其传力方式和受横向载荷的螺栓组连接相同。

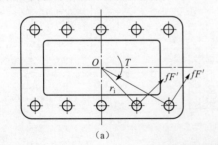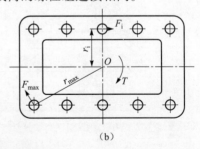

(a)　　　　　　　　　　　　　　(b)

图 11-16　受转矩的螺栓组连接

（a）普通螺栓连接；（b）铰制孔用螺栓连接

采用铰制孔用螺栓时,在转矩 T 的作用下,各螺栓受到剪切和挤压作用,假定底板为刚体,受载后接合面仍保持为平面。忽略连接中的预紧力和摩擦力,则各螺栓的剪切变形量与其轴线到螺栓组中心 O 的距离成正比,即距螺栓组中心 O 越远,螺栓的剪切变形量越大,其所受的工作切力也越大。

如图 11-16(b)所示,用 r_i、r_{max} 分别表示第 i 个螺栓和受力最大螺栓的轴线到螺栓组中心 O 的距离,F_i、F_{max} 分别表示第 i 个螺栓和受力最大螺栓的工作切力,则

$$\frac{F_{max}}{r_{max}} = \frac{F_i}{r_i} \quad \text{或} \quad F_i = F_{max}\frac{r_i}{r_{max}} \quad (i = 1,2,\cdots,z)$$

根据作用在底板上的力矩平衡的条件得

$$\sum_{i=1}^{z} F_i r_i = T$$

因此受力最大的螺栓的工作切力为

$$F_{max} = \frac{Tr_{max}}{\sum_{i=1}^{z} r_i^2} \tag{11-17}$$

求得 F_{max} 后,分别按式(11-13)、式(11-14)校核螺纹连接的挤压强度与剪切强度。

采用普通螺栓时,靠连接预紧后在接合面间产生的摩擦力矩来抵抗转矩 T(图 11-16(a))。假设各螺栓的预紧程度相同,即各螺栓的预紧力均为 F',则各螺栓连接处产生的摩擦力均相等,并假设此摩擦力集中作用在螺栓中心处,并且各摩擦力应与各螺栓的轴线到螺栓组中心的连线相垂直。根据作用在底板上的力矩平衡条件,应有

$$fF'r_1 + fF'r_2 + \cdots + fF'r_z \geq K_n T$$

由上式可得各螺栓所需的预紧力为

$$F' \geq \frac{K_n T}{f(r_1 + r_2 + \cdots + r_z)} = \frac{K_n T}{f\sum_{i=1}^{z} r_i} \tag{11-18}$$

式中,f 为接合面的摩擦系数,见表 11-12;r_i 为第 i 个螺栓的轴线到螺栓组旋转中心 O 的距离;z 为螺栓数目;K_n 为可靠性系数,一般取 $K_n = 1.1 \sim 1.3$。

求得 F' 后,按式(11-5)计算强度。

3) 受轴向载荷的螺栓组连接 图 11-17 所示为一受轴向总载荷 F_Σ 的气缸盖螺栓组连接。F_Σ 的作用线与螺栓轴线平行,并通过螺栓组的对称中心。计算时,认为各螺栓平均受载,则每个螺栓所受的轴向工作载荷为

$$F = \frac{F_\Sigma}{z} \tag{11-19}$$

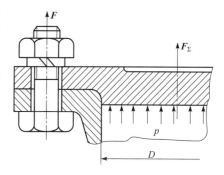

图 11-17 受轴向载荷的螺栓组连接

应当指出的是,各螺栓除承受轴向工作载荷 F 外,还受有预紧力 F' 的作用。前已说明,各螺栓在工作时所受的总拉力,并不等于 F 与 F' 之和,故由上式求得 F 后,应按式(11-9)算出螺栓的总拉力 F_0,并按 F_0 计算螺栓的强度。

在实际使用中,螺栓组连接所受的工作载荷常常是以上几种简单受力状态的不同组合。但不论受力状态如何复杂,都可利用静力分析方法将复杂的受力状态简化成上述几种简单受力状态。因此,只要分别计算出螺栓组在这些简单受力状态下每个螺栓的工作载荷,然后将它们向量地迭加起来,便得到每个螺栓的总的工作载荷。一般来说,对普通螺栓可按轴向载荷确定螺栓的工作拉力;按横向载荷或(和)转矩确定连接所需要的预紧力,然后求出螺栓的总拉力。对铰制孔用螺栓,则按横向载荷或(和)转矩确定螺栓的工作剪力,求得受力最大的螺栓及其所受的剪力后,再进行单个螺栓连接的强度计算。

六、提高螺栓强度的措施

螺栓连接的强度主要取决于螺栓的强度,因此,研究影响螺栓强度的因素和提高螺栓强度的措施,对提高连接的可靠性有着重要的意义。影响螺栓强度的因素很多,主要涉及螺纹牙的载荷分配、应力变化幅度、应力集中、附加应力、材料的机械性能和制造工艺等几个方面。下面分析各种因素对螺栓强度的影响以及提高强度的相应措施。

1. 降低影响螺栓疲劳强度的应力幅

根据理论与实践可知,受轴向变载荷的紧螺栓连接,在最小应力不变的条件下,应力幅越小,则螺栓越不容易发生疲劳破坏,连接的可靠性越高。在保持预紧力不变的条件下,减小螺栓刚度或增大被连接件刚度都可以达到减小应力幅的目的。但在此给定的条件下,减小螺栓刚度或增大被连接件的刚度都将引起剩余预紧力的减小,从而降低了连接的紧密性。因此,若在减小螺栓刚度或增大被连接件刚度的同时,适当增加预紧力,就可以使剩余预紧力不致减小太多或保持不变。这对改善连接的可靠性和紧密性是有利的。但预紧力不宜增加过大,必须控制在所规定的范围内,以免过分削弱螺栓的静强度。

为了减小螺栓的刚度,可适当增加螺栓的长度,在实际设计中可采用图 11-18 所示的腰状杆螺栓和空心螺栓;或在螺母下面安装上弹性元件(图 11-19),其效果和采用腰状杆螺栓或空心螺栓时相似。

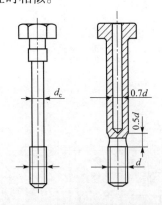

图 11-18　腰状杆螺栓与空心螺栓

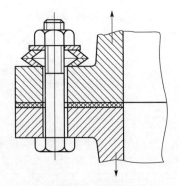

图 11-19　弹性元件

为了增大被连接件的刚度,可以不用垫片或采用刚度较大的垫片。对于需要保持紧密性的连接,从增大被连接件的刚度的角度来看,图 11-20(a)采用较软的气缸垫片并不合适。此时,以采用刚度较大的金属垫片或密封环(图 11-20(b))较好。

2. 改善螺纹牙间载荷分配不均的现象

不论螺栓连接的具体结构如何,螺栓所受的总拉力 F_0 都是通过螺栓和螺母的螺纹牙面相接触来传递的。由于螺栓和螺母的刚度及变形性质不同,即使制造和装配都很精确,各圈螺纹牙上的受力也是不同的。如图 11-21 所示,当连接受载时,螺栓受拉伸,外螺纹的螺距增大;而螺母受压缩,内螺纹的螺距减小。由图可知,螺纹螺距的变化差以旋合的第一圈处为最大,以后各圈递减。旋合螺纹间的载

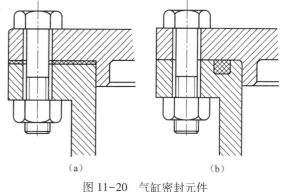

图 11-20 气缸密封元件

(a) 软垫片密封;(b) 密封环密封

荷分布如图 11-22 所示。实验证明,约有1/3 的载荷集中在第一圈上,第八圈以后的螺纹牙几乎不承受载荷。因此,采用螺纹牙圈数过多的加厚螺母,并不能提高连接的强度。

为了改善螺纹牙上的载荷分布不均程度,可采用悬置螺母、环槽螺母及内斜螺母等,现分述如下。

图 11-23(a)所示为悬置螺母,螺母的旋合部分全部受拉,其变形性质与螺栓相同,从而可以减小两者的螺距变化差,使螺纹牙上的载荷分布趋于均匀。

图 11-23(b)所示为环槽螺母,这种结构可以使螺母内缘下端(螺栓旋入端)局部受拉,其作用和悬置螺母相似,但其载荷均布的效果不及悬置螺母。

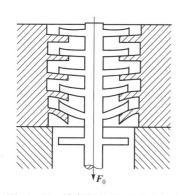

图 11-21 旋紧螺纹的变形示意图

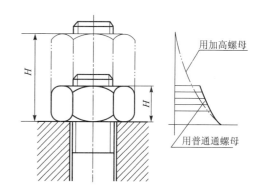

图 11-22 旋合螺纹间的载荷分布

图 11-23(c)所示为内斜螺母。螺母下端(螺栓旋入端)受力大的几圈螺纹处制成 10°~15°的斜角,使螺栓螺纹牙的受力面由上而下逐渐外移。这样,螺栓旋合段下部的螺纹牙在载荷作用下,容易变形,而载荷将向上转移使载荷分布趋于均匀。

3. 减小应力集中和避免附加弯曲应力

螺栓上的螺纹(特别是螺纹的收尾)、螺栓头和螺栓杆的过渡处以及螺栓横截面面积发生变化的部位等,都会产生应力集中。为了减小应力集中的程度,可以采用较大的圆角和卸载结构(图 11-24),或将螺纹收尾改为退刀槽等。但应注意,采用一些特殊结构会使制造成本增高。

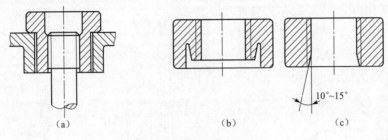

图 11-23　均载螺母结构

（a）悬置螺母；（b）环槽螺母；（c）内斜螺母

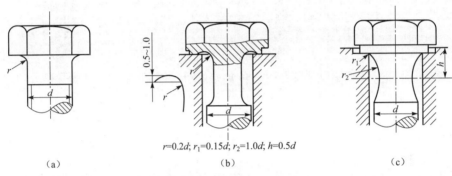

$r=0.2d$; $r_1=0.15d$; $r_2=1.0d$; $h=0.5d$

图 11-24　圆角和卸载结构

（a）加大圆角；（b）卸载槽；（c）卸载过渡结构

图 11-25 给出了由于各种原因造成螺母与支撑面接触点偏离螺栓轴线的几种情况，偏距 e 可使螺栓产生附加弯曲应力，严重影响螺栓的强度。

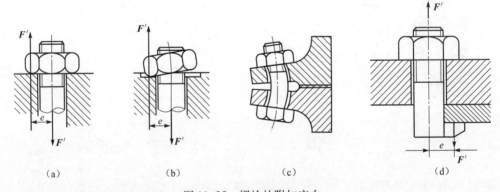

图 11-25　螺栓的附加应力

（a）支撑面不平；（b）螺母孔不正；（c）被连接件刚度小；（d）钩头螺栓连接

在设计、制造和装配上应力求避免螺纹连接产生附加弯曲应力，以免严重降低螺栓的强度。为了减小附加弯曲应力，要从结构、制造和装配等方面采取措施。例如结构设计时应尽量避免斜支撑面，否则应采取加斜垫圈和球面垫圈等措施，如图 11-26 所示。或者在螺母、螺钉头与支撑面接触处进行机加工，如沉头孔、凸台等，达到使其平整的目的。

4. 采用合理的制造工艺方法

采用冷镦螺栓头部和滚压螺纹的工艺方法，可以显著提高螺栓的疲劳强度。这是因为除可降低应力集中外,冷镦和滚压工艺不切断材料纤维,金属流线的走向合理,如图 11-27 所示,而且有冷作硬化的效果,并使表层留有残余应力。因而滚压螺纹的疲劳强度可较切削螺纹的疲劳强度提高 30% ~ 40%。如果热处理后再滚压螺纹,其疲劳强度可提高 70% ~ 100%。这种冷镦和滚压工艺还具有材料利用率高、生产效率高和制造成本低等优点。此外,在工艺上采用氮化、氰化、喷丸等处理,都是提高螺纹连接件疲劳强度的有效方法。

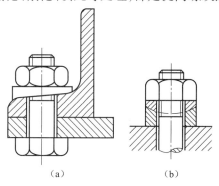

图 11-26　采用加斜垫圈和球面垫圈措施
(a) 斜垫圈;(b) 有球面垫圈的自动调位螺栓

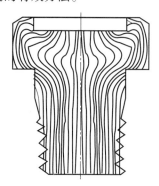

图 11-27　冷镦与滚压加工螺栓中的金属流线

例 11-1　某凸缘联轴器(图 11-28)用 6 个普通螺栓连接,不控制预紧力。已知螺栓中心圆直径 $D = 115$ mm,联轴器传递的转矩 $T = 300\ 000$ N·mm。试确定螺栓的直径。

解　1. 计算螺栓组所受的总圆周力

$$F_{\Sigma} = \frac{2T}{D} = \frac{2 \times 300\ 000}{115} = 5\ 217(\text{N})$$

2. 计算单个螺栓所受预紧力(取 $K_n = 1.2, f = 0.15$)

$$F' = \frac{K_n F_{\Sigma}}{mZf}$$

式中,K_n 为可靠性系数,$K_n = 1.1 \sim 1.3$;m 为被连接件接合面数目;f 为接合面间摩擦系数,见表 11-12,对于钢或铸铁,当接合面干燥时,$f = 0.10 \sim 0.16$;当接合面沾有油时,$f = 0.06 \sim 0.10$。

$$F' = \frac{K_n F_{\Sigma}}{mZf} = \frac{1.2 \times 5217}{1 \times 6 \times 0.15} = 6\ 956(\text{N})$$

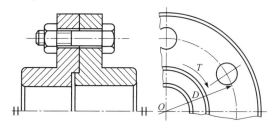

图 11-28　普通螺栓连接的凸缘联轴器

3. 计算螺栓小径

(1) 选螺栓材料:选螺栓材料为 Q235,精度等级 4.6,屈服强度 $\sigma_s = 240$ MPa。

(2) 初步确定许用应力(因不控制预紧力,初选 M16 的螺栓,对应 $S = 3$,见表 11-7)

$$[\sigma] = \frac{\sigma_s}{S} = \frac{240}{3} = 80(\text{MPa})$$

(3) 计算螺栓小径

$$d_1 \geqslant \sqrt{\frac{5.2F'}{\pi[\sigma]}} = \sqrt{\frac{5.2 \times 6\ 956}{\pi \times 80}} = 11.99(\text{mm})$$

4. 确定螺栓公称直径

由标准中选 M16 粗牙普通螺纹，小径 $d_1 = 13.835$ mm，与初估相同。

5. 结论　需用螺栓为 M16。

例 11-2　图 11-29(a)、(b) 所示分别为托架由 4 个铰制孔用螺栓与立柱连接的布置形式，问应选哪种布置形式，为什么？

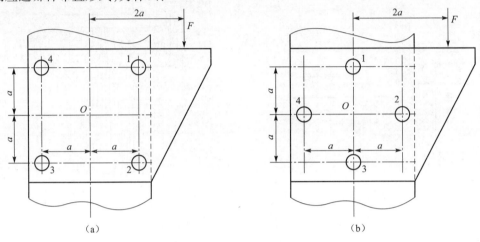

图 11-29　托架立柱螺栓组连接

解　将力 F 向螺栓组中心 O 简化后，螺栓组受到一个向下的横向载荷 F 和一个绕旋转中心 O 的转矩 $T = 2aF$ 的共同作用。

横向载荷 F 使每个螺栓受到相同的向下剪力 F_s，如图 11-30 所示。

方案 (a) 中各螺栓至旋转中心的距离大于方案 (b) 中各螺栓至旋转中心的距离，因此，转矩 T 在方案 (a) 中的螺栓中产生的剪力 F_{Ta} 小于方案 (b) 中的剪力 F_{Tb}，各剪力方向垂直于螺栓中心与旋转中心连线且对旋转中心的矩为顺时针方向，如图 11-30 所示。

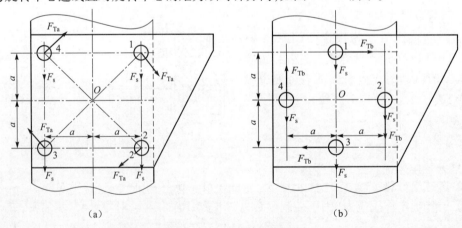

图 11-30　例 11-2 受力图

力 F_s 与 F_T 矢量合成即为螺栓中所受到的剪力。由图 11-30 不难分析出：方案 (a) 中受力最大的螺栓 (螺栓 1、2) 所受的剪力比方案 (b) 中受力最大的螺栓 (螺栓 2) 小。因此，选方案 (a)。

第二节　键　连　接

键连接主要用于轴和轴上零件(如带轮、齿轮、飞轮、凸轮等)的连接,实现周向固定,以传递转矩。其中,有些还能实现轴向固定或轴向滑动的导向。

键可分为平键、半圆键、楔键和花键等。

一、键连接的类型和结构

根据键连接在工作前是否存在预紧力,分为松连接和紧连接。

1. 松连接

松连接由平键或半圆键与轴和轮毂组成。

1) 平键连接

键的上表面与轮毂的键槽底间留有间隙(图11-31),键的上、下表面为非工作面,工作前没有预紧力,工作时靠键与键槽两侧的互相挤压来传递转矩,因而键的两个侧面是工作面。平键连接具有结构简单、拆卸方便、对中性好等优点,因此是键连接中应用最广泛的一种。

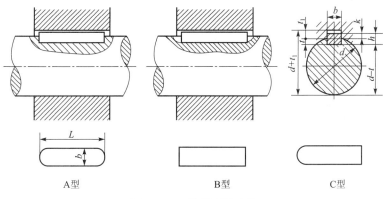

图11-31　普通平键连接

根据用途不同,平键分为普通平键、导向平键和滑键等。

普通平键按键端形状分为圆头(A型)、方头(B型)和单圆头(C型)三种(图11-31)。轴上键槽可用端铣刀或盘状铣刀加工(图11-32),轮毂上的键槽可用插削或拉削等加工方式。

导向平键和滑键用于传动零件在工作时需要做轴向移动的场合(如变速箱中的滑移齿轮)。导向平键是一种较长的平键,用螺钉固定在轴上的

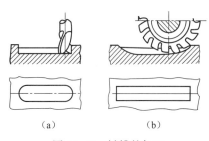

图11-32　键槽的加工
(a)用端铣刀加工;(b)用盘铣刀加工

键槽中,为了便于拆卸,在键的中部制有起键螺钉孔,轴上的传动件则可沿键做轴向滑动(图11-33(a))。当轴上传动件要求滑移的距离较大时,因所需导向平键的长度过大,制造困难,故宜采用滑键。滑键的特点是键固定在轮毂上,而轴上键槽较长,工作时轮毂与滑键一起

在轴槽上滑动。由于键较短，所以宜用于滑动距离较大的场合（图11-33（b））。

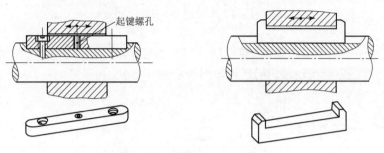

起键螺孔

图 11-33　导向平键和滑键连接
（a）导向平键；（b）滑键

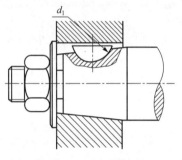

d_1

图 11-34　半圆键连接

2）半圆键连接

键呈半圆形，可在轴上相应的半圆形键槽中摆动，以适应在装配时轮毂中键槽的斜度（图11-34）。工作面仍是键的两个侧面。这种键连接的优点是工艺性较好，装配方便，尤其适用于锥形轴端与轮毂的连接；缺点是轴上键槽较深，对轴的强度削弱较大，故一般只适用于轻载连接的场合。

2. 紧连接

紧连接由楔键与轴和轮毂组成（图11-35）。楔键的上表面和轮毂槽的底面都有1∶100的斜度。装配时将键楔紧在轮毂槽和轴槽之间，键的上下表面受挤压，而构成紧连接，即在工作前连接中就有预紧力作用，工作时靠预紧力产生的摩擦力来传递转矩，因此键的上下表面是工作面（图11-35（a））。同时，楔键连接还能承受单方向的轴向力，可对轮毂起到单方向的轴向固定作用。但由于预紧力的作用，使轴与传动件产生偏心和偏斜，因此主要用于传动件定心精度要求不高和低速的场合。

楔键分普通楔键和钩头楔键。普通楔键有圆头（图11-35（b））和方头（图11-35（c））之分。圆头楔键在装配时，先将键放入轴槽中，然后打紧轮毂。方头楔键和钩头楔键（图11-35（d））则先将传动件与轴装配好，再将键放入键槽中并打紧。钩头楔键的钩头是为了便于装拆，当钩头楔键安装在轴端时，应加防护罩，以免发生人身事故。

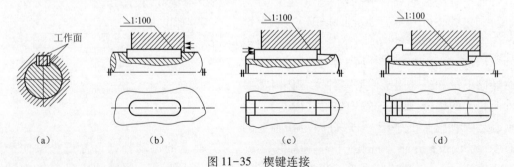

工作面

（a）　　　　（b）　　　　（c）　　　　（d）

图 11-35　楔键连接
（a）楔键的工作面；（b）圆头楔键连接；（c）平头楔键连接；（d）钩头楔键连接

二、平键的选择和平键连接的强度计算

1. 平键的选择

平键是标准件。键的选择一般包括类型选择和尺寸选择两个方面。首先应根据键连接的结构特点、使用要求和工作条件选择键的类型，再根据轴的直径从标准中选出键的截面尺寸 $b×h$ 值，而键的长度 L 可根据轮毂宽度确定，对于普通平键一般略短于轮毂宽度，对于导向平键则按滑动距离确定。

2. 平键连接的强度计算

对于构成静连接的普通平键连接，在传递转矩时，键槽和键的两侧面受挤压应力，同时键也受切应力(图 11-36)。但主要失效形式是较弱零件的工作面被压溃，键被切断的情况较少见。因此，通常只按工作面上的挤压应力进行强度校核计算。注意，键、轴、轮毂三者的材料往往不同，强度计算时一定要按三者中最弱材料的强度进行校核。对于构成动连接的导向平键和滑键连接，主要失效形式是工作面的过度磨损，因此通常只作耐磨性计算。

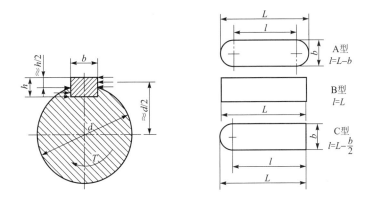

图 11-36　平键连接的受力分析

假定载荷在键的工作面上均匀分布，则根据挤压强度计算，普通平键连接的强度条件为

$$\sigma_{\mathrm{p}} = \frac{\dfrac{2T}{d}}{\dfrac{h}{2}l} = \frac{4T}{dhl} \leqslant [\sigma_{\mathrm{p}}] \qquad (11-20)$$

导向平键连接和滑键连接的强度条件为

$$p = \frac{4T}{dhl} \leqslant [p] \qquad (11-21)$$

式中，T 为键传递的转矩($\mathrm{N \cdot mm}$)；h 为键的高度(mm)；l 为键的工作长度(mm)。l 值的计算见图 11-36；d 为轴的直径(mm)；$[\sigma_{\mathrm{p}}]$ 为键、轴、轮毂三者中最弱材料的许用挤压应力(MPa)，见表 11-13；$[p]$ 为键、轴、轮毂三者中最弱材料的许用压强(MPa)，见表 11-13。

当强度不够时，在允许的情况下可适当增加键的长度，考虑载荷沿键长分布不均，故键长不应超过 $(1.6 \sim 1.8)d$。也可采用双键，两键最好沿周向相隔 $180°$ 布置，考虑载荷在两键上分配不均，因此在强度校核时，只按 1.5 个键计算。

为保证键连接的工作强度，键的材料要有一定的硬度，一般键的材料选用抗拉强度 $\sigma_B >$ 600 MPa 的中碳钢，常用 45 钢。

表 11-13   键连接的许用挤压应力 $[\sigma_p]$ 和许用压强 $[p]$

许用挤压应力和许用压强	连接工作方式	键或毂、轴的材料	载 荷 性 质		
			静载荷	轻微冲击	冲 击
			MPa		
$[\sigma_p]$	静连接	钢	120~150	100~120	60~90
		铸 铁	70~80	50~60	30~45
$[p]$	动连接	钢	50	40	30

注：如与键有相对滑动的被连接件表面经过淬火，则动连接的许用压强 $[p]$ 可提高 2~3 倍。

例 11-3   已知减速器中直齿圆柱齿轮安装在两支撑点中间并与轴构成静连接，齿轮与轴的材料都是锻钢，齿轮精度为 7 级，安装齿轮处轴径 $d = 70$ mm，齿轮轮毂宽 $B' = 110$ mm，传递的转矩 $T = 1\ 500$ N·m，载荷有轻微冲击。试设计此键连接。

解   1. 选择键连接的类型

一般 8 级以上精度的齿轮有定心精度要求，应选用平键连接。由于齿轮在两支撑点中间，故选用圆头（A 型）普通平键。

2. 初选键的尺寸

根据 $d = 70$ mm，由标准查得键的截面尺寸 $b \times h = 20$ mm×12 mm，根据轮毂宽取键长 $L = B' - 10 = 110 - 10 = 100$（mm），属于标准尺寸系列。$[\sigma_p] = 100 \sim 120$ MPa（表 11-13）。

3. 校核键的强度

键的工作长度为

$$l = L - b = 100 - 20 = 80\,(\text{mm})$$

键的挤压应力为

$$\sigma_p = \frac{4T}{dhl} = \frac{4 \times 1\ 500 \times 10^3}{70 \times 12 \times 80} = 89\ \text{MPa} < [\sigma_p] \qquad \text{合格}$$

选用键 20×12×100   GB/T 1096—2003。

三、花键连接

1. 花键连接的特点

花键连接是由外花键（图 11-37(a)）和内花键（图 11-37(b)）构成的。与平键连接比较，花键连接的优点是：由于花键连接是在轮毂和轴上分别制出若干均匀分布的凹槽和凸齿，故连接受载均匀；因键槽较浅，齿根处应力集中较小，故对轴、毂的强度削弱较轻；键齿数较多，总接触面积大，可承受较大的载荷；轴上零件与轴的对中性好；导向性好，这对动连接很重要。缺点是花键加工需用专门的设备，成本较高。花键连接常用于汽车、拖拉机和机床中需换挡的轴毂连接中。

2. 花键连接的类型和结构

根据齿形不同，花键连接分为矩形花键连接和渐开线花键连接两种，且均已标准化。

1）矩形花键连接

在矩形花键连接中,按齿高不同分轻系列和中系列。轻系列承载能力较小,多用于静连接和轻载连接;中系列用于中等载荷的连接。

矩形花键连接的定心方式多为小径定心(图11-38),即外花键和内花键的小径是配合面,其特点是定心精度高、定心的稳定性好。制造时轴毂的配合面用磨削的方法消除热处理引起的变形而获得较高的精度。矩形花键连接应用广泛。

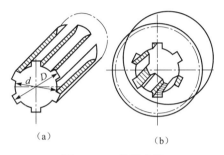
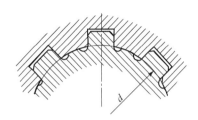

图 11-37 花键连接

(a) 外花键;(b) 内花键

图 11-38 矩形花键连接的定心方式

2）渐开线花键连接

渐开线连接的齿廓为渐开线,根据分度圆压力角的不同,分为30°压力角(强度高)和45°压力角(亦称三角形花键连接,主要用于薄壁零件的连接)两种,如图11-39所示。

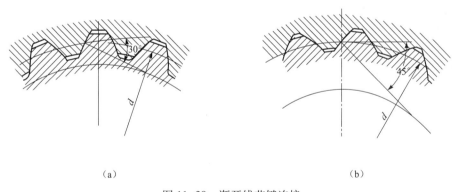

图 11-39 渐开线花键连接

(a) 压力角 $\alpha = 30°$;(b) 压力角 $\alpha = 45°$

渐开线花键连接的定心方式是齿形定心,当受载时,齿面上的压力自动平衡起到定心作用,有利于各齿均匀受载。渐开线花键连接具有承载能力大、使用寿命长、定心精度高、工艺性好等特点,宜用于载荷大、尺寸也较大的连接。

花键连接的尺寸也是根据轴径按标准选定。花键连接的强度校核可查阅机械设计手册。花键连接的材料一般选用抗拉强度 $\sigma_B > 500$ MPa 的碳素钢或合金钢。

第三节 销和过盈连接

一、销连接

销主要用来固定零件之间的相对位置，称为定位销（图 11-40），它是组合加工和装配时的重要辅助零件；也可用于连接，称为连接销（图 11-41），可传递不大的载荷；还可作为安全装置中的过载剪断元件，称为安全销（图 11-42）。

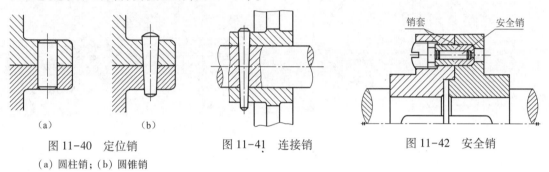

图 11-40 定位销
(a) 圆柱销；(b) 圆锥销

图 11-41 连接销

图 11-42 安全销

销有多种类型，如圆柱销、圆锥销和槽销等，这些销均已标准化。

圆柱销（图 11-40(a)）靠过盈配合固定在销孔中，经多次拆装会降低其定位精度和可靠性。圆锥销（图 11-40(b)）具有 1:50 的锥度，在受横向力时可以自锁。其安装方便，定位精度高，可多次装拆而不影响定位精度。端部带螺纹的圆锥销（图 11-43）可用于盲孔或拆卸困难的场合。开尾圆锥销（图 11-44）适用于有冲击、振动的场合。槽销上有碾压或模锻出的三条纵向沟槽（图 11-45），将槽销打入销孔后，由于材料的弹性使销挤紧在销孔中，不易松脱，因而能承受振动和变载荷。安装槽销的孔不需要铰制，加工方便，可多次装拆。

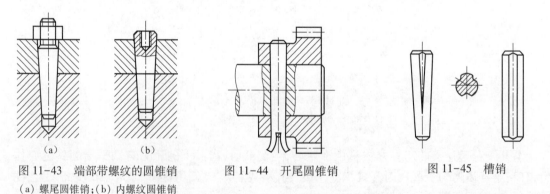

图 11-43 端部带螺纹的圆锥销
(a) 螺尾圆锥销；(b) 内螺纹圆锥销

图 11-44 开尾圆锥销

图 11-45 槽销

销的常用材料为 35 或 45 钢。定位销通常不受载荷，故不作强度校核计算，其直径可按结构确定，数目一般不少于两个。连接销的尺寸可根据连接的结构特点按经验或规范确定，必要时再按剪切和挤压强度条件进行校核计算。安全销在机器过载时应被剪断，因此，销的直径应按过载时被剪断的条件确定。

二、过盈连接

过盈连接是利用零件间的过盈配合形成的连接,其配合表面常为圆柱面(见图 11-46)和圆锥面(见图 11-47)。过盈连接可用压入法、温差法或液压法等方法装配,装配后由于零件的装配过盈使配合面间产生一定的压力,工作时靠此压力产生的摩擦力传递转矩或轴向力。这种连接的优点是结构简单,定心性好,承载能力高,承受变载和冲击的性能好,还可避免零件因开键槽而被削弱;缺点是配合面加工精度要求较高,装拆不便(在滚动轴承装配中为便于轴承拆卸,其轴肩高度一定要按滚动轴承标准中的安装尺寸设计)。

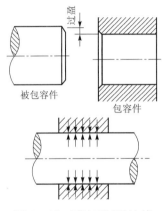

图 11-46　圆柱面过盈连接

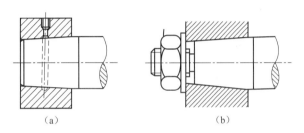

图 11-47　圆锥面过盈连接
(a) 高压油来进行装拆;(b) 螺母定位

为便于装配,通常可在被连接零件上加工出倒角或锥面,如图 11-48 所示。

对于圆柱过盈连接,过盈量不大时,一般用压入法装配,这种方法易擦伤配合表面,因而减少了过盈量,降低了连接的紧固性。过盈量较大时,可用温差法装配,即加热包容件(毂)或冷却被包容件(轴),也可同时加热包容件和冷却被包容件,以形成装配间隙。用温差法装配不易擦伤表面,故其连接质量比压入法好。

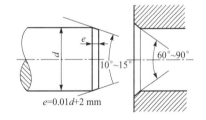

图 11-48　孔口与轴端的倒角

圆锥面过盈连接可以用高压油来进行装拆(见图11-47(a))。当高压油进入配合表面时,迫使配合表面处内径胀大和外径缩小,同时施加一定的轴向力使之相互压紧,待零件装配到预定位置以后,排出高压油,这样就达到了过盈连接的要求。圆锥面过盈连接具有装拆方便,不需要很大轴向力,配合面不易擦伤,可以多次拆装而不影响其连接强度等优点,尤其适用于大型零件。但对配合面接触精度要求较高,还需要高压油泵等专用设备。图 11-47(b)所示为一种用螺母使配合表面产生相对轴向位移和压紧的圆锥面过盈连接,这种结构压紧时所需的轴向力较大,多用于轴端连接。

习　题

11-1　常用螺纹按牙型分为几种,各有什么特点? 连接、传动、密封应各选用何种牙型的螺纹,原因是什么?

11-2　螺纹连接有哪些基本类型? 各有什么特点? 各自适用于什么场合?

11-3　拧紧螺母时,拧紧力矩需要克服哪些阻力矩? 螺栓和被连接件各受到什么力?

11-4　一般情况下,连接螺纹都能满足自锁条件,为什么还要采取防松措施? 常用的防松措施有哪些?

11-5　普通螺栓连接和铰制孔用螺栓连接结构上各自有何特点,当这两种连接在承受横向载荷时,螺栓各受什么力作用?

11-6　螺栓连接的主要失效形式是什么?

11-7　提高螺栓连接强度的措施有哪些?

11-8　设有强度级别为4.6的 M12 螺栓,用拧紧力 $F = 200$ N 拧紧(一般标准扳手的长度 $L \approx 15d$),问预紧力 F' 等于多少? 螺栓是否过载而被拧断?

11-9　如图11-5所示的松连接,作用在螺栓上的工作载荷 $F = 50$ kN,螺栓材料为 Q235,试确定螺栓的直径。

11-10　设计气缸盖螺栓连接,已知气缸内气体工作压力为 $p = 1.5$ MPa,气缸内径 $D = 250$ mm,螺栓分布圆直径 $D_0 = 346$ mm,要求剩余预紧力是螺栓工作载荷的 1.8 倍,即剩余预紧力 $F'' = 1.8F$,且螺栓间距 $t \leqslant 120$ mm,拟选用强度级别 4.8 的螺栓连接,试确定所需螺栓数和所选螺栓的公称直径。

11-11　平键连接有哪几种? 各有何特点?

11-12　如何选取普通平键的尺寸 $b \times h \times L$? 它的公称长度 L 与工作长度 l 之间有什么关系?

11-13　圆头、方头及单圆头普通平键各有何优缺点? 分别用在什么场合?

11-14　普通平键连接有哪些失效形式? 主要失效形式是什么? 怎样进行强主校核? 如经校核判定强度不足时,可采取哪些措施?

第十二章 轴和联轴器

本章主要介绍轴及联轴器的工作原理、特点及设计计算等问题。

第一节 轴

一、轴的用途及分类

轴是组成机器的主要零件之一。一切做回转运动的传动零件(例如齿轮,带轮,轴承等),都必须安装在轴上才能进行运动及传递动力。因此,轴的主要功用是支承回转零件,并使回转零件具有确定的工作位置来传递运动和动力。

轴可按所承受的载荷情况和轴线形状分类。

根据轴所承受载荷不同,轴可分为心轴、传动轴和转轴三大类(见表12-1)。

(1)心轴:承受弯矩而不传递转矩的轴。心轴又分为转动心轴和固定心轴两种,转动心轴工作时的弯曲应力为对称循环应力,固定心轴工作时的弯曲应力为静应力。

(2)传动轴:只传递转矩而不承受弯矩的轴。

(3)转轴:既承受弯矩又承受转矩的轴。转轴在各类机器中最为常见,例如支撑齿轮、带轮的轴均属转轴。转轴设计是本章的重点。

按照轴线形状的不同,轴又分为直轴和曲轴两大类(见表12-1)。直轴根据外形的不同,可分为光轴和阶梯轴、实心轴和空心轴。光轴形状简单,加工容易,应力集中源少,但轴上的零件不容易装配及定位。阶梯轴则正好与光轴相反。因此,光轴主要用于心轴,阶梯轴则常用于转轴和传动轴。曲轴常用于往复式运动机械中(如发动机中的曲轴)。空心轴是为了减轻重量(如航空发动机)或满足工作要求(如车床的主轴中心常需要穿过细长的棒材)而设计的。空心轴内径与外径的比值通常为0.5~0.6,以保证轴的扭转刚度。

另外,还有一种特殊用途的轴,如钢丝软轴。它可以把回转运动灵活地传递到不宽敞的空间位置(见表12-1)。

表 12-1 各类轴受载情况及特点

分 类	受 力 特 点	举 例		其他分类名称
心轴	只承受弯矩,不承受转矩;起支承作用	固定心轴	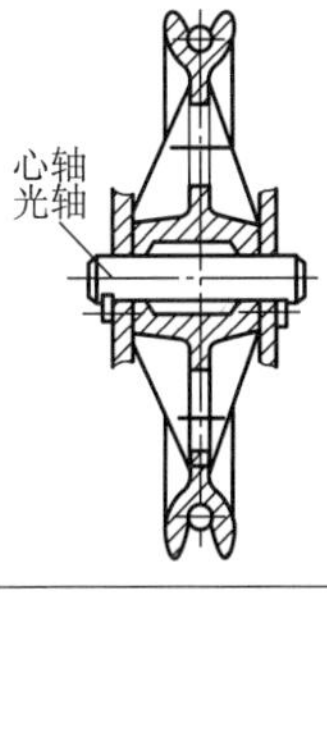 心轴 光轴	实心 光轴

分 类	受 力 特 点	举 例		其他分类名称
心 轴		转 动 心 轴	心轴 阶梯轴 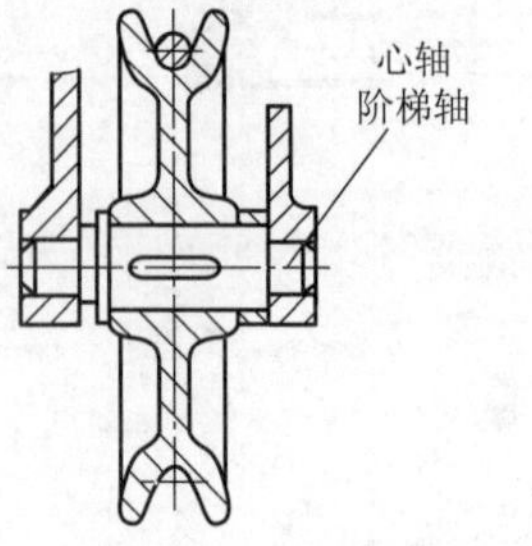	实心 阶梯轴
传 动 轴	主要承受转矩,不承受或承受很小的弯矩	传动轴		实心 阶梯轴
		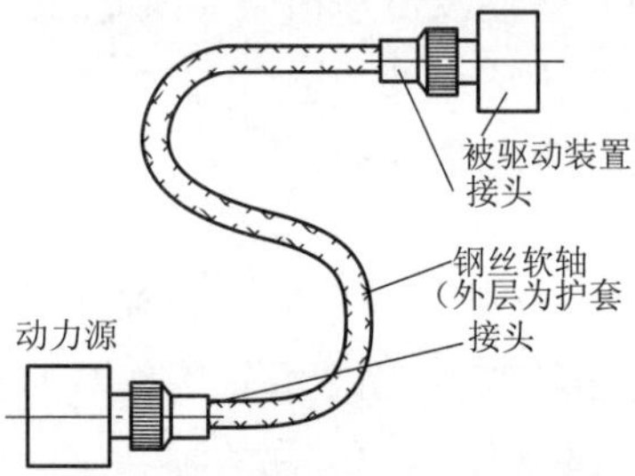 被驱动装置接头 钢丝软轴（外层为护套）接头 动力源		软轴
转 轴	既承受弯矩又承受转矩,是机器中最常用的一种轴	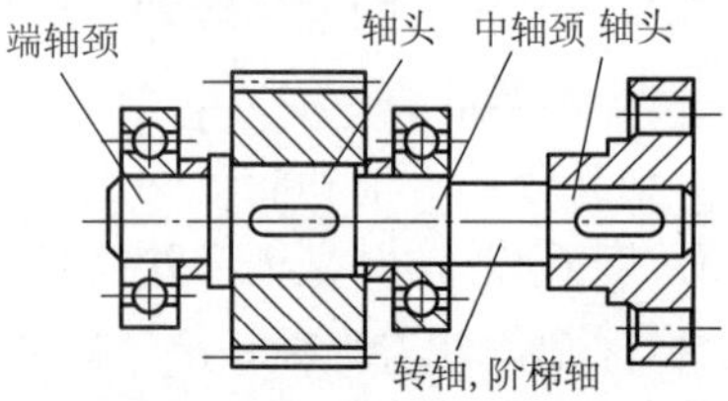 端轴颈 轴头 中轴颈 轴头 转轴,阶梯轴 轴颈—轴上与轴承配合的部分 轴头—轴上安装传动件轮毂的部分		实心 阶梯轴
				空心 阶梯轴
				曲轴

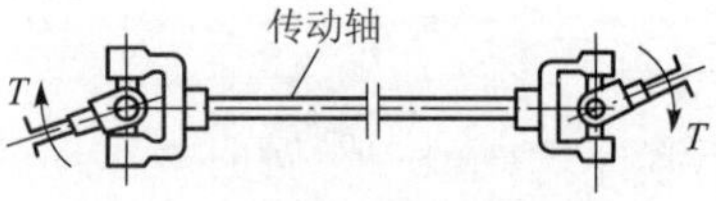

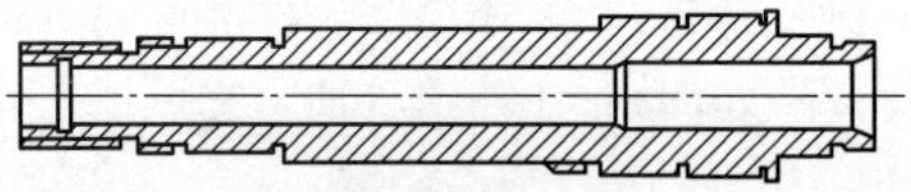

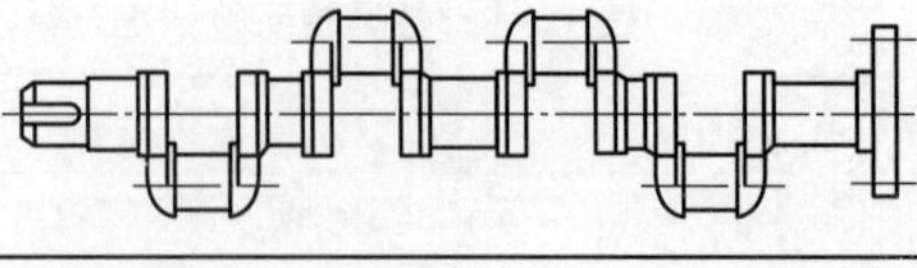

二、轴设计的主要内容

轴的设计包括结构设计和工作能力计算两方面的内容。

轴的结构设计在轴设计中占很大的比重,轴的结构设计不合理,会影响轴的工作能力和轴上零件的工作可靠性。因此,合理地确定轴的结构形式和尺寸,保证轴上零件的顺利安装、精确定位以及符合轴的制造工艺等是轴结构设计的重要内容。

轴的工作能力计算指的是轴的强度、刚度和振动稳定性等方面的计算。多数情况下,轴的工作能力主要取决于轴的强度,这时只需要对轴进行强度计算,以防轴发生断裂或塑性变形。对于刚度要求高的轴(如车床主轴)和跨度较大的细长轴,还应进行刚度计算,以防止工作时产生过大的弹性变形。对于高速运转的轴,还应进行振动稳定性计算,以防发生共振而破坏。有关轴的刚度计算和振动稳定性计算,本章不作介绍,工作需要时,可查阅有关专业书籍和机械设计手册。

轴设计的一般步骤如图 12-1 所示。

本章主要讨论直轴中实心阶梯轴的结构设计和强度计算问题。

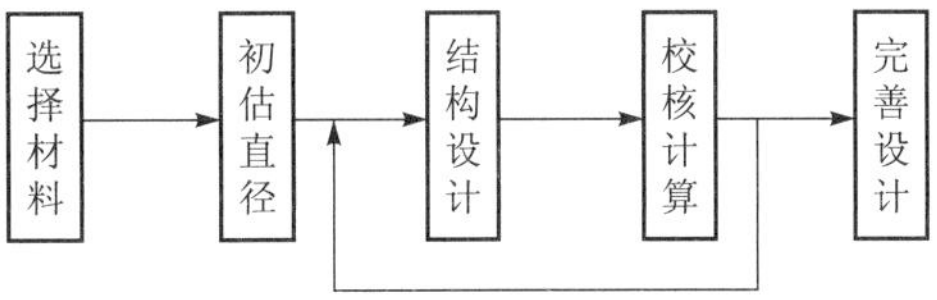

图 12-1　轴设计的一般步骤

三、轴的材料和热处理

由于轴大多受交变应力作用,主要的失效形式为疲劳断裂,故轴的材料要有足够的疲劳强度,同时还应满足制造工艺性和经济性。轴的材料主要为碳素钢和合金钢。

1. 碳钢

碳钢比合金钢价廉,对应力集中的敏感性较低,同时也可以用热处理或化学热处理的方法提高其耐磨性和抗疲劳强度,因此使用特别广泛,尤其是 45 号优质碳素钢。轻载或不重要的轴,也可以用 Q235、Q275 等。热处理方法可用正火或调质。

2. 合金钢

合金钢比碳钢具有更高的机械性能,淬火性能好。通常用于重载、高速的重要轴或有特殊要求的轴,如耐高温、耐低温、耐腐蚀、耐磨损,要求尺寸小但强度高等。常用的材料有 40Cr、20Cr、20CrMnTi 等,热处理方法有调质、表面淬火和渗碳淬火等。

在一般工作温度下(低于 200 ℃),各种碳钢和合金钢的弹性模量相差很小,因此,合金钢在提高轴的刚度方面并没有优势。

3. 铸铁

对于形态复杂、尺寸大的轴,高强度铸铁和球墨铸铁通过铸造容易成型,且有廉价、良好的吸振性和耐磨性,以及对应力集中的敏感性较低等优点,但可靠性差些。

轴的常用材料以及热处理后的主要机械性能见表 12-2。

表 12-2　轴的常用材料及其主要机械性能

材料牌号	热处理	毛坯直径 /mm	硬　度 HBS	抗拉强度 σ_B	屈服强度 σ_s	弯曲疲劳极限 σ_{-1}	剪切疲劳极限 τ_{-1}	许用弯曲应力 $[\sigma_{-1}]$	备　注
				MPa					
Q235	热扎或锻后空冷	≤100		400~420	225	170	105	40	用于不重要及载荷不大的轴
		>100~250		375~390	215				

续表

材料牌号	热处理	毛坯直径 /mm	硬　度 HBS	抗拉强度 σ_B	屈服强度 σ_s	弯曲疲劳极限 σ_{-1}	剪切疲劳极限 τ_{-1}	许用弯曲应力 $[\sigma_{-1}]$	备　注
				\multicolumn{5}{c|}{MPa}				
45	正火回火	≤100	170~217	590	295	255	140	55	应用最广泛
		>100~300	162~217	570	285	245	135		
	调质	≤200	217~255	640	355	275	155	60	
40Cr	调质	≤100	214~286	735	540	355	200	70	用于载荷较大，而无很大冲击的重要轴
		>100~300		685	490	335	185		
40CrNi	调质	≤100	270~300	900	735	430	260	75	用于很重要的轴
		>100~300	240~270	785	570	370	210		
38SiMnMo	调质	≤100	229~286	735	590	365	210	70	用于重要的轴，性能近于 40CrNi
		>100~300	217~269	685	540	345	195		
38CrMoAlA	调质	≤60	293~321	930	785	440	280	75	用于要求高耐磨性、高强度且热处理（氮化）变形很小的轴
		>60~100	277~302	835	685	410	270		
		>100~160	241~277	785	590	375	220		
20Cr	渗碳淬火回火	≤60	渗碳 56~62 HRC	640	390	305	160	60	用于要求强度及韧性均较高的轴
30Cr13	调质	≤100	≥241	835	635	395	230	75	用于腐蚀条件下的轴
QT600-3			190~270	600	370	215	185		用于制造复杂外形的轴
QT800-2			245~335	800	480	290	250		

注：表中所列疲劳极限 σ_{-1} 值是按下列关系式计算的，供设计时参考。碳钢 $\sigma_{-1} \approx 0.43\,\sigma_B$；合金钢：$\sigma_{-1} \approx 0.2\,(\sigma_B + \sigma_s) + 100$；不锈钢：$\sigma_{-1} \approx 0.27\,(\sigma_B + \sigma_s)$，$\tau_{-1} \approx 0.156\,(\sigma_B + \sigma_s)$；球墨铸铁：$\sigma_{-1} \approx 0.36\,\sigma_B$，$\tau_{-1} \approx 0.31\,\sigma_B$。

四、轴的初算直径

轴在结构设计之前，通常先要初步估算轴的最小直径，为轴结构设计提供依据。

下面是三种常用的轴的直径估算方法。

1. 类比法

参考同类型已有机器的轴的结构和尺寸,并进行分析对比,从而最终确定所设计的轴的直径。

2. 经验公式法

对于一般减速器,高速输入轴与电动机轴通过联轴器相连,其直径 d 可按照公式 $d = (0.8 \sim 1.2)D$ 来估算(其中 D 为电动机外伸轴的轴端直径)。而各级低速轴的直径 d' 可根据公式 $d' = (0.3 \sim 0.4)a$ 来进行估算,式中 a 为同级齿轮传动的中心距。

3. 扭转强度法

对于既受转矩又受弯矩的转轴来讲,若转轴的结构没有确定,轴上零件(如齿轮、轴承等)的位置和支承跨距就无法确定,从而导致无法求得轴上所受的作用力、支反力以及所受的弯矩。无法确定轴的直径,结构也就无法确定。在这种情况下,通常只考虑轴在转矩作用下所受切应力的影响,按照扭转强度来估算轴的最小轴径,同时适当降低材料的许用切应力 $[\tau]$,以补偿弯曲应力的影响。

根据材料力学可知,对于实心圆轴,其扭转强度条件为

$$\tau = \frac{T}{W_{\mathrm{T}}} = \frac{9.55 \times 10^6 P}{0.2 d^3 n} \leqslant [\tau] \qquad (12-1)$$

写成设计公式,轴的直径为

$$d \geqslant \sqrt[3]{\frac{9.55 \times 10^6}{0.2[\tau]}} \sqrt[3]{\frac{P}{n}} = C \sqrt[3]{\frac{P}{n}} \qquad (12-2)$$

式中,T 为轴所传递的转矩($\mathrm{N \cdot mm}$);W_{T} 为轴的抗扭截面模量$\left(\text{对实心轴 } W_{\mathrm{T}} = \frac{\pi d^3}{16}\right)$($\mathrm{mm^3}$);$P$ 为轴所传递的功率(kW);n 为轴的转速($\mathrm{r/min}$);$[\tau]$ 为轴材料的许用扭转切应力(MPa),见表 12-3;C 为与轴材料有关的系数,见表 12-3。

表 12-3　几种常见材料的 $[\tau]$ 及 C 值

轴的材料	Q235、20	Q275、35	45	40Cr、20CrMnTi
许用扭转应力 $[\tau]$/MPa	12~20	20~30	30~40	40~52
计算系数 C	160~135	135~118	118~107	107~98
注:① 当弯矩相对转矩很小或仅受转矩时,C 取小值;反之,C 取大值。 　　② 当用 Q235、Q275 或 40Cr 时,$[\tau]$ 取小值,C 取大值。				

需要注意的是,利用式(12-2)计算得到的直径为轴的最小直径,若该轴段上有键槽,应适当放大轴径,以考虑键槽对轴强度的削弱影响。当有一个键槽时,将轴径增大 4%~5%;有两个键槽时,将轴径增大 7%~10%。增大轴径后,应将其圆整为标准直径。

五、轴的结构设计

轴结构设计的主要任务是根据工作条件和要求,合理确定出轴的具体结构形状和全部尺寸。只有完成了结构设计,才能对轴的强度、刚度和振动稳定性等进行精确的分析和计算。

图12-2所示为典型的阶梯轴结构,其主要由轴颈、轴头和轴身三部分组成。其中,被轴承支承的部分称为轴颈,安装传动件轮毂的部分称为轴头,连接轴颈和轴头的部分称为轴身。

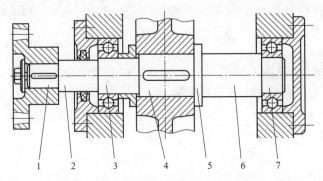

图 12-2　典型的阶梯轴结构

1,4—轴头;2,6—轴身;3—中轴颈;5—轴环;7—端轴颈

　　轴是非标准零件,没有标准的结构形式,这是因为有许多因素影响轴的结构。因此,设计时必须综合考虑和分析各种情况以确定合理的轴的结构。一般来讲,轴的结构主要应满足以下要求:

（1）轴上零件应便于装拆和调整。

（2）轴上零件应定位准确、固定可靠。

（3）轴应具有良好的加工和装配工艺性。

（4）轴应受力合理,尽量减小应力集中,并有利于提高轴的强度和刚度。

　　图 12-3 所示为一减速器的低速轴,下面结合该图逐项讨论在轴的结构设计中需要考虑的几个主要问题。

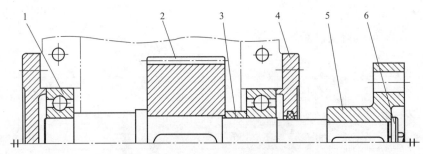

图 12-3　轴上零件的装配方案 1

1—滚动轴承;2—齿轮;3—套筒;4—轴承端盖;5—半联轴器;6—轴端挡圈

1. 轴上零件的装配方案确定

　　结构设计前,首先应该确定轴上零件的装配方案,即确定出轴上零件的装配方向、装配顺序和相互关系。装配方案不同,得到轴的结构型式也不同。因此,在确定装配方案时,通常是先考虑几种不同的装配方案,经过分析比较,最终选定最佳方案。装配方案确定后,轴的初步结构形状也就基本确定。如图 12-3 所示轴上零件的装配方案为:齿轮、套筒、右端轴承、右端轴承端盖和半联轴器依次从轴的右端向左安装,而左端轴承和左端轴承端盖则依次从左向右安装。图 12-4 给出了另一种装配方案。显然,两种不同装配方案下轴的结构也不同,通过对

比可知,图 12-4 所示结构采用了一个用于轴向定位的长套筒,从而使轴系的质量增大。因此,图 12-3 所示装配方案较为合理。

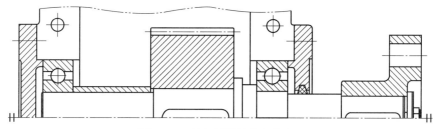

图 12-4　轴上零件的装配方案 2

2. 轴上零件的定位与固定

为保证轴上零件能正常工作,其在轴上必须有准确的工作位置,而且应该保证轴上零件在承受载荷时不产生沿轴向或周向的相对运动,因此,轴上零件不但应具有准确的定位,而且固定还要可靠,以保证能传递要求的运动和动力。

1)轴上零件的轴向定位与固定

当选择轴上零件的轴向定位与固定方法时,主要应考虑轴向力的大小、轴的加工、轴上零件拆装的难易程度、对轴强度的影响以及工作可靠性等因素的影响。轴上零件的轴向定位与固定方法通常可分为两类。一类是利用轴本身的结构,如轴肩、轴环、圆锥面以及过盈配合等;另一类是用附加零件来实现,如套筒、圆螺母、轴端挡圈、弹性挡圈以及紧定螺钉等。常用轴上零件的轴向固定方法和特点见表 12-4。

2)轴上零件的周向定位与固定

轴上零件要实现运动和动力的正确传递,就必须实现可靠的周向定位与固定,以限制轴上零件与轴之间的相对转动。常用的周向固定方法有键、花键、销、弹性环、紧定螺钉、型面以及过盈连接,等等,这类连接常称为轴毂连接(详见第十一章)。

表 12-4　轴上零件的轴向固定方法

序号	固定方法	简　图	特点及应用
1	轴肩轴环		简单可靠,能承受较大载荷。 为了使零件端面与轴肩贴合,轴上圆角半径 r 应小于零件毂孔的圆角半径 R 或倒角高度 C,即 $r<R$ 或 $r<C$;同时还须保证 $h>R$(或 C)。一般取 $h\approx(0.07\sim0.1)d+(1\sim2)$ mm $b\approx1.4h$
2	套筒		两零件相隔距离 L 不大时,用套筒作轴向固定零件,结构简单,可减少轴的阶梯数。但不适用轴的转速较高的场合

序号	固定方法	简　图	特点及应用
3	圆螺母	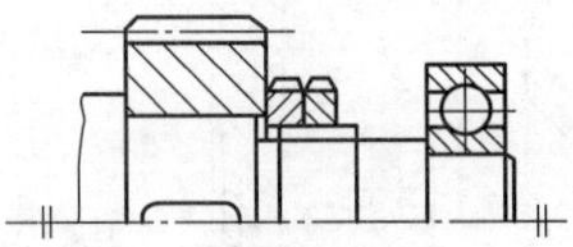	固定可靠,可承受大的轴向力。用于轴上相邻两零件距离较远时零件的轴向固定,这样可避免采用过长的套筒,以减轻质量。但轴上须切制螺纹和退刀槽,一般用细牙螺纹,由于应力集中较大,故常用于轴端零件的固定
4	圆锥面和轴端挡圈	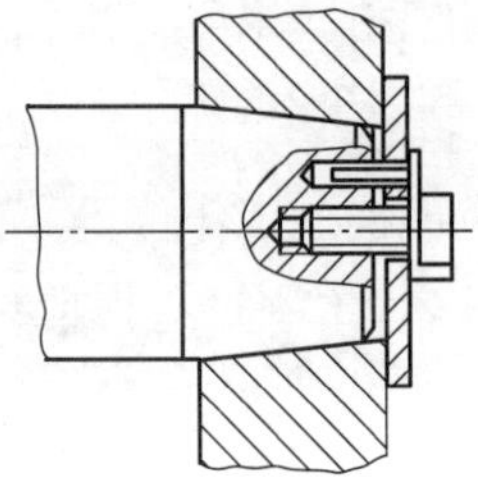	用圆锥面配合可使轴和轮毂间无径向间隙,能承受冲击及振动载荷,定心精度高,拆卸容易。但加工圆锥表面配合比较困难。 轴端挡圈(又称压板),用于轴端零件的固定,可承受较大轴向力
5	弹性挡圈	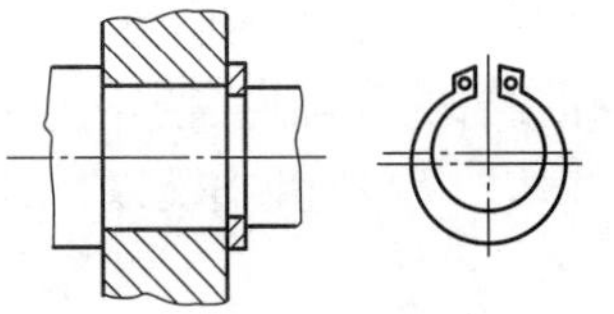	结构简单、紧凑,只能承受较小的轴向力,且可靠性差,常用于滚动轴承的轴向固定
6	轴端挡板	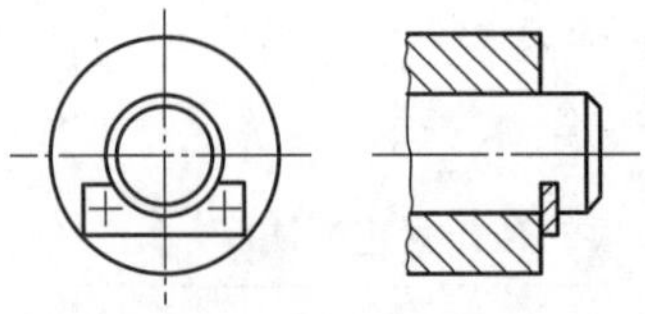	适用于心轴轴端零件的固定,只能承受较小的轴向力
7	挡环和紧定螺钉	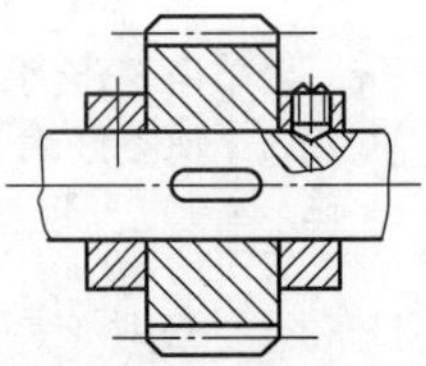	挡环用紧定螺钉与轴固定,结构简单,但不能承受大的轴向力。 紧定螺钉适用于轴向力很小、转速很低或仅为防止偶然轴向滑移的场合,同时可起周向固定作用
8	销连接	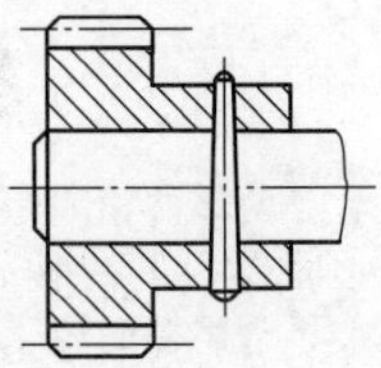	结构简单,但轴的应力集中较大,用于受力不大且需要周向固定的场合

3. 各轴段直径和长度的确定

当零件在轴上的装配方案以及定位与固定方式确定后,轴的结构形状也就基本确定了,接下来便是确定轴的几何尺寸,即各轴段的直径与长度。

1）确定各轴段的直径

由于阶梯轴的最小轴径通常在轴端,其大小可以通过前述的估算方法得到。之后,就可以参考轴上零件的装配方案及定位与固定方法,来确定各轴段直径的大小,但同时需要注意以下几点:

（1）与标准零件（如滚动轴承、联轴器、密封圈等）有配合要求的轴段,应按照标准直径来确定该轴段直径的大小。例如,安装滚动轴承处轴段的直径必须等于所选滚动轴承的内孔直径。

（2）与非标准零件（如齿轮、带轮等）有配合要求的轴段的直径与非标准件轮毂孔直径应相等且应取标准直径。

（3）为便于滚动轴承的拆卸,安装滚动轴承处的定位轴肩高度应低于轴承内圈端面厚度,具体尺寸可查阅相关滚动轴承标准。

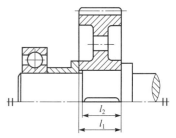

2）确定各轴段的长度

各轴段的长度尺寸,主要由轴上零件与轴配合部分的轴向尺寸、相邻零件之间的距离、轴向定位以及轴上零件的装配和调整空间等因素决定。如图 12-5 所示,为了实现零件轴向的可靠定位,齿轮（或联轴器）的轮毂宽度 l_1 应该比与之相配合的轴段长度 l_2 长 2~3 mm,即 $l_1 = l_2 + (2 \sim 3)$ mm。

图 12-5　配合轴端的长度尺寸

4. 轴的结构工艺性

轴的结构工艺性是指轴的结构形式应便于加工和装配,并且有利于提高生产率和降低成本。一般来说,轴的结构越简单,工艺性越好。因此,设计轴时,在满足使用要求的前提下,轴的结构形式应尽量简化。轴的结构工艺应满足下列要求:

（1）轴端和各阶梯端面应制出 45° 倒角,以便于装配和去掉毛刺。

（2）轴径变化处应有圆角以减小应力集中。

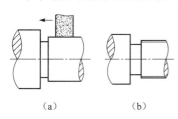

图 12-6　越程槽与退刀槽
（a）越程槽;（b）退刀槽

（3）有砂轮磨削的轴径阶梯处,应制有砂轮越程槽（图 12-6(a)）;在有螺纹部分的阶梯处,应制有螺纹退刀槽（图 12-6(b)）。砂轮越程槽和螺纹退刀槽尺寸可由标准查出。

（4）同一轴上不同轴段的键槽应布置在轴的同一母线上,以便减少装夹工件的时间（图 12-7）。

（5）轴两端的工艺孔要在零件图上标明型号与国标号。

5. 改善轴的受力情况,提高轴的疲劳强度

如图 12-8 所示,当动力需以两个轮输出时,为了减小轴上的转矩,尽量将输入轮布置在中间（图 12-8(a)）,此时轴上受的最大转矩为 T_1;在图 12-8(b)所示的结构中,轴上最大转矩为 $T_1 + T_2$。

在图 12-9 所示的起重卷筒的两种不同方案中,图 12-9(a)的方案是大齿轮和卷筒连在一起,转矩经大齿轮直接传给卷筒,这样卷筒轴只受弯矩而不受转矩,在起重同样载荷 F 时,轴

的直径可小于图 12-9(b) 所示的结构。

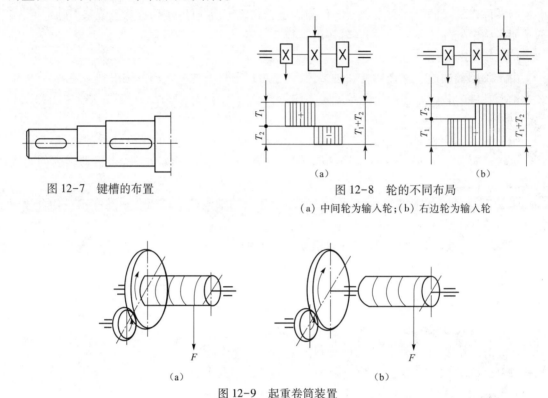

图 12-7　键槽的布置

图 12-8　轮的不同布局

(a) 中间轮为输入轮；(b) 右边轮为输入轮

图 12-9　起重卷筒装置

(a) 大齿轮安装在卷筒上；(b) 大齿轮安装在卷筒轴上

六、轴的强度计算

当完成轴的结构设计后，还应该对轴进行校核计算。校核内容主要有强度、刚度和振动稳定性等，通常视工作条件和重要性而定，对于一般用途的轴，只需校核强度即可。

扭转强度法、弯扭合成法和安全系数法是三种主要的轴的强度计算方法。扭转法适用于仅承受转矩的传动轴或不重要的转轴的强度计算，也常用于结构设计前估算轴的最小直径。弯扭合成法用于演算一般用途转轴的危险截面强度。安全系数法用于要求精确计算的比较重要的轴。这里只介绍弯扭合成法，在实际工作中如果需要应用安全系数法计算，则可参考有关书籍或机械设计手册。

设计完轴的结构后，轴的结构形状和主要几何尺寸初步确定，轴上零件的位置、所承受的外载荷和支反力的作用点等条件也随之确定。外载荷（包括弯矩和转矩等）的大小和方向也均可通过分析与计算得到。因此，可以按照弯扭合成强度条件来校核轴的强度，以判断轴上危险截面的直径是否满足强度要求。弯扭合成法的主要计算步骤如下：

1. 建立力学模型

建立力学模型即画出轴的受力计算简图，标出各作用力的大小、方向和作用点的位置。画简图时应注意以下几点：

(1) 通常把轴简化为铰支梁，其支反力的作用点由轴承的类型和布置方式决定，如

图 12-10 所示。其中,可通过查滚动轴承样本或手册来确定图(b)中的 a 值,而图(d)中的 e 值与滑动轴承的宽度 l 和内径 d 有关,当 $l \leq d$ 时,$e = 0.5l$;当 $l > d$ 时,$e = 0.5d$,但不应小于 $(0.25 \sim 0.35) l$;对于调心轴承,取 $e = 0.5l$。

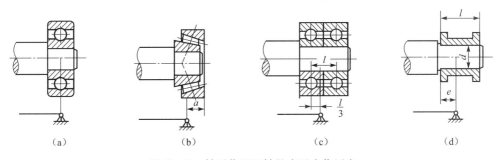

| (a) | (b) | (c) | (d) |

图 12-10　轴承作用于轴的支反力作用点

(a) 径向接触轴承;(b) 角接触向心轴承;(c) 双列向心轴承;(d) 滑动轴承

(2) 通常将轴上传动零件(如齿轮、带轮等)作用于轴上的分布载荷简化为集中力,并作用在工作宽度的中点处,如图 12-11 所示。而作用于轴上的转矩,也可简化为从传动零件(如联轴器)轮毂宽度中点算起的转矩。

(3) 若轴上零件承受外部载荷(如齿轮,通常为空间力系),应将其分解为沿径向、切向及轴向的三个分力,计算大小并转化到轴上。然后,将其分解为水平分力和垂直分力,并求出水平支反力和垂直支反力。

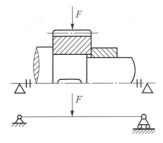

图 12-11　轴上传动零件作用于轴上的力作用点

2. 计算弯矩,并画出弯矩图

根据上述受力计算简图,分别计算出水平面和垂直面内产生的弯矩,并分别绘制出水平弯矩(M_{H})图和垂直弯矩(M_{V})图。然后,根据公式 $M = M_{\mathrm{H}}^2 + M_{\mathrm{V}}^2$ 计算合成弯矩,并绘制合成弯矩图。

3. 计算转矩(T),并画出转矩图

4. 确定危险截面,校核轴的强度

计算出轴所受的转矩和弯矩后,即可对轴的危险截面(指发生破坏可能性最大的截面,在弯扭合成法中,通常是指弯矩、转矩大而轴径可能不足的截面)进行强度校核。对于一般钢制轴,根据第三强度理论,其弯扭合成强度条件为

$$\sigma_{\mathrm{ca}} = \sqrt{\sigma^2 + 4\tau^2} = \sqrt{\left(\frac{M}{W}\right)^2 + 4\left(\frac{T}{W_{\mathrm{T}}}\right)^2} \leq [\sigma_{-1}]$$

式中,σ_{ca} 为轴的计算弯曲应力(MPa);σ、τ 分别为轴的弯曲应力和扭转切应力(MPa);M、T 分别为轴所受的弯矩和转矩(N·mm);W、W_{T} 分别为轴的抗弯截面系数和抗扭截面系数(mm³),其值可按表 12-5 中的公式计算;$[\sigma_{-1}]$ 为对称循环应力状态下轴的许用弯曲应力(MPa),按表 12-2 选取。

一般情况下,由弯矩产生的弯曲应力为对称循环应力,而由转矩所产生的扭转切应力则随其转矩的变化情况而异,不一定是对称循环应力。因此,在计算弯曲应力时,引入应力修正系

数,以考虑应力循环特性差异的影响。此时,弯扭合成强度条件可修正为

$$\sigma_{ca} = \sqrt{\sigma^2 + 4\tau^2} = \sqrt{\left(\frac{M}{W}\right)^2 + 4\left(\frac{\alpha T}{W_T}\right)^2} \leqslant [\sigma_{-1}]$$

式中,α 为应力修正系数。当扭转切应力为静应力时,取 $\alpha \approx 0.3$;当轴单向转动时,扭转切应力可按照脉动循环应力处理,取 $\alpha \approx 0.6$;当轴正反转频繁时,扭转切应力可按对称循环应力处理,取 $\alpha = 1$。

对于圆轴来讲,由于 $W_T = 2W$,因此有:

$$\sigma_{ca} = \frac{\sqrt{M^2 + (\alpha T)^2}}{W} \leqslant [\sigma_{-1}] \qquad (12-3)$$

此式即为轴的强度校核公式。

需要注意的是,由轴向力产生的压应力要比弯曲应力和扭转切应力小得多,一般可忽略不计。

表 12-5　抗弯、抗扭截面系数计算公式

截　面	W	W_T	截　面	W	W_T
⊘	$\dfrac{\pi d^3}{32} \approx 0.1d^3$	$\dfrac{\pi d^3}{16} \approx 0.2d^3$	(截面图)	$\dfrac{\pi d^3}{32} - \dfrac{bt(d-t)^2}{d}$	$\dfrac{\pi d^3}{16} - \dfrac{bt(d-t)^2}{d}$
⊚	$\dfrac{\pi d^3}{32}(1-\beta^4) \approx$ $0.1d^3(1-\beta^4)$ $\beta = \dfrac{d_1}{d}$	$\dfrac{\pi d^3}{16}(1-\beta^4) \approx$ $0.2d^3(1-\beta^4)$ $\beta = \dfrac{d_1}{d}$	(截面图)	$\dfrac{\pi d^3}{32}\left(1-1.54\dfrac{d_1}{d}\right)$	$\dfrac{\pi d^3}{16}\left(1-\dfrac{d_1}{d}\right)$
(截面图)	$\dfrac{\pi d^3}{32} - \dfrac{bt(d-t)^2}{2d}$	$\dfrac{\pi d^3}{16} - \dfrac{bt(d-t)^2}{2d}$	(截面图)	$[\pi d^4 + (D-d)$ $(D+d)^2 zb]/32D$ z—花键齿数	$[\pi d^4 + (D-d)$ $(D+d)^2 zb]/16D$ z—花键齿数

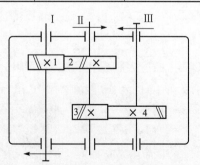

图 12-12　两级斜齿圆柱齿轮减速器传动示意图

例　图 12-12 所示为两级斜齿圆柱齿轮减速器传动示意图。其中,中间轴(Ⅱ轴)上的斜齿圆柱齿轮 2、3 分别与高速轴(Ⅰ轴)上的 1 齿轮和低速轴(Ⅲ轴)上的 4 齿轮相啮合。现已知:Ⅱ轴的传递功率 $P = 15$ kW,转速 $n = 500$ r/min,齿轮 2、3 的分度圆直径分别为:$d_2 = 286$ mm,$d_3 = 92$ mm,宽度分别为:$B_2 = 75$ mm,$B_3 =$

115 mm,螺旋角 $\beta = 11°58'8''$。试设计此轴的结构,并校核其强度。

解:

1. 选择轴的材料及热处理方式

由于减速器轴为一般用途轴,可选 45 钢,调质。查表 12-2 可得:$\sigma_B = 640$ MPa,$\sigma_s = 355$ MPa,$\sigma_{-1} = 275$ MPa,$\tau_{-1} = 155$ MPa,$[\sigma_{-1}] = 60$ MPa。

2. 最小轴径估算

利用扭转强度法,根据式(12-2)可知:

$$d \geqslant C \sqrt[3]{\frac{P}{n}} \qquad (\text{mm})$$

式中,$P = 15$ kW,$n = 500$ r/min,$C = 118 \sim 107$(查表 12-3),不妨取 $C = 115$。故最小轴径为

$$d_{\min} = 115 \sqrt[3]{\frac{15}{500}} = 35.73(\text{mm})$$

经圆整,取最小轴径(即轴端直径)$d_{\min} = 40$ mm。

3. 轴的结构设计

(1)确定轴上零件的装配方案。考虑到轴上零件的定位、固定及装拆,拟采用阶梯轴结构,并选用如图 12-3(a)所示装配方案。

(2)确定各轴段的直径。

① 由于斜齿轮会产生轴向力,因此,支承选用角接触球轴承 7308AC,此轴段(左轴颈)直径取为 $d_{\mathrm{I}} = 40$ mm。

② 为了便于齿轮 2 的装拆,并不损伤左轴颈表面,与齿轮 2 配合的轴段直径取为 $d_{\mathrm{II}} = 45$ mm。

③ 齿轮 2 右端采用轴肩实现轴向定位,轴肩高度 $h = (0.07 \sim 0.1) d_{\mathrm{II}} = 3.15 \sim 4.5$。因此,轴肩处直径取为 $d_{\mathrm{III}} = 55$ mm。

④ 由于齿轮 3 的直径较小,因此做成齿轮轴结构。其齿根圆直径 $d_{f3} = 84.5$ mm。

⑤ 与左轴颈一样,右支承也选用角接触球轴承 7308AC,因此,此轴段(右轴颈)直径取为 $d_{\mathrm{IV}} = 40$ mm。

⑥ 齿轮 3 与右轴颈之间采用轴肩过渡,为便于右轴承的左端轴向定位,取该轴段直径为 $d_{\mathrm{V}} = 50$ mm。

(3)确定各轴段的长度。

① 取右轴颈 d_{IV} 轴段的长度等于轴承 7308AC 的宽度(经查表为 23 mm)。

② 考虑到齿轮端面距离减速器箱体内壁的距离应不小于箱体壁厚(考虑到铸造工艺,壁厚应 $\geqslant 8$ mm),因此,取 d_{V} 轴段长度为 20 mm。

③ 齿轮 3 处轴段即为其宽度,根据已知条件,该段长度为 115 mm。

④ 取 d_{III} 轴段处长度为 10 mm。

⑤ 已知齿轮 2 的宽度为 75 mm,则 d_{II} 轴段长度应比其小 $1 \sim 2$ mm,取该轴段长度为 73 mm。

⑥ 与②同,齿轮 2 左端面也应距箱体内壁至少 8 mm,同样取其与左轴承右端面距离为 20 mm,因此,d_{I} 轴段的长度为 $23 + 20 + 2 = 45(\text{mm})$。

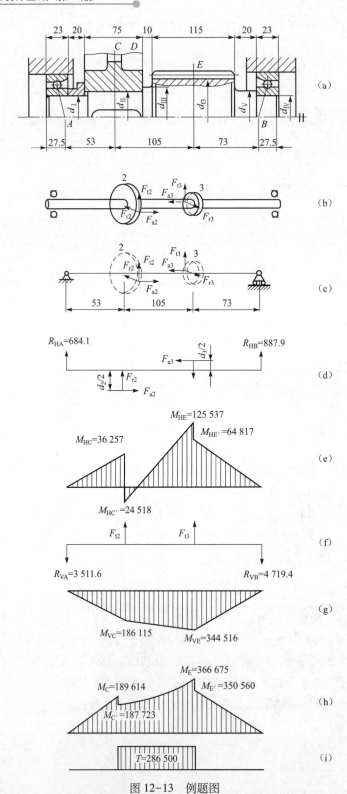

图 12-13 例题图

(a) 结构图;(b) 示意图;(c) 受力计算简图;(d) 水平面受力简图(单位:N);(e) 水平面弯矩图(单位:N·mm);

(f) 垂直面受力简图(单位:N);(g) 垂直面弯矩图(单位:N·mm);(h) 合成弯矩图(单位:N·mm);(i) 转矩图(单位:N·mm)

（4）确定其他细节尺寸。

① 轴两端倒角尺寸可取为 1.5×45°，轴肩处过渡圆角半径取为 1.5 mm，齿轮 3 与其两边轴段之间的过渡圆角半径可取为 10 mm。

② 齿轮 2 与轴为过渡配合（H7/k6），且采用 A 型平键连接实现周向固定。该轴段上键槽宽度 $b = 14$ mm，槽深 $t = 5.5$ mm，键槽长度 $L = 63$ mm。

4. 按弯扭合成法校核轴的强度。

（1）建立力学模型。考虑到 7308AC 轴承的接触角，左、右轴承对轴的支反力作用点应位于距两轴承外端面 27.5 mm 的位置。齿轮 2、3 作用于轴上的分布力可视作集中载荷，并作用于齿宽中点上。因此，该轴的受力计算简图如图 12-13（c）所示。其中，水平面和垂直面内的受力计算简图分别如图 12-13（d）、（f）所示。

（2）计算弯矩，并画出弯矩图。

① 计算齿轮 2、3 的受力。根据齿轮的受力计算公式，两齿轮所受力的大小为

$$F_{t2} = \frac{2T_2}{d_2} = \frac{2 \times 9.55 \times 10^6 P}{d_2 n} = \frac{2 \times 9.55 \times 10^6 \times 15}{286 \times 500} = 2\,003(\text{N})$$

$$F_{r2} = \frac{F_{t2} \tan \alpha_n}{\cos \beta} = \frac{2\,003 \times \tan 20°}{\cos 11°58'8''} = 745(\text{N})$$

$$F_{a2} = F_{t2} \tan \beta = 2\,003 \times \tan 11°58'8'' = 425(\text{N})$$

$$F_{t3} = \frac{2T_3}{d_3} = \frac{2 \times 9.55 \times 10^6 P}{d_3 n} = \frac{2 \times 9.55 \times 10^6 \times 15}{92 \times 500} = 6\,228(\text{N})$$

$$F_{r3} = \frac{F_{t3} \tan \alpha_n}{\cos \beta} = \frac{6\,228 \times \tan 20°}{\cos 11°58'8''} = 2\,317(\text{N})$$

$$F_{a3} = F_{t3} \tan \beta = 6\,228 \times \tan 11°58'8'' = 1\,320(\text{N})$$

② 根据水平面内的受力简图（图 12-13（d）），可以计算出两支点 A、B 处的支反力及 C、E 截面的弯矩，绘制其水平弯矩（M_H）图，如图 12-13（e）所示。

③ 根据垂直面内的受力简图（图 12-13（f）），可以计算出两支点 A、B 处的支反力及 C、E 截面的弯矩，绘制其垂直弯矩（M_V）图，如图 12-13（g）所示。

④ 根据公式 $M = \sqrt{M_H^2 + M_V^2}$ 计算合成弯矩，并绘制合成弯矩图，如图 12-13（h）所示。

（3）计算转矩，绘制转矩图。该轴所受的转矩可通过下式计算

$$T = \frac{9.55 \times 10^6 P}{n} = \frac{9.55 \times 10^6 \times 15}{500} = 286\,500(\text{N} \cdot \text{mm})$$

绘出的转矩图如图 12-13（i）所示。

（4）确定危险截面，校核轴的强度。

结合图 12-13（a）、（h）、（i）可以看出，E 截面处受转矩和弯矩最大，C 截面处虽然弯矩、转矩不是最大，但轴径较小，因此，该轴的危险截面为 C、E 两截面。根据式（12-3），可得

$$C \text{ 截面} : \sigma_{ca\_C} = \frac{\sqrt{M^2 + (\alpha T)^2}}{W} = \frac{\sqrt{189\,614^2 + (0.6 \times 286\,500)^2}}{\dfrac{\pi \times 45^3}{32} - \dfrac{14 \times 5.5(45 - 5.5)^2}{2 \times 45}}$$

$$= 33.6(\text{MPa}) \leqslant [\sigma_{-1}] = 60 \text{ MPa}$$

其中，由于轴单向转动，取 $\alpha \approx 0.6$；W 值根据表 12-5 中相应公式计算。

$$E\ \text{截面}:\sigma_{\text{ca\_E}} = \frac{\sqrt{M^2+(\alpha T)^2}}{W} = \frac{\sqrt{366\ 675^2+(0.6\times286\ 500)^2}}{\dfrac{\pi\times84.5^3}{32}} = 6.8(\text{MPa}) \leqslant [\sigma_{-1}] = 60\ \text{MPa}$$

其中，由于 E 截面处为齿轮轴，因此，取其齿根圆直径（$d_{f3}=84.5$ mm）进行强度校核。

因此该轴的结构满足强度要求。

第二节　联轴器、离合器和制动器

联轴器、离合器与制动器是轴系中常用的零部件，它们的功用主要是实现轴与轴之间的结合及分离，或是实现对轴的制动。这些零件大多已标准化、系列化，一般可先根据机器的工作条件选定合适的类型，然后按照计算转矩、轴的转速和轴端直径从标准中选择所需的型号和尺寸。必要时还应对其中易损的薄弱环节进行校核计算。

联轴器和离合器用来连接两轴并且传递转矩，其计算转矩 T_c 应将工作过程中的过载、启动、制动和惯性力矩等因素考虑在内，具体计算公式如下：

$$T_c = K_A T \tag{12-4}$$

式中，T 为名义转矩；K_A 为工作情况系数，K_A 值列于表 12-6 中。

表 12-6　工作情况系数 K_A

工　作　机	原动机为电动机时
转矩变化很小的机械：如发电机、小型通风机、小型离心泵	1.3
转矩变化较小的机械：如透平压缩机、木工机械、输送机	1.5
转矩变化中等的机械：如搅拌机、增压机、有飞轮的压缩机	1.7
转矩变化和冲击载荷中等的机械：如织布机、水泥搅拌机、拖拉机	1.9
转矩变化和冲击载荷大的机械：如挖掘机、起重机、碎石机、造纸机械	2.3

一、联轴器

联轴器主要用于轴和轴之间的连接，以实现不同轴之间运动与动力的传递。若要使两轴分离，必须通过停车拆卸才能实现。

联轴器根据各种位移有无补偿能力可分为刚性联轴器和挠性联轴器两大类。挠性联轴器又可按是否具有弹性元件分为无弹性元件的挠性联轴器和有弹性元件的挠性联轴器两个类别。

1. 刚性联轴器

这类联轴器主要有套筒式、夹壳式和凸缘式等。这里只介绍应用最广的凸缘联轴器。如图 12-14 所示，它是用螺栓将两个带有凸缘的半联轴器联成一体，从而

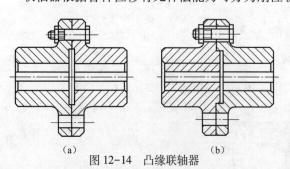

（a）　　　　　（b）
图 12-14　凸缘联轴器
（a）普通凸缘联轴器；（b）有对中榫的凸缘联轴器

实现两轴的连接。螺栓可以用普通螺栓,也可以用铰制孔螺栓。这种联轴器有两种主要的结构型式:图12-14(a)所示为普通的凸缘联轴器,通常靠铰制孔用螺栓来实现两轴对中;图12-14(b)所示为有对中榫的凸缘联轴器,靠凸肩和凹槽(即对中榫)来实现两轴对中。

凸缘联轴器的材料可用灰铸铁或碳钢,当受重载或圆周速度大于30 m/s时,应采用铸钢或锻钢。由于凸缘联轴器属于刚性联轴器,对所连两轴之间的相对位移缺乏补偿能力,因此对两轴对中性的要求很高,且不能缓冲减振,这是它的主要缺点。但由于结构简单、使用方便、成本低并可传递较大的转矩,因此当转速低、对中性较好、载荷较平稳时也常常采用。

2. 挠性联轴器

1)无弹性元件的挠性联轴器

这类联轴器因具有挠性,因此可补偿两轴的相对位移。但因无弹性元件,故不能缓冲减振。常用的有十字滑块联轴器和齿式联轴器。

十字滑块联轴器如图12-15所示,由两个具有径向通槽的半联轴器和一个具有相互垂直凸榫的十字滑块组成。由于滑块的凸榫能在半联轴器的凹槽中移动,故而补偿了两轴间的位移。为了减少滑动引起的摩擦,凹槽和滑块的工作面要加润滑剂。十字滑块联轴器常用45钢制造,要求较低时也可以采用Q275。

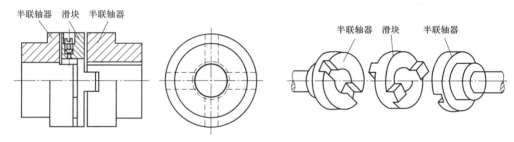

图12-15 十字滑块联轴器

齿式联轴器是允许综合位移刚性联轴器中具有代表性的一种。如图12-16所示,它是由两对齿数相同的内、外齿圈啮合而成的。两个外齿圈分别装在主、从动轴端上,两个内齿圈在其凸缘处用一组螺栓连接起来,主要依靠内、外齿相啮合传递转矩。外齿的齿顶圆柱面常修成球面,而齿侧面制成鼓形,内、外齿圈啮合时则具有较大的顶隙和侧隙,因此这种联轴器具有径向、轴向和角度位移补偿的功能。由于齿式联轴器具

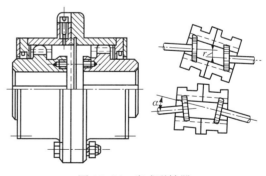

图12-16 齿式联轴器

有很强的传递载荷能力和位移补偿能力,因此在重载工作的机械中有着广泛的应用。

2)弹性元件挠性联轴器

由于这种联轴器中装有弹性元件,所以不仅可以补偿两轴间的综合位移,而且具有缓冲和吸振的能力。弹性元件所能储蓄的能量越多,则联轴器的缓冲能力越强;弹性元件的弹性滞后性能与弹性变形时零件间的摩擦功越大,则联轴器的减振能力越好。它适用于多变载荷,频繁

启动,经常正、反转以及两轴不便于严格对中的传动中。这类联轴器目前应用很广,品种也很多。下面仅举两种比较典型的例子。

弹性套柱销联轴器在结构上与凸缘联轴器很近似,不同之处是两个半联轴器的连接不用螺栓,而是用带橡胶弹性套的柱销,它可以作为缓冲吸收元件,如图 12-17 所示。柱销材料一般为 45 钢,半联轴器用铸铁或铸钢,它与轴的配合可以采用圆柱或圆锥配合孔。弹性套柱销联轴器制造容易,装拆方便,成本较低,但弹性套易磨损,寿命较短。它适用于连接载荷平稳、需正反转或启动频繁的、传递中小转矩的轴。

弹性柱销联轴器的结构如图 12-18 所示,它的构造也与凸缘联轴器的构造相仿,使用弹性柱销将两个半联轴器连接起来。为了防止柱销脱落,在半联轴器的外侧,用螺钉固定了挡板。柱销一般多用尼龙或酚醛布棒等弹性材料制造。

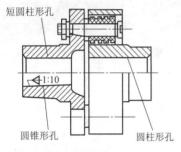

图 12-17　弹性套柱销联轴器

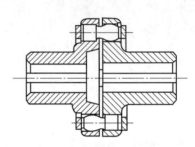

图 12-18　弹性柱销联轴器

弹性柱销联轴器虽然与弹性套柱销联轴器十分相似,但其载荷传递能力更大,结构更为简单,使用寿命及缓冲吸振能力更强,允许被连接两轴有一定的轴向位移以及少量的径向位移和角位移,适用于轴向窜动较大、正反转变化较多和启动频繁的场合,由于尼龙柱销对温度较敏感,故使用温度限制在 $-20\ ℃ \sim +70\ ℃$。

二、离合器

离合器的作用是在机器运转中将传动系统随时分离或接合。对离合器的要求有:接合平稳,分离迅速而彻底,调节和修理方便;外廓尺寸小,质量小,耐磨性好,有足够的散热能力等。离合器种类很多,按其工作原理主要可分为嵌入式和摩擦式两类。另外,还有电磁离合器和自动离合器。电磁离合器在自动化机械中作为控制转动的元件而被广泛应用。自动离合器能够在特定的工作条件下,如一定的转矩、一定的转速或一定的回转方向下自动接合或分离。下面着重介绍应用非常广泛的牙嵌式离合器和圆盘摩擦离合器。

1. 牙嵌式离合器

牙嵌式离合器是嵌入式离合器中常用的一种,如图 12-19 所示,它由两个端面带牙的半离合器组成。半离合器 1 用平键和主动轴相连接,另一半离合器 2 通过导向平键与从动轴连接,利用操纵杆移动滑块 4 可使离合器接合或分离,对中环 5 固定在半离合器 1 上,使从动轴能在环中自由转动,保证两轴对中。

牙嵌式离合器常用的牙形有矩形、梯形和锯齿形三种。矩形牙不便于离合,磨损后无法补偿,故使用较少;梯形牙容易离合,牙根部强度高,能补偿牙齿的磨损与间隙从而减小冲击,故应用较广。锯齿形牙强度最高,但只能传递单方向的转矩。

牙嵌式离合器的主要特点是结构简单、尺寸紧凑、传动准确。其失效形式是接合表面的磨损和牙的折断,因此离合器的接合必须在两轴转速差很小或停转时进行。

2. 圆盘摩擦离合器

圆盘摩擦离合器是摩擦式离合器中应用最广的一种,它分为单片式和多片式。如图12-20所示的单片摩擦离合器靠一定压力下主动盘 1 和从动盘 2 之间接合面上的摩擦力传递转矩,操纵环 3 使从动盘做轴向位移实现离合。单片摩擦离合器结构简单,散热性好,易于分离,但一般只能用于转矩在 2 000 N·m 以下的轻型机械(如包装机械、纺织机械),且径向尺寸大。

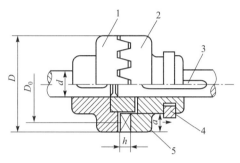

图 12-19　牙嵌式离合器

1,2—半离合器;3—键;4—移动滑块;5—对中环

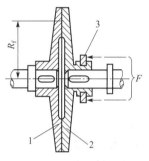

图 12-20　单片摩擦离合器

1—主动盘;2—从动盘;3—操纵环

采用多片摩擦离合器既能传递较大的转矩,又可减小径向尺寸、降低转动惯量。图12-21 所示为多片摩擦离合器。主动轴 1 与外壳 2、从动轴 9 与套筒 10 均用键连接。外壳大端的内孔上开有花键槽,与外摩擦盘 4 上的花键相连接,因此外摩擦盘与主动轴一起转动。内摩擦盘 5 与套筒 10 也是花键连接,故内摩擦盘与从动轴9 一起转动。内、外摩擦盘相间安装。当滑杆 8 向左移动时,曲臂压杆 7 经压板 3 将所有内、外摩擦盘压紧在调压螺母 6 上,从而实现接合;当滑杆向右移动时,则实现分离。为了散热和减轻磨损,可以把摩擦离合器浸入油中工作。根据是否浸入润滑油中工作,多片摩擦离合器又可分为干式和湿式。干式反应灵敏;湿式磨损小,散热快。

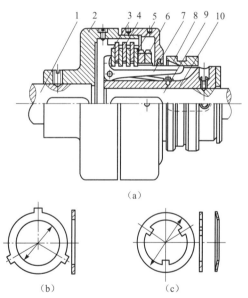

图 12-21　多片摩擦离合器

(a) 多片摩擦离合器;(b) 外摩擦盘;(c) 内摩擦盘

1—主动轴;2—外壳;3—压板轴;4—外摩擦盘;5—内摩擦盘;

6—调压螺母;7—曲臂压杆;8—滑杆;

9—从动轴;10—套筒

三、制动器

制动器是用来降低机械运转速度或迫使机械停止运转的装置。制动器在车辆、起重机等机械中有着广泛的应用。对制动器的要求有体积小、散热好、制动可靠、操纵灵活。按结构特

征分,制动器有摩擦式和非摩擦式两大类。下面介绍两种常见的摩擦式制动器。

1. 块式制动器

图 12-22 所示为块式制动器的结构图,其工作原理是:主弹簧 3 通过制动臂 4 使闸瓦块 2 压紧在制动轮 1 上,制动器经常处于闭合状态。当松闸器 6 通电时,电磁力顶起立柱,通过推杆 5 和制动臂 4 操纵闸瓦块 2 与制动轮 1 松开。闸瓦块 2 磨损时可以调节推杆 5 的长度进行补偿。这种制动器结构简单,性能可靠,间隙调整方便且散热较好。但由于接触面有限,使制动力矩较小,且外形尺寸较大。一般用于工作频繁且空间较大的场合。

2. 带式制动器

图 12-23 所示为带式制动器,它主要由制动轮、制动钢带和操纵系统组成。当杠杆上作用外力 F_Q 后,闸带收紧且抱住制动轮,依靠带与轮间的摩擦力实现制动。

带式制动器的特点是结构简单、紧凑,但制动时有附加径向力的作用,常用于中、小型起重运输机械和手动操纵的制动场合。

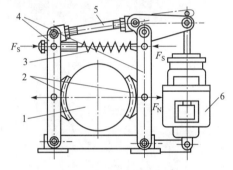

图 12-22　块式制动器

1—制动轮;2—闸瓦块;3—主弹簧;
4—制动臂;5—推杆;6—松闸器

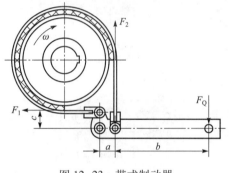

图 12-23　带式制动器

习　　题

12-1　试说明心轴、传动轴和转轴工作时的受力特点及应力变化情况。

12-2　试举出三种实现轴上零件轴向定位的方法,并说明其优缺点。

12-3　请画图说明阶梯轴的轴肩过渡圆角半径 r、轴肩高度 h 和轴上零件倒角高度 C 三者之间的关系。

12-4　试举出三种实现轴上零件周向固定的方法,并说明其优缺点。

12-5　指出题12-5图中轴的结构有哪些错误之处,简要说明原因,并画出改进后的轴结构图。

12-6　在轴的强度校核计算中,如何判断轴的危险截面?

12-7　题12-7图所示为一用于带式运输机上的单级斜齿圆柱齿轮减速器简图。现已知:电动机额定功率 $P = 5.5$ kW,转速 $n = 1\,440$ r/min;两齿轮齿数分别为:$z_1 = 21$、$z_2 = 42$,法向模数 $m_n = 2.5$ mm,螺旋角 $\beta = 10°36'28''$,低速轴齿轮宽度 $B = 55$ mm;减速器单向运转,转向如题 12-7图所示。试设计该减速器的低速轴,要求:

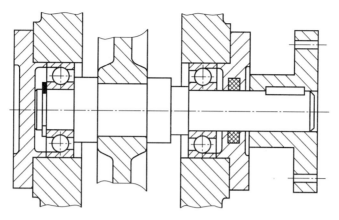

题 12-5 图

（1）完成轴的全部结构设计；

（2）校核轴的强度。

12-8　常用的联轴器哪些类型？各有何特点？列举你所知道的应用实例。

12-9　下列情况下,分别选用何种类型的联轴器较为合适：

（1）刚性大、对中性好的两轴；

（2）轴线相交的两轴间的连接；

（3）正反转多变、启动频繁、冲击大的两轴间的连接；

（4）轴间径向位移大、转速低、无冲击的两轴间的连接；

（5）转速高、载荷平稳、中小功率的两轴间的连接；

（6）转速高、载荷大、正反转多变、启动频繁的两轴间的连接。

12-10　简述制动器的主要功用和特点。

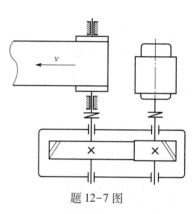

题 12-7 图

第十三章 滑动轴承

轴承是用来支承轴和轴上回转零件的部件。根据轴承中摩擦性质的不同,轴承可分为滑动摩擦轴承(简称滑动轴承)和滚动摩擦轴承(简称滚动轴承)两大类。虽然滚动轴承具有一系列优点,在一般机器中获得了广泛应用,但是在高速、高精度、重载、结构上要求剖分等场合下,滑动轴承就显示出它的优异性能,因而在汽轮机、内燃机、大型电动机等机器中多采用滑动轴承。此外,对于在低速但有冲击的条件下工作的机器,如破碎机、水泥搅拌机、滚筒清砂机等也采用滑动轴承。

滑动轴承的类型很多,按其承受载荷方向的不同,可分为径向轴承(承受径向载荷)和止推轴承(承受轴向载荷)。根据其滑动表面间润滑状态的不同,可分为液体润滑轴承、不完全液体润滑轴承和无润滑轴承。根据液体润滑承载机理的不同,又可分为液体动力润滑轴承(简称液体动压轴承)和液体静压润滑轴承(简称液体静压轴承)。

本章主要讨论动压轴承,对静压轴承将只作简要介绍。

第一节 滑动轴承的典型结构

一、径向滑动轴承的结构

常见的径向滑动轴承结构有整体式、剖分式和调心式。图 13-1 所示为一整体式滑动轴承,它由轴承座 1 和整体轴瓦 2 组成。整体式滑动轴承具有结构简单、成本低、刚度大等优点,但在装拆时需要轴承或轴做较大的轴向移动,故装拆不便。而且当轴颈与轴瓦磨损后,无法调整其间的间隙。所以这种结构常用于轻载、不需经常装拆且不重要的场合。

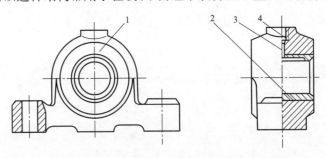

图 13-1 整体式径向滑动轴承
1—轴承座;2—整体轴瓦;3—油孔;4—螺纹孔

剖分式轴承的结构如图 13-2 所示,它由轴承座 1、轴承盖 2、剖分式轴瓦 7 和双头螺柱 3 等组成。为防止轴承座与轴承盖间相对横向错动,接合面要做成阶梯形或设止动销钉。这种结构装拆方便,且在接合面之间可放置垫片,通过调整垫片的厚薄来调整轴瓦和轴颈间的间隙。

调心式轴承的结构如图 13-3 所示,其轴瓦和轴承座之间以球面形成配合,使得轴瓦和轴

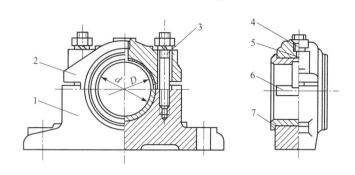

图 13-2 剖分式径向滑动轴承

1—轴承座；2—轴承盖；3—双头螺柱；4—螺纹孔；5—油孔；6—油槽；7—剖分式轴瓦

相对于轴承座可在一定范围内摆动,从而避免安装误差或轴的弯曲变形较大时,造成轴颈与轴瓦端部的局部接触所引起的剧烈偏磨和发热。但由于球面加工不易,所以这种结构一般只用在轴承的长径比较大的场合。

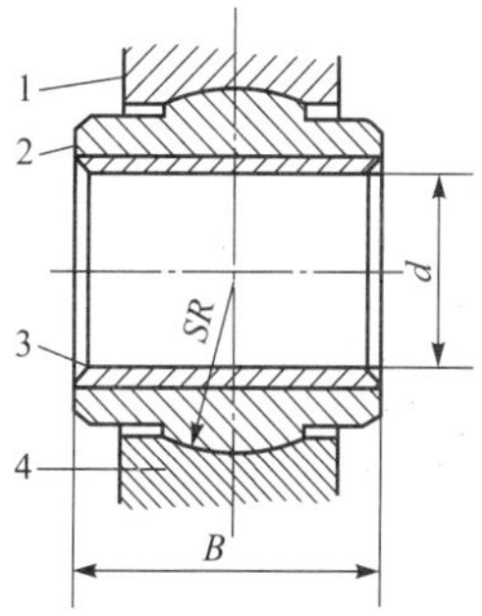

二、止推滑动轴承的结构

止推滑动轴承用来承受轴向载荷,一般由轴承座和推力轴颈组成。常用的结构形式有空心式、单环式和多环式,其结构见图 13-4。通常不用实心式轴颈,因其端面上的压力分布很不均匀,靠近中心处的压力很高,对润滑极为不利。空心式轴颈接触面上压力分布较均匀,润滑条件比实心式有所改善。单环式是利用轴颈的环形端面止推,结构简单,润滑方便,广泛用于低速、轻载的场合。多环轴颈不仅能承受较大的轴向载荷,有时还可以承受双向的轴向载荷。

图 13-3 调心式滑动轴承

1—轴承盖；2—轴瓦；

3—轴承合金；4—轴承座

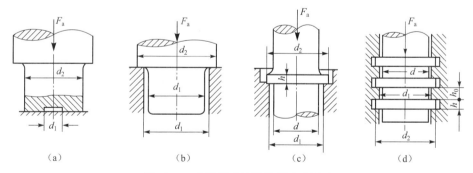

（a） （b） （c） （d）

图 13-4 止推滑动轴承的形式及尺寸

（a）空心式:$d_1=(0.4-0.6)d_2$；（b）单环式:d_1,d_2 由轴的结构设计拟定；（c）单环式:d 由轴的结构设计拟定,$d_2=(1.2-1.6)d,d_1=1.1d,h=(0.12-0.15)d,h_0=(2-3)h$；（d）多环式:尺寸同（c）图

第二节　滑动轴承的失效形式、轴承材料与轴瓦结构

滑动轴承的主要失效形式为磨损和胶合,有时也会有疲劳损伤和刮伤等。因此对滑动轴

承材料的主要要求有：应具有良好的减磨和耐磨性；良好的承载性能和抗疲劳性能，所以有时需采用多层或组合结构加以保障；良好的顺应性和嵌藏性，这样能避免表面间的卡死和划伤；在可能产生胶合的场合，选用具有抗胶合性的材料；具有良好的加工工艺性与经济性。现有的轴瓦材料尚不能同时满足上述全部要求，因此设计时应根据使用中最主要的要求，选择材料。下面简单介绍常用的轴瓦材料。

一、轴承合金

轴承合金又称巴氏合金。在软基体金属（如锡、铅）中适量加入硬金属（如锑）形成，软基体具有良好的跑合性、嵌藏性和顺应性，而硬金属颗粒则起到支撑载荷、抵抗磨损的作用。按基体材料的不同，可分为锡锑轴承合金和铅锑轴承合金两类。锡锑轴承合金的摩擦系数小，抗胶合性能良好，对油的吸附性强，且易跑合、耐腐蚀，因此常用于高速、重载场合，但价格较高，因此一般作为轴承衬材料而浇铸在钢、铸铁或青铜轴瓦上。铅锑轴承合金的各种性能与锡锑轴承合金接近，但这种材料较脆，不宜承受较大的冲击载荷，一般用于中速、中载的轴承。

二、青铜

青铜类材料的强度高、耐磨和导热性好，但可塑性及跑合性较差，因此与之相配的轴颈必须淬硬。

青铜可以单独做成轴瓦。为了节省有色金属，也可将青铜浇铸在钢或铸铁轴瓦内壁上。用作轴瓦材料的青铜，主要有锡青铜、铅青铜和铝青铜。在一般情况下，它们分别用于中速重载、中速中载和低速重载的轴承上。

三、铸铁

主要是灰铸铁和耐磨铸铁。铸铁类材料的塑性和跑合性差，但价格低廉，适于低速、轻载的不重要场合的轴承。

四、粉末冶金材料

由金属粉末和石墨高温烧结成型，是一种多孔结构金属合金材料。在孔隙内可以贮存润滑油，常称为含油轴承。运转时，轴瓦温度升高，由于油的膨胀系数比金属大，因而自动进入摩擦表面起到润滑作用。常用于轻载、低速且不易经常添加润滑剂的场合。

五、非金属材料

主要是塑料、橡胶、石墨、尼龙等材料以及一些合成材料，成本低，对润滑无要求，易成型、抗振动。在家电、轻工、玩具、小型食品机械中使用较为广泛。

常用的轴瓦有整体式和剖分式两种结构。按制造工艺不同，分为整体铸造、双金属或三金属等多种形式。非金属轴瓦既可以是整体非金属轴套，也可以是在钢套上镶衬非金属材料。

整体式轴瓦为套筒形（称为轴套），而剖分式轴瓦多由两半组成（图 13-5）。为改善轴瓦表面的摩擦性质，在工艺上常采用浇铸或压合的方法，将一层或两层减磨材料黏附在轴瓦内表面，黏附上去的薄层材料通常称为轴承衬。轴瓦和轴承座不允许有相对移动，因此可将轴瓦两端做成凸缘（图 13-5(b)）用于轴向定位，或用销钉（或螺钉）将其固定在轴承座上（图 13-6）。

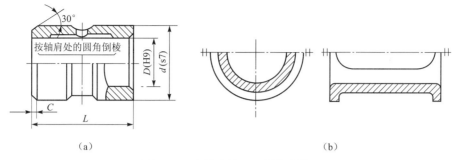

图 13-5 整体式轴瓦和剖分式轴瓦

（a）整体式轴瓦；（b）剖分式轴瓦

为了把润滑油导入整个摩擦面间,使滑动轴承获得良好的润滑,轴瓦或轴颈上需开设油孔及油沟。油孔用于供应润滑油,油沟用于输送和分布润滑油。图 13-7 所示为几种常见的油孔及油沟形式。油孔及油沟的开设原则是:油沟的轴向长度应比轴瓦长度短（大约为轴瓦长度的 80%）,不能沿轴向完全开通,以免油从两端大量流失;油孔及油沟应开在非承载区,以免破坏承载区润滑油膜的连续性,降低轴承的承载能力。图 13-8 所示为油孔和油沟对轴承承载能力的影响。

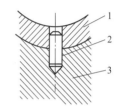

图 13-6 销钉固定轴瓦

1—轴瓦;2—圆柱销;3—轴承座

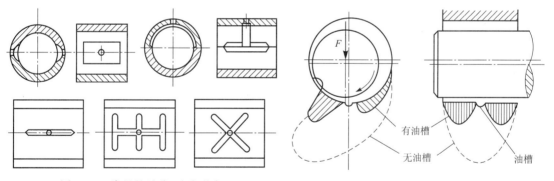

图 13-7 常见的油孔、油沟形式　　　图 13-8 不正确的油沟位置会降低油膜的承载能力

第三节　滑动轴承的润滑剂及润滑装置

一、润滑剂

轴承润滑的目的在于降低摩擦功耗,减少磨损,同时还起到冷却、吸振和防锈等作用。轴承能否正常工作,和选用润滑剂正确与否有很大关系。滑动轴承常用的润滑剂有润滑油、润滑脂和固体润滑剂等。

目前使用的润滑油大部分为矿物油。润滑油最重要的性能指标是黏度,它是润滑油抵抗变形的能力,用以表征流体内部的摩擦阻力大小。黏度的度量有多种指标,如动力黏度、运动黏度和恩氏黏度等。在国际单位制中,动力黏度的单位是 N·s/m²(即 Pa·s);运动黏度的单位是 m²/s;在厘米克秒制中,动力黏度的单位是 P(即 poise,单位名称为泊),1P = 1 dyn·s/cm²。运动黏度的单位是 St(即 stokes,单位名称为斯)或 cSt(厘斯),1St = 1 cm²/s = 100 cSt。我国使用运动黏度来标定润滑油的性质。例如"L-AN68 全损耗系统用油"就是指当 40 ℃时运动黏度为68 mm²/s的机械油。润滑油的黏度并不是不变的,它不仅随着温度的升高而降低,还会随着压力的升高而增大。但压力不太高时(如小于 10 MPa),变化极微,可略而不计。选用润滑油时,要综合考虑速度、载荷和工作情况。对于载荷大、温度高的轴承宜选黏度大的油,载荷小、速度高的轴承宜选黏度较小的油。

润滑脂是由润滑油添加各种稠化剂和稳定剂制成的膏状润滑剂。润滑脂密封简单,无须经常加添,不易流失。润滑脂的主要性能指标是针入度(用以表征润滑脂的稀稠程度)和滴点(用以表征润滑脂的耐热性)。润滑脂对载荷和速度的变化有较大的适应范围,受温度的影响不大,但摩擦损耗较大,机械效率较低,故不宜用于高速。根据调制的皂基不同,分为钙基、钠基、锂基和铝基润滑脂等几种类型。其中,钙基和铝基润滑脂的抗水性好,但耐热性差,常用于 60 ℃以下的各种机械设备中轴承的润滑。钠基润滑脂则与之相反,可用于 115 ℃~145 ℃以下。锂基润滑脂有良好的抗水性、耐热性和机械安定性,可在-20 ℃~150 ℃内广泛适用,可以代替钙基、钠基润滑脂。

固体润滑剂可以在摩擦表面上形成固体膜以减小摩擦阻力,主要品种有石墨、二硫化钼、聚氟乙烯树脂等等,通常只用于一些不适宜使用润滑油的场合,例如在高温介质中,或在低速重载条件下。

二、润滑装置

为达到预期的润滑效果,除了正确的设计之外,还必须有正确的供油方式。对于需要间歇润滑的场合,如轻载、低速、不重要的部位等,可以采用手工加注的方式。图 13-9 所示为几种常用的油杯形式。

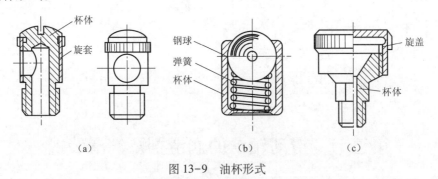

图 13-9　油杯形式

(a)旋套式注油油杯;(b)压配式压注油杯;(c)旋盖式油杯

第四节　非液体润滑滑动轴承的设计计算

非液体摩擦滑动轴承工作时,因其摩擦表面不能被润滑油完全隔开,只能形成边界油膜,存在局部金属表面的直接接触。因此,轴承工作表面的磨损和因边界油膜的破裂导致的工作表面胶合或烧瓦是其主要失效形式,所以设计准则应为维持边界油膜不遭破裂。由于边界油膜的强度和破裂温度受多种因素影响而十分复杂,故其规律尚未完全被人们掌握。因此目前采用的计算方法是间接的、条件性的,其相应的设计准则如下所述。

一、限制轴承的平均压强

限制轴承的平均压强 p,以保证润滑油不被过大的压力所挤出,避免工作表面的过度磨损,即

$$p \leqslant [p] \tag{13-1}$$

对于径向轴承

$$p = \frac{F_t}{dB} \leqslant [p] \tag{13-2}$$

式中,F_r 为径向载荷(N);d 为轴颈直径(mm);B 为轴承宽度(mm);$[p]$ 为轴瓦材料的许用压力(MPa),其值见有关机械设计手册。

对于止推轴承(如图 13-4 所示)

$$p = \frac{4F_a}{\pi(d_2^2 - d_1^2)z} \leqslant [p] \tag{13-3}$$

式中,F_a 为轴向载荷(N);z 为推力环数目。

二、限制轴承的 pv 值

由于 pv 值与摩擦功率成正比,它简略地表征了轴承的发热因素。限制轴承的 pv 值,可以防止轴承温升过高,出现胶合破坏,即

$$pv \leqslant [pv] \tag{13-4}$$

对于径向轴承

$$pv = \frac{F_r}{dB} \cdot \frac{\pi d n}{60 \times 1\,000} \leqslant [pv] \tag{13-5}$$

对于止推轴承,上式应取平均线速度,即

$$v_m = \frac{\pi d_m n}{60 \times 1\,000}, \quad d_m = \frac{d_1 + d_2}{2} \tag{13-6}$$

式中,n 为轴的转速(r/min);$[pv]$ 为轴瓦材料的许用值(MPa·m/s),其值见有关机械设计手册。

需要说明的是:对于多环推力轴承,由于制造和装配误差使各支承面上所受的载荷不相等,$[p]$ 和 $[pv]$ 的值应减小 $20\% \sim 50\%$。

三、限制轴承的滑动速度 v

当压强 p 较小时,即使 p 与 pv 都在许用范围内,也可能因滑动速度 v 过大而加剧磨损,故要求

$$v \leqslant [v] \tag{13-7}$$

第五节　液体动压轴承润滑的基本原理

滑动轴承的液体动压润滑是指利用轴颈本身回转的相对运动,把润滑油带入轴承、轴颈摩擦面间,形成动压承载油膜而把两摩擦表面分开,从而降低摩擦、减少磨损。

一、液体动压润滑的基本方程

液体动压润滑的基本方程是流体膜压力分布的微分方程,又称作雷诺方程。它是从黏性

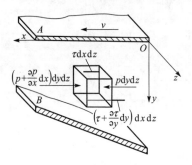

流体动力学的基本方程出发,作了一些假设条件而简化后得出的。具体的假设条件是:流体为不可压缩的牛顿流体;流体膜中流体的流动是层流;忽略压力对流体黏度的影响;忽略惯性力及重力的影响;认为流体膜中的压力沿膜厚方向是不变的。

图 13-10　被油膜隔开的两平板的相对运动情况

如图 13-10 所示,设有沿 z 轴方向无限长的两平板 A 和 B,它们被润滑油隔开,板 A 沿 x 轴方向以速度 v 移动,而另一板 B 静止。现从层流运动的油膜中取一微单元体进行分析。具体步骤如下:

（1）根据 x 方向的受力平衡条件（受力方向如图）,求油层流速分布。

$$p\mathrm{d}y\mathrm{d}z + \tau\mathrm{d}x\mathrm{d}x - \left(p + \frac{\partial p}{\partial x}\mathrm{d}x\right)\mathrm{d}y\mathrm{d}z - \left(\tau + \frac{\partial \tau}{\partial y}\mathrm{d}y\right)\mathrm{d}x\mathrm{d}z = 0 \qquad (13-8)$$

整理后得

$$\frac{\partial p}{\partial x} = -\frac{\partial \tau}{\partial y} \qquad (13-9)$$

根据牛顿黏性流体摩擦定律 $\tau = -\eta\dfrac{\partial u}{\partial y}$（$\eta$ 为动力黏度）并对其求导得:

$$\frac{\partial \tau}{\partial y} = -\eta\frac{\partial^2 u}{\partial y^2}$$

代入式(13-9)得

$$\frac{\partial p}{\partial x} = \eta\frac{\partial^2 u}{\partial y^2} \qquad (13-10)$$

对上式两次 y 积分,得

$$u = \frac{1}{2\eta}\left(\frac{\partial p}{\partial x}\right)y^2 + C_1 y + C_2 \qquad (13-11)$$

根据边界条件确定积分常数 C_1 和 C_2:当 $y=0$ 时, $u=v$; $y=h$（h 为相应于所取单元体处的油膜厚度）时, $u=0$,则得

$$C_1 = -\frac{h}{2\eta}\cdot\frac{\partial p}{\partial x}\frac{v}{h};\ C_2 = v$$

代入式(13-11)后即得

$$u = \frac{v(h-y)}{h} - \frac{y(h-y)}{2\eta} \cdot \left(\frac{\partial p}{\partial x}\right)$$ (13 - 12)

（2）求润滑油流量。当无侧漏时，润滑油在单位时间内流经任意截面上单位宽度面积的流量为

$$q = \int_0^h u \mathrm{d}y$$ (13 - 13)

将式(13-12)代入式(13-13)并积分得

$$q = \frac{vh}{2} - \frac{h^3}{12\eta} \cdot \frac{\partial p}{\partial x}$$ (13 - 14)

设在 $p = p_{\max}$ 处的油膜厚度为 h_0，即 $\frac{\partial p}{\partial x} = 0$ 时，$h = h_0$，因此在该截面处的流量为

$$q = \frac{vh_0}{2}$$ (13 - 15)

（3）由各截面流量相等条件，可得

$$\frac{vh_0}{2} = \frac{vh}{2} - \frac{h^3}{12\eta} \cdot \frac{\partial p}{\partial x}$$ (13 - 16)

整理后得

$$\frac{\partial p}{\partial x} = \frac{6\eta v}{h^3}(h - h_0)$$ (13 - 17)

式(13-17)即为一维雷诺方程。它是计算流体动压轴承的基本方程，描述了两平板间油膜压力 p 的变化与润滑油的黏度、相对滑动速度和油膜厚度之间的关系，利用这一公式，经积分后可求出油膜的承载能力。由式(13-17)也可以看出，当 $h > h_0$ 时，$\partial p/\partial x > 0$，表明压力沿 x 方向逐渐增大；当 $h < h_0$ 时，$\partial p/\partial x < 0$，表明压力沿 x 方向逐渐降低；而当 $h < h_0$ 时，$\partial p/\partial x = 0$，此时压力 p 达到最大值。由于油膜沿 x 方向各处的油压都大于入口和出口的油压，因而能承受一定的外载荷。

由上可知，建立流体动力润滑必须满足以下条件：

① 两相对滑动表面之间必须相互倾斜而形成收敛的楔形间隙。

② 两滑动表面应具有一定的相对滑动速度，并且其速度方向应该使润滑油由大口流进，从小口流出。

③ 润滑油应具有一定的黏度，供油要充分。

二、径向滑动轴承形成动压油膜的过程

如图 13-11(a)所示，当轴颈静止时，轴颈处于轴承孔的最低位置，并与轴瓦接触。此时，轴颈表面和轴承孔表面构成了楔形间隙，这刚好满足了形成流体动压油膜的首要条件。轴颈开始转动时（图 13-11(b)），速度很低，轴颈在摩擦力作用下沿轴承孔内壁向上爬升。随着转速的增大，轴颈表面的圆周速度增大，楔形间隙内形成的油膜压力将轴颈抬起而与轴承脱离接触。当轴颈稳定运转时，轴颈便稳定在一定的偏心位置上（图 13-11(c)）。此时，轴承

处于流体动压润滑状态，油膜产生的动压力与外载荷相平衡。油膜动压力可以先通过雷诺方程(13-17)求出油膜压力分布 p，再沿 x 方向积分求得。

有关流体动压轴承的理论分析、结构设计以及参数选择等问题在机械设计专著和机械设计手册中有详细阐述，读者可以自行查询。

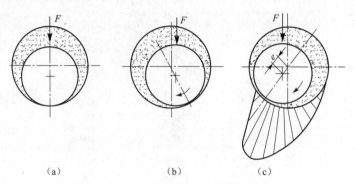

图 13-11   径向滑动轴承的动压油膜形成过程
(a) 轴颈静止；(b) 轴颈开始转动；(c) 形成动压油膜

习   题

13-1   简述滑动轴承的主要特点以及主要的应用场合。

13-2   非液体摩擦滑动轴承的计算中应限制什么？为什么？

13-3   润滑油的主要性能指标是什么？滑动轴承常用的润滑装置有哪些？

13-4   一起重机卷筒的滑动轴承，已知：轴颈直径 $d = 200$ mm，轴承宽度 $B = 200$ mm，轴颈转速 $n = 300$ r/min，轴瓦材料为 ZCuAl10Fe3，试问它可以承受的最大径向载荷是多少（采用不完全液体润滑径向轴承）？

13-5   简述液体动压滑动轴承能建立油压的基本条件。

第十四章　滚动轴承

本章主要介绍滚动轴承的结构、类型及设计计算等问题。

第一节　滚动轴承的结构

滚动轴承是利用滚动摩擦原理设计而成的支承零件,在各种机械中被广泛使用。

与滑动轴承相比,滚动轴承具有摩擦阻力小、启动灵活、效率高、润滑简便、易于互换且可以通过预紧提高轴承的刚度和旋转精度等优点。它的缺点是抗冲击能力较差,高速时有噪声,径向尺寸较大,工作寿命也不及液体摩擦的滑动轴承。

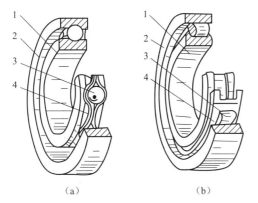

图 14-1　滚动轴承的基本结构

(a) 深沟球轴承;(b) 圆柱滚子轴承

1—内圈;2—外圈;3—滚动体;4—保持架

滚动轴承一般由内圈、外圈、滚动体和保持架组成(图 14-1)。内圈通常装配在轴上,并与轴一起旋转。外圈通常安装在轴承座孔内或机械部件壳体中起支承作用。但在某些应用场合,也有外圈旋转、内圈固定或者内、外圈都旋转的。滚动体是实现滚动摩擦的滚动元件,在内圈和外圈的滚道之间滚动,常见的滚动体形状如图 14-2 所示。滚动体的大小和数量直接影响轴承的承载能力。保持架的作用是将轴承中的滚动体等距隔开,引导滚动体在正确的轨道上运动,改善轴承内部载荷分配和润滑性能。

滚动轴承内、外圈与滚动体均采用硬度高、抗疲劳性强、耐磨性好的高碳铬轴承钢制造,如GCr15、GCr15SiMn 等。保持架多用低碳钢板冲压形成,也可用有色金属(如黄铜)、塑料等材料。

滚动轴承是标准件,由专业化工厂大量生产供应市场,类型和尺寸系列很多。设计时,一般只需根据具体的工作条件,正确选择轴承的类型和尺寸。

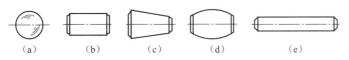

图 14-2　常用的滚动体

(a) 球;(b) 圆柱滚子;(c) 圆锥滚子;(d) 球面滚子;(e) 滚针

第二节　滚动轴承的类型、代号及选择

一、滚动轴承的主要类型

滚动轴承的分类方法有多种。

轴承按其滚动体的种类分为球轴承和滚子轴承。球轴承中球与滚道为点接触，而滚子轴承中滚子与滚道之间为线接触。在相同尺寸下，球轴承制造方便、价格低、摩擦系数小、运转灵活、许用的极限转速高，但抗冲击能力和承载能力不如滚子轴承。

轴承按其所能承受的载荷方向或公称接触角 α 的不同，分为向心轴承和推力轴承。滚动轴承公称接触角 α 是指轴承的径向平面（垂直于轴线）与滚动体和滚道接触点的公法线之间的夹角，如图 14-3 所示。α 越大，滚动轴承承受轴向载荷的能力越大。向心轴承主要用于承受径向载荷，公称接触角的范围为 $0° \leqslant \alpha \leqslant 45°$；推力轴承主要用于承受轴向载荷，其公称接触角的范围为 $45° < \alpha \leqslant 90°$。

轴承按其工作时能否调心，分为调心轴承和刚性轴承。调心轴承的滚道是球面形的，能适应两滚道轴心线间的角偏差及角运动（图 14-4）。

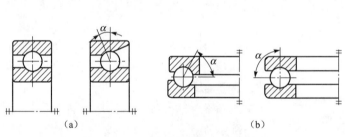

图 14-3　轴承的接触角和类型

（a）向心轴承；（b）推力轴承

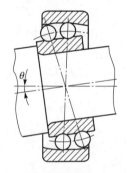

图 14-4　轴承的调心作用

按轴承所能承受的载荷方向或公称接触角、滚动体的种类综合分类，常用滚动轴承的类型和特点见表 14-1。

表 14-1　常用滚动轴承的主要类型和特点

轴承类型	结构简图、承载方向	类型代号	特　性
调心球轴承		1	主要承受径向载荷，能承受少量的轴向载荷，不宜承受纯轴向载荷，极限转速高。外圈滚道为内球面形，具有自动调心的性能，可以补偿轴两支点不同心产生的角度偏差

轴承类型	结构简图、承载方向	类型代号	特　　性
调心滚子轴承	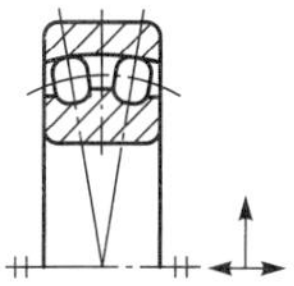	2	主要用于承受径向载荷,同时也能承受一定的轴向载荷。有高的径向载荷能力,特别适用于重载或振动载荷下工作,但不能承受纯轴向载荷。调心性能良好,能补偿同轴度误差
圆锥滚子轴承	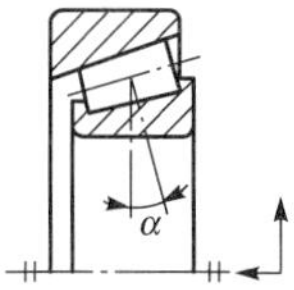 α	3	主要承受以径向载荷为主的径向与轴向联合载荷,而大锥角圆锥滚子轴承可以用于承受以轴向载荷为主的径、轴向联合载荷。轴承内、外圈可分离,装拆方便,成对使用
推力球轴承	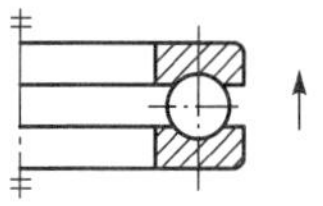 单向 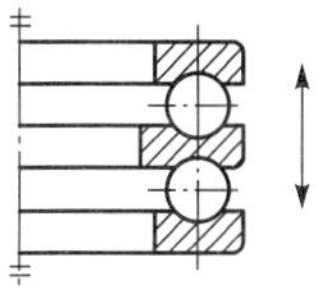 双向	5	分离型轴承,只能承受轴向载荷。高速时离心力大,滚动体与保持架摩擦发热严重,寿命较低,故其极限转速很低。 单向推力球轴承只能承受一个方向的轴向载荷。 双向推力球轴承能承受两个方向的轴向载荷
深沟球轴承	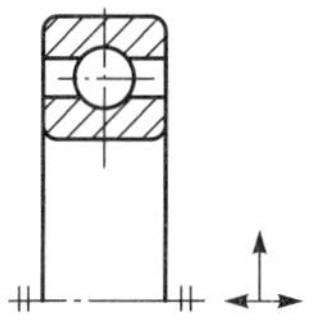	6	主要用于承受径向载荷,也可承受一定的轴向载荷。当轴承的径向间隙加大时,具有角接触球轴承的功能,可承受较大的轴向载荷。此类轴承摩擦系数小,极限转速高。在转速较高不宜采用推力球轴承的情况下可用该类轴承承受纯轴向载荷。 结构简单、使用方便,是生产批量大、制造成本低、使用极为普遍的一类轴承
角接触球轴承	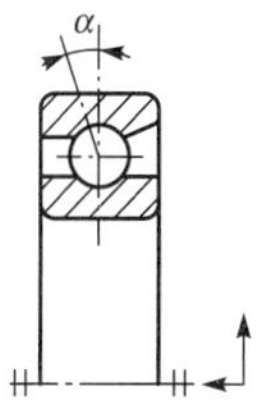 α	7	可以同时承受径向载荷和轴向载荷,也可以承受纯轴向载荷,其轴向载荷能力由接触角决定,并随接触角增大而增大,极限转速较高。通常成对使用
圆柱滚子轴承	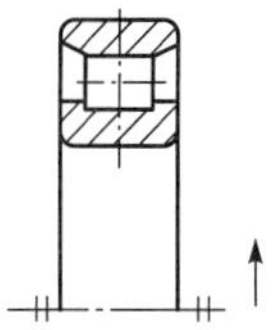	N	只能承受径向载荷,且径向承载能力大。内、外圈可分离,装拆比较方便,极限转速高。 除图示外圈无挡边(N)结构外,还有内圈无挡边(NU)、外圈单挡边(NF)、内圈单挡边(NJ)等结构形式
滚针轴承	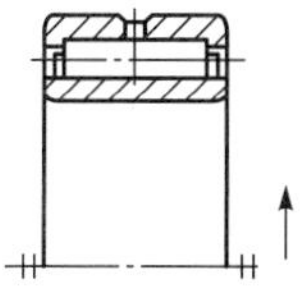	NA	只能承受径向载荷,且径向承载能力大。与其他类型的轴承相比,在内径相同的条件下,其外径尺寸最小。内、外圈可分离,极限转速低

二、滚动轴承的代号

为了便于设计、制造和选用,在国家标准 GB/T 272—2007 中规定了滚动轴承代号的表示方法。

滚动轴承代号是用字母加数字来表示滚动轴承的结构、尺寸、公差等级、技术性能等特征的产品符号。

滚动轴承代号由基本代号、前置代号和后置代号构成。基本代号表示轴承的基本类型、结构和尺寸,是轴承代号的基础;前置代号和后置代号是轴承结构形式、尺寸、公差、技术要求有改变时,在其基本代号左右添加的补充代号。轴承代号的排列见表 14-2。

表 14-2　滚动轴承代号

前置代号	基 本 代 号					后置代号（组）							
						1	2	3	4	5	6	7	8
成套轴承分部件	第 5 位	第 4 位	第 3 位	第 2 位	第 1 位	内部结构	密封与防尘套圈变型	保持架及其材料	轴承材料	公差等级	游隙	配置	其他
	类型代号	尺寸系列代号		内径代号									
		宽度系列代号	直径系列代号										

1. 基本代号

基本代号用来表明轴承的内径、直径系列、宽度系列和类型。

1) 内径代号

轴承内径用基本代号右起第一、二位数字表示。对常用内径 $d = 20 \sim 480$ mm 的轴承,内径一般为 5 的倍数,这两位数字表示轴承内径尺寸被 5 除得的商,如 04 表示 $d = 20$ mm;12 表示 $d = 60$ mm,等等。对于内径为 10 mm、12 mm、15 mm 和 17 mm 的轴承,内径代号依次为 00、01、02 和 03。

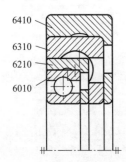

图 14-5　直径系列的对比

2) 直径系列代号

轴承的直径系列是指对应同一轴承内径的外径尺寸系列,用基本代号右起第三位数字表示,分别有 7、8、9、0、1、2、3、4、5 等外径尺寸依次递增的直径系列。图 14-5 表示部分直径系列的尺寸对比。

3) 宽度系列代号

轴承的宽度系列是指对应同一轴承直径系列的宽度尺寸系列,用基本代号右起第四位数字表示,分别有 8、0、1、2、3、4、5、6 等宽度依次递增的宽度系列。当宽度系列为 0 系列（正常系列）时,多数轴承在代号中不标出宽度系列代号,但对于调心滚子轴承和圆锥滚子轴承,宽度系列代号 0 应标出。

直径系列代号和宽度系列代号统称为尺寸系列代号。

4) 类型代号

轴承类型代号用基本代号右起第五位数字或字母表示,表示方法见表 14-1,代号为"0"

（双列角接触球轴承）则省略。

2. 后置代号

轴承的后置代号用字母（或加数字）表示，置于基本代号的右边并与基本代号空半个汉字距或由符号"-""/"隔开。具有多组后置代号时，则按表14-2所列从左至右的顺序排列。4组（含4组）以后的内容，则在其代号前用"/"与前面代号隔开。后置代号的内容很多，下面介绍几个常用的代号。

1）内部结构代号

内部结构代号表示同一类型轴承的不同内部结构。如接触角为15°、25°和40°的角接触球轴承分别用C、AC和B表示内部结构的不同。

2）公差等级代号

轴承的公差等级分为0级、6级、6x级、5级、4级和2级，共6个级别，依次由低级到高级，其代号分别为/P0、/P6、/P6x、/P5、/P4和/P2。0级在轴承代号中省略，6x级只适用于圆锥滚子轴承。

3. 前置代号

前置代号用字母表示轴承的分部件，代号及其含义可参阅 GB/T 272—2007。

例14-1 试说明滚动轴承 62203 和 7312 AC/P6 的含义。

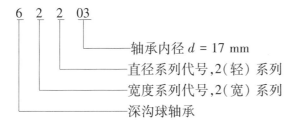

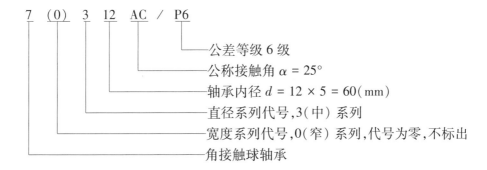

三、滚动轴承的类型选择

各类滚动轴承有不同的特性，因此选择滚动轴承类型时，必须根据轴承实际工作情况合理选择，一般考虑下列因素。

1. 载荷性质、大小和方向

1）载荷的性质和大小

在相同外廓尺寸条件下，滚子轴承一般比球轴承承载能力和抗冲击能力大，故载荷大、有振动和冲击时应选用滚子轴承；载荷小、无振动和冲击时应选用球轴承。

2）载荷的方向

纯径向载荷选用各类向心轴承都可以；纯轴向载荷选用推力球轴承、推力圆柱滚子轴承及推力滚针轴承；联合载荷一般选用角接触球轴承或圆锥滚子轴承。若径向载荷较大而轴向载荷较小，可选用深沟球轴承。若轴向载荷较大而径向载荷较小，则可选用推力角接触球轴承。

2. 轴承的转速

通常球轴承的极限转速高于滚子轴承。各种推力轴承的极限转速均低于向心轴承。每个型号的轴承其极限转速值均列于轴承样本中，选用时应保证工作转速低于极限转速。向心球轴承的极限转速高，高速时应优先选用。

3. 轴承的调心性

当轴的支点跨距大、刚性差或由于加工安装等原因造成轴承有较大不同心时，应选用能适应内、外圈轴线及有较大相对偏斜的调心轴承。在使用调心轴承的同一轴上，一般不宜使用其他类型轴承，以免受其影响而失去了调心作用。

4. 安装与拆卸

安装拆卸较频繁选用分离型结构的轴承，如圆锥滚子轴承、圆柱滚子轴承、滚针轴承和推力轴承等。

5. 经济性

在满足使用要求的情况下，应优先选用价格低的滚动轴承。一般来说，球轴承的价格低于滚子轴承，所以只要满足使用要求应优先选用球轴承。不同公差等级的轴承，价格相差悬殊，选用高精度轴承必须慎重。

第三节　滚动轴承的计算

一、滚动轴承的载荷与应力分析

以向心轴承（深沟球轴承）为例，当轴承承受径向载荷 F_r 时，各滚动体所受的载荷不相等，位于上半圈的滚动体不受载，位于下半圈的滚动体受载且最下面一个滚动体所受载荷最大（见图 14-6）。轴承工作时，由于滚动体受变载荷，所以轴承内、外圈滚道与滚动体接触表面接触点受到的都是脉动循环变化的接触应力。

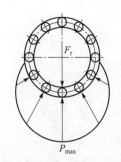

图 14-6　向心轴承中径向载荷的分布

二、滚动轴承的失效形式与计算准则

1. 失效形式

1）疲劳点蚀

正常安装和仔细维护的情况下，绝大多数轴承都是由于疲劳点蚀而失效。

2）塑性变形

当载荷很大时，在滚动体与内、外圈接触处将产生过度的塑性变形，影响轴承平稳运转。

3）磨损

密封不当或润滑剂不纯净,将引起磨粒磨损而使轴承失效。由于轴承中存在滑动摩擦,当润滑不充分时也可能产生胶合磨损失效。

2. 计算准则

（1）对一般转速（$n > 10$ r/min）的轴承,疲劳点蚀是其主要的失效形式,轴承应进行寿命校核计算。

（2）对静止或极慢转速（$n \leqslant 10$ r/min）的轴承,轴承的承载能力取决于所允许的塑性变形,应进行静强度计算。

（3）对高速轴承,除进行寿命计算外,还应进行极限转速校核计算。

对于磨粒磨损失效,目前尚无统一、有效的计算方法。

三、滚动轴承的寿命计算

1. 滚动轴承的基本额定寿命

轴承的寿命是指一套轴承,其中一个套圈或滚动体的材料出现第一个疲劳扩展迹象之前,一个套圈相对于另一个套圈的转数。

对一组同一型号的轴承,由于材料、热处理和工艺等很多随机因素的影响,即使在相同条件下运转,寿命也不一样,有的相差几十倍。我们可用数理统计的方法求出其寿命分布规律,用基本额定寿命作为选择轴承的标准。基本额定寿命是指一批相同的轴承,在相同条件下运转,其中 90% 轴承不发生疲劳点蚀以前能运转的总转数 L_{10}（单位为 10^6 r）或是在一定转速 n 下的小时数 L_{10h}。因此,轴承的基本额定寿命是在可靠度为 90% 的条件下定义的。

2. 滚动轴承的基本额定动载荷

轴承的寿命与所受载荷的大小有关,工作载荷越大,轴承的寿命越短。滚动轴承的基本额定动载荷,就是使轴承的基本额定寿命恰好为 10^6 r 时,轴承所能承受的载荷值,用字母 C 表示。基本额定动载荷,对于向心轴承是指一恒定的径向载荷,并称为径向基本额定动载荷,用 C_r 表示;对于推力轴承是指一恒定的中心轴向载荷,并称为轴向基本额定动载荷,用 C_a 表示;对于角接触球轴承或圆锥滚子轴承是指引起轴承套圈相互间产生纯径向位移的载荷的径向分量。

不同型号的轴承有不同的基本额定动载荷值,它表征了不同型号的轴承承受载荷能力的大小。每个型号轴承的基本额定动载荷值可从滚动轴承样本或手册中查取。

3. 滚动轴承的寿命计算公式

大量试验表明,滚动轴承的基本额定寿命与基本额定动载荷和当量动载荷的关系为

$$L_{10} = \left(\frac{C}{P}\right)^{\varepsilon} \quad (10^6 \text{ r}) \tag{14-1}$$

式中,C 为基本额定动载荷（N）;P 为当量动载荷（N）;ε 为寿命指数（球轴承 $\varepsilon = 3$,滚子轴承 $\varepsilon = 10/3$）。

实际计算时用小时数表示寿命比较方便,上式可改为

$$L_{10h} = \frac{10^6}{60n}\left(\frac{C}{P}\right)^{\varepsilon} \quad (\text{h}) \tag{14-2}$$

式中,n 为轴承工作转速（r/min）。

当轴承的工作温度超过 120 ℃时,会使轴承表面软化而降低轴承承载能力;工作中冲击和

振动将使轴承实际载荷加大,故在计算时分别引入温度系数f_t(表14-3)和载荷系数f_d(表14-4)进行修正。此时轴承寿命计算公式为

$$L_{10\,h} = \frac{10^6}{60n}\left(\frac{f_t C}{f_d P}\right)^{\varepsilon} \quad (\text{h}) \quad\quad (14-3)$$

表14-3 温度系数f_t

工作温度/℃	≤120	125	150	175	200	225	250	300
f_t	1.00	0.95	0.90	0.85	0.80	0.75	0.70	0.60

表14-4 载荷系数f_d

载荷性质	f_d	举 例
无冲击或轻微冲击	1.0~1.2	电动机、汽轮机、通风机、水泵
中等冲击	1.2~1.8	车辆、机床、起重机、冶金设备、内燃机
强烈冲击	1.8~3.0	破碎机、轧钢机、石油钻机、振动筛

若载荷P和转速n已知,并取轴承的预期使用寿命为$L'_{10\,h}$,则所选轴承应具有的基本额定动载荷C'可由式(14-3)得出

$$C' = \frac{f_d}{f_t}P\left(\frac{60nL'_{10\,h}}{10^6}\right)^{\frac{1}{\varepsilon}} \quad (\text{N}) \quad\quad (14-4)$$

表14-5中给出了某些机器上轴承的预期使用寿命的推荐值。

表14-5 轴承预期使用寿命推荐值$L'_{10\,h}$

使 用 条 件	预期使用寿命$L'_{10\,h}$/h
不经常使用的仪器和设备	300~3 000
短期或间断使用的机械,中断使用不致引起严重后果,如手动机械、农业机械、装配吊车、自动送料装置	3 000~8 000
间断使用的机械,中断使用将引起严重后果,如发电站辅助设备、流水作业的传送装置、带式运输机、车间起重机	8 000~12 000
每天8 h工作的机械,但经常不是满载荷使用,如电动机、一般齿轮传动装置、压碎机、起重机和一般机械	10 000~25 000
每天8 h工作的机械,满载荷工作,如机床、木材加工机械、工程机械、印刷机械、分离机、离心机	20 000~30 000
24 h连续运转的机械,如压缩机、泵、电动机、轧机齿轮装置、纺织机械	40 000~50 000
24 h连续运转的机械,中断使用将引起严重后果,如纤维机械、造纸机械、电站主要设备、给排水设备、矿用泵、矿用通风机	≈100 000

4. 滚动轴承的当量动载荷

滚动轴承的基本额定动载荷是在规定的载荷条件下得到的。在实际应用中,轴承的载荷

往往与试验条件不同。因此,在进行轴承寿命计算时,应把实际载荷换算成与试验条件相一致的当量动载荷 P。换算的条件是在当量动载荷作用下的轴承寿命与在实际载荷作用下的轴承寿命相同。当量动载荷可用下式计算

$$P = XF_r + YF_a \qquad\qquad (14 - 5)$$

式中,F_r 为轴承所受的径向载荷;F_a 为轴承所受的轴向载荷;X 为径向动载荷系数;Y 为轴向动载荷系数。

不同类型轴承的 X、Y 的取值方法不同。对于仅能承受径向载荷的轴承,如圆柱滚子轴承 $X=1,Y=0$;对于仅能承受轴向载荷的轴承,如推力球轴承 $X=0,Y=1$;表 14-6 给出了几种常用轴承的 X、Y 值,对于其他轴承可查阅滚动轴承样本或机械设计手册。X、Y 的取值,根据 $F_a/F_r > e$ 还是 $F_a/F_r \leqslant e$ 有两种。参数 e 是判断系数。

表 14-6　径向动载荷系数 X 和轴向动载荷系数 Y

轴承类型	相对轴向载荷 F_a/C_{0r}	e	$F_a/F_r > e$		$F_a/F_r \leqslant e$	
			X	Y	X	Y
深沟球轴承（60000 型）	0.014	0.19	0.56	2.30	1	0
	0.028	0.22		1.99		
	0.056	0.26		1.71		
	0.084	0.28		1.55		
	0.11	0.30		1.45		
	0.17	0.34		1.31		
	0.28	0.38		1.15		
	0.42	0.42		1.04		
	0.56	0.44		1.00		
角接触球轴承　$\alpha = 15°$（70000C 型）	0.015	0.38	0.44	1.47	1	0
	0.029	0.40		1.40		
	0.058	0.43		1.30		
	0.087	0.46		1.23		
	0.12	0.47		1.19		
	0.17	0.50		1.12		
	0.29	0.55		1.02		
	0.44	0.56		1.00		
	0.58	0.56		1.00		
$\alpha = 25°$（70000AC 型）		0.68	0.41	0.87	1	0
$\alpha = 40°$（70000B 型）		1.14	0.35	0.57	1	0
圆锥滚子轴承（30000 型）		见轴承手册	0.4	见轴承手册	1	0
调心球轴承（10000 型）		见轴承手册	0.65	见轴承手册	1	见轴承手册

四、角接触球轴承和圆锥滚子轴承的轴向载荷的计算

角接触球轴承和圆锥滚子轴承受纯径向载荷时会引起派生轴向力 S。派生轴向力（也叫内部轴向力或附加轴向力）有使轴承的内圈与外圈分离的趋势，为了使轴承的派生轴向力得到平衡，以免轴窜动，通常此类轴承都成对使用。轴承的安装配置方法有面对面和背对背两种，如图 14-7 所示。派生轴向力的大小由其轴承内部结构和承受的径向载荷所决定，与轴向外载荷无关，计算公式见表 14-7。派生轴向力的方向为由外圈的宽边指向窄边。图 14-7 中的 O_1、O_2 点分别为轴承 1 和轴承 2 的压力中心，即支反力作用点。尺寸 a 可由轴承样本或有关手册查得。

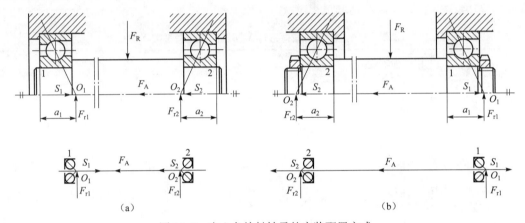

图 14-7　向心角接触轴承的安装配置方式

（a）面对面安装；（b）背对背安装

表 14-7　派生轴向力的计算公式

圆锥滚子轴承 （30000 型）	角接触球轴承		
	$\alpha=15°$（70000C 型）	$\alpha=25°$（70000AC 型）	$\alpha=40°$（70000B 型）
$S=F_r/2Y$	$S=eF_r$	$S=0.68F_r$	$S=1.14F_r$

计算轴承所承受的轴向载荷 F_{a1}、F_{a2} 时，要同时考虑两个支点轴承的派生轴向力 S_1、S_2 以及所有的作用在轴上的外部轴向载荷 F_A。若把轴和内圈视为一体，并以它为分离体考虑轴系的轴向平衡，就可以确定各轴承所受的轴向载荷 F_{a1}、F_{a2}。例如，对于图 14-7（a）所示面对面配置有两种受力情况：

（1）若 $S_1<S_2+F_A$，则轴系有向左移动的趋势，由于轴承 1 的左端已固定，轴系不能向左移动，即轴承 1 被"压紧"，轴承 2 被"放松"，由力的平衡条件可得

$$\left. \begin{array}{l} F_{a1} = S_2 + F_A \\ F_{a2} = S_2 \end{array} \right\} \qquad (14-6)$$

（2）若 $S_1>S_2+F_A$，则轴系有向右移动的趋势，轴承 2 被"压紧"，轴承 1 被"放松"，由力的平衡条件得

$$\left.\begin{array}{l}F_{a1} = S_1 \\ F_{a2} = S_1 - F_A\end{array}\right\} \qquad (14-7)$$

显然,被"压紧"轴承所受轴向载荷的大小等于除本身派生轴向力以外的其他所有轴向力的代数和(使轴承被压紧的力取正值,反之取负值);被"放松"轴承的轴向载荷等于本身的派生轴向力。

同样的方法可得出图 14-7(b)所示背对背配置的轴承轴向载荷的计算公式。

求得轴承的轴向载荷后,可用 F_{a1}、F_{a2} 和 F_A 三者的代数和是否为零来检查轴系是否处于轴向平衡状态。

五、滚动轴承的静强度计算

静强度计算的目的是防止在载荷作用下产生过大的塑性变形。对于那些在工作载荷下基本上不旋转的轴承(如起重机吊钩上用的推力轴承)或转速极低的轴承,其主要失效形式是产生过大的塑性变形,因此应进行静强度计算,其强度条件为

$$C_0 \geq S_0 P_0 \qquad (14-8)$$

式中,C_0 为基本额定静载荷(N),是指受载最大的滚动体与滚道接触中心处引起的接触应力达到一定值(如对于深沟球轴承是 4 200 MPa)的载荷值,可查轴承样本或其他设计手册;P_0 为当量静载荷(N);S_0 为安全系数,查表 14-8。

表 14-8　安全系数 S_0

旋转情况	使用场合、使用要求或载荷性质	S_0	
静止轴承以及缓慢摆动或转速极低的轴承	飞机变距螺旋桨叶片	≥0.5	
	水坝闸门装置	≥1	
	吊桥	≥1.5	
	附加动载荷较小的大型起重机吊钩	≥1	
	附加动载荷很大的小型装卸起重机起重吊钩	≥1.6	
		球轴承	滚子轴承
旋转轴承	对旋转精度及平稳性要求高,或承受冲击载荷	1.5~2	2.5~4
	正常使用	0.5~2	1~3.5
	对旋转精度及平稳性要求较低,没有冲击和振动	0.5~2	1~3
推力调心滚子轴承(无论旋转与否)		≥4	

当轴承同时承受径向和轴向载荷,在进行静强度计算时,应将载荷换算成当量静载荷,其公式为

$$P_0 = X_0 F_r + Y_0 F_a \qquad (14-9)$$

式中,X_0、Y_0 分别为径向、轴向静载荷系数,查表 14-9。

表 14-9　径向静载荷系数 X_0 和轴向静载荷系数 Y_0

轴承类型		X_0	Y_0
深沟球轴承(60000 型)		0.6	0.5
角接触球轴承	$\alpha = 15°$(70000C 型)	0.5	0.46
	$\alpha = 25°$(70000AC 型)	0.5	0.38
	$\alpha = 40°$(70000B 型)	0.5	0.26
圆锥滚子轴承(30000 型)		0.5	见轴承手册

例 14-1　一农用水泵,决定选用深沟球轴承,轴颈直径 $d = 35$ mm,转速 $n = 2\,900$ r/min,径向载荷 $F_r = 1\,770$ N,轴向载荷 $F_a = 720$ N,预期使用寿命 $L'_{10\,h} = 6\,000$ h,试选择轴承的型号。

解　本题的特点是深沟球轴承同时承受径向载荷和轴向载荷,但由于轴承型号未定,C_{0r} 值未定,因此 F_a/C_{0r}、e 及 Y 值都无法确定,必须试算。试算的方法有三种:(1) 预选某一型号的轴承;(2) 预选某一 e 值(或 F_a/C_{0r} 值);(3) 预选某一 Y 值。由于此处轴颈直径已知,现采用预选轴承型号的方法。

试选 6407 轴承,由手册查得 $C_r = 56\,800$ N,$C_{0r} = 29\,500$ N,则

$$\frac{F_a}{C_{0r}} = \frac{720}{29\,500} = 0.024$$

$$\frac{F_a}{F_r} = \frac{720}{1\,770} = 0.407$$

由表 14-6,按 $F_a/C_{0r} = 0.024$,取 $e = 0.21$。由于 $F_a/F_r > e$,则 $X = 0.56$,$Y = 2.08$,故当量动载荷
$$P = XF_r + YF_a = 0.56 \times 1\,770 + 2.08 \times 720 = 2\,490(\text{N})$$

由表 14-3 和表 14-4 取温度系数和载荷系数分别为 $f_t = 1$,$f_d = 1.2$,由式(14-4),则

$$C'_r = \frac{f_d P}{f_t} \times \left(\frac{60 n L'_{10\,h}}{10^6}\right)^{\frac{1}{\varepsilon}} = \frac{1.2 \times 2\,490}{1} \times \left(\frac{60 \times 2\,900 \times 6\,000}{10^6}\right)^{\frac{1}{3}} = 30\,300(\text{N})$$

与试选的 6407 轴承的 C_r 值对比,余量过多,改选 6307 轴承。6307 轴承的 $C_r = 33\,400$ N,$C_{0r} = 19\,200$ N,则

$$\frac{F_a}{C_{0r}} = \frac{720}{19\,200} = 0.038$$

由表 14-6 可得 $e = 0.23$,由 $F_a/F_r > e$,查得 $X = 0.56$,$Y = 1.89$,则
$$P = XF_r + YF_a = 0.56 \times 1\,770 + 1.89 \times 720 = 2\,350(\text{N})$$

$$C'_r = \frac{f_d P}{f_t} \times \left(\frac{60 n L'_{10\,h}}{10^6}\right)^{\frac{1}{\varepsilon}} = \frac{1.2 \times 2\,350}{1} \times \left(\frac{60 \times 2\,900 \times 6\,000}{10^6}\right)^{\frac{1}{3}} = 28\,600(\text{N})$$

与 6307 轴承的值相比,较接近,从寿命计算看,可选定为 6307 轴承。

例 14-2　图 14-8 所示为用一对 30206 圆锥滚子轴承支承的轴,轴的转速 $n = 1\,430$ r/min,轴承的径向载荷(即支反力)分别为 $F_{r1} = 4\,000$ N,$F_{r2} = 4\,250$ N,轴向外载荷 $F_A = 350$ N,方向向左,工作温度低于 100 ℃,有中等冲击。试计算两轴承的寿命。

解　1. 由手册查得 30206 轴承

$C_r = 45\ 200\ \text{N}, e = 0.37, X = 0.4, Y = 1.60_\circ$

2. 计算派生轴向力

由表 14-7 得

$$S_1 = \frac{F_{r1}}{2Y} = \frac{4\ 000}{2 \times 1.6} = 1\ 250\ (\text{N})$$

$$S_2 = \frac{F_{r2}}{2Y} = \frac{4\ 250}{2 \times 1.6} = 1\ 330\ (\text{N})$$

滚动轴承的配置为面对面,派生轴向力的方向如图 14-8 所示。

3. 计算轴承的轴向载荷

$$S_2 + F_A = 1\ 330 + 350 = 1\ 680\ (\text{N}) > S_1$$

可以判断轴承 1 被"压紧",轴承 2 被"放松"。

$$F_{a1} = S_2 + F_A = 1\ 330 + 350 = 1\ 680\ (\text{N})$$

$$F_{a2} = S_2 = 1\ 330\ \text{N}$$

图 14-8 轴系简图

4. 计算轴承的当量动载荷

$$\frac{F_{a1}}{F_{r1}} = \frac{1\ 680}{4\ 000} = 0.42 > e$$

$$\frac{F_{a2}}{F_{r2}} = \frac{1\ 330}{4\ 250} = 0.31 < e$$

$$P_1 = XF_{r1} + YF_{a1} = 0.4 \times 4\ 000 + 1.6 \times 1\ 680 = 4\ 290\ (\text{N})$$

$$P_2 = F_{r2} = 4\ 250\ \text{N}$$

5. 计算轴承的寿命

由表 14-3 和表 14-4 查得:$f_t = 1, f_d = 1.5$,由式(14-3),有

$$L_{10\text{h}1} = \frac{10^6}{60n}\left(\frac{f_t C_r}{f_d P_1}\right)^\varepsilon = \frac{10^6}{60 \times 1\ 430} \times \left(\frac{1 \times 45\ 200}{1.5 \times 4\ 290}\right)^{\frac{10}{3}} = 7\ 740\ (\text{h})$$

$$L_{10\text{h}2} = \frac{10^6}{60n}\left(\frac{f_t C_r}{f_d P_2}\right)^\varepsilon = \frac{10^6}{60 \times 1\ 430} \times \left(\frac{1 \times 45\ 200}{1.5 \times 4\ 250}\right)^{\frac{10}{3}} = 7\ 980\ (\text{h})$$

第四节 滚动轴承的组合设计

为了保证轴承正常工作,除了正确选择轴承类型和尺寸外,还要进行合理的轴承组合设计。组合设计的内容是正确处理轴承的配置、紧固、调整、装拆、润滑和密封等问题。

一、轴系的轴向固定

通常,一根轴需要两个支点,每个支点可由一个或一个以上的轴承组成。轴系的轴向位置通过轴承来固定。以下介绍轴系常用的两种固定方式。

1. 两端单向固定

如图 14-9(a)所示,两个轴承各限制轴一个方向的轴向移动。这种方式适用于支承跨距较小、温升不高,且轴的伸长量不大的场合。为了补偿轴的热伸长,在一端轴承外圈端面和轴承盖之间留出热膨胀间隙(图14-9(b))。

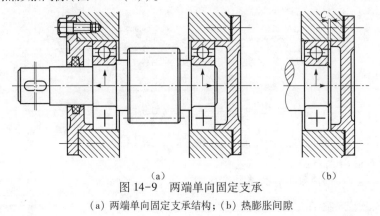

(a)　　　　　　　　　　　　　　　(b)

图14-9　两端单向固定支承

(a)两端单向固定支承结构；(b)热膨胀间隙

2. 一端双向固定、一端游动

如图14-10(a)所示,左端为固定支承,限制轴的双向轴向移动；右端为游动支承,可做轴向移动。固定端轴承应能承受双向轴向载荷,内、外圈轴向均要固定。游动端轴承可用深沟球轴承或内、外圈可分离的圆柱滚子轴承。使用深沟球轴承时,外圈两端相对于座孔要留有间隙(图14-10(a))。而使用圆柱滚子轴承,轴承内圈两端相对于轴、轴承外圈两端相对于座孔均需固定(图14-10(b))。这种方式适用于支承跨距较大、温升高,且轴受热伸长量较大的场合。

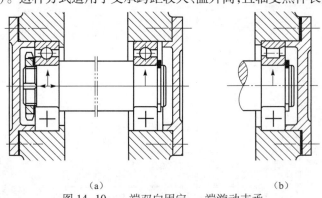

(a)　　　　　　　　　　　　　　　(b)

图14-10　一端双向固定、一端游动支承

(a)一端双向固定、一端游动支承结构；(b)游动端使用圆柱滚子轴承

二、滚动轴承的轴向固定

滚动轴承轴向固定的方法很多,内圈固定的常用方法如图14-11所示,可用弹性挡圈(图14-11(a))、轴端挡圈(图14-11(b))、圆螺母加止动垫圈(图14-11(c))等形式。

外圈固定的常用方法如图14-12所示,可用孔用弹性挡圈(图14-12(a))、轴承盖(图14-12(b))、螺纹环(图14-12(c))等形式。

在轴系的结构设计中,切忌出现不定位或过定位现象。

三、轴承组合的调整

1. 轴承间隙的调整

此类调整用以保证热膨胀间隙。图14-13(a)所示为靠加减轴承盖与机座间垫片厚度进

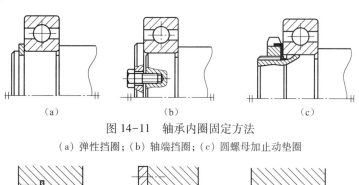

图 14-11　轴承内圈固定方法

（a）弹性挡圈；（b）轴端挡圈；（c）圆螺母加止动垫圈

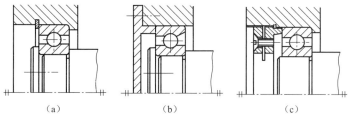

图 14-12　轴承外圈固定方法

（a）孔用弹性挡圈；（b）轴承盖；（c）螺纹环

行调整；图 14-13（b）所示为利用螺钉 1 通过轴承外圈压盖 3 移动外圈位置进行调整，调整之后，用螺母 2 锁紧防松。

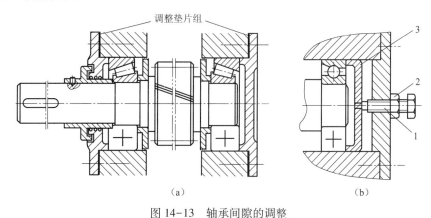

图 14-13　轴承间隙的调整

（a）用调整垫片；（b）用螺钉移动轴承外圈压盖调整

2. 轴系位置的调整

轴系位置的调整，用以保证轴上传动零件（如锥齿轮、蜗轮等）具有准确的工作位置。图 14-14 所示为锥齿轮轴系位置的调整，套杯与机座间的垫片 1 用来调整锥齿轮轴的轴向位置，而垫片 2 则用来调整轴承游隙。

3. 轴承的预紧

对某些可调游隙式轴承，在安装时给以一定的轴向压紧力（预紧力），使内外圈产生相对位移而消除游隙，并在套圈与滚动体接触处产生弹性预变形，借此提高轴的旋转精度和刚度，这种方法称为轴承的预紧。预紧力可以利用加金属垫片（图 14-15（a））或磨窄套圈（图 14-15（b））等方法获得。

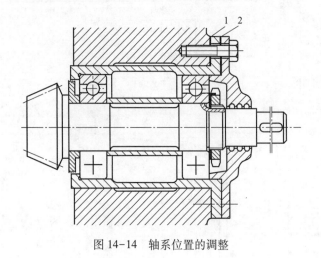

图 14-14 轴系位置的调整

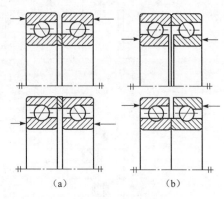

图 14-15 轴承预紧
（a）加金属垫片；（b）磨窄套圈

四、滚动轴承的配合

由于滚动轴承是标准件,为了便于互换及适应大量生产,轴承内圈孔与轴的配合采用基孔制,轴承外圈与轴承座孔的配合则采用基轴制。

选择配合时,应考虑载荷的方向、大小和性质,以及轴承类型、转速和使用条件等因素。当外载荷方向不变时,转动套圈应比固定套圈的配合紧一些。一般情况下是内圈随轴一起转动,外圈固定不转。如轴的公差采用 k6、m6;座孔的公差采用 H7、J7 或 Js7。

五、滚动轴承的润滑

润滑的主要目的是减少摩擦与磨损。当滚动接触部位形成油膜时,还有吸收振动、降低工作温度和噪声等作用。

常用的滚动轴承润滑剂是润滑脂和润滑油,具体选用可按轴承的 dn 值来定。d 代表轴承内径(mm);n 代表轴承转速(r/min),dn 值间接地反映了轴颈的圆周速度。适用于脂润滑和油润滑的 dn 值界限列于表 14-10 中,可作为选择润滑方式时的参考。

表 14-10　滚动轴承的 dn 值与润滑方式

$dn/[10^4 \cdot mm \cdot (r \cdot min^{-1})]$　润滑类型　轴承类型	脂润滑	油润滑			
		浸油润滑	滴油润滑	压力供油润滑	油雾润滑
深沟球轴承	16	25	40	60	>60
角接触球轴承	16	25	40	60	>60
圆柱滚子轴承	12	25	40	60	>60
圆锥滚子轴承	10	16	23	30	
推力球轴承	4	6	12	15	

润滑脂的流动性差,不易流失,故便于密封和维护,且一次充填润滑脂可运转较长时间。滚动轴承中润滑脂的加入量一般应是轴承空隙体积的1/2~1/3,装脂过多会引起轴承内部摩擦增大,工作温度升高,影响轴承的正常工作。

油润滑的优点是摩擦阻力小,散热效果好,主要用于速度较高或工作温度较高的轴承。有时轴承速度和工作温度虽然不高,但在轴承附近具有润滑油源时(如减速器内润滑齿轮的润滑油),也可采用润滑油润滑。

若采用浸油润滑方式,则油面高度不超过最低滚动体的中心,以免产生过大的搅油损失和发热。高速轴承通常采用滴油或油雾方式润滑。

六、滚动轴承的密封

密封的目的是防止灰尘、水分等进入轴承,并阻止润滑剂的流失。

滚动轴承密封方法的选择与润滑剂的种类、工作环境、温度、密封表面的圆周速度有关。密封方法可分为两大类:接触式密封和非接触式密封。它们的密封形式、适用范围和性能见表14-11。

表 14-11　常用密封装置

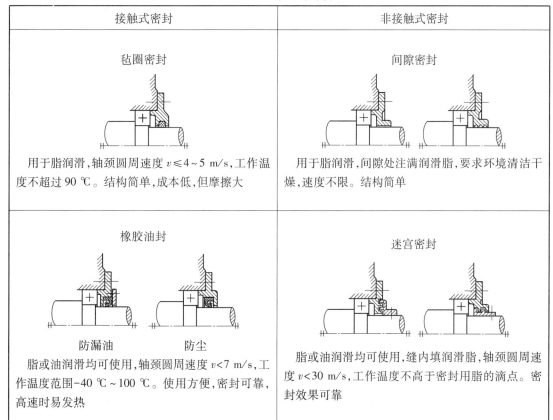

接触式密封	非接触式密封
毡圈密封	间隙密封
用于脂润滑,轴颈圆周速度 $v \leqslant 4 \sim 5$ m/s,工作温度不超过90 ℃。结构简单,成本低,但摩擦大	用于脂润滑,间隙处注满润滑脂,要求环境清洁干燥,速度不限。结构简单
橡胶油封	迷宫密封
防漏油　　　防尘 脂或油润滑均可使用,轴颈圆周速度 $v < 7$ m/s,工作温度范围-40 ℃~100 ℃。使用方便,密封可靠,高速时易发热	脂或油润滑均可使用,缝内填润滑脂,轴颈圆周速度 $v < 30$ m/s,工作温度不高于密封用脂的滴点。密封效果可靠

七、轴承的装拆

在轴承的组合设计中,应考虑便于轴承装拆,以便在装拆过程中不致损坏轴承和其他零件。

如图 14-16 所示,若轴肩高度大于轴承内圈外径,就难以放置拆卸工具的钩爪。对外圈拆卸也是如此,应留出拆卸高度 h(图 14-17(a)、(b))和在壳体上制出能放置拆卸螺钉的螺孔(图 14-17(c))。

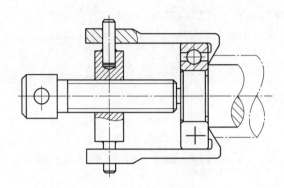

图 14-16　用钩爪器拆卸轴承

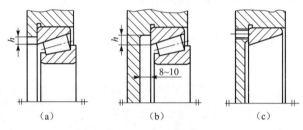

图 14-17　轴承外圈的拆卸

(a)拆卸高度;(b)拆卸高度和空间;(c)拆卸螺孔

习　题

14-1　滚动轴承由哪些基本零件组成? 其各自的功用是什么?

14-2　滚动轴承的主要特点是什么?

14-3　滚动轴承的类型选择应考虑哪些因素?

14-4　滚动轴承的实际寿命和基本额定寿命有何不同?

14-5　什么是基本额定动载荷? 什么是当量动载荷?

14-6　为什么角接触球轴承和圆锥滚子轴承要成对使用?

14-7　基本额定动载荷与基本额定静载荷在本质上有何不同?

14-8　什么情况下需要作滚动轴承的静强度计算?

14-9　说明下列几个轴承代号的含义:6202,7310B/P5,N204E/P4,51212,30309。

14-10　一深沟球轴承 6304 承受的径向力 $F_r = 4\ 000$ N,转速 $n = 960$ r/min,载荷平稳,室温下工作,试求该轴承的基本额定寿命,并说明寿命低于该值的概率是多少。若载荷改为 $F_r = 2\ 000$ N,轴承的基本额定寿命是多少?

14-11　一矿山机械的转轴两端各用一个 6313 深沟球轴承支承,每个轴承承受的径向载荷 $F_r = 5\ 400$ N,轴上的轴向载荷 $F_A = 2\ 650$ N,轴的转速 $n = 1\ 250$ r/min,运转中有轻微冲击,预期寿命 $L'_{10\ h} = 5\ 000$ h,问是否适用?

14-12 如题 14-12 图所示轴承组合,轴承支反力 $F_{r1} = 7\,800$ N,$F_{r2} = 16\,000$ N,轴向外载荷 $F_A = 3\,200$ N,转速 $n = 1\,480$ r/min,预期寿命为 8 200 h,载荷平稳,工作温度为 60 ℃,试分别按图示两种方案计算所需轴承的基本额定动载荷。

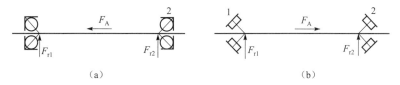

（a）　　　　　　　　　　　　　　（b）

题 14-12 图

14-13 已知题 14-13 图所示的锥齿轮轴转速 $n = 960$ r/min,锥齿轮平均分度圆半径 $r_m = 40$ mm,作用在锥齿轮上的切向力 $F_T = 950$ N、径向力 $F_R = 307$ N 和轴向力 $F_A = 102$ N,载荷有中等冲击,选用一对 30207 轴承背对背安装,试计算轴承的寿命。

14-14 在上题中保持其他条件不变,改选用一对 7207A 轴承,试计算轴承的寿命。

14-15 在题 14-15 图所示轴上装有两个直齿圆柱齿轮,从动齿轮 2 所受的法向力 $F_{n2} = 1\,200$ N,与铅垂方向成 20°夹角,齿轮 3 将转矩输出,其上的法向力为 F_{n3},与水平夹角为 20°。在支承 A 处采用一深沟球轴承,B 处采用一圆柱滚子轴承,轴的转速 $n = 500$ r/min,取载荷系数 $f_d = 1.3$,温度系数 $f_t = 1$,预期寿命 $L'_{10\,h} = 56\,000$ h,试对此二轴承进行选择计算(取支承 A 处轴颈为 30 mm,支承 B 处轴颈为 35 mm)。

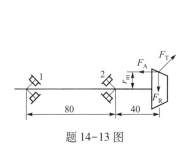

题 14-13 图

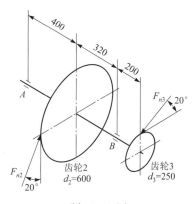

题 14-15 图

第十五章 机械的调速和平衡

本章包括机械调速及机械平衡两部分内容。机械调速主要讨论机械在运转时速度波动的调节方法;机械平衡介绍刚性转子平衡设计与平衡实验等问题。

第一节 机械运转速度波动的调节

一、机械运转速度波动调节的目的和方法

机械在驱动力(矩)$P_d(M_d)$和各种阻力(矩)$P_r(M_r)$作用下运转时,若每一瞬时都保证驱动力(矩)所做驱动功 W_d 与各种阻力(矩)所做的阻抗功 W_r 相等,机械就能保持匀速运转。多数机械在工作时,并不能保证任一瞬时驱动功 W_d 与阻抗功 W_r 总是相等。当 $W_d > W_r$ 时,驱动力(矩)做功有盈余,出现盈功,机械增速运转;当 $W_d < W_r$ 时,驱动力(矩)做功不足,出现亏功,机械减速运转。盈功和亏功统称盈亏功。盈亏功引起机械运转速度的波动。机械运转速度的波动使运动副中产生附加动压力,引起振动,产生噪声,影响零件的强度、寿命,降低机械的效率和可靠性,降低机械工作精度和产品质量,所以必须对机械运转速度波动进行调节。

机械运转速度波动可分为周期性速度波动和非周期性速度波动。

1. 周期性速度波动

周期性速度波动是由于机械动能增减呈周期性变化,造成主轴角速度 ω 随之做周期性的

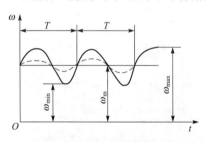

图 15-1 周期性速度波动

波动(图 15-1)。在主轴角速度 ω 从某一数值变回到原值所经历的时间为一个运动周期中,驱动力(矩)所做的功与阻力(矩)所做的功相等,但在一个运动周期中的任意瞬时却不一定相等。通常调节机械周期性速度波动的方法是在机械的转动构件上加一个转动惯量很大的飞轮。当 $W_d > W_r$ 时,飞轮速度略增,就可将多余能量储存起来;当 $W_d < W_r$ 时,飞轮速度略减,便可将能量释放出来,从而抑制速度波动的幅度(图 15-1 中虚线所示)。例如四冲程内燃机、冲床都加装有飞轮。由此可知,安装飞轮不仅可以避免机械运转速度发生过大的波动,而且可以选择较小的原动机。

2. 非周期性速度波动

非周期性速度波动是由于机械驱动力(矩)或阻力(矩)不规则的变化而造成随机的速度波动。如果驱动功 W_d 在长时间内总是小于阻抗功 W_r,则机械运转的速度将会不断下降,直至停车。例如用电量突然增加而汽轮发电机组供汽量不变,汽轮机的速度就会下降。反之,当驱动功 W_d 在较长时间内总是大于阻抗功 W_r 时,则机械运转的速度将会不断升高,当超过机械所允许的最高转速时,机械将不能正常工作,甚至可能出现"飞车"现象,从而导致机械破坏。

对于非周期性速度波动,安装飞轮是不能达到调节目的的,这是因为飞轮的作用只是"吸收"和"释放"能量,它既不能创造出能量,也不能消耗能量。非周期性速度波动的调节问题可

分为两种情况：

（1）当机械的原动机所发出的驱动力矩是速度的函数且具有下降的趋势时，机械具有自动调节非周期性速度波动的能力。

如图 15-2 所示，当机械处于稳定运转时，$M_d = M_r$，此时机械的稳定运转速度为 ω_s，S 点称为稳定工作点。当由于某种随机因素使 M_r 增大时，由于 $M_d < M_r$，主轴的角速度会下降，但由图中可以看出，随着角速度的下降，M_d 将增大，所以可以使 M_d 和 M_r 自动地重新达到平衡，机械将在 ω_a 的速度下稳定运转；反之，当由于某种随机因素使 M_r 减小时，由于 $M_d > M_r$，主轴的角速度将会上升，但由图中可以看出，随着角速度的上升，M_d 将减小，所以可使 M_d 与 M_r 自动地重新达到平衡，机械将在 ω_b 的速度下稳定运转，这种能自动调节非周期性速度波动的能力称为自调性。选用电动机作为原动机的机械，一般都具有自调性。

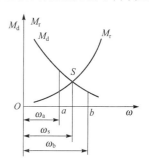

图 15-2　M-ω 函数曲线

（2）对于没有自调性的机械系统（如采用蒸汽机、汽轮机或内燃机为原动机的机械系统），就必须安装一种专门的调节装置——调速器，来调节机械出现的非周期性速度波动，从而使驱动力（矩）所做的功与阻力（矩）所做的功趋于平衡，以达到新的稳定运转。

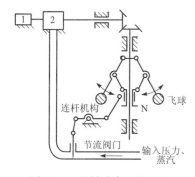

图 15-3　机械式离心调速器
1—工作机；2—原动机

调速器的种类很多，现举例简要说明其工作原理。图 15-3 所示为机械式离心调速器的工作原理图。原动机 2 的输入功与供汽量的大小成正比。当负载突然减小时，原动机 2 和工作机 1 的主轴转速升高，由锥齿轮驱动的调速器的主轴的转速也随着升高，飞球因离心力增大而飞向上方，带动圆筒 N 上升，并通过套环和连杆机构将节流阀关小，使蒸汽输入量减小；反之，当负荷突然增加时，原动机及调速器主轴转速下降，飞球因离心力减小而下落，通过套环和连杆机构将节流阀开大，使供汽量增加，从而增大驱动力。调速器实际上是一个反馈装置，其作用是自动调节能量使输入功与负荷所消耗的功（包括摩擦损失）达成平衡，以保持速度稳定。

关于调速器的进一步工作原理，可参阅有关资料。本章主要研究讨论飞轮的调速原理和设计的有关问题。

二、周期性速度波动的调节——飞轮设计

1. 机械运转的平均速度和不均匀系数

机械运转发生周期性速度波动时（图 15-1），由于速度的变化规律不易获得，故工程上常用角速度的算术平均值近似代替实际的平均角速度（即机器铭牌上标出的名义转速或角速度）。

$$\omega_m = \frac{\omega_{max} + \omega_{min}}{2} \tag{15-1}$$

式中，ω_{max}、ω_{min} 分别为主轴的最大角速度和最小角速度。

为了正确描述机械运转的不均匀程度，引入机械运转不均匀系数 δ

$$\delta = \frac{\omega_{max} - \omega_{min}}{\omega_m} \tag{15-2}$$

由式(15-2)可知，δ 越小，机械运转的速度波动越小。

工程上对各种机械的运转不均匀系数规定了许用值$[\delta]$，见表15-1。

表 15-1　常用机械的许用不均匀系数$[\delta]$值

机　械　名　称	$[\delta]$	机　械　名　称	$[\delta]$
交流发电机	0.002~0.003	农业机械	0.02~0.20
直流发电机	0.005~0.01	轧钢机	0.04~0.10
内燃机	0.007~0.012 5	破碎机	0.10~0.20
船用发动机	0.007~0.05	冲、剪、锻床	0.05~0.15
纺织机	0.01~0.017	金属切削机床	0.02~0.05
减速机	0.015~0.020	压缩机和水泵	0.03~0.05

2. 飞轮设计的近似方法

为了使机械运转的不均匀系数 $\delta \leqslant [\delta]$，需在机械中安装一个转动惯量较大的盘状零件——飞轮，来调节周期性速度的波动。故此，飞轮设计的基本问题是，根据机械主轴所需的平均角速度 ω_m 和所许用不均匀系数$[\delta]$来确定飞轮的转动惯量 J_F。一般机械的动能与飞轮的动能相比，可略去不计，因此飞轮的动能就可近似地认为是整个机械的动能。当飞轮处于 ω_{max} 时，具有动能的最大值 E_{max}；当飞轮处于 ω_{min} 时，具有动能的最小值 E_{min}。

E_{max} 与 E_{min} 之差表示在一个周期内动能的最大变化量，通常称为机械的最大盈亏功

$$W_{max} = E_{max} - E_{min} = \frac{1}{2}J_F(\omega_{max}^2 - \omega_{min}^2) = J_F\omega_m^2\delta$$

或

$$J_F = \frac{W_{max}}{\omega_m^2\delta} \tag{15-3}$$

式中，最大盈亏功 W_{max} 可根据机械的驱动力矩变化曲线和阻力矩的变化曲线求得。

当最大盈亏功 W_{max} 已知时，选定许用的不均匀系数$[\delta]$值，再根据平均角速度 ω_m 或名义转速 n，由式(15-3)即可求出所需飞轮的转动惯量 J_F，以保证机械速度波动在允许的范围之内。

例　在电动机驱动的剪床中，已知剪床主轴上的阻力矩变化曲线 M_r-φ 如图15-4(a)所示。电动机驱动，可认为驱动力矩 M_d 为常数，电动机转速为 1 500 r/min。求许用不均匀系数 $\delta = 0.05$ 时，所需安装在电动机主轴上的飞轮转动惯量。

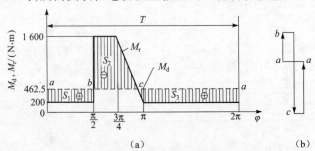

图 15-4　剪床主轴上的力矩和功、能指示图
(a) 力矩变化曲线；(b) 功、能指示图

解　1. 求驱动力矩 M_d

在一个运动周期中,驱动力矩 M_d 和阻力矩 M_r 所做的功分别为

$$W_d = \int_0^{2\pi} M_d d\varphi = M_d 2\pi$$

$$W_r = \int_0^{2\pi} M_r d\varphi = 200 \times 2\pi + (1\,600 - 200) \times \frac{\pi}{4} + \frac{1}{2} \times (1\,600 - 200) \times \frac{\pi}{4} = 2\,906\,(J)$$

根据稳定运转时,一个周期中功相等的原理求出驱动力矩为

$$M_d = \frac{W_r}{2\pi} = \frac{2\,906}{2\pi} = 462.5\,(J)$$

作出 $M_d\text{-}\varphi$ 曲线,如图 15-4 中虚线所示。

2. 确定最大盈亏功 W_{max}

图 15-4(a)中标有正号的面积为盈功,标有负号的面积为亏功。$M_d\text{-}\varphi$ 与 $M_r\text{-}\varphi$ 所包围的各小块面积及其所代表的功分别为

$$S_1 = (462.5 - 200) \times \frac{\pi}{2} = 412.3\,(J)$$

$$S_2 = (1\,600 - 462.5) \times \frac{\pi}{4} + \frac{1}{2}(1\,600 - 462.5) \times \frac{1\,600 - 462.5}{1\,600 - 200} \times \frac{\pi}{4} = 1\,256.3\,(J)$$

$$S_3 = (462.5 - 200) \times \pi + \frac{1}{2}(462.5 - 200) \times \left(\frac{\pi}{4} - \frac{\pi}{4} \times \frac{1\,600 - 462.5}{1\,600 - 200}\right) = 844\,(J)$$

确定最大盈亏功可借助于动能指示图,如图 15-4(b)所示。取 a 点表示运动循环开始时机械的动能。以一定的比例依次作向量 $\overline{ab}$、$\overline{bc}$、$\overline{ca}$ 代表上述各小块面积 S_1、S_2、S_3。盈功为正,箭头向上;亏功为负,箭头向下。由于循环结束时与开始时的动能相等,因此该指示图的箭头应首尾相接。由图 15-4(b)可见,b 点具有最大动能 E_{max},对应于最大角速度 ω_{max};c 点具有最小动能 E_{min},对应于最小角速度 ω_{min};向量 $\overline{bc}$ 即代表最大盈亏功 W_{max}。

3. 求飞轮转动惯量 J_F

按式(15-3)得

$$J_F = \frac{W_{max}}{\omega_m^2 \delta} = \frac{1\,256.3}{\left(\dfrac{1\,500\pi}{30}\right)^2 \times 0.05} = 1.02\,(kg \cdot m^2)$$

第二节　回转件的平衡

一、机械平衡的目的和分类

机械在运转时,做变速运动的构件将产生惯性力,即使是绕固定轴线做等速转动的构件,如果结构形状不对称、质量分布不均匀,使其重心与回转中心不重合,也将产生惯性力。惯性力将使运动副产生附加动压力,增大运动副的摩擦力,加快磨损,影响构件的强度,降低机器效率和使用寿命,并且惯性力随机械的运动而做周期性的变化,将引起机械的振动和噪声。当振动频率接近机械系统固有频率时,还会产生共振,使机械破坏,甚至危及工作人员和厂房安全。

合理分配机构中各构件的质量,使惯性力得到平衡,这就是机械的平衡目的。

机械的平衡可分为两类:回转件的平衡和机械的平衡。

1. 回转件的平衡

绕固定轴线回转的构件称为回转件(也称为转子)。回转件回转时,本身变形很小,可以忽略不计的称为刚性回转件,本身变形不可忽略的称为挠性回转件。回转件的平衡,就是将其质量的大小分布重新调整,使惯性力形成一平衡力系。

2. 机械的平衡

若机械中包含做往复运动或做平面运动的构件,则此机构不能采用各个构件分别进行平衡的方法来解决,而必须就整个机构来研究,使其在机架上得到平衡,这类平衡称为机构在机架上的平衡。

本章节只讨论生产中最常见的刚性回转件的平衡问题。其他平衡问题可参阅其他有关资料。

二、刚性回转件的平衡设计

刚性回转件(转子)的平衡,按照回转件质量分布的情况不同可分为静平衡和动平衡两类。

1. 静平衡设计

对于宽径比 $l/D \leqslant 1/5$ 的回转件,如叶轮、飞轮、砂轮、盘形凸轮等,其质量的分布可近似地认为在同一回转面内。对于这类的回转件,若回转件的质心不在回转轴上,当其回转时,其偏心质量就会产生离心惯性力,从而在运动副中引起附加动压力,这种不平衡现象称为静不平衡。为了消除惯性力的不利影响,设计时需要首先根据回转件结构定出偏心质量的大小和方位,然后计算出为平衡偏心质量需增、减的平衡质量的大小和方位,最后在回转件设计图上加上或相反方向减去该平衡质量,以便使设计出来的回转件在理论上达到静平衡。这一过程称为回转件的静平衡设计。

图15-5(a)所示为一盘形回转件,已知分布于同一回转平面内的偏心质量为 m_1、m_2、m_3,从回转中心到各偏心质量中心的向径分别为 r_1、r_2、r_3。当回转件以等角速度 ω 回转时,各偏心质量所产生的离心惯性力分别为

$$F_1 = m_1 r_1 \omega^2$$

$$F_2 = m_2 r_2 \omega^2$$

$$F_3 = m_3 r_3 \omega^2$$

为了平衡惯性力 F_1、F_2、F_3,就必须在此平面内增加一个平衡质量 m_b(或在其相反方向上减少一个平衡质量),从回转中心到这一平衡质量的向径 r_b,它所产生的离心惯性力为 F_b。若要求平衡,则 F_b、F_1、F_2、F_3 形成的合力为零,构成平衡力系,即此回转件达到静平衡状态。其平衡条件为

$$F_b + F_1 + F_2 + F_3 = 0 \qquad (15-4)$$

即

$$m_b r_b \omega^2 + m_1 r_1 \omega^2 + m_2 r_2 \omega^2 + m_3 r_3 \omega^2 = 0$$

消去 ω^2 后可得

$$m_b r_b + m_1 r_1 + m_2 r_2 + m_3 r_3 = 0$$

式中,m_b 为平衡质量(kg);r_b 为平衡质量的质心所在位置的向径(m);m_1、m_2、m_3 为不平衡质

量(kg);r_1、r_2、r_3为不平衡位置的向径(m)。

质量与向径之积称为质径积。它表示在同一转速下回转件上各离心惯性力的相对大小和方位。由上述分析可得出如下结论:

(1)回转件静平衡条件:分布于回转件上的各个偏心质量的离心惯性力合力为零或质径积的向量和为零。

(2)对于静不平衡的回转件,无论它有多少个偏心质量,都只需要适当增加一个平衡质量即可获得平衡,即对于静不平衡的回转件,需加平衡质量的最少数目为1。

图15-5(b)所示为图解法确定质径积的方法

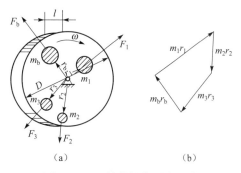

图15-5 回转件的静平衡设计
(a)静平衡分析;(b)静平衡的向量图

和过程。首先,以适当的比例尺μ_F(kg·m/mm),再按向径r_1、r_2、r_3的方向分别作向量代表质径积m_1r_1、m_2r_2、m_3r_3,最后的封闭向量即代表平衡质量的质径积m_br_b的大小和方向。向径r_b的大小,可视结构而定,一般应尽可能大些,以便使平衡质量m_b小些。

2. 动平衡设计

对于宽径比$l/D>1/5$的回转件,如多缸发动机的曲轴、电动机的转子、汽轮机的转子以及一些机床主轴等,由于其轴向宽度较大,其质量分布在几个不同的回转平面内。这时,即使回转件的质心在回转轴上,但由于各偏心质量所产生的离心惯性力不在同一回转平面内,所形成的惯性力偶仍使回转件处于不平衡状态。由于这种不平衡只有回转件运动的情况下才能显示出来,故称为动不平衡。为了消除动不平衡现象,在设计时需要首先根据回转件结构确定出各个不同回转平面内偏心质量的大小和位置,然后计算出为使回转件得到动平衡所需加减的平衡质量的数目、大小和方位,并在回转件设计图上加上或相反方向减去这些平衡质量,以便使设计出来的回转件在理论上达到动平衡,这一过程称为回转件的动平衡设计。

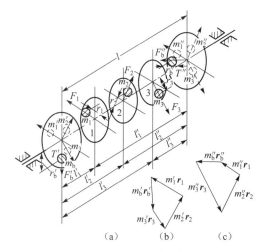

图15-6 回转件的动平衡设计
(a)动平衡分析;(b)T'面平衡的向量图;
(c)T''面平衡的向量图

如图15-6(a)所示的回转件,设回转件的偏心质量m_1、m_2、m_3分布在三个不同的回转平面1、2、3内,其质心的向径为r_1、r_2、r_3。当回转件以等角速度ω回转时,它们所产生的离心惯性力分别为F_1、F_2、F_3。利用理论力学的力系等效原理,并根据结构情况,选择两个平行平面T'、T'',分别将各离心惯性力等效到两个平衡平面上,其大小为

$$F'_1 = \frac{l''_1}{l}F_1 \qquad\qquad F''_1 = \frac{l'_1}{l}F_1$$

$$F'_2 = \frac{l''_2}{l}F_2 \qquad\qquad F''_2 = \frac{l'_2}{l}F_2$$

$$F'_3 = \frac{l''_3}{l}F_3 \qquad\qquad F''_3 = \frac{l'_1}{l}F_3$$

这样,力F_1、F_2、F_3即可用等效到平面T'和

T'' 中的力 F_1'、F_2'、F_3' 和 F_1''、F_2''、F_3'' 来代替，也就是将动平衡问题转化为静平衡的方法来处理。

若以质径积代之，上式可写成

$$m_1'r_1' = \frac{l_1''}{l}m_1 r_1 \qquad\qquad m_1''r_1'' = \frac{l_1'}{l}m_1 r_1$$

$$m_2'r_2' = \frac{l_2''}{l}m_2 r_2 \qquad\qquad m_2''r_2'' = \frac{l_2'}{l}m_2 r_2$$

$$m_3'r_3' = \frac{l_3''}{l}m_3 r_3 \qquad\qquad m_3''r_3'' = \frac{l_3'}{l}m_3 r_3$$

一般取 $r_1 = r_1' = r_1''$、$r_2 = r_2' = r_2''$、$r_3 = r_3' = r_3''$，得

$$m_1' = \frac{l_1''}{l}m_1 \qquad\qquad m_1'' = \frac{l_1'}{l}m_1$$

$$m_2' = \frac{l_2''}{l}m_2 \qquad\qquad m_2'' = \frac{l_2'}{l}m_2$$

$$m_3' = \frac{l_3''}{l}m_3 \qquad\qquad m_3'' = \frac{l_3'}{l}m_3$$

对于 T' 的平衡平面，其平衡方程为

$$m_b'r_b' + m_1'r_1 + m_2'r_2 + m_3'r_3 = 0$$

按适当的比例尺 $\mu_F(\text{kg} \cdot \text{m}/\text{mm})$ 作向量（图 15-6(b)），最后的封闭向量即代表质量的质径积 $m_b'r_b'$。选定 r_b' 后即可确定平衡平面质量 m_b'。

对于 T'' 的平衡平面，其平衡方程为

$$m_b''r_b'' + m_1''r_1 + m_2''r_2 + m_3''r_3 = 0$$

作向量图如图 15-6(c)所示，由此求出质径积 $m_b''r_b''$。选定 r_b'' 后即可确定 m_b''。

由上述分析可得出如下结论：

（1）动平衡的条件：当回转件回转时，回转件上的分布在不同平面内的各个质量所产生的空间离心惯性力系的合力及合力矩均为零。

（2）对于动不平衡的回转件，无论它有多少个偏心质量，都只需要在任选的两个平衡平面 T' 和 T'' 内各增加或减少一个合适的平衡质量即可使回转件获得动平衡，即对于动不平衡的回转件，需加减平衡质量的最少数目为 2。因此，动平衡又称为双面平衡，而静平衡则称为单面平衡。

（3）由于动平衡同时满足了静平衡的条件，所以经过动平衡的回转件一定是静平衡；反之，经过静平衡的回转件则不一定是动平衡的。

三、回转件的平衡试验

经过上述平衡设计的刚性回转件在理论上是完全平衡的，但是由于制造和装配误差及材质不均匀等原因，实际生产出来的回转件在运转时还会出现不平衡现象，由于这种不平衡现象在设计阶段是无法确定和消除的，因此需要用试验的方法对其做进一步平衡解决。刚性回转件的平衡试验可分为静平衡试验和动平衡试验。

1. 静平衡试验

对于宽径比 $l/D \leqslant 1/5$ 的回转件，一般只需进行静平衡，可不必进行动平衡试验校正。静平衡试验在静平衡架上进行，图 15-7(a)所示为常用的导轨式静平衡架，其主要部分为两根互

相平行的钢制刀口形导轨(也有棱柱形和圆柱形)安装在同一水平面内。试验时将回转件的轴放置在导轨上,如回转件质心 S 不在通过回转轴线的铅直面内,则由于重力对回转轴线的力矩作用,回转件将在导道上发生滚动,直到停止运动,质心即在最低位置(由于接触处有滚动摩擦影响,故稍有偏差,可用反向滚动后再确定质心位置的方法来校正),由此便可确定质心的偏移方向。然后再用橡皮泥或其他方法在质心的相反方向加一适当的平衡质量,并逐渐调整其大小或径向位置。当该回转件在任意位置都能保持静止不动时,所加平衡质量与其回转半径的乘积即为该回转件达到静平衡所需加的质径积(它能够表达回转件上各质量在同一转速下离心力的大小和方向)的大小。根据情况也可在径向相反位置按同等大小的质径积去掉质量,使回转件达到静平衡。

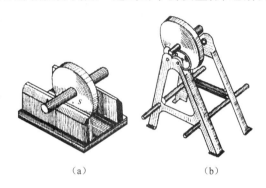

（a） （b）

图 15-7 静平衡试验

（a）导轨式静平衡架；（b）圆盘式静平衡架

导轨式静平衡架简单可靠,精度也能满足一般生产需要。其缺点是导轨需要互相平行,且在同一水平面内,故安装、调试要求较高。另外,它不能平衡两端轴径不等的回转件。如图 15-7(b)所示的圆盘式静平衡架,是另一种常用的静平衡设备。被平衡的回转件的轴放置于分别由两个圆盘组成的支架上,圆盘可绕其几何中心转动,因此回转件可以自由转动。其试验程序与导轨式静平衡架相同。由于试验架有一端支撑的高度可调,故能进行两端轴径不等回转件的平衡试验。该设备的安装、调试也较简单,但由于其支撑面间有较大的摩擦阻力,故平衡精度较低。

2. 动平衡试验

对于宽径比 $l/D>1/5$ 的回转件,以及有特殊要求的重要回转件必须进行动平衡。

进行动平衡试验需要使用动平衡试验机。试验时,让回转件在动平衡机上运转,并在两个选定的平面内分别找出所需的平衡质径积的大小和方位;然后分别在两个平面内各加上或减去适当的平衡质量,使回转件达到动平衡。

动平衡试验机种类繁多,从应用方面分,有通用平衡机、专用平衡机等;从原理方面分,有软支撑平衡机、硬支撑平衡机等。目前使用较多的动平衡机是根据振动原理设计的,它利用测振传感器将转子转动时产生的惯性力所引起的振动信号变为电信号,然后通过电子线路加以处理和放大,最后通过解算求出被测转子不平衡质量质径积的大小和方位。

图 15-8 所示为电测式动平衡机的原理示意图,它是软支撑动平衡机,由驱动系统、转子支撑系统(摆架)和振动测量系统三部分组成。驱动系统由电动机经带传动和万向节,带动转子以选定的转速转动。

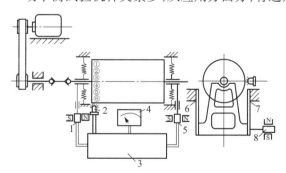

图 15-8 电测式动平衡机的原理示意图

1,5,8—传感器；2—闪光灯；3—电测装置；

4—电流表；6,7—弹簧片

转子的支撑架由弹簧片悬吊，构成一个双摆架式弹性振动系统。转子上偏心质量所产生的离心惯性力，驱使支撑架沿水平方向振动，再通过传感器将此振动量变换为电信号。

测振系统的任务是根据传感器送来的振动信号，测出转子不平衡质量的大小和方向。传感器拾得的振动信号首先进入面的分离电路，以消除左、右两面间的相互影响，然后将信号放大和选频，使其频率与转子转动的频率相同。此时，信号分为两路，一路经整流电路检出幅度大小，并由电流表指示出来，其值即表示不平衡质径积的大小；另一路经脉冲电路，将正弦波变为方波，再经微分得到负脉冲去触发闪光管，其闪光频率与转子频率同步，即转子每转一周，闪光管触发照射一次，故旋转的转子看起来似乎处于静止状态，从而指示出不平衡质径积所在的方位。

习　题

15-1　某机组主轴上作用的驱动力矩 M_d 为常数，它的一个运动循环中阻力矩的变化如题 15-1 图所示。已知 $\omega_m = 25$ rad/s，$\delta = 0.04$。试确定：

（1）主轴的最大角速度 ω_{max} 和最小角速度 ω_{min}。

（2）驱动力矩 M_d 的大小。

（3）最大盈亏功 W_{max}。

（4）飞轮的转动惯量 J_F。

15-2　某冲床运转一个循环的总时间为 $T = t_1 + t_2$（见题 15-2 图），其中 t_1 为冲床空转时间，t_2 为冲床工作时间，且 $t_1 / t_2 = 3$；P_1 为冲床空转时所消耗的功率，P_2 为冲床工作时间内所消耗的功率，而 $P_2 / P_1 = 6$，δ 为不均匀系数。求该冲床所需电动机功率 P 和最大盈亏功 W_{max}。

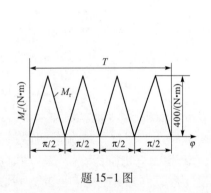

题 15-1 图

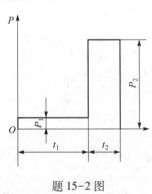

题 15-2 图

15-3　如题15-3图所示，转盘上有 2 个圆孔，其直径和位置为：$d_1 = 40$ mm，$d_2 = 50$ mm，$r_1 = 100$ mm，$r_2 = 140$ mm，$\alpha = 120°$，$D = 400$ mm，$l = 20$ mm。拟在转盘上再制一圆孔使之达到平衡，要求该孔的转动半径 $r = 150$ mm。试求该孔的直径及方位角。

15-4　有一薄壁转盘，质量为 m，经静平衡试验测定其质心偏距为 r，方向如题 15-4 图所示铅垂向下。因该回转面不允许安装平衡质量，故只能在平面 Ⅰ、Ⅱ 上进行调整。求在平面 Ⅰ、Ⅱ 上各应加的平衡质径积及其方向。

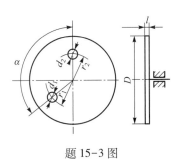

题 15-3 图

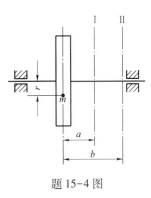

题 15-4 图

第十六章　机械系统的设计

传统的教材中对典型的机构设计和典型的机械零件设计都进行了详细、全面的介绍,缺少机构系统的设计和如何对机构系统进行结构设计的应用性内容。本章内容主要介绍机构系统的设计构思与设计方法,讲述把机构运动简图进行结构化设计的基本方法,并通过设计实例予以说明。

第一节　机械系统的组成

工程中,一般把具体的机械称为机器,如汽车、飞机、轮船、机床和起重机等都是具体的机器。泛指时常常使用"机械"这个名词。本章讲述机器组成的共性问题,故称为机械系统。

机械系统的种类繁多,但对其进行分析后,发现其组成情况基本相同。

通过对各类机器的对比与分析可以知道,机器由原动机、传动系统、工作执行系统和控制系统组成,其组成框图如图 16-1 所示。

图 16-2 所示为电动大门示意图。原动机为三相交流异步电动机,CD 为大门,铰链安装在门柱 D 处。大门的开启速度较低,为 5~10(°)/s,而作为原动机的电动机转数很高,所以动力要经过减速器传递到大门的启闭装置上。铰链四杆机构 $ABCD$ 为大门启闭装置,或称为工作执行机构。该电动大门由电动机(原动机)、减速器(传动系统)、连杆机构 $ABCD$(工作执行系统)和电气控制系统组成,是典型的机械系统。工程中,也有些少数机械没有传动系统,如在水力发电机组中,水轮机(原动机)直接驱动发电机(工作机),形成水力发电机组。

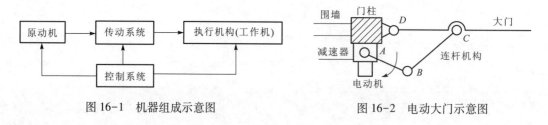

图 16-1　机器组成示意图　　　　　图 16-2　电动大门示意图

以下就机器的组成部分作简要介绍。

一、原动机

原动机是把其他形式的能量转化为机械能的机器,为机器的运转提供动力。按原动机转换能量的方式可将其分为三大类。

1. 电动机

把电能转换为机械能的机器,常用电动机有三相交流异步电动机、单相交流异步电动机、直流电动机、交流和直流伺服电动机以及步进电动机等。三相交流异步电动机和较大型直流电动机常用于工业生产领域,单相交流异步电动机常用于家用电器,交流和直流伺服电动机以及步进电动机常用于自动化程度较高的可控领域。电动机是在固定设备中应用最广泛的原动机。

2. 内燃机

把热能转换为机械能的机器,常用内燃机主要有汽油机和柴油机,用于活动范围很大的各类移动式机械中。中小型车辆中常用汽油机为原动机,大型车辆,如各类工程机械、内燃机车、装甲车辆、舰船等机械常用柴油机作为原动机。随着石油资源的消耗和空气污染的加剧,人们正在积极探索能代替石油产品的新兴能源,如从水中分解出氢气作燃料的燃氢发动机已处于实验阶段。

3. 一次能源型原动机

一次能源型原动机指直接利用地球上的能源转换为机械能的机器。常用的一次能源型原动机主要有水轮机、风力机、太阳能发电机等。上述电动机和内燃机的原料都是二次能源,电能来自水力发电、火力发电、地热发电、潮汐发电、风力发电、原子能发电等二次加工;内燃机用的汽油或柴油也是由开采的石油冶炼出的二次能源。其缺点是受地球上资源储存量的限制及价格较贵。因此,开发利用水力、风力、太阳能、地热能和潮汐能等一次能源,是 21 世纪动力工程的一项艰巨任务。

二、机械运动系统

机器的传动系统和工作执行系统统称机械的运动系统。以内燃机和交流电动机为原动机时,其转数较高,不能满足工作执行机构的低速、高速或变速要求,在原动机输出端往往要连接传动系统。一般常用的传动系统有齿轮传动、带传动、链条传动等。机械传动系统形式比较单一,设计难度不是很大。而机器的工作执行系统则要复杂得多。不同机器的工作执行系统决然不同,但其传动形式却可相同。例如,一般汽车和汽车吊的传动形式一样,都是由连接内燃机的变速箱、万向轴和后桥组成的;而汽车的工作执行系统由车轮、车厢等组成,汽车吊的工作执行系统由车轮及吊车组成。图 16-3 所示为汽车和汽车吊的对比图。

（a）　　　　　　　　　　　　　　　　　（b）

图 16-3　汽车和汽车吊对比图

（a）汽车；（b）汽车吊

三、机械的控制系统

机械设备中的控制系统所应用的控制方法很多,有机械控制、电气控制、液压控制、气动控制及综合控制。其中以电气控制应用最为广泛,与其他控制形式相比有很多优点。控制系统在机械中的作用越来越突出,传统的手工操作正在被自动化的控制手段所代替,而且向智能化方向发展。

电气控制系统体积小,操作方便,无污染,安全可靠,可进行远距离控制。通过不同的传感器可把位移、速度、加速度、温度、压力、色彩和气味等物理量的变化转变为电量的变化，然后由控制系统的微计算机进行处理。

主要控制对象如下：

1）对原动机进行控制

电动机的结构简单、维修方便、价格低廉，是应用最为广泛的动力机。对交流电动机的控制主要是开、关、停与正反转的控制，对直流电动机与步进电动机的控制主要是开、关、停、正反转及其调速的控制。图16-4所示为常见的三相交流异步电动机的控制电路原理图，可实现开、关、停、正反转的工作要求，如再安装限位开关，还可以方便地进行机械的位置控制。

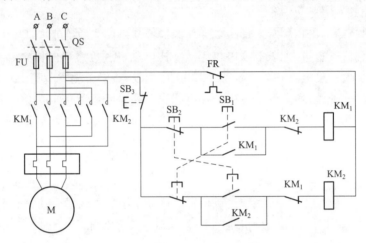

图16-4　三相异步电动机控制电路原理图

图16-5所示为直流电动机控制电路原理图，左半部分是三相半控桥式整流电路。可控硅整流是一个可调直流电源，通过改变控制信号来改变触发脉冲的相位，以改变加在直流电动机两端的整流电压，达到无级调速的目的。右半部分为通过改变直流励磁绕组的电流方向实现正反转控制的原理图。

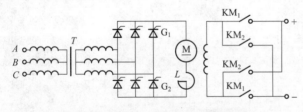

图16-5　直流电动机的控制电路原理图

2）对电磁铁的控制

电磁铁是重要的开关元件，接触器、继电器、各类电磁阀、电磁开关都是按电磁转换的道理实现接通与断开的动作，从而实现控制机械中执行机构的各种不同动作。

现代控制系统的设计不仅需要微机技术、接口技术、模拟电路、数字电路、传感器技术、软件设计和电力拖动等方面的知识，还需要一定的生产工艺知识。

一般说来，可把控制对象分为两类。

第一类是以位移、速度、加速度、温度、压力等数量的大小为控制对象，并按表示信号的种类分为模拟控制与数字控制。把位移、速度、加速度、温度、压力的大小转换为对应的电压或电流信号，称为模拟量。对模拟信号进行处理，称为模拟控制。模拟控制精度不高，但控制电路简单，使用方便。把位移、速度、加速度、温度、压力的大小转换为对应的数字信号，称为数字量。对数字信号进行处理,称为数字控制。

第二类是以物体的有、无、动、停等逻辑状态为控制对象,称为逻辑控制。逻辑控制可用二值"0""1"的逻辑控制信号来表示。

以数量的大小、精度的高低为对象的控制系统中,经常检测输出的结果与输入指令的误差,并对误差随时进行修正,称这种控制方式为闭环控制。把输出的结果返回输入端与输入指令比较的过程,称为反馈控制。与此不同,输出的结果不返回输入端的控制方式称为开环控制。

由于现代机械在向高速、高精度方向发展,故闭环控制的应用越来越广泛。如机械手、机器人运动的点、位控制,都必须按反馈信号及时修正其动作,以完成精密的工作要求。在反馈控制过程中,通过对其输出信号的反馈,及时捕捉各参数的相互关系,进行高速、高精度的控制。在此基础上,发展和完善了现代控制理论。

综上所述,现代机械的控制系统集计算机、传感器、接口电路、电器元件、电子元件、光电元件、电磁元件等硬件环境及软件环境为一体,且在向自动化、精密化、高速化、智能化的方向发展,其安全性、可靠性的程度不断提高。在机电一体化机械中,机械的控制系统将起到更加重要的作用。

第二节　机构系统设计的构思

机械传动系统和工作执行系统统称机械运动系统,机械运动系统是组成机械的主体,也是机械的核心。机械运动系统可用机构系统来描述,也就是说,对机构系统进行结构设计后就是机械系统。因此,对机构系统进行分析与设计是机械设计的重要内容,也是机械设计中最具有创造性的工作。

一、机构与机构系统

机构种类很多,其作用也不相同。曲柄摇杆机构、曲柄滑块机构、曲柄摇块机构、双曲柄机构、双摇杆机构、正弦机构、正切机构、转动导杆机构、摆动导杆机构、平行四边形机构等都是具有不同运动特性的连杆机构,主要功能是运动形态和运动轨迹的变换;圆柱齿轮机构、圆锥齿轮机构、蜗杆蜗轮机构等齿轮机构主要用于运动速度的变换;带传动机构、链传动机构也是用于运动速度的变换;直动从动件和摆动从动件凸轮机构主要用于运动规律的变换;棘轮机构、槽轮机构等间歇运动机构主要用于运动中动、停的运动变换;螺旋机构主要用于转动到移动的运动变换。这种单一的机构在工程中得到广泛的应用。

这里把实现不同功能目标的单一机构称为基本机构。但在机械运动系统中,把单一的机构(或基本机构)组合在一起形成的机构系统应用更加广泛。我们把两个以上的基本机构的组合称作机构系统。

二、机构组合的构思

类型相同的机构可以进行组合,类型不相同的机构也可以进行组合。机构的组合设计必须在机械运动系统的总体概念下进行。

1. 传动系统中的机构组合

这里的传动系统主要指以调速(减速、增速、变速)为主的传动系统。

在以电动机和内燃机为动力源的机械中,由于原动机的转数较高,工作执行系统的工作速度较低,因而需要减速装置。根据减速比的大小和运动方向的具体要求,可采用各种齿轮机构的组合,采用带传动机构与齿轮机构的组合,或采用链传动机构与齿轮机构的组合。图 16-6 所示为齿轮机构组合而成齿轮机构组合系统。图 16-6(a)所示为圆柱齿轮机构的组合,图 16-6(b)所示为圆锥齿轮机构和圆柱齿轮机构的组合,图 16-6(c)所示为蜗杆蜗轮机构和圆柱齿轮机构的组合。图 16-7(a)所示为带传动机构与齿轮机构组合而成的机构组合系统,图 16-7(b)所示为齿轮机构和螺旋机构组合而成的机构组合系统。

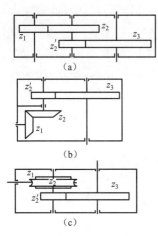

图 16-6　齿轮机构的组合
(a)圆柱齿轮机构组合;
(b)圆锥齿轮机构和圆柱齿轮机构的组合;
(c)蜗杆蜗轮机构和圆柱齿轮机构的组合

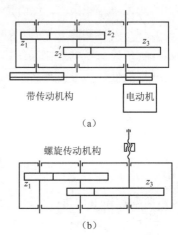

图 16-7　带传动、螺旋传动机构与齿轮
机构的组合
(a)带传动机构与齿轮机构组合;
(b)齿轮机构和螺旋机构组合

在齿轮传动机构的组合中,齿轮类型按工作要求确定,齿轮机构的对数按总传动比的大小确定。以调速为主的机械传动系统中,最常用的机构组合形式是齿轮机构的组合或带传动机构与齿轮机构的组合。齿轮机构的组合系统主要有减速器和变速器,减速器的设计大多实现了标准化。有些产品中将电动机与减速器一体化,使用非常方便。

2. 工作执行机构系统的组合设计

不同的机械可能具有相近的传动系统,但其工作执行机构系统截然不同。所以工作执行机构多种多样,设计时必须从机器的功能出发去考虑工作执行机构系统的设计。不同机器的功能不同,工作执行机构不同。

图 16-8(a)所示为牛头刨床的机械运动系统,工作执行系统可用摆动导杆机构加滑块机构的组合,实现有急回特征的往复直线运动。图 16-8(b)所示为平压模切机的机构运动简图,该系统包括了带传动和齿轮传动组合的、用于减速的机械传动系统。连杆机构的组合可实现压力放大作用。常见的动作与实现相近动作的机构类型很多,将其有机组合可获得一系列的新机构。表 16-1 中列举了各种运动与实现对应运动要求的机构类型;表 16-2 中列举了各种功能要求与对应该要求的机构类型,可供机构选型时参考。

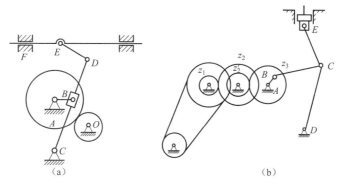

图 16-8 工作执行系统的组合

（a）牛头刨床的机械运动系统；（b）平压模切机的机构运动简图

表 16-1 运动变换与对应机构

运动形态	机 构 类 型
转动转换为连续转动	齿轮机构;带传动机构;链传动机构;平行四边形机构;转动导杆机构;双转块机构等
转动转换为往复摆动	曲柄摇杆机构;摆动导杆机构;摆动凸轮机构等
转动转换为间歇转动	棘轮机构;槽轮机构;不完全齿轮机构;分度凸轮机构等
转动转换为往复移动	齿轮齿条机构;曲柄滑块机构;正弦机构;凸轮机构;螺旋传动机构等
转动转换为平面运动	平面连杆机构;行星轮系机构
移动转换为连续转动	齿轮齿条机构(齿条主动);曲柄滑块机构(滑块主动);反凸轮机构
移动转换为往复摆动	反凸轮机构;滑块机构(滑块主动)
移动转换为移动	反凸轮机构;双滑块机构

表 16-2 其他功能与对应机构

功能要求	机 构 类 型
轨迹要求	平面连杆机构;行星轮系机构
自锁要求	蜗杆蜗轮机构;螺旋机构
微位移要求	差动螺旋机构
运动放大要求	平面连杆机构
力放大要求	平面连杆机构
运动合成或分解	差动轮系与二自由度的其他机构

  一般情况下,完整的机构系统运动方案由传动装置和工作执行装置组成。传动装置的构思设计相对容易些。

  当结构要求非常紧凑时,采用齿轮机构的组合(也称轮系机构)作为减速系统。当原动机距离工作执行系统较远时,可采用带传动机构与齿轮机构的组合。一般情况下,带传动机构放在高速级,即电动机与小带轮连接在一起。当传动比较大时,可采用蜗轮减速器;当系统要求自锁时，也可采用蜗轮减速器。

　　工作执行装置千变万化，其设计取决于机器的功能和动作要求，只有在了解了表 16-1 和表 16-2 中列举的机构功能时，才能很好地进行构思设计。

第三节　机构系统设计的方法

　　各种机构的组合是机构系统设计的主要方法，也是机械创新设计的重要手段之一。其组合方法可分为各类基本机构的串行连接、并行连接、封闭式连接和叠加连接四种。不同的连接方式所产生的机构系统不同，串行连接、并行连接、叠加连接所组成的机构系统称为机构组合系统，封闭式连接所组成的机构系统称为组合机构系统。以下分别介绍上述机构的连接方法。

一、机构的串联组合

　　前一个机构的输出构件与后一个机构的输入构件连接在一起，称为串联组合。起主要作用的机构称为基础机构，另一个机构称为附加机构。其特征是基础机构和附加机构都是单自由度机构，组合后各机构的特征保持不变。因此，机构的串联组合系统是机构组合系统。

　　图 16-9 所示为机构的串联组合示意图。

　　在图 16-10 中，z_1、z_2 组成的齿轮机构为附加机构，连杆机构 ABCD 为基础机构。附加齿轮机构中的输出齿轮 2 与基础连杆机构输入件 AB 固接，形成串联机构，连杆机构的曲柄转数得以减速。

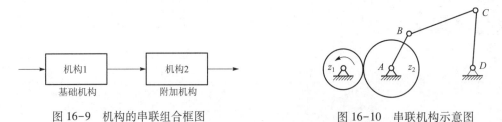

图 16-9　机构的串联组合框图　　　　　　图 16-10　串联机构示意图

　　在机构系统中，如工作执行机构要求有较低的速度，前面都要串联齿轮机构以实现减速的目的。如图 16-10 所示的机构系统即为此目的。通过两个连杆机构的串联组合，可以改变后一级连杆机构的运动规律，满足特定的工作要求。在图 16-11 所示机构系统中，通过合理进行四杆机构 ABCD 的尺寸设计，可获得曲柄滑块机构中滑块的特殊运动要求。

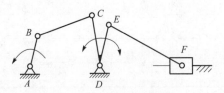

图 16-11　连杆机构的组合

　　机构的串联组合是机构系统设计的最常见方法，大部分机构系统都是机构的串联组合。但串联机构过多时，会导致机械效率的下降和运动累积误差过大。在满足运动要求的前提下，应尽量使用较少的机构进行串联。

二、机构的并联组合

　　若干个单自由度基本机构的输入构件连接在一起，保留各自的输出运动；或若干个单自由度机构的输出构件连接在一起,保留各自的输入运动;或有共同的输入构件与输出构件的连接,称为并行连接。其特征是各基本机构具有相同的自由度,且各机构特征不变。因此,机构的并联组合系统是机构组合系统。

根据并联机构输入与输出特性的不同,分为三种并联组合方法。各机构有共同的输入件,保留各自输出运动的连接方式,称为Ⅰ型并联;各机构有不同的输入件,保留相同输出运动的连接方式,称为Ⅱ型并联;各机构有共同的输入运动和共同的输出运动的连接方式,称为Ⅲ型并联。图16-12所示为机构的并联组合示意图。

并联组合的各机构可以是同类型机构,也可以是不同类型机构。首先选择的机构为基础机构,其他则为附加机构。并行组合连接中,基础机构和附加机构也没有严格区别,按工作需要选择即可。

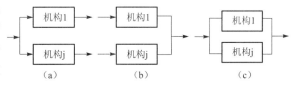

图16-12 并联组合示意框图
(a) Ⅰ型并联;(b) Ⅱ型并联;(c) Ⅲ型并联

在图16-13(a)所示机构中,共同的输入构件为AB,滑块C完成两路输出运动,该机构为Ⅰ型并联机构。机构AB_1C_1可平衡机构ABC的惯性力。在图16-13(b)所示机构中,四个滑块驱动一个输出曲柄转动。该机构为Ⅱ型并联机构,是设计多缸发动机的理论基础。图16-13(c)所示机构为Ⅲ型并联机构,Ⅲ型并联机构常用于压力机的设计

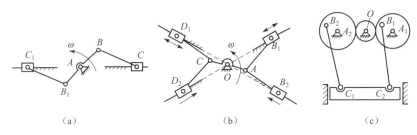

图16-13 并联组合机构示意图
(a) Ⅰ型并联;(b) Ⅱ型并联;(c) Ⅲ型并联

三、机构的封闭式连接组合

一个两自由度机构中的两个输入构件或两个输出构件用单自由度的机构连接起来,或连接一个输入构件和输出构件形成一个单自由度的机构系统,称为封闭式连接。将两自由度的机构称为基础机构,单自由度机构称为附加机构,或称封闭机构。封闭组合形成的机构系统中,不能按原来单个机构进行分析或设计,必须把组成的新系统看作一个整体考虑才能进行分析或综合。因此,此类组合所得到的机构系统称为组合机构,与前者有很大差别。这种组合方法是设计组合机构的理论基础。封闭式组合示意框图参见图16-14。

根据封闭式机构输入与输出特性的不同,分为三种封闭组合方法。一个单自由度的附加机构封闭基础机构的两个输入或输出运动,称为Ⅰ型封闭机构,如图16-14(a)所示框图。两个单自由度的附加机构封闭基础机构的两个输入或输出运动,称为Ⅱ型封闭机构。图16-14(b)所示框图为Ⅱ型封闭机构组合。Ⅰ型封闭机构和Ⅱ型封闭机构没有本质差别,之所以加以区别,只是为机构的创新设计提供一个更为清晰的路径。一个单自由度的附加机构封闭基

础机构的一个输入和输出运动，称为Ⅲ型封闭组合机构，如图 16-14（c）所示框图。

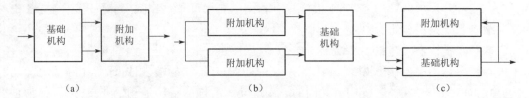

图 16-14　机构的封闭式组合示意框图

（a）Ⅰ型封闭组合机构；（b）Ⅱ型封闭组合机构；（c）Ⅲ型封闭组合机构

　　在图 16-15（a）所示机构中，差动轮系为基础机构，四杆机构为附加机构。差动轮系的系杆与四杆机构的曲柄固接，差动轮系的行星轮与四杆机构的连杆固接，形成Ⅰ型齿轮连杆封闭组合机构。

　　在图 16-15（b）所示机构中，差动轮系为基础机构，四杆机构和由 z_1、z_4 组成的定轴齿轮机构为两个附加机构，形成Ⅱ型齿轮连杆封闭组合机构。

　　在图 16-15（c）所示机构中，蜗杆机构为基础机构，凸轮机构为封闭机构，蜗杆机构的蜗轮转动与蜗杆移动分别为凸轮和推杆固接，形成Ⅲ型凸轮连杆封闭组合机构。

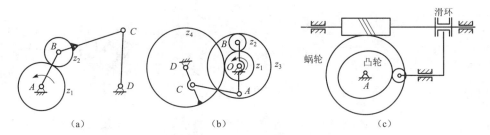

图 16-15　封闭组合机构示意图

（a）Ⅰ型齿轮连杆封闭组合机构；（b）Ⅱ型齿轮连杆封闭组合机构；（c）Ⅰ型凸轮连杆封闭组合机构

　　机构经封闭式连接后得到的机构系统称为组合机构，组合机构可实现优良的运动特性。但是有时会产生机构内部的封闭功率流，降低了机械效率。所以，传力封闭组合机构要进行封闭功率的判别。

四、机构叠加组合原理

　　机构的叠加组合也是机构组合理论的重要组成部分，是机构创新设计的重要途径。

　　机构叠加组合是指在一个机构的可动构件上再安装一个以上的机构的组合方式。把支撑其他机构的机构称为基础机构，安装在基础机构可动构件上面的机构称为附加机构。机构叠加组合方法有三种。图 16-16 所示框图为机构的叠加组合示意图，并分别称为Ⅰ型叠加机构、Ⅱ型叠加机构、Ⅲ型叠加机构。

　　在图 16-16（a）所示的叠加机构中，动力源作用在附加机构上，或者说主动机构为附加机构，还可以说由附加机构输入运动。附加机构有自己的运

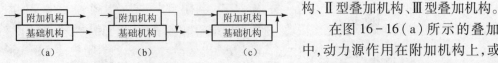

图 16-16　机构的叠加组合

（a）Ⅰ型叠加机构；（b）Ⅱ型叠加机构；（c）Ⅲ型叠加机构

动输出,同时也驱动基础机构运动。附加机构安装在基础机构的可动构件上,同时附加机构的输出构件驱动基础机构的某个构件,完成两机构的输出运动。

图 16-17 所示机构是根据Ⅰ型叠加原理设计的机构。蜗杆传动机构为附加机构,行星轮系机构为基础机构。蜗杆传动机构安装在行星轮系机构的系杆 H 上,由蜗轮给行星轮提供输入运动,带动系杆缓慢转动。附加机构驱动扇叶转动,又可通过基础机构的运动实现附加机构的360°的全方位慢速转动,该机构可设计出理想的电风扇。扇叶转数可通过电动机调速调整。附加机构的机架(基础机构的系杆)转动速度为

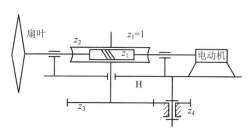

图 16-17　Ⅰ型叠加机构示例

$$n_{\mathrm{H}} = \frac{z_3}{z_2 z_4} n_1$$

式中,n_1 为电动机转数;n_{H} 为系杆转数;调整齿轮的齿数可改变附加机构机架的转速。

在图 16-16(b)所示的叠加机构中,动力源作用在附加机构上,附加机构安装在基础机构的可动构件上,其输出构件驱动基础机构的构件运动,完成基础机构的输出运动。在图 16-18 所示叠加机构中,由蜗杆机构和齿轮机构组成的轮系机构为附加机构,四杆机构 ABCD 为基础机构,附加轮系机构设置在基础机构的连架杆 1 上。附加机构的输出齿轮与基础机构的连杆 BC 固接,实现附加机构与基础机构的运动传递。通过对连杆机构的尺寸选择,可实现基础机构的复杂低速运动。

在图 16-16(c)所示的叠加机构中,附加机构和基础机构分别有各自的动力源,或有各自的运动输入构件,最后由附加机构输出运动。Ⅲ型叠加机构的特点是附加机构安装在基础机构的可动构件上,再由设置在基础机构可动构件上的动力源驱动附加机构运动。进行多次叠加时,前一个机构即为后一个机构的基础机构。图 16-19 所示的户外摄影车机构即为Ⅲ型叠加机构的示例。

平行四边形机构 ABCD 为基础机构,由液压缸 1 驱动 BD 杆运动。平行四边形机构 CDFE 为附加机构,并安装在基础机构的 CD 杆上。安装在基础机构 AC 杆上的液压缸 2 驱动附加机构的 CE 杆,使附加机构相对基础机构运动。平台的运动为叠加机构的复合运动。

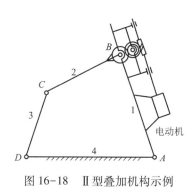

图 16-18　Ⅱ型叠加机构示例

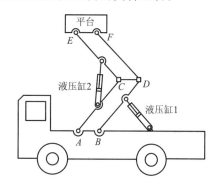

图 16-19　Ⅲ型叠加机构示例

第四节　机械系统的设计

一、概述

机械系统设计的主要任务是实现机构系统运动简图向机械结构图的转换,即机械装配图的转换,也称为机械结构设计。

机械结构设计的任务就是将原理方案设计结构化,即把描述机构组成和运动情况的机构系统转化为描述机械实体尺寸与装配关系的机械系统。结构设计是机械设计中涉及问题最多、工作量最大的部分。结构设计的质量如何,对满足功能要求、制造要求、保证产品质量和可靠性、降低产品的成本等起着十分重要的作用。

结构设计的内容主要包括机构系统中的构件、运动副以及机架的结构化设计,即机械总体、各零部件布置、构形和尺寸、参数的校核、计算、优化。设计结果是按比例绘制的总装配图、部件图、零件图和设计计算说明书等。

结构设计的过程原则上是按照从抽象到具体以及从粗略构形到精确构形的顺序进行,并且紧接着进行检查和修改完善。

结构设计的主要目标是:满足功能要求;经济地实现设计目标;满足制造要求;对人和环境均是安全的;满足使用寿命;安装与维修方便等。

对于一个由机构系统组成的机械来说,它的基本组成要素是:运动副、机架、活动构件。本节将以平面机构为对象,从机构的基本组成这一角度,以功能的实现为基本出发点来讨论结构设计问题。但是,我们应该知道好的结构设计不仅仅要满足功能要求,还要兼顾力学、工艺、材料、装配、使用、美观、成本、安全、环保等众多方面的要求和限制。在现代机械设计中,后者越来越重要,并直接关系到产品的质量和竞争力。结构设计质量的高低也是创新设计能力的体现,需要在今后的工程实践中不断探索,使自己的创新设计能力得以提高。

二、运动副的结构设计

1. 转动副的结构设计

见本书第三章。

2. 移动副的结构设计

见本书第三章。

3. 平面高副的结构设计

平面高副的结构需结合高副机构中的高副构件的具体要求来进行设计。如齿轮高副按齿轮的设计方法进行设计,凸轮高副按凸轮的设计要求进行设计,一般不针对具体的高副进行设计。

4. 虚约束在结构设计中的应用

在机械系统中,有些运动副是虚约束,如一根轴上有两处与轴承形成转动副或两构件在多处形成的导路平行的移动副。虚约束的存在虽然对机构的运动没有影响,但引入虚约束后可以改善机械系统的受力情况、增加系统的刚度,在机械系统的结构设计中得到较多的应用。

从机构学的观点出发,虚约束对构件的运动不起限制作用,从机械设计的角度出发,虚约束有时是绝对必要的。虚约束利用得是否得当,也是机械系统结构设计是否合理的一个重要方面。机械系统虚约束必须依靠严格的工艺来保证,否则虚约束将会成为真约束,导致机械不能运动发生卡死的现象。

三、活动构件的结构设计

把相对机架运动的构件称为活动构件。有时为了便于制造、安装等要求,机构系统中的一个构件往往是由多个零件组成的,此时组成同一构件的不同零件之间需要连接和相对固定。如齿轮相对机架的转动(转动副)是通过轴与轴承实现的,一般齿轮与轴并不制成一体,而是通过齿轮中心的毂孔与轴之间形成轴毂连接,并保证齿轮相对轴有确定的轴向位置,此时齿轮、轴及连接等可看作一个构件。

1. 杆件类构件的结构设计

连杆机构的构件大多制成杆状,但根据受力和结构要求的需要,并不一定都做成杆状,常见的形式见本书第三章。

2. 盘状构件的结构

许多机构中的构件,如凸轮、齿轮、带轮等大多是做回转运动的盘状构件,回转中心做成毂孔装在轴上,通过轴承与机架或其他构件形成转动副。端面形状取决于该机构的运动参数,尺寸大小则取决于受力大小等动力参数。齿轮类零件、蜗轮类零件、带轮类零件 、链轮类零件和轴类零件的结构分别参见本书相关各章节。

3. 执行机构的执行构件的结构

执行构件是执行系统中直接完成工作任务的构件,例如:挖掘机的铲斗,推土机的刀架、起重机的吊钩、铣床的铣刀、轧钢机的轧辊、缝纫机的机针、工业机器人的手爪,等等。它或是与工作对象直接接触并携带它完成一定的工作(例如:夹持、搬运、转位等),或是在工作对象上完成一定的动作(例如喷涂、洗涤、锻压等)。执行构件的结构形式根据机构执行的功能不同而多种多样。这类构件的结构设计要具体情况具体分析,它们的设计是机械系统设计成败的关键。设计时一般结合受力大小、材料选择、制造工艺、造型以及同类产品的参考图样等。

例 16-1 斜楔杠杆式夹持器的手指设计。在图 16-20 中,构件 3 为主动件,通过斜楔作用,推动滚子 2,使手指 4 绕支点 O_2 转动,实现夹紧或放松工件 5 的作用。夹持手指 4 的设计方案多种多样,图 16-20 所示结构仅是其中一种。

例 16-2 油泵机构的结构设计。在图 16-21 中,曲柄 1 为主动件,连杆 2 和摆块 3 是执行构件。该摇块机构利用连杆 2 与摆块 3 的摆动和相对移动来实现吸油和压油以及接通吸油口和排油口的动作,从而构成一个结构简单的油泵。

例 16-3 颚式破碎机的结构设计。图 16-22 中的动颚板 DE 是执行构件。楔形间隙中的物料在从大口到小口的运动过程中通过动颚板的往复摆动,石料由大块被挤碎成小块。动颚板 4 承受很大的冲击力、挤压力和摩擦力,其材料和结构设计都必须满足这些受力条件。与石料接触的承受力的部分可与构件 4 的本体材料不同,以节约贵重材料。其结构设计也不是唯一的。

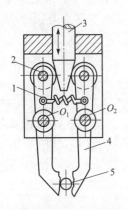

图 16-20　斜楔杠杆式夹持器

1—弹簧；2—滚子；3—主动件；

4—手指；5—工件

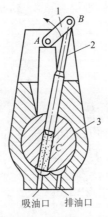

图 16-21　油泵机构的结构

1—曲柄；2—连杆；3—摆块

吸油口　　排油口

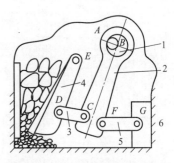

图 16-22　颚式破碎机的结构

四、机架的结构设计

机架是机构中不动的构件，与其他连架构件以运动副相连。在实际的机械系统中，机架往往表现为支撑件。支撑件如支架、箱体、工作台、立柱、底座等，其作用是合理布置运动副，满足机构的运动要求；起支撑和固定其他零件的作用，并承受各种力和力矩。一个机械系统的支撑件可能不止一个，它们相互固定连接。这类零件一般体积较大且形状复杂，因此它们的设计和制造质量对机械的质量有很大的影响。图 16-23 所示为馈源天线支座结构图，读者可与下节的装配图对比，了解其设计原理和设计思想。

1. 支撑件的类型和基本要求

虽然支撑件的种类很多，但根据形状可大体分为三大类型，即梁型、板型和箱型。

梁型支撑件的特点是其某一方向尺寸比其他两方向尺寸大很多，因此，在分析或计算时可将其简化为梁，如车床床身、各类立柱、横梁、伸臂等均属此类。

板型支撑件的特点是其某一方向尺寸比其他两方向尺寸小得多，可近似地简化为板件，如铣床工作台、钳工画线平台及某些机器较薄的底座等。

箱型支撑件的三个方向的尺寸差不多，可看作箱体件，如减速器或变速箱箱体、铣床的升降台及组合机床的中间底座等。

对这类零部件的设计要求：有足够的强度和刚度，有足够的精度，有较好的工艺性，有较好的尺寸稳定性和抗振性，外形美观。还要考虑到吊装、安放水平、电器部件安装与固定等问题。

2. 保证支撑件功能的结构措施

1）合理确定截面的形状和尺寸

支撑件的受力、变形情况很复杂，而对其影响较大者为弯曲、扭转或者二者的组合。截面积相同而形状不同时，其截面惯性矩和极惯性矩差别很大，因此其抗弯和抗扭刚度差别也很大。

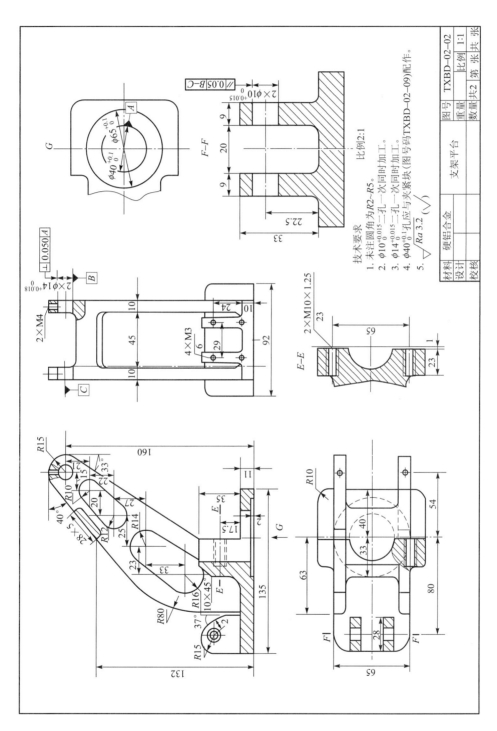

图 16－23 馈源天线支座结构图

（1）无论圆形、方形，还是矩形，空心截面都比实心的刚度大，故支撑件一般均设计成空心；

（2）无论实心、空心截面，都是在受力方向上，尺寸大的抗弯刚度大，而且都是圆形截面的抗扭刚度高，矩形截面沿长轴方向抗弯刚度高；

（3）加大外廓尺寸，减少壁厚可提高抗弯、抗扭刚度；

（4）封闭截面比开口截面刚度大。

由上可知，根据载荷特性合理地确定支撑件的截面形状和尺寸，就可以在减轻重量、降低成本的基础上提高其抗弯、抗扭刚度。

2）合理布置隔板和加强肋

隔板和加强肋也称肋板和肋条。合理布置隔板和加强肋通常比增加支撑件的壁厚的综合效果更好。

隔板实际上是一种内壁，它可连接两个或两个以上的外壁。对梁形支撑件来说，隔板有纵向、横向和斜向之分。纵向隔板的抗弯效果好，而横向隔板的抗扭作用大，斜向隔板则介于上述两者之间。所以，应根据支撑件的受力特点来选择隔板类型和布置方式。

应该注意，纵向隔板布置在弯曲平面内才能有效地提高抗弯刚度，因为此时隔板的抗弯惯性矩最大。此外，增加横向隔板还会减小壁的翘曲和截面畸变。

加强肋的作用主要在于提高外壁的局部刚度，以减小其局部变形和薄壁振动，一般布置在壁的内侧。

3）提高局部刚度和接触刚度

所谓局部刚度是指支撑件上与其他零件或地基相连部分的刚度。当为凸缘连接时，其局部刚度主要取决于凸缘刚度、螺栓刚度和接触刚度；当为导轨连接时，则主要反映在导轨与本体连接处的刚度上。

4）材料的选择和时效处理

应根据机械系统支撑件的功能要求来选择它的材料，如在机床上，当导轨与支撑件做成一体时，按导轨的要求来选择材料；当采用镶装导轨或支撑件上无导轨时，则仅按支撑件的要求选择材料。支撑件的材料有铸铁、钢、轻金属和非金属。

5）结构工艺性

设计支撑件必须注意它的结构工艺性，包括铸造、焊接或铆接以及机械加工的工艺性。例如，铸件的壁厚应尽量均匀或截面变化平缓，要有出砂孔便于水爆清砂或机械化清砂，要有起吊孔等。结构工艺性不单是个理论问题，因此，除要学习现有理论外，还要注意在实践中学习，注意经验积累。

机架的设计不仅要满足对支撑件的工作性能要求，而且要满足强度、刚度和工艺、体积、尺寸、重量、造型等多方面的要求。设计时必须要进行全方位的思考，才能取得好的设计效果。

第五节　机械运动系统设计实例

本章所指的机械运动系统的设计不包括原动机的选择，也不涉及控制系统的设计。只是围绕把机构或机构系统简图转变为对应的机械装配图的设计过程进行简要说明。本节以具有代表性的减速器和另一个工程设计项目为实例说明机构简图转换为机械运动系统装配图的过程。

一、齿轮减速器的设计

减速器是在原动机(一般为电动机)和工作机之间的独立传动部件。一般以齿轮、蜗杆等传动件装在铸造或焊接的刚性箱体中而构成,有些减速器与电动机构成一个组合体,结构紧凑、使用方便。

许多减速器已有国家标准,并在专门的工厂批量生产,可以按样本选用。选择减速器一般考虑以下几方面的问题。

在没有其他特殊要求的情况下,常首先考虑选用圆柱齿轮减速器,因为这类减速器加工方便,效率高,成本较低。当要求电动机轴与输出轴之间成90°角布置时,可以采用圆锥齿轮或圆锥—圆柱齿轮减速器。当传动比大、要求结构紧凑时,可以选用蜗杆传动减速器,但蜗杆传动效率较低。当要求结构紧凑、转动比大、效率高、重量轻时,可以选用行星齿轮减速器(如渐开线齿轮行星传动、摆线针轮行星传动)或谐波齿轮减速器。

1. 二级圆柱齿轮减速器的设计实例

二级圆柱齿轮减速器是应用最广泛的减速器,其机构简图如图16-24所示,装配图如图16-25所示。

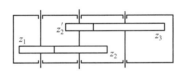

图16-24　二级圆柱齿轮减速器机构简图

进行减速器结构设计前,首先要根据传动功率的大小,完成齿轮机构的尺寸计算及轴的最小直径计算。然后根据轴上零件的周向定位和轴向定位要求、润滑与密封条件等进行轴系结构设计和齿轮与箱体的结构设计,最后完成整个减速器的结构设计。设计时,齿轮与轴连接成一个构件,且转动副常采用滚动轴承,由于存在虚约束,在标注相关尺寸公差和形位公差时必须满足设计要求。

2. 圆锥—圆柱齿轮减速器的设计

当电机安装方位与输出轴要求垂直时,经常采用圆锥—圆柱齿轮传动机构,且圆锥齿轮机构作为第一级传动,圆柱齿轮机构放在第二级。其机构系统运动简图如图16-26所示,装配图如图16-27所示。

3. 蜗杆减速器的结构设计

蜗杆减速器的机构简图如图16-28所示,对应的装配图如图16-29所示。

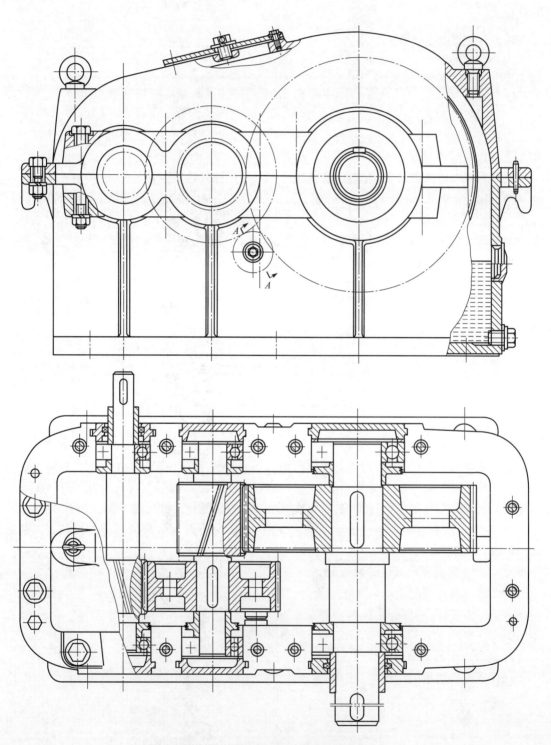

图 16-25　二级圆柱齿轮减速器装配图

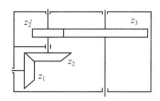

图 16-26　圆锥—圆柱齿轮传动机构简图

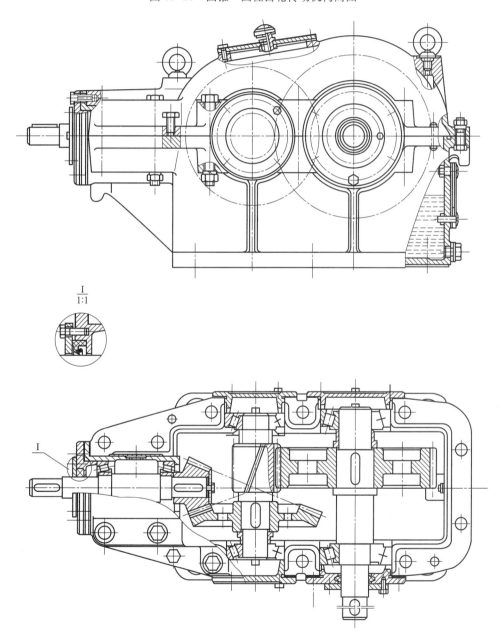

图 16-27　圆锥—圆柱齿轮减速器装配图

图 16-28　蜗杆减速器的机构简图

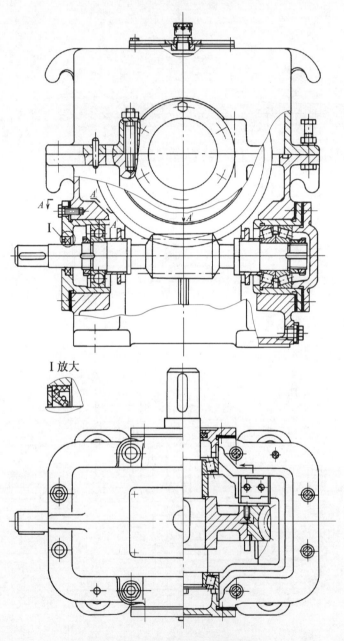

图 16-29　蜗杆减速器的装配图

4. 蜗杆—齿轮减速器的设计

蜗杆—齿轮减速器的机构简单图如图 16-30 所示,对应的装配图 16-31 所示。

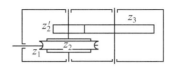

图 16-30　蜗杆—齿轮减速器机构简图

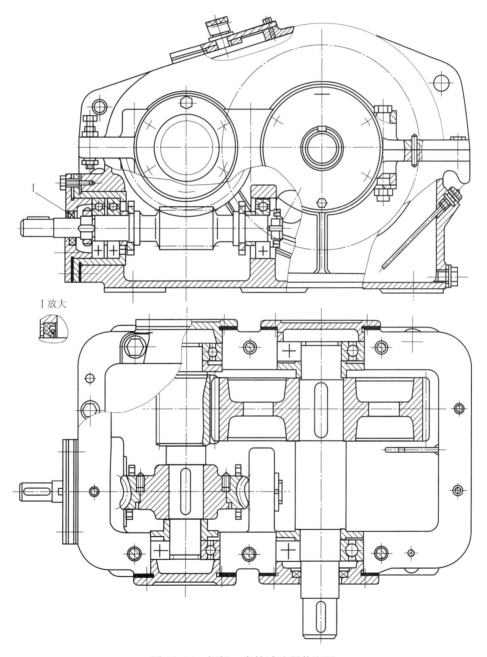

图 16-31　蜗杆—齿轮减速器装配图

二、电磁馈源系统的设计

为了接收空间的电磁波,锅形天线必须完成绕竖直轴 A 的转动和绕水平轴 B 的转动。整个天线系统安装在三角支撑架上。锅形天线驱动系统的机构简图如图 16-32 所示。其中绕竖直轴 A 的转动靠步进电动机驱动,步进电动机连接谐波减速器,以实现低速大转矩的传动。谐波减速器的输出轴上安装锅形天线的、绕水平轴 B 转动的驱动系统,该驱动系统采用伺服电动机—齿轮机构—螺旋机构的组合来实现。该馈源系统的装配图如图 16-33 所示。

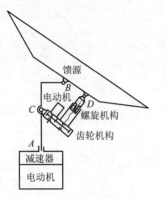

图 16-32　电磁馈源系统的机构简图

把电磁馈源系统机构简图和装配图对比,弄清楚其中运动副的结构设计、构件的结构设计、各零件组成构件的连接方法以及机架的设计,对学习机械设计有很大的帮助。

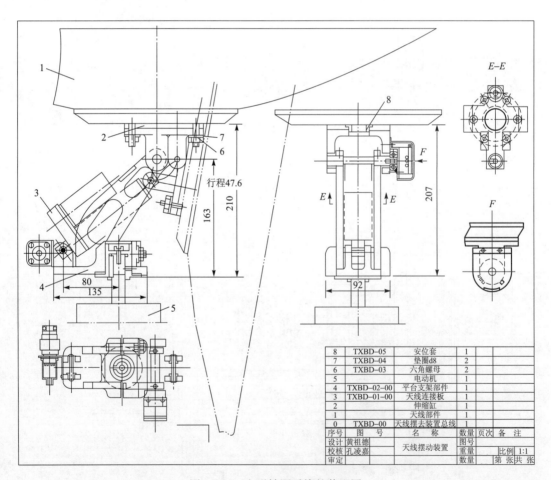

8	TXBD-05	安位套	1		
7	TXBD-04	垫圈d8	2		
6	TXBD-03	六角螺母	2		
5		电动机	1		
4	TXBD-02-00	平台支架部件	1		
3	TXBD-01-00	天线连接板	1		
2		伸缩缸	1		
1		天线部件	1		
0	TXBD-00	天线摆去装置总线			
序号	图　　号	名　　称	数量	页次	备注
设计	黄祖德	天线摆动装置	图号		
校核	孔凌嘉		重量		比例 1:1
审定			数量	第 张 共 张	

图 16-33　电磁馈源系统的装配图

三、小结

把机构或机构系统简图转化为机械装配图,是机械设计中的重要工作。它涉及机械原理、机械设计、机械制图、公差与配合、机械制造工艺、金属材料与热处理等许多门课程的知识。其中,机构系统的方案设计具有很大的创新空间。如上述电磁馈源系统的运动方案就有多种,本例只是其中的一个方案。而把机构系统的简图转化为机械装配图,不仅需要创造性的思维,还需要有丰富的设计经验和借助图表的能力,这也是初学者感到困难的地方。在学习此类问题时,读者应注意以下几个问题。

(1)转动副与滚动轴承或滑动轴承的对应关系和选择;

(2)移动副与各类导轨的对应关系和选择;

(3)零件组合成构件时的连接、轴向定位、周向定位与造型设计;

(4)机架转换成支撑或箱体类零件时,注意密封、润滑、造型设计及其他辅助条件的设计;

(5)其他辅助件的设计(如油标、起吊钩、润滑油孔等)。

机构的结构化设计涉及的知识范围很广,其中设计经验非常重要,通过反复实践,不断积累经验,才能使结构设计更加完美。

习　　题

16-1　用曲柄摇杆机构和曲柄滑块机构进行串联组合,说明所得到的机构组合系统有何功能,并画出机构组合简图。

16-2　用两个完全相同的曲柄滑块机构进行并联组合,说明共有几种方案和它们的功用,并画出机构组合简图。

16-3　题16-3图示所示为一机械系统,电动机为原动机,通过带传动、齿轮传动驱动输送带工作,完成物料的输送。说明该机械系统中的各机构的连接方法。

16-4　题16-4图所示为摆动从动件盘形凸轮机构的摆杆 AB 与凸轮廓线发生运动干涉,对摆杆进行示意性的结构设计,避免凸轮与从动摆杆的干涉。

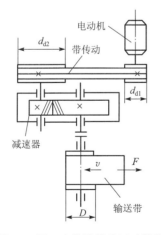

题 16-3 图　皮带输带机运动简明

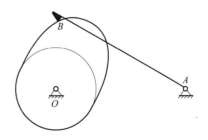

题 16-4 图　摆动凸轮机构

16-5　在题16-5图所示卷扬机机构简图中,有三种方案,试对各方案进行分析比较,提出改进措施,并画出改进后的运动方案简图。

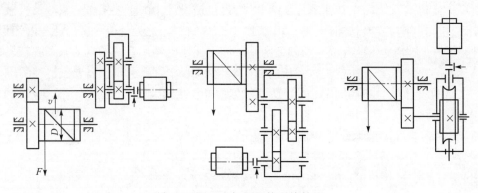

题 16-5 图　卷扬机机构系统简图

第十七章　现代设计方法简介

由于科学技术和社会生产力的不断进步,特别是 20 世纪 90 年代以后,设计方法学和创造方法学的开发运用,机械设计手段发生了根本性变化。一系列现代设计方法(如计算机辅助设计、优化设计、可靠性设计、反求设计、创新设计、并行设计、虚拟设计、智能设计、稳健设计等)在工程中得到广泛应用和巨大成功。现代设计方法的使用,不仅更新了传统的设计思维理念,而且在很大程度上提高了产品设计开发能力和水平。

现代设计方法内容广泛,分支、学科繁多,因此只重点介绍一些现代设计方法的应用及其发展趋势,着重介绍在设计理念上有重大创新的方法。

第一节　计算机辅助设计

一、概述

传统的机械设计方法是以实践经验为基础,依据力学和数学建立的理论公式和经验公式,运用数表、图形和手册等技术资料,进行方案拟定、设计计算、绘图和编写设计说明书。由于计算机具有运算速度快、数据处理准确、存储量大和逻辑判断等功能特点,因此,计算机已经成为现代工程设计中的重要工具。

计算机辅助设计(Computer Aided Design,CAD)是指在设计活动中,利用计算机作为工具,帮助工程技术人员进行设计的一切有关技术的总称。计算机辅助设计作为一门科学开始于 20 世纪 60 年代的初期。自 20 世纪 90 年代以来,计算机技术突飞猛进,特别是微型计算机和工作站的发展和普及,极大地推动了 CAD 技术的发展,使 CAD 技术进入了实用化阶段。目前 CAD 技术正朝着人工智能和知识工程方向发展,即所谓智能计算机辅助设计。

CAD 的运用,包括初始设计、详细设计和工艺设计,是针对设计方案的“信息流”过程。形成设计方案后,制造阶段 CAM(Computer Aided Manufacture)的运用,包括材料准备、热加工、冷加工、装配、检测、入库等许多环节,主要是针对产品的“物质流”过程。连接 CAD 与 CAM 的关键纽带是计算机辅助工艺规程设计 CAPP(Computer Aided Process Planning),它是在成组技术的基础上,用计算机来编制合理的零件加工工艺过程,从而将产品的设计信息转化为制造信息。

在计算机辅助设计中,一方面必须结合设计方法学和创造方法学描述和处理设计模型,另一方面需要利用计算机进行大量的信息加工、管理和交换。因此,必须建立产品的数据库(例如,有关产品的设计标准、线图、表格和计算公式)、图形程序库(可以进行二维和三维图形的信息处理、进行图形交换、绘制函数曲线和图形、建立和存取图形等)和应用程序库(解决工程问题的设计程序、优化设计程序、有限元法计算程序、数值方法计算程序等)。

在 CAD 的运行过程中,在设计人员的构思、判断和决策的干预下,计算机系统不断地从数据信息库中检索设计资料,调用设计程序库的设计计算程序进行计算,确定设计方案和主要参数,利用图形程序库处理和构造设计图形,并且将设计方案和设计图形转化为数据信息存储到数据库中。最后，输出确定的设计方案信息（包括图样和技术文件等），还可以将数据直接输出到用于数控机床加工的介质上。

二、计算机辅助设计系统的构成

计算机辅助设计的硬件系统主要由计算机主机、输入设备（键盘、鼠标、数字化仪、扫描仪、光笔等）、输出设备（打印机、绘图仪等）、图形显示器、外存储器及其他通信接口等组成。

计算机辅助设计软件系统是整个 CAD 系统的灵魂和核心部分，由系统软件平台、支撑软件和应用软件三个层次所构成。

1. 系统软件平台

主要用于对系统硬件设备进行管理和设置，如系统硬件资源的管理、对输入输出的控制等。常用的操作系统有：DOS、Windows 95/98/2000/XP、Windows NT、Unix 等。

2. 支撑软件

主要指各种 CAD 工具软件和系统，根据作用不同可以分为以下几类：

（1）用于工程设计中数值计算和分析的支撑软件，如数学方法库、机械设计常规公式库、优化设计、有限元分析（SAP-5、ADINA、NASTRAN 等）、可靠性设计、动态分析等现代设计方法软件。

（2）用于工程数据管理中数据库管理系统的支撑软件，如 Oracle、FoxPro、Access 等。

3. 应用软件

主要是各种集成化 CAD/CAM/CAE 软件系统，主要通用流行的软件有：

（1）AutoCAD 和 MDT（Mechanical Desktop）：AutoCAD 是美国 AutoDesk 公司为微机开发的以二维功能为主的交互式工程绘图软件；MDT 是该公司为机械行业推出的基于参数化特征实体造型和曲面造型的微机软件。

（2）Pro/Engineer：是美国 PTC（Parametric Technology Corporation）公司为微机开发的参数化设计和基于特征设计的实体造型的优秀三维机械设计软件。该系统建立在统一的数据库上，有完整和统一的模型，能将设计与制造过程集成在一起。

（3）I-DEAS：是美国 SDRC（Structural Dynamics Research Corporation）公司推出的三维实体机械设计自动化软件。它具有功能强大、直观可靠和高度一体化的特点。

（4）Unigraphics（UG）和 Solid Edge：UG 是美国麦道公司推出的适用于航空航天器、汽车、通用机械和模具等的设计、分析和制造的工程软件，它采用基于特征的实体造型，具有尺寸驱动编辑功能和统一的数据库，实现了 CAD/CAE/CAM 之间无数据交换的自由切换，具有强大的数控加工功能，可以在 HP、SUN、SGI 等工作站上运行。Solid Edge 是该公司为微机开发的、使用方便的同类软件。

（5）Solid Works：是美国 Solid Works 公司推出的基于微机 Windows 操作系统的 CAD/CAM/CAE/PDM（Product data management）的集成系统，它采用自顶向下的设计方法，可以动态模拟装配过程，采用基于特征的实体建模，具有很强的参数化设计和编辑功能，采用特征树管理几何特征。

以上新一代的 CAD/CAM 软件，有着共同的特点，就是新技术、新算法在不断地采用，功能越来越强，界面越来越友好，人机交互性得到加强。这些系统都具有参数实体化造型、装配设计、运动学分析、机械加工等功能，大多数具有统一的主模型，供 CAD、工程分析、加工仿真共享。通过高级语言的接口,直接操作几何模型,这些系统不仅提供像常规 CAD/CAM 系统一样的获取几何信息的能力,而且包括参数化的特征及零件之间的位置关系。更为突出的是,交互式设计技术已经相当成熟。随着网络技术的进一步发展与应用,设计人员可以从任何系统、网络或应用软件中并行地存取数据。

第二节　机械可靠性设计

一、概述

机械可靠性设计是近期发展起来并得到推广应用的一门现代设计理论和方法。它以提高产品可靠性为目的、以概率论与数理统计为基础,综合运用数学、物理、工程力学、机械工程学、人-机工程学、系统工程学、运筹学等多方面的知识来研究机械工程的最佳设计问题。可靠性设计作为现代设计理论及方法,是设计科学化、现代化的重要内容之一。

机械工程可靠性作为一门新兴的工程学科,目前正由单一零件可靠性研究进入对整个机械的可靠性研究阶段;由可靠性模型和理论分析阶段进入提高产品的质量和可靠性水平作为目标的实用化阶段。国外许多产品,如汽车、航空、航天器等都以可靠性作为设计基本指标,运用可靠性知识对产品零件和整个系统进行寿命预测,做出可靠性及安全性评估,运用可靠性理论来指导和控制产品的设计与制造程序,从而保证产品的质量和可靠性水平进一步得到完善和提高;同时,具有良好的可靠性指标也是使开发设计的产品在国际市场上具有竞争力的保证。

机械可靠性设计主要涉及以下几个方面内容:

(1) 研究产品的故障机理和故障模型。

(2) 确定产品的可靠性指标及其等级。

(3) 合理分配产品的可靠性指标值。

(4) 以规定的可靠性指标值作为依据对零件进行可靠性设计。

二、可靠性设计的理论基础

可靠性设计理论的基本任务是在可靠性物理学研究的基础上,结合可靠性试验及可靠性数据的统计与分析,提出可供实际设计计算应用的物理数学模型和方法,以便在产品设计阶段就能规定其可靠性指标,或估计、预测机器及其主要零部件在规定的工作条件下的工作能力状态或寿命,保证所设计的产品具有所需要的可靠度。

机械强度可靠性设计以应力-强度分布干涉理论与可靠度计算为基础,因此具有下面的特点:

(1) 由于载荷、强度、结构尺寸、工况等都具有变动性和统计本质,所以常用分布函数来进行描述,而把应力和强度作为随机变量来进行处理,应用概率数理统计的方法进行分析计算。

(2) 可以定量地给出产品的失效概率和可靠度,突出强调设计对产品可靠度的主导决定作用。

(3) 必须考虑环境因素(如高温、低温、冲击、振动、潮湿、腐蚀、沙尘、磨损)等对可靠度的影响。有关研究表明,应力分布的尾部比强度分布的尾部对可靠度的影响要大得多。因此,对环境的质量控制要比对强度的质量控制带来大得多的效果。

(4) 必须考虑维修性,从设计之初,就应将产品的固有可靠性和使用可靠性综合起来从整体考虑,为了达到设备或系统所规定的有效度,分析是通过提高维修可靠度,还是提高设计可靠度更为合理。

应力-强度分布干涉理论以应力-强度分布干涉模型为基础,该模型揭示了机械零件出生故障而有一定故障率的原因和机械强度可靠性设计的本质。在机械设计中,由于强度与应力具有相同的量纲,故可以将它们的概率密度曲线表示在同一个坐标系中,根据机械设计的一般原则,要求零件的强度要大于其工作应力,但由于零件本身强度与应力值具有离散性,使应力-强度两概率密度曲线在一定条件下可能相交,相交区域如图 17-1 所示,即产品或零件可能出现故障的区域,称为干涉区;如果在机械设计中使零件的强度大大地高于其工作应力使两种曲线不相交,如图 17-1 左图所示,则该零件工作初期在正常的工作条件下,强度总是大于应力,因此不会发生故障。但如果零件长期在动载荷、腐蚀、磨损的作用下,即使是在设计之初使应力与强度分布曲线没有干涉,零件强度也会逐渐衰减,可能就会由图 17-1 中的位置 a 沿着衰减退化曲线移到位置 b,从而使应力-强度曲线发生干涉。由于强度的降低导致应力超过强度而产生不可靠的问题。

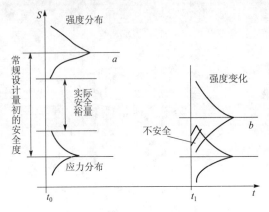

图 17-1　应力-强度分布曲线的相互关系

由应力-强度干涉曲线还可以看出,当零件的强度和工作应力的离散程度比较大时,干涉部分就会相应加大,零件的不可靠度也就增大;当材质性能好,工作应力稳定而使应力与强度分布的离散度减小时,干涉部分会相应减小,零件的可靠度就会增加。另外,即使在安全系数大于 1 的情况下,仍然会存在一定的不可靠度。所以,已往按传统的机械设计方法只进行安全系数的计算是不够的,还需要进行可靠度的计算,这正是可靠性设计有别于传统的常规设计最重要的特点。机械可靠性设计就是要搞清楚零件的应力与其本身强度的分布规律,严格控制发生故障的概率,以满足设计要求。

从以上的应力-强度分布干涉理论可以得知:机械零件的可靠度计算是进行机械可靠性设计的基础,主要有以下几种情况:应力和强度都为正态分布时的可靠度计算;应力和强度都为对数正态分布时的可靠度计算;已知强度分布和最大应力幅,在规定寿命下的零件可靠度计算。具体计算公式可参见有关参考文献。

三、机械强度可靠性设计

机械强度可靠性计算公式,既可以用来进行零件的设计计算,也可以用来对已有的机械零件进行强度可靠性验算。

主要有以下三个方面的问题:零件工作应力的确定、强度分布的确定以及强度可靠性计算条件与许用可靠度的选取。

许用可靠度值的确定是一项直接影响产品质量和技术指标的重要因素,选择时应根据所计算零件的重要性,计算载荷的类别,并考虑决定载荷和应力等计算的精确程度。主要考虑遵循下面的原则:

(1) 首先应明确机械产品的工作时间,不同的工作时间具有不同的可靠度。

（2）明确主要有哪些零部件决定了产品的可靠度，而另外的一些零部件即使出现故障，也不会造成很严重影响产品功能的后果。因此，要根据零件的重要性与否来确定其可靠度值的大小。

（3）产品的可靠性指标往往还要根据市场来确定，有时也需要根据用户的要求来确定可靠度指标。

（4）可靠度指标还要受到经济和技术水平的制约。提高产品的可靠性一方面会使制造费用增加，但另一方面同时减少了维修费用和停用损失。从综合的角度来讲，产品存在着一个最佳可靠度，即产品的制造和使用的总费用为最少的可靠度，应把追求最佳可靠度作为机械可靠性设计的极限目标。

四、机械系统可靠性设计

系统是由若干个具有不同功能的单元（元件、零部件、设备、子系统）为了完成规定功能而相互结合起来所构成的综合体。所以系统的可靠性不仅与组成系统各单元的可靠性有关，而且也与各单元间的组合方式及其是否相互匹配有关。

系统可靠性设计的目的，就是要使系统在满足规定的可靠性指标、完成预定功能的前提下，使该系统的技术性能、重量指标、制造成本及其使用寿命等取得协调并达到最优化的结果；或者在性能、重量、成本、寿命和其他要求的约束下，设计出高可靠性系统。

系统可靠性设计主要有两类大问题：第一，按照已知零部件或各单元的可靠性数据计算系统的可靠性指标，称为可靠性预测，应进行系统的几种结构模型的计算、比较，以得到尽量满意的系统设计方案和可靠性指标；第二，按照已给定的系统可靠性指标，对组成系统的单元进行可靠性分配，并在多种设计方案中比较、选优。

第三节 优化设计

一、概述

一般的工程设计都有多种可行的设计方案，如图 17-2 所示，若采用常规的设计方法，要经过多次繁复的"设计-分析-再设计"过程，才能得到几个可行方案。设计者要从有限的几个可行方案中，依靠自己的知识和经验，对它们进行判断和评价，或者采用实验对比和与同类产品设计方案类比的反复分析，才能从中获得一个相对比较满意的可行性方案，但要想寻求到最佳方案就会比较困难。而优化设计则为工程设计提供了一种重要的解决此类问题的科学设计方法，使得在解决复杂设计问题时，能从众多的设计方案中寻到尽可能完善或最适宜的设计方案。目前，优化设计的理论和方法已经在国民经济的许多领域，如机械电子、电器、纺织、冶金、石油、国防、航天航空、造船、汽车、建筑和管理部门获得了广泛应用，取

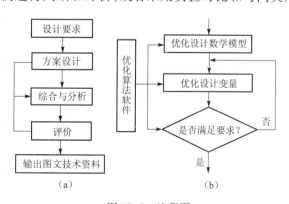

图 17-2 流程图

（a）常规设计流程；（b）优化设计流程

得了显著的技术和经济效益。

机械优化设计是某项机械设计在规定的各种限制条件下，优选设计参数，使某项或几项设计指标获得最优值。工程设计上的最优值是指在满足多种设计目标和约束条件下所获得的最令人满意、最适宜的值，它反映了人们的意图和目的，这不同于表示事物本身规律的极值——最大值和最小值。但是在很多情况下，常用最大值或最小值来代表最优值。最优值的概念是相对的，随着科学技术的发展及设计条件的变动，最优化的标准也将发生变化。也就是说，优化设计反映了人们对客观世界的认识深化，它要求人们根据事物的规律，在一定物质基础和条件之下，充分发挥人的主观能动性，得出最优的设计方案。

二、优化设计的数学模型

为了对工程问题进行优化设计，首先必须将工程设计问题转化成为数学模型，即用数学表达式来描述工程设计问题；然后按照数学模型的特点选择优化设计方法计算程序，采用计算机求解，得出最佳设计方案。

进行工程优化设计，需要确定一组设计参数，明确对设计参数的设计要求，在追求设计目标最佳的情况下，得出最佳设计方案。

一组设计参数称为设计变量，用列向量 X 或行向量的转置来表示。

$$X = [x_1, x_2, x_3, \cdots, x_n]^T \qquad (17-1)$$

设计要求就是对设计变量的限制条件，它是设计变量的函数，称为约束函数或约束条件，可以表示为

$$\begin{cases} g_i(x) \leqslant 0, & i = 1,2,\cdots,p \\ h_i(x) = 0, & i = 1,2,\cdots,q \quad (q < n) \end{cases} \qquad (17-2)$$

式中，$g_i(x) \leqslant 0$ 称为不等式约束，对于 $g_i(x) > 0$ 的不等式约束，等价为 $-g_i(x) \leqslant 0$。$h_i(x) = 0$ 称为等式约束，等式约束的个数 q 必须小于设计变量的个数 n，否则由 q 个等式约束方程只能求解出唯一的一组设计变量 x_1，x_2，$\cdots$，x_n，$(q = n)$，或根本无解$(q > n)$。

追求设计的目标，也是设计变量的函数，称为目标函数，一般情况下，目标函数值最小时设计方案最佳，可以表示为

$$\min F(x) = F(x_1, x_2, \cdots, x_n) \qquad (17-3)$$

对于追求目标函数最大的问题（如产量、效率），可以表示为 $\min[-F(x)]$。

因此，工程优化设计可以描述为：确定一组设计变量，在满足全部约束条件的前提下，使目标函数值最小，可以写成

求
$$X = [x_1, x_2, x_3, x_4]^T$$
$$\min F(x)$$
$$\text{s.t.} \begin{cases} g_i(x) \leqslant 0, & i = 1,2,\cdots,p \\ h_i(x) = 0, & i = 1,2,\cdots,q \quad (q < n) \end{cases} \qquad (17-4)$$

式中，s.t. 是英文"subject to"的缩写，表示优化问题的约束条件。

因此优化设计的数学模型包括设计变量、目标函数和约束条件三个要素。

（1）设计变量。一个工程问题的设计方案，可以用一组基本参数来表示。基本参数可分为两类：一类是几何参数，例如机械零部件的直径、长度、宽度、高度和角度等；另一类是物理参数，例如载荷、应力、扭矩、惯性矩、质量、刚度、效率、功率、频率等。那些根据设计对象预先选

定的基本参数,称为设计常量;而另外一些需要在设计过程中优选的基本参数,称为设计变量。

设计变量必须是独立参数,由其他参数导出的参数不能作为设计变量,例如在齿轮传动设计中,一对齿轮的齿数 z_1、z_2 与传动比 i 三个参数中,只能有两个作为设计变量。

设计变量按照变化规律可以分为连续变量(例如零部件的结构尺寸、重量)和离散变量(例如齿轮的模数、螺栓的公称尺寸等)两类,既含有连续变量,又含有离散变量的一组设计变量,称为混合设计变量。

设计变量的数目称为优化设计问题的维数,设计变量越多,设计的自由度越大,可以追求比较理想的设计目标,但是优化设计的维数越大,问题越复杂,求解数学模型的难度也越大,因此,在选取设计变量时,在满足设计基本要求的前提下,一般将设计目标影响较大的参数选为设计变量,将对设计目标影响较小的参数选为设计常量(根据结构或工艺条件赋予定值),以尽量减少优化设计的维数。

(2)目标函数。目标函数是用来评价方案好坏的函数,目标函数的最佳值就是它的极小值,即

$$\min F(x) = f(x_1, x_2, \cdots, x_n)$$

目标函数一般与设计变量有明显的函数关系。但是,当有的设计目标还没有确切的设计计算公式或不能精确度量时,可以用一个与目标函数等价的设计指标来代替它。因此,设计变量不一定有明显的物理意义和量纲。

目标函数是根据设计准则来确定的,例如机构的运动误差最小,机械零部件的承载能力最大、效率最高、成本最低、质量最小等。根据工程设计问题计算准则的多少,可分为单目标函数(只有一个设计准则)和多目标函数(有多个设计准则)两类。多目标函数要比单目标函数问题复杂得多,一般将它转化为单目标函数问题来处理。主要方法有目标法和加权法。

(3)约束条件。约束条件可以分为两类:

一类为边界约束,又称为区域约束,它限制设计变量的变化范围。例如传递动力的齿轮模数必须大于等于 2 mm。

二是性能约束,它是由某种设计性能或设计要求推导出的限制条件。例如,构件在轴向拉伸时的强度条件是 $g(x) = \sigma - [\sigma] \le 0$。

三、优化问题的迭代解法

优化设计迭代算法的基本思想是:从选择的某一点 $X^{(K)}$ 出发,分析目标函数和约束函数在该点的信息(函数值、一阶导数、二阶导数等),确定搜集的方向 $S^{(K)}$ 和步长因子 α_K,按照下面的迭代格式

$$X^{(K+1)} = X^{(K)} + \alpha_K S^{(K)} \quad (K = 0, 1, 2, \cdots) \qquad (17-5)$$

进行迭代计算,求出一个新点 $X^{(K+1)}$ 满足

$$F(X^{(K+1)}) < F(X^{(K)}) \qquad (17-6)$$

如此反复迭代计算,目标函数在迭代过程中逐步下降,使点 $X^{(K+1)}$ 逼近最优点 X^*,当满足规定的精度要求时,迭代结束。这与"盲人登山"(山顶相当于 X^* 时),根据随时所处位置的局部信息进行搜索,最后逼近山顶的过程相似。对于约束问题中的约束条件,好比盲人登山过程中遇到不可逾越的峭壁,能够达到的最高点必须在峭壁内。

数值迭代法的显著特点是逻辑结构简单,由搜索方向 $S^{(K)}$ 和步长因子 α_K 构成了每一次迭

代的修正量,它们是数值迭代算法是否有效的关键。搜索方向 $S^{(k)}$ 的选择,应该尽可能指向目标函数的最快下降方向,并且尽量减少计算工作量。

综上所述,工程优化设计问题包括两方面的工作:首先需要建立工程优化设计数学模型。其次需要选择合适的优化方法和计算程序。由于市场上已经开发与提供了多种先进和实用的优化设计方法的通用程序,因此,工程设计人员的主要工作便集中于根据专业知识和时间经验建立优化设计问题的数学模型,以及对优化结果进行分析处理。

第四节 机械动态设计

机械产品日益向着高速、高效、精密和高可靠性方向发展,产品结构日趋复杂,对其工作性能的要求也越来越高,利用传统的设计方法,如经验设计、类比设计和静态设计为主而设计机械产品,无论在质量还是寿命方面都很难满足这一要求。为了克服所存在的由于各种动态因素对机械产品的不利影响,现在已由传统的静强度设计转入更注重机械产品的动态设计。动态设计充分考虑到了机器本身的动态特性,并与其周围工作环境结合起来综合考察机器的各种激励作用下的响应情况,可以做到在设计阶段就能准确地预测出机器的动态特性,有针对性地解决机械产品中有害的振动和噪声问题。

一、动态设计的基本内容

动态设计是一门综合各学科理论与实验技术的边缘科学,与下面的学科有着紧密的联系:弹性力学和有限元理论、机械振动与机械结构模态分析、工程信号分析与处理、机械动态测试技术、系统辨识和控制理论等。

根据结构动力学的有关知识,如图 17-3 所示,外界对于系统的输入,其中包括初始干扰、外加动态载荷等统称为激励;系统在输入条件下产生的输出称为系统动态响应,简称响应。由此,机械结构动态设计问题可分以下三类:

图 17-3 系统的输入与输出

（1）振动设计。在已知输入情况下,设计系统的振动特性,使得它的动态响应满足一定要求,这是结构动力学的正问题。

（2）系统辨识。通过已知的输入和输出来确定系统的动态特性,这是结构动力学的第一类逆问题。

（3）环境预测（载荷识别）。在已知系统的动态特性和输出的情况下来反识别输入,这是结构动力学的第二类逆问题。

二、动态设计的一般步骤

1. 系统的动态模型

机械学研究有在原型和模型上进行两个途径。在原型上研究能充分反映实际情况,但由于现场条件的限制及原型产品成本制造的昂贵等多种因素的影响,所以往往要根据相似原理建立模型来代替产品原型进行有关的各种动态分析。而模型又可以分为理论模型（抽象模型）和实物模型两种。对于理论模型,一般采用机械振动理论或有限元分析方法获得。而对于实物模型多用于系统动态特性的测试分析,采取的技术手段主要是机械结构模态分析技术,通过实测获得与系统有关的动态特性参数。然而对于系统代替特性的分析,更多的是采取两者相结合的方法:在理论上可以采用有限元的方法,而实验模态分析技术与有限元法结合在一起,试验手段和理论分析相结合,相互验证和修改,为系统的正确建模提供了行之有效的方法。

2. 动态载荷识别

确定系统的输入载荷称为载荷识别。目前,确定结构动态载荷时间历程的方法有两种,即直接测量法和间接识别法。前者直接测定载荷本身或与载荷有关的参数来得到载荷大小。例如,高压容器由于压力脉动而产生的动载荷,可通过直接测量容器内的压强脉动来确定;高压冷却塔的风力脉动载荷,可通过测量风速的脉动来确定。

但对于很多实际工程结构,在工作过程中,其承受的动态载荷往往很难直接测量。如火箭飞行过程中承受的推力脉动载荷,建筑物承受的地震力,某些工程机械承受的工作载荷。鉴于此,对于此类情况,只能寄希望于间接识别方法,即通过测定结构的响应,如位移、速度、加速度等,并由响应来识别出结构的动态载荷。这属于结构动力学的第二类逆问题,称为结构动态载荷识别。这一技术的发展无疑将给那些无法直接测量载荷的结构系统提供一种动态载荷的获取方法,从而解决一批实际工程问题。如前面提到的:导弹飞行中的载荷,地震时房屋及建筑物所承受的载荷,直升机旋叶的载荷等。间接识别法目前比较成熟的有模态坐标转换法和频响函数求逆法。

3. 系统动态特性的分析和确定

系统的动态特性常用传递函数来描述,传递函数可由实验模态分析或解析模态方式进行。实验模态分析是基于机械阻抗技术,常施加的激励形式有正弦扫描、瞬态或随机激励等。然后通过测量在激励作用下的系统响应,由相关的分析设备由激励和响应来确定出系统的传递函数,再由分析技术识别出系统的各阶主模态参数(模态质量、模态刚度、模态阻尼、模态振型等)。

解析模态分析是在结构离散化模型基础上应用有限元法,通过特征方程的特征量与特征向量,具有动力分析子程序的大型结构分析程序均具有此方面的功能。

系统动态特性分析应以实验模态分析及解析模态技术两种手段相结合,可以做到实验手段和理论分析相结合,从而得到更符合实际情况的结果。

4. 动态响应

记录与分析各种随时间变化的物理量(加速度、速度、位移等)的时间历程统称为动态响应。对动态响应信号进行分析与处理,可以得到在时域的一系列统计量,如均值、方差、概率密度函数、概率分布函数、自相关函数、互相关函数等,通过傅里叶变换在频域进行分析,可以得到有关响应信号的频率成分及分布情况并确定出优势频率。

5. 载荷谱

机械系统的零部件,工作中大多数承受随机载荷。当载荷的时间历程为平稳随机过程时,可以应用随机过程的统计理论编制出载荷图谱来表明载荷变化的规律,根据具体情况常采用如下的统计特征量:均值、方差;概率密度函数、概率分布函数、联合概率密度函数及其分布函数;自相关函数、互相关函数;功率谱密度函数、互谱密度函数等。将表示随机载荷的这些统计特征量的数据、曲线、图表统称为载荷谱。

通过对载荷谱的分析,可以了解载荷的幅值分布及频率结构情况。对于任何机械来说,载荷谱都是进行设计时不可缺少的原始依据。在宇航、机械、汽车等制造业中,对产品设计、疲劳强度检验以及寿命预估等,都需要做随机环境模拟试验,即在实验室内以载荷谱形式再现实际工况时的随机环境条件,与在现场条件下所进行的样机寿命相比。这种模拟试验的结果既可靠又经济,所以载荷谱是室内疲劳模拟试验的依据,是对结构动态特性进行修改与优化的依据。

6. 系统仿真及其结构修改的优化

在确定了系统模型和动态特性以后,就可以在计算机上对所设计和分析的结构进行仿真输出。现在,很多高级的结构动态分析软件在已知结构动态特性及载荷之后都能仿真出结构对载荷的响应,从而对结构的某些参数进行修改与优化,并能将已知的载荷功率谱施加于计算机中结构模型的某个节点上,仿真出结构其他节点的响应功率谱,从而判断结构的修改是否已符合要求。在机械机构的动态设计过程中,避开共振或减少振动的量值是经常要考虑的问题。例如,大型汽轮机叶片组的弯扭振动、飞机机翼的颤振、火箭结构的振动,都需要从总体上把握结构的固有频率、振型、阻尼等基本特性,查清薄弱环节和传递路径,以改进设计。有了系统动态仿真模型就可以利用上述技术方便地对机器结构进行修改与优化,直到满足要求为止。

随着科学技术的发展,动态设计将在全相关统一数据支持下,应用到并行工程设计中,将产品开发过程中的所需的动态设计、测试、性能实验多种手段集成于计算机网络系统之中,使设计人员对产品的设计以并行方式在计算机网络环境中同时进行。设计过程中,设计人员可以不断地获得动态设计的最新资料,及时在产品结构上做出相应的结构修改,并及时将修改导致的动态性能变化传递给相关的设计人员。

第五节　并行设计

一、并行设计的基本概念

并行设计作为并行工程的核心技术,与并行工程的产生和发展密切相关。计算机集成制造系统(CIMS:Computer Integrated Manufacturing System)标志着机械设计制造业由"控制时代"向"柔性时代"的转变,而柔性时代的一个重要标志就是并行工程的应用。在现代社会,随着社会竞争的加剧,高新技术的发展,不允许企业再按部就班地去孤立地开发新产品,而是要求设计、生产、管理人员都要积极地参加到从产品的概念设计到最终推向市场的整个过程。

美国国防分析研究院于1998年给出了并行工程的定义:"对产品设计及其相关过程(包括设计过程、制造过程、和支持过程)进行并行、一体化设计的一种系统化的工作模式,这种模式力图使开发者一开始就考虑到产品生命周期中的所有因素,包括质量、成本、进度与用户要求"。

并行设计是与传统的串行设计相对应的。并行是指"一个以上的事件在同一时刻或同一事件段内发生",而并行设计可以这样去描述:作为一种设计理念,是指在原有信息集成基础上,集成地、并行地设计产品。并行设计更强调功能和过程上的集成,在优化和重组产品开发过程的同时,实现多学科领域专家群体协同工作。

二、并行设计的基本过程和特点

1. 串行设计过程

为与串行设计对比，首先给出传统串行设计的一般过程。

传统的串行设计，在信息集成的阶段，串行开发模式、组织模式通常是递阶结构，各阶段的工作是按顺序方式进行的，一个阶段的工作完成后，下一阶段的工作才开始。各个阶段依次排列都有自己的输入和输出，如图 17-4 所示。在串行设计过程中，设计部门一直独立于生产过程，例如建筑设计院、机械设计院只是负责设计，与生产环节脱节，导致开发的产品很少能一次投入批量生产（需要试制一大批），往往是加工完产品，才能发现错误，就需要返回去重新设计，无形之中使产品开发周期延长、制造成本上升，故市场竞争力差。

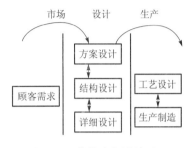

图 17-4　传统串行设计过程

串联方法的设计生命周期总时间可表示为

$$SE = \left[T_{需求分析} + T_{产品定义} + T_{产品制造} + T_{售后服务} \right] R_{返工系数} \qquad (17-7)$$

式中，SE 为串行设计所需用的时间；T 为完成各个阶段所用的时间；R 为返工系数。

引起返工的主要因素有：设计不合理，生产困难，生产成本提高；根据设计要求，需要增添新的生产设备；过高的精度要求，生产费用提高；装配干涉，导致无法装配等。

另外，在串行设计过程中还存在信息交换不畅的问题。虽然使用了计算机辅助设计工具（如 CAD，CAM，CAPP），但由于整个串行设计理念的层次低，即使应用了计算机辅助设计工具，只是使离散的各个设计环节或者说是阶段的产品设计过程实现了自动化，而并没有改变其固有的顺序开发设计模式，且各阶段独立形成的数据文件不能共享，导致了信息孤岛的出现，因此需要额外的工作加以协调。

以上两个方面的因素严重影响了所开发新产品的上市时间，串行设计的返工系数 R 值常超过 2。总之，串行设计以顺序开发为前提，整个开发设计的不同阶段采用不同的开发系统或工具，数据共享不能实现和完成；频繁的设计修改，导致产品的设计成本上升；设计时间过长，没有迅捷的市场应变能力，从而对市场需求的反应迟钝。

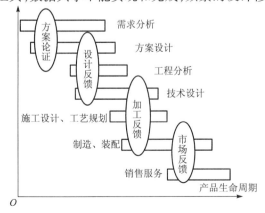

图 17-5　并行设计模式

2. 并行设计过程

并行设计是对产品设计及其相关过程并行进行的一体化、系统化的工作模式，如图 17-5所示。并行设计将产品开发周期分解成许多阶段，每个阶段有自己的独立时间段，组成全过程；不同的设计时段之间有一部分重叠，代表了不同设计阶段之间可以同时进行，一般两个相邻阶段重叠，需要时，可以有三个或更多的阶段相重叠-齐头并进；在设计工作过程中，当上一组有输出时，相关联的设计阶段马上进行相应的完善设计工作,直至所有工作阶段无输出时,整个设计便宣告完成。显然,并行设计完成产品设计的时间远远小于串行工程所用的时间。并行设计的返工系数一般在 $0.25 \sim 0.75$ 之间:

$$R_{返工系数} \cong 0.5 \tag{17-8}$$

并行设计中对数据共享有如下的要求:

(1) 在未完成设计之前,每个阶段生产的(或需要的)数据都不是完整的,因此,数据模型和数据共享的管理成为并行设计能否实现的一个关键技术。

(2) 并行设计的过程中,产品模型的更改,无论是串行设计模式还是并行设计模式,设计的更改应体现在产品数据模型的更改上。为了使上游设计更改所产生新版本的数据,不至于引起下游活动从头开始,需要建立一种数据更改模式。这就要求有统一的产品设计主模型,将产品有关设计数据定义成为多个对象,这些对象的组合可以构成面向不同领域的对象,从而保证数据模型的一致性和安全性。

为保证顺利实施并行设计,主要的关键技术如下:

(1) 产品的信息建模和开发过程的集成。

(2) 产品开发过程的重建,实现从目标管理到过程管理转变。

(3) 在产品数据库管理支持环境下,建立产品开发过程建模软件工具、过程监控和管理工具以及协调冲突仲裁工具等。

(4) 团队工作方式和协同的工作环境。

三、并行设计发展趋势

现代科技发展迅速,新产品层出不穷,产品的市场寿命大大缩短,为顺应客户需求的变化并做出实时反应,其已经成为压倒一切的竞争因素。图 17-6 给出了美国制造业的经营战略的变迁过程:20 世纪 50 年代、60 年代崇尚"规模效益第一";70 年代追求"价格竞争第一";80 年代主要关注"产品质量第一";到了 90 年代则"市场响应第一"称为企业获益和生存的首要考虑条件,是目前并行设计技术发展的主要原动力。

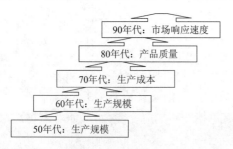

图 17-6　20 世纪不同年代美国制造业经营战略的变迁过程

并行设计综合利用信息、材料、能源、环保等高新技术以及现代管理系统技术,研究并改造传统设计过程。随着信息技术、网络技术的发展,现代设计技术向集成化、敏捷化、网络化、虚拟化的方向进一步发展,出现了精益生产、敏捷制造、拟实制造、大批量定制生产等多种生产模式,这些都是以并行设计为基础的。并行设计总的发展趋势主要有以下几个:

(1) 产品设计的虚拟化和集成化——虚拟产品开发。

(2) 产品的网络化、敏捷化——基于虚拟企业的产品开发。

(3) 产品设计的个性化、敏捷化——大规模定制。

第六节　虚拟设计

一、虚拟设计的概念

全球化、网络化和虚拟化已经成为制造业的重要特征,而实现虚拟设计(Virtual Design)则是制造业虚拟化的重要内容或者说是关键技术。虚拟设计是一个多学科交叉技术,它与很多学科和专业技术密切相关。

虚拟现实技术与已经高度发展的 CAX 系统的有机组合,为产品的创意、变更以及工艺优化提供了虚拟的三维环境。设计人员可以借助于这样的虚拟环境在产品设计过程中,对产品进行虚拟的加工、装配评价进而避免设计缺陷,有效地缩短产品的开发周期,同时降低产品的开发成本和制造成本。这样的设计模式和技术便称为“虚拟设计”。

虚拟设计是以虚拟现实和虚拟制造为基础的。虚拟现实技术是人的想象力和电子学相结合而产生的一项综合技术,它利用多媒体技术、计算机仿真技术构成的一种特殊环境,用户可以通过各种传感系统与这种环境进行自然交互从而体验比现实世界更加丰富的感受。

虚拟现实系统不同于一般的计算机绘图系统,也不同于一般的模拟仿真系统,如动态仿真系统。它不仅能让用户真实看到一个环境,而且能让用户真切地感觉到该环境的存在,更重要的是能和这个环境进行自然交互。虚拟现实系统具有如下特征:

(1) 自主性。在虚拟环境中,对象的行为是自主的,是由程序自动完成的,能够使操作者感到虚拟环境中的各种生物是有生命的和自主的,而各种非生物是“可操作的”其行为符合各种物理规律。

(2) 交互性。在虚拟环境中,用户能够对虚拟环境中的一切物体(生物及非生物)进行操作,并且操作的结果能反过来被用户准确真实地感觉到。例如,用户可以用手直接抓取虚拟环境中的物体,且有抓取东西的感觉,甚至还可以感觉到物体的重量(其实此时手里没有实物),视场中被抓取的物体随着手的移动而移动。

(3) 沉浸感。在虚拟环境中,用户能很好地感觉到各种不同的刺激,沉浸感的强弱与虚拟环境所表达的详细度、精确度和真实度有密不可分的关系。

虚拟现实系统的基本特征可以用图 17-7 的图来表示,这个形象的示意图是由 Burdea 在1993 年 Electro 国际会议上发表的题为“虚拟现实技术及应用”的文章中提出来的,称为“虚拟现实技术三角形”。

虚拟设计的描述性定义可以这样给出:以“虚拟现实”技术为基础,以机械产品为对象的设计手段,借助于这样的设计手段设计人员可以通过多种传感器与多维的信息环境进行自然的交互,实现从定性和定量综合集成环境中得到感性和理性的认识,从而帮助深化概念和萌发新意。虚拟现实技术已经成功地用于各行各业,如交通部门、制造部门、医疗行业等。

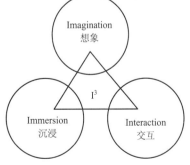

图 17-7　虚拟现实的 3I 图

二、虚拟设计系统的构成

虚拟设计系统可以分为两大类：增强的可视化系统和基于虚拟现实的 CAD 系统。

增强的可视化系统主要是利用现行 CAD 系统进行建模，在对数据格式进行适当的转换后输入虚拟环境系统。在虚拟环境中可以利用三维交互设备（如：数据手套，三维现实器等）在一个"真实"的环境中对模型进行不同角度的观察。增强的可视化系统通常用空间球、飞行鼠标等进行导航，并采用带有光闸眼睛的立体监视器来增强产品模型的真实感。目前投入使用的虚拟设计系统大多属于增强的可视化系统。这是因为基于虚拟现实的建模系统还不够完善，相比之下，现行的 CAD 建模技术比较成熟，可以利用。不过随着虚拟现实的建模系统的成熟，会逐渐转向基于虚拟现实的 CAD 系统。

基于虚拟现实的 CAD 系统，利用这样的设计系统用户可以在虚拟环境中进行设计活动。与纯粹的可视化系统相反，这种系统不再使用传统的二维交互手段进行建模，而是直接进行三维设计。它可以提供各种输入设备（数据手套、三维导航装置等）与虚拟环境进行交互。另外，同时可以支持其他的输入方法，如语音识别、手势及眼神跟踪等。这样的虚拟设计系统不需要进行系统的培训就可以掌握。一般的设计人员稍加培训后便可成功地利用这样的系统进行产品设计。基于虚拟现实的设计系统比现行的 CAD 系统如（Pro/Engineer）的设计效率提高 5~10 倍，甚至更高。

按照虚拟设计系统配置的档次可以分为两大类：其一是若干 PC 机的廉价设计系统，其二是基于工作站的高档产品开发设计系统。无论虚拟系统配置的高低都包括下面两个重要部分：一是虚拟环境生成部分；二是外围部分，包括各种人机交互工作以及数据交换及信号控制装置。

虚拟环境生成系统是虚拟设计系统的核心部分，它由计算机基本硬件、软件开发工具和其他配件如声卡、图形卡、网卡等构成。一般情况下由多台计算机所构成，从严格的角度来讲，所有的外设都应考虑在内。

虚拟设计系统的三大特征之一就是"交互性"，用户的交互性就由相应的工具来实现，如头盔式显示器、立体声耳机、触觉装置、位测装置、数据手套等。目前交换技术的研究主要集中于三个方面：触觉、视觉和听觉，也就是涉及输入和输出的问题。

从图形学的角度来看，产品的形状设计一般包括形体的构成和形体的组合两个过程。在虚拟环境中，设计人员可以置身于虚拟现实环境中，利用语言命令、手和手指的动作来创建三维形体，可以用手抓物体，使其在设计空间中移动，将其从部件上拆下来，或将新的零件添加到部件之上。在立体的设计中，虚拟现实接口需要完成的任务主要有下面八项：生成默认实体/调用已有实体；调整实体的尺寸/调整实体的形状；移动实体/旋转实体；组合实体/拆分实体；选择实体；限制实体间的关系/修改实体间的关系；删除实体；询问实体。

三、虚拟设计的关键技术

（1）三维立体图像实时动态显示技术。三维视觉是虚拟设计系统的重要信息反馈通道，因此要求在图像建模和立体图生成采用快速处理方法，以达到最佳的实时显示三维立体图像的效果。

（2）虚拟环境中的声音系统。听觉通道是虚拟环境中最重要的接口之一，是仅次于视觉反馈的第二个信息通道,主要涉及三维虚拟声音建模和三维虚拟声音系统的重建。

（3）接触反馈及力量反馈。触觉是对产品的虚拟设计是十分重要的,人们若能亲手操作虚拟环境中的物体,并能得到足够丰富的感觉信息,必将大大增强虚拟环境的沉浸感和真实感,从而提高执行任务的准确度和工作效率。

总之,基于虚拟现实技术的虚拟设计将有助于提高产品的质量、缩短产品开发周期、降低开发成本。

第七节　绿色设计

一、概述

绿色设计是20世纪90年代初期围绕发展经济的同时,如何同时节约资源、有效利用资源和保护环境这一主题而提出的新的设计概念和方法。

在传统的产品设计过程中,设计人员主要根据产品性能、质量和成本要求等指标进行设计,其设计指导原则是能经济方便地制造满足实用要求和市场需求的产品,设计过程对产品的维护性、可拆卸性、回收性、淘汰废弃产品的处理处置以及对生态环境的影响考虑较少,或是将这些内容分别在产品整个生命周期的不同阶段进行独立设计和考虑。这样生产制造出来的产品,在其使用寿命结束后,由于缺乏必要的拆卸和回收性能,回收利用率低,其中的有毒、有害物质会对生态环境造成严重的污染,影响人类生活质量和生态环境,并造成资源和能源的大量浪费,影响经济发展的可持续性。例如现在大量的废弃电池,由于缺少必要的处理措施,直接与普通垃圾混在一起,已经造成了严重的土地和水质的污染;另外,随着计算机技术的发展,计算机的更新换代越来越频繁,大量的废弃计算机的处置也已经成为不可忽视的严重问题;而我国最近几年出现的进口洋垃圾的现象,也说明了这个问题在发达国家同样存在。

有关统计资料研究表明:产品性能的70%～80%是由设计阶段所决定的,而设计本身的成本仅为产品总成本的10%,如果考虑到产品设计不当造成的对生态环境的破坏程度,该比例还会拉大。因此只有在设计初期阶段按照绿色产品的特点规划、设计产品,即进行绿色设计,才能保证产品的"绿色性能"。国外已经成功地将绿色设计应用到机电产品、日用消费品、家用电器等行业之中,并取得了明显的社会和经济效益。我国也相继开展了与绿色设计有关的设计和研究工作,已经在汽车、电冰箱等产品上针对可拆卸性、可回收性及绿色产品（Green Product）的评价理论和方法取得了不少研究成果。现在绿色概念已经深入人心,"绿色设计""绿色食品""绿色装修"等时尚词汇的出现,表明越来越多的人意识到在开发设计产品时,应从维护生态平衡和可持续发展的角度来处理问题。同时,标志着人类设计理念的更趋向成熟和理智。

二、绿色设计的基本概念及其特点

绿色设计（GD：Green Design）,通常也称为生态设计、环境设计、生命周期设计或环境意识设计等。绿色设计是以绿色技术为原则所进行的产品设计。所谓绿色技术是指为减轻环境污染或减少原材料、自然资源消耗的技术、工艺或产品的总称。绿色设计是指在整个产品生命周期内,考虑产品的环境属性（可拆卸性、可回收性、可维护性、可重复利用性等）,并将其作为设计目标,在满足环境目标要求的同时,保证产品的应有概念、使用寿命、质量等。

绿色设计是面向全生命周期的设计,从不同的角度,产品生命周期有不同的理解方式。从传统的设计开发角度来看,包括从环境中提取原材料、加工成产品、流通到消费者使用几个阶段。但是,为了消除、减轻环境污染和达到节约资源的目的,产品制造企业越来越多地考虑通过再循环和重复利用来适当地处置产品,并把产品废弃问题,如回收与拆卸作为设计内容纳入其设计过程。因此,绿色设计的产品全生命周期是指从原材料生产、产品生产制造、装配、包装、运输、销售、使用,直至回收再利用及处理处置所涉及的各个阶段的总和。

与传统设计方法相比,绿色设计具有下面的鲜明的特点:

(1) 扩大了产品的生命周期。绿色设计将产品的生命周期延伸到了"产品使用结束后的回收再利用及处理处置",这种扩大了的生命周期概念便于在设计过程中从总体的角度理解和掌握与产品有关的环境问题和原材料的循环管理、重复利用、废弃物的管理和堆放等。

(2) 绿色设计是并行闭环设计。绿色设计的生命周期除传统生命周期各个阶段外,还包括产品废弃后的拆卸回收、处理处置,实现了产品生命周期阶段的闭路循环,而且这些过程在设计时必须被并行考虑,因而,绿色设计是并行闭环设计。

(3) 绿色设计有利于保护环境,维护生态系统平衡。设计过程中分析和考虑产品的环境需求是绿色设计区别于传统设计的主要特征之一。因而绿色设计可从源头上减少废弃物的产生。

(4) 绿色设计可以防止地球上矿物资源的枯竭。由于绿色设计使构成产品的零部件材料得以充分有效地利用,在产品的整个生命周期中能耗最小,减少了对材料资源及能源的需求,保护了地球的矿物资源,使其可以合理持续应用。

(5) 绿色设计的结果是减少了废弃物数量及其处理的棘手问题。绿色设计将废弃物的产生消灭在萌芽状态,可使其数量降低到最低限度,大大缓解了垃圾处理的矛盾。

三、绿色设计方法及设计准则

绿色设计实质上是一种对产品从"摇篮到再现"的全过程控制设计。与传统设计相比,无论在涉及的知识领域、涉及方法还是涉及过程的困难程度等方面均要复杂得多。绿色设计是现代设计方法和设计过程的集成。

绿色设计过程一般需要经历以下几个阶段:需求分析、提出明确的设计要求、方案设计、初步设计、详细设计和设计实施。从表面上看与一般的产品设计没有多大区别,但在每一设计阶段以及设计评价的设计策略中都包含了对环境的要求。

因此,绿色设计应是以系统工程和并行工程思想为指导,以产品生命周期分析为手段,集现代工程设计方法(如模块化设计、长寿命设计等)为一体的系统化、集成化设计方法。图17-8给出了绿色设计的这种过程模型。

绿色设计就是将环境保护意识纳入产品设计过程中,将绿色特性有机地融入产品生命周期全过程中,一方面需要树立和培养设计人员的环境意识;另一方面,还需为设计人员提供便于遵循的绿色设计准则规范。绿色设计准则是在传统产品设计中通常依据的技术准则、成本准则和人机工程学准则的基础上纳入环境准则,并将环境准则置于优先考虑的地位,具体内容如下:

(1) 与材料有关的准则。产品的绿色属性与材料有着密切的关系,因此必须仔细慎重地选择和使用材料。

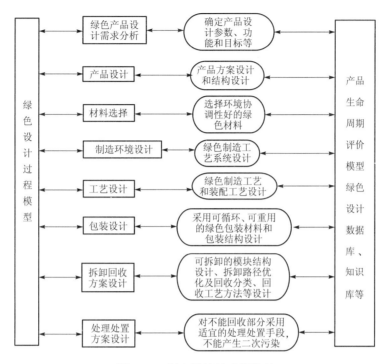

图 17-8　绿色设计的过程模型

（2）与产品结构有关的准则。产品结构设计是否合理对材料的使用量、维护、淘汰废弃后的拆卸回收等有着重要的影响。

（3）与制造工艺有关的准则。制造工艺是否合理对加工过程中能量消耗、材料消耗、废弃物产生的多少等有着直接的影响。

（4）绿色设计的管理准则。绿色设计的管理准则主要涉及规划绿色产品的发展目标，将产品的环境属性转化为具体的设计目标，以保证产品在绿色阶段寻求最佳的解决办法。

总之，绿色设计的实施是一项社会化的系统工程，其实施需要和与产品生命周期有关的所有部门的团结与协作。而绿色设计实施的结果也会产生明显的社会效益和环境效益，主要表现在：可以节约资源和能源，实现资源的永续利用；减轻了环境污染，可以实现社会、经济和环境之间的健康协调发展。同时，也会给企业带来明显的经济效益，主要表现在可以降低产品成本；使产品竞争力得以提高，从而树立良好的企业形象。

第八节　机械创新设计方法

创新设计是指设计人员在设计中采用新的技术手段和技术原理，发挥创造性，提出新方案，探索新的设计思路，提供具有社会价值的、新颖的而且成果独特的设计。其特点是运用创造性思维，强调产品的创新性和新颖性。

一、机械创新设计的实质

机械创新设计（Mechanical Creative Design，MCD）是指充分发挥设计者的创造力，利用人类已有的相关科学技术成果，进行创新构思，设计出具有新颖性、创造性及实用性的机构或机械产品（装置）的一种实践活动。

工程设计人员要想取得创新设计成果，首先，必须具有良好的心理素质和强烈的事业心，善于捕捉和发现社会、市场的需求，分析矛盾，富于想象，有较强的洞察力；其次，要掌握创造性技法，科学地发挥创造力；最后，要善于运用自己的知识和经验，在创新实践中不断地提高创造力。

二、机械创新设计的过程

机械创新设计的目标是由所要求的机械功能出发，改进、完善现有机械或创造发明新机械实现预期的功能，并使其具有良好的工作品质及经济性。

机械创新设计是一门正处于发展期的新的设计技术和方法，由于所采用的工具和建立的结构学、运动学和动力学模型不同，逐渐形成了各具特色的理论体系与方法，因此提出的设计过程也不尽相同，但其实质是统一的。综合起来，机械创新设计主要由综合过程、选择过程和分析过程所组成。

（1）确定机械的基本原理。可能会涉及机械学对象的不同层次、不同类型的机构组合，或不同学科知识、技术的问题。

（2）机构结构类型综合及优选。优选的结构类型对机械整体性能和经济性具有重大影响，它多伴随新机构的发明。机械发明专利的大部分属于结构类型的创新设计。因此，结构类型综合及优选是机械设计中最富有创造性、最具活力的阶段，但又是十分复杂和困难的问题。它涉及设计者的知识（广度与深度）、经验、灵感和想象力等众多方面，成为多年来困扰机构学研究者的主要问题之一。

（3）机构运动尺寸综合及其运动参数优选。其难点在于求得非线性方程组的完全解（或多解），为优选方案提供较大的空间。随着优化法、代数消元法等数学方法引入机构学，使该问题有了突破性进展。

（4）机构动力学参数综合及其动力学参数优选。其难点在于动力参数量大、参数值变化域广的多维非线性动力学方程组的求解，这是一个亟待深入研究的问题。

完成上述机械工作原理、结构学、运动学、动力学分析与综合的四个阶段，便形成了机械设计的优选方案，然后即可进入机械结构创新设计阶段，主要解决基于可靠性、工艺性、安全性和摩擦学的结构设计等问题。

三、创新设计过程中的创新思维方法

由于设计人员的自身知识、经验、理论和方法等基本素质是不同的，因此，不同的设计人员其思维的创造性是有差异的。在创造性思维中，更重要的是设计人员在自身素质的基础上，将头脑中存储的信息重新组合和活化，形成新的联系。因此，创造性思维与传统的思维方式相比，创造性思维以其突破性、独创性和多向性显示出创新的活力。

根据创造性思维过程中是否严格遵循逻辑规则，可以分为直觉思维和逻辑思维两种类型。

（1）直觉思维。直觉思维是一种在具有丰富经验和推理判断技巧的基础上,对要解决的问题进行快速推断,领悟事物本质或得出问题答案的思维方式。

直觉思维的基本特征是其产生的突然性,过程的突发性和成果的突破性。在直觉思维的过程中,不仅是意识起作用,而且潜意识也在发挥着重要的作用。潜意识是处于意识层次的控制下,不能靠意志努力来支配的一种意识,但它可以受到外在因素的激发。虽然直觉思维的结论并不是十分可靠的,但是,它在创造性活动中方向的选择、重点的确定、问题关键和实质的辨识、资料的获取、成果价值的判定等方面具有重要的作用,也是产生新构思、新美学的基本途径之一。

在技术创新设计活动中,可以借助计算机和数学工具对多种方案进行优选。但是,在工程问题中,数学美学的建立、计算程序的编制和计算结果的分析方面,工程技术人员的直觉判断是十分重要的。

（2）逻辑思维。逻辑思维是一种严格遵循人们在总结事物活动经验和规律的基础上概括出来的逻辑规律,进行系统的思考,由此及彼的联动推理。逻辑思维有纵向推理、横向推理和逆向推理等几种方式。

纵向推理是针对某一现象进行纵深思考,探求其原因和本质而得到新的启示。例如:车工在车床上切削工件时由于突然停电,造成硬质合金刀具牢固地黏结在工件上面报废,通过分析这次偶然的事故所造成刀具与工件黏结的原因,从而发明了"摩擦焊接法"。

横向推理是根据某一现象联想其特点与其相似或相关的事物,进行"特征转移"而进入新的领域。例如,根据面包多孔松软的特点,进行"特征转移"的横向推理,在其他领域开发出泡沫塑料、夹气混凝土和海绵肥皂等不同的产品。

逆向推理是根据某一现象、问题或解法,分析其相反的方面、寻找新的途径。例如,根据气体在压缩过程中会发热的现象,逆行推理到压缩气体变成常压时应该吸热制冷,从而发明了压缩式空调机。

创造性思维是直觉思维和逻辑思维的综合,这两种包括渐变和突变的复杂思维过程互相融合、补充和促进,使设计人员的创造性思维得到更加全面的开发。

四、创新方法简介

在实际的创新设计过程中,由于创造性设计的思维过程复杂,有时发明者本人也说不清楚是具体采用什么方法最后获得成功的。通过对实践和理论的总结,大致可以有下面几种方法。

1. 群智集中法

这是一种发挥集体智慧的方法,又称"头脑风暴法",是 1938 年由美国人提出的一种方法。这种方法是先把具体的创新条件告知每个人,经过一定的准备后,大家可以不受任何约束地提出自己的新概念、新方法、新思路、新设想,各抒己见,在较短的时间内可获得大量的设想与方案,经分析讨论,去伪存真、由粗到细,进而找出创新的方法与实施方案,最后由主持人负责完成。该方法要求主持人有较强的业务能力、工作能力和较大的凝聚力。

2. 仿生创新法

通过对自然界生物机能的分析和类比,创新设计新机器。这也是一种常用的创造性设计方法。仿人机械手、仿爬行动物的海底机器人、仿动物的四足机器人、多足机器人,就是仿生设计的产物。由于仿生法的迅速发展,目前已经形成了仿生工程学这一新的学科。使用该方法时,要注意切莫刻意仿真,否则会走入误区。

3. 反求设计创新法

反求设计是指在引入别国先进产品的基础上,加以分析、改进、提高,最终创新设计出新产品的过程。日本、韩国经济的迅速发展都与大量使用反求设计创新法有关。

4. 类比求优创新设计法

类比求优是指把同类产品相对比较,研究同类产品的优点,然后集其优点,去其缺点,设计出同类产品中的最优良产品。日本丰田摩托车就是集世界上几十种摩托车的优点而设计成功的性能较好、成本较低的品牌。但这种方法的前期资金投入过大。

5. 功能设计创新法

功能设计创新法是传统的设计方法,是一种正向设计法。根据设计要求,确定功能目标后,再拟定实施技术方案,从中择优设计。

6. 移植技术创新设计法

移植技术创新设计是指把一个领域内的先进技术移植到另外一个领域,或把一种产品内的先进技术应用到另一种产品中,从而获得新产品。

7. 计算机辅助创新法

利用计算机内存储的大量信息,进行机械创新设计,是近期出现的新方法。目前,正处于发展和完善之中。

第九节　现代设计方法总体发展趋势和特征

由于现代设计方法正处于不断发展之中,人们对它内涵看法不一,但对它的特征和发展动向,主要体现在设计手段和设计理念的转变和发展上,可以从总体上概括为力求运用现代应用数学、应用力学、微电子学及信息科学等方面的最新成果与手段实现下述某些具体方面的转化。

(1) 以动态的取代静态的:如以机器机构动力学计算取代静力学计算;以实时在线测试数据作为评价依据等。

(2) 以定量的取代定性的:如以有限元法或边界元法计算箱体的尺寸和刚度取代经验类比法的设计。

(3) 以变量取代常量:可靠性设计中用随机变量取代传统设计方法中当作常量的粗略处理方法。

(4) 以优化设计取代可行性设计:用相关的设计变量恰当地建立设计目标的数学模型,从众多的可行解方案中寻求其最优解。

(5) 以并行设计取代串行设计:并行设计是一种面向整个"产品生命周期"的一体化设计过程,在设计阶段就从总体上并行地综合考虑其整个生命周期中功能结构、工艺规划、可制造性、可装配性、可测试性、可维修性以及可靠性等各方面的要求与相互关系,避免串行设计中可能发生的干涉与返工,从而迅速地开发出质优、价廉、低能耗的产品。

(6) 以微观的取代宏观的:如以断裂力学理论处理零件材料本身微观裂纹扩展引起的低应力脆断现象,建立以损伤容限为设计判断的设计方法;润滑理论中的微-纳米摩擦学等。

(7) 以系统工程取代分部处理法:将产品的整个设计工作作为一个单级或多级的系统,用系统工程的观点分析划分其设计阶段及组成单元,通过仿真及自动控制手段,综合最优地处理它们的内在关系及系统与外界环境的关系。

（8）以自动化设计取代人工设计:按照继承化与智能化的要求,充分利用先进的硬件机软件,极力提高人机结合的设计系统的自动化水平,大大提高产品的设计质量、设计效率和经济效益,并利于设计人员集中精力经历创新开发出更多的高科技产品,无疑是现代设计方法发展的核心目标。

总之,设计工作本质是一种创造性工作,是对知识与信息进行创造性的运作与处理。发展机械现代设计方法,实质上就是不断地追求最机智、最恰当、最迅速地解决用户要求、社会效益、经济效益、机械内在要求等对机械构成的全部约束条件。

附录1 机械零件几何精度规范学基础

机械是由多个部件和零件组合而成的。大规模生产时,要求由不同工厂、不同车间、不同工人生产的相同规格的零件具有互换性,以便在装配时不需要特意选择、修配和调整就能组成机械或仪器。为了实现零件的互换性,必须保证零件的尺寸、几何形状和相对位置以及表面粗糙度的一致性。

一、尺寸的含义和常识

由一定大小的线性尺寸或角度尺寸确定的几何形状称为尺寸要素。代表长度值的尺寸称为长度尺寸,也称线性尺寸或简称尺寸;代表角度值的尺寸称为角度尺寸,也简称角度。

线性尺寸分为可以形成配合的配合尺寸和非配合尺寸。如装配在一起且公称尺寸相同的孔和轴的尺寸为配合尺寸,而孔的中心距,台阶的高度等为非配合尺寸。

1. 尺寸

以特定单位表示线性尺寸值的数值就是尺寸。

2. 公称尺寸

由图样规范确定的理想形状要素的尺寸,通过它应用上、下极限偏差可计算出极限尺寸。公称尺寸可以是一个整数或一个小数值,例如 32,15,875,0.6,…。见附图 1-1。

3. 轴

通常指工件的圆柱形外尺寸要素,也包括非圆柱形的外尺寸要素(由两平行平面或切面形成的被包容面)。

基准轴是指在基轴制配合中选作基准的轴,即上极限偏差为零的轴。

4. 孔

通常指工件的圆柱形内尺寸要素,也包括非圆柱形的内尺寸要素(由两平行平面或切面形成的包容面)。

基准孔是指在基孔制配合中选作基准的孔,即下极限偏差为零的孔。

二、尺寸的极限、偏差和公差(摘自 GB/T 1800.1—2009、GB/T 1801—2009)

1. 极限尺寸

尺寸要素允许的尺寸的两个极端。

2. 上极限尺寸

尺寸要素允许的最大尺寸,见附图 1-1。

3. 下极限尺寸

尺寸要素允许的最小尺寸,见附图 1-1。

4. 极限制

经标准化的公差与偏差制度。

5. 零线

在极限与配合图解中,表示公称尺寸的一条直线,以其为基准确定偏差和公差。见附图 1-1。通常零线沿水平方向绘制,正偏差位于其上,负偏差位于其下。见附图 1-2。

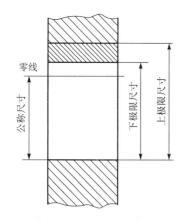

附图 1-1　公称尺寸、上极限尺寸和下极限尺寸　　　　　附图 1-2　公差带图解

6. 极限偏差

极限尺寸减其公称尺寸所得的代数差,有上极限偏差和下极限偏差。

轴的上、下极限偏差代号用小写字母 es、ei 表示;孔的上、下极限偏差代号用大写字母 ES、EI 表示。见附图 1-2。

7. 上极限偏差(ES、es)

上极限尺寸减其公称尺寸所得的代数差,见附图 1-2。

8. 下极限偏差(EI、ei)

下极限尺寸减其公称尺寸所得的代数差,见附图 1-2。

9. 基本偏差和代号

确定公差带相对零线位置的那个极限偏差,见附图 1-2。

它可以是上极限偏差或下极限偏差,一般为靠近零线的那个偏差,附图 1-2 所示为下极限偏差。

基本偏差与公差等级无关,只表示公差带的位置。基本偏差代号,对于孔,用大写字母 A,…,ZC 表示,对于轴,用小写字母 a,…,zc 表示,见附图 1-3,各 28 个,其中基本偏差 H 代表基准孔,h 代表基准轴,为了避免混淆,不用下列字母:I(i)、L(l)、O(o)、Q(q)、W(w)。

10. 尺寸公差

上极限尺寸减下极限尺寸之差,或上极限偏差减下极限偏差之差,它是允许尺寸的变动量。尺寸公差是一个没有符号的绝对值,见附图 1-2。

11. 标准公差

国家标准中规定的任一公差,用大写字母"IT"表示,为"国际公差"的英文缩略语。

12. 标准公差等级和代号

标准公差等级代号用 IT 和数字组成,例如 IT7。当其与代表基本偏差的字母一起组成公差带时,省略 IT 字母,如 H6、h7 等。

标准公差等级分 20 级,按加工精度由高到低的顺序依次为:IT01、IT0、IT1～IT18。

同一公差等级（例如 IT7）对所有公称尺寸的一组公差被认为具有同等精确程度。

机械设计中最常用的公差等级是 4～11 级。4 级、5 级用于特别精密的零件，6 级、7 级用于重要的零件，8 级、9 级用于工作速度中等及具有中等精度要求的零件，10 级、11 级用于低速机械中的低精度零件。

13. 公差带

在公差带图解中，由代表上极限偏差和下极限偏差或上极限尺寸和下极限尺寸的两条直线所规定的一个区域，它是由公差大小及其相对零线的位置如基本偏差来确定的，见附图 1-2。

由最大极限尺寸与最小极限尺寸所限定的区域称为尺寸公差带。尺寸公差带具有两个特征：大小和位置。

尺寸公差带的大小由标准公差数值确定，它体现对零件加工精度的要求；尺寸公差带的位置由基本偏差确定。公差带的表示用基本偏差的字母和公差等级数字组成，如孔公差带 H6、E7，轴公差带 h8、m9 等。见附图 1-3。

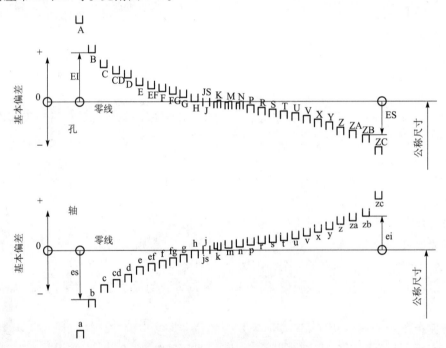

附图 1-3　孔和轴的基本偏差示意图

14. 注公差尺寸的表示

注公差的尺寸用公称尺寸后跟所要求的公差带或（和）对应的偏差值表示。例如：32H7、80js5、100g6、$100^{-0.012}_{-0.034}$、$100\mathrm{g}6\left(^{-0.012}_{-0.034}\right)$。

通常，当公差等级低于 IT13 以后，公称尺寸后可以不用标注公差。未注公差的尺寸公差，分为精密级 f、中等级 m、粗糙级 c 和最粗级 v，具体的尺寸上下极限偏差见标准 GB/T 1804—2000。在图样或者技术文件中要指明选用的公差等级，如 GB/T 1804—m，表示未注公差的尺寸公差等级为中等级。

15. 优先、常用和一般公差带

由基本偏差代号与标准公差等级可组成 500 多种公差带，为了减少与之相适应的定值刀具、量具和工装的品种和规格,对基本尺寸小于 500 mm 的孔和轴,规定了优先公差带(圆圈中)、常用公差带(方框中)和一般公差带,分别见附图 1-4 和附图 1-5。

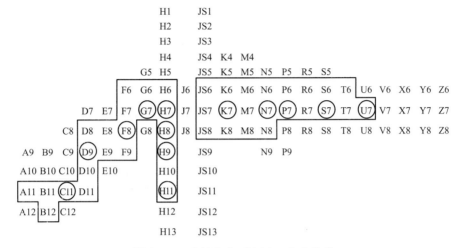

附图 1-4　孔的优先、常用和一般公差带

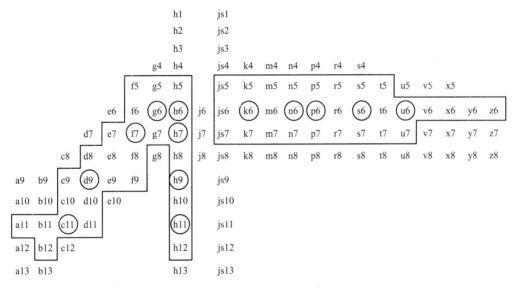

附图 1-5　轴的优先、常用和一般公差带

设计时,应优先使用优先公差带,其次使用常用公差带,再次才考虑使用一般公差带。

三、尺寸的配合(摘自 GB/T 1800.1—2009、GB/T 1801—2009)

同一公称尺寸的孔和轴的结合称为配合。在机械设计中,轴和孔的结合,是应用最广泛的一种尺寸配合,它是由圆柱体的内外表面构成的,由直径和长度尺寸确定。直径对圆柱结合的功能要求影响最大,而长度的影响较小。

1. 配合的表示

配合用相同的公称尺寸后跟孔、轴公差带表示。孔、轴公差带写成分数形式,分子为孔公差带,分母为轴公差带。例如:$\phi52H7/g6$ 或 $\phi52\dfrac{H7}{g6}$。

2. 配合分类

配合分基孔制配合和基轴制配合。在一般情况下,优先选用基孔制配合,如有特殊需要,允许将任一孔、轴公差带组成配合。

配合有间隙配合、过渡配合和过盈配合。属于哪一种配合取决于孔、轴公差带的相互关系。

基孔制(基轴制)配合中:基本偏差 a～h(A～H)用于间隙配合;基本偏差 j～zc(J～ZC)用于过渡配合和过盈配合。

3. 基轴制配合

基本偏差为一定的轴的公差带,与不同基本偏差的孔的公差带形成各种配合的一种制度,也就是轴的上极限尺寸与公称尺寸相等、轴的上极限偏差为零的一种配合制。见附图1-6。

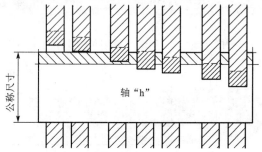

注:水平实线代表孔或轴的基本偏差。虚线代表另一个极限,表示孔与轴之间可能的不同组合,与它们的公差等级有关。

附图1-6　基轴制配合

4. 基孔制配合

基本偏差为一定的孔的公差带,与不同基本偏差的轴的公差带形成各种配合的一种制度,也就是孔的下极限尺寸与公称尺寸相等、孔的下极限偏差为零的一种配合制。见附图1-7。

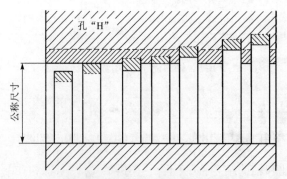

注:水平实线代表孔或轴的基本偏差。虚线代表另一个极限,表示孔与轴之间可能的不同组合,与它们的公差等级有关。

附图1-7　基孔制配合

5. 配合选择

原则上,任意一对孔和轴的标准公差带都可以构成配合,但实际上,为了生产的经济性,国家标准规定了优先配合和常用配合的种类,见附表 1-1 和附表 1-2。

附表 1-1　基孔制优先、常用配合表

基准孔	轴																				
	a	b	c	d	e	f	g	h	js	k	m	n	p	r	s	t	u	v	x	y	z
	间隙配合								过渡配合			过盈配合									
H6						H6/f5	H6/g5	H6/h5	H6/js5	H6/k5	H6/m5	H6/n5	H6/p5	H6/r5	H6/s5	H6/t5					
H7						H7/f6	▲H7/g6	▲H7/h6	H7/js6	H7/k6	H7/m6	▲H7/n6	▲H7/p6	H7/r6	H7/s6	H7/t6	▲H7/u6	H7/v6	H7/x6	H7/y6	H7/z6
H8					H8/e7	▲H8/f7	H8/g7	▲H8/h7	H8/js7	H8/k7	H8/m7	H8/n7	H8/p7	H8/r7	H8/s7	H8/t7	H8/u7				
				H8/d8	H8/e8	H8/f8		H8/h8													
H9			H9/c9	▲H9/d9	H9/e9	H9/f9		▲H9/h9													
H10			H10/c10	H10/d10				H10/h10													
H11	H11/a11	H11/b11	▲H11/c11	H11/d11				▲H11/h11													
H12		H12/b12						H12/h12													

注:1. $\dfrac{H6}{n5}$、$\dfrac{H7}{p6}$ 在公称尺寸小于或等于 3 mm 和 $\dfrac{H8}{r7}$ 在小于或等于 100 mm 时,为过渡配合。

　　2. 标有 ▲ 的配合为优先配合。

附表 1-2　基轴制优先、常用配合表

基准轴	孔																				
	A	B	C	D	E	F	G	H	JS	K	M	N	P	R	S	T	U	V	X	Y	Z
	间隙配合								过渡配合			过盈配合									
h5						F6/h5	G6/h5	H6/h5	JS6/h5	K6/h5	M6/h5	N6/h5	P6/h5	R6/h5	S6/h5	T6/h5					
h6						F7/h6	▲G7/h6	▲H7/h6	JS7/h6	K7/h6	M7/h6	▲N7/h6	▲P7/h6	R7/h6	S7/h6	T7/h6	▲U7/h6				

基准轴	孔																			
	A	B	C	D	E	F	G	H	JS	K	M	N	P	R	S	T	U	V	X	Y	Z
	间隙配合								过渡配合				过盈配合								
h7					$\dfrac{E8}{h7}$	$\dfrac{F8}{h7}$		$\dfrac{H8}{h7}$	$\dfrac{JS8}{h7}$	$\dfrac{K8}{h7}$	$\dfrac{M8}{h7}$	$\dfrac{N8}{h7}$									
h8				$\dfrac{D8}{h8}$	$\dfrac{E8}{h8}$	$\dfrac{F8}{h8}$		$\dfrac{H8}{h8}$													
h9				$\dfrac{D9}{h9}$	$\dfrac{E9}{h9}$	$\dfrac{F9}{h9}$		$\dfrac{H9}{h9}$													
h10				$\dfrac{D10}{h10}$				$\dfrac{H10}{h10}$													
h11	$\dfrac{A11}{h11}$	$\dfrac{B11}{h11}$	$\dfrac{C11}{h11}$	$\dfrac{D11}{h11}$				$\dfrac{H11}{h11}$													
h12		$\dfrac{B12}{h12}$						$\dfrac{H12}{h12}$													

注：标有▟的配合为优先配合。

6. 配合制及选择

为了以尽可能少的标准公差形成最多种的配合，标准规定了两种配合制：基孔制和基轴制。

基孔制和基轴制是两种平行的配合制，都可以得到结合性质基本相同的标准配合，所以配合制的选择与功能要求无关，主要考虑工艺的经济性和结构的合理性。在一般情况下，优先选用基孔制，可以大大减少孔的极限尺寸的种类，从而减少定尺寸刀具、量具的数目，这是因为在常用尺寸段，加工同一精度等级的孔比加工轴困难。

附表 1-3 给出了优先配合的特性和应用举例，可供设计时参考。

附表 1-3　优先配合特性及应用举例

基孔制	基轴制	优先配合特性及应用举例
$\dfrac{H11}{c11}$	$\dfrac{C11}{h11}$	间隙非常大，用于很松的、转动很慢的动配合，或要求大公差与大间隙的外露组件，或要求装配方便的很松的配合
$\dfrac{H9}{d9}$	$\dfrac{D9}{h9}$	间隙很大的自由转动配合，用于精度非主要要求时，或有大的温度变动、高转速或大的轴颈压力时
$\dfrac{H8}{f7}$	$\dfrac{F8}{h7}$	间隙不大的转动配合，用于中等转速与中等轴颈压力的精确转动，也用于装配较易的中等定位配合
$\dfrac{H7}{g6}$	$\dfrac{G7}{h6}$	间隙很小的滑动配合，用于不希望自由转动，但可自由移动和滑动并精密定位时，也可用于要求明确的定位配合

续表

基孔制	基轴制	优先配合特性及应用举例
$\dfrac{H7}{h6}$ $\dfrac{H8}{h7}$ $\dfrac{H9}{h9}$ $\dfrac{H11}{h11}$	$\dfrac{H7}{h6}$ $\dfrac{H8}{h7}$ $\dfrac{H9}{h9}$ $\dfrac{H11}{h11}$	均为间隙定位配合,零件可自由装拆,而工作时一般相对静止不动。在最大实体条件下的间隙为零,在最小实体条件下的间隙由公差等级决定
$\dfrac{H7}{k6}$	$\dfrac{K7}{h6}$	过渡配合,用于精密定位
$\dfrac{H7}{n6}$	$\dfrac{N7}{h6}$	过渡配合,允许有较大过盈的更精密定位
$\dfrac{H7}{p6}$	$\dfrac{P7}{h6}$	过盈定位配合,即小过盈配合,用于定位精度特别重要时,能以最好的定位精度达到部件的刚性及对中性要求,而对内孔承受压力无特殊要求,不依靠配合的紧固性传递摩擦载荷
$\dfrac{H7}{s6}$	$\dfrac{S7}{h6}$	中等压入配合,适用于一般钢件,或用于薄壁件的冷缩配合,用于铸铁件可得到最紧的配合
$\dfrac{H7}{u6}$	$\dfrac{U7}{h6}$	压入配合,适用于可以承受大压入力的零件或不宜承受大压入力的冷缩配合

四、几何公差(摘自 GB/T 1182—2008)

在机械零件的设计时,除了要规定尺寸公差外,还要对其几何公差(形状、方向、位置和跳动公差)规定合理的精度要求,以限制零件的形状、方向、位置和跳动的误差,从而满足零件的装配要求和保证产品的工作性能。

几何公差的符号见附表 1-4,附加符号见附表 1-5,公差框格图例见附表 1-6。

附表 1-4　几何公差的符号

公差类型	几何特征	符号	有无基准	公差类型	几何特征	符号	有无基准	公差类型	几何特征	符号	有无基准
形状公差	直线度	—	无	方向公差	垂直度	⊥	有	位置公差	同轴度(用于轴线)	◎	有
	平面度	▱	无		倾斜度	∠	有		对称度	═	有
	圆度	○	无		线轮廓度	⌒	有		线轮廓度	⌒	有
	圆柱度	⌀	无		面轮廓度	⌓	有		面轮廓度	⌓	有
	线轮廓度	⌒	无	位置公差	位置度	⊕	有或无	跳动公差	圆跳动	↗	有
	面轮廓度	⌓	无		同心度(用于中心点)	◎	有		全跳动	⌀↗	有
方向公差	平行度	//	有								

附表 1-5　几何公差的附加符号

说明	符号	说明	符号	说明	符号
被测要素		最小实体要求	Ⓛ	大径	MD
基准要素	Ⓐ　Ⓐ	自由状态条件（非刚性零件）	Ⓕ	中径、节径	PD
基准目标	⌀2／A1	全周（轮廓）		线素	LE
理论正确尺寸	50	包容要求	Ⓔ	不凸起	NC
延伸公差带	Ⓟ	公共公差带	CZ	任意横截面	ACS
最大实体要求	Ⓜ	小径	LD		

注：GB/T 1182—1996 中规定的基准符号为 Ⓐ ，新标准基准符号为 Ⓐ　Ⓐ ，涂黑与不涂黑两者等效。

附表 1-6　几何公差图例

说　明	图　例
各格自左至右顺序标注以下内容： ——几何特征符号； ——公差值，以线形尺寸单位表示的量值。如果公差带为圆形或圆柱形，公差值前应加注符号"ϕ"；如果公差带为圆球形，公差值前应加注符号"$S\phi$"； ——基准，用一个字母表示单个基准或用几个字母表示基准体系或公共基准	— 0.1　　// 0.1 A ⊕ ϕ0.1 A C B ⊕ $S\phi$0.1 A B C ◎ ϕ0.1 A–B
当某项公差应用于几个相同要素时，应在公差框格的上方被测要素的尺寸之前注明要素的个数，并在两者之间加上符号"×"	6×　　　6×ϕ2±0.02 ▱ 0.2　　⊕ ϕ0.1
如果需要限制被测要素在公差带内的形状，应在公差框格的下方注明	▱ 0.1 NC
如果需要就某个要素给出几种几何特征的公差，可将一个公差框格放在另一个的下面	— 0.01 // 0.06 B

附表 1-7 给出了常用几何公差公差带的定义、标注及解释。

附表 1-7　常用几何公差公差带的定义、标注及解释

公差类型	几何特征	符号	公差带的定义	标注及解释
形状公差	直线度	—	1. 公差带为在给定平面内和给定方向上，间距等于公差值 t 的两平行直线所限定的区域 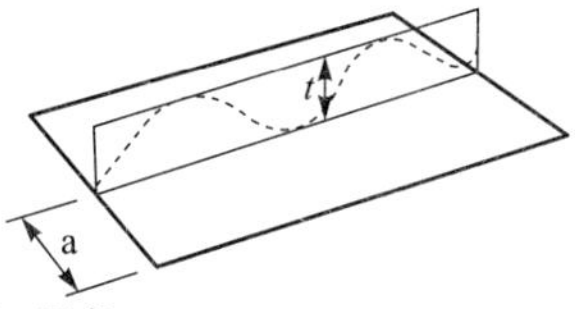 ª 任一距离。	在任一平行于图示投影面的平面内，上平面的提取线应限定在间距等于 0.1 的两平行直线之间 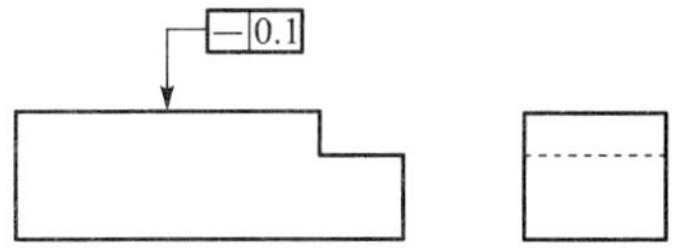
			2. 公差带为间距等于公差值 t 的两平行平面所限定的区域 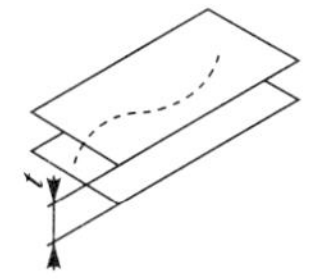	提取的棱边应限定在间距等于 0.1 的两平行平面之间 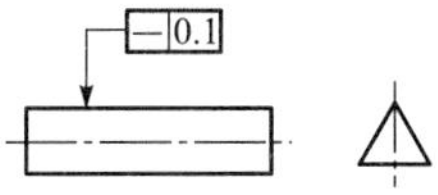
			3. 由于公差值前加注了符号 ϕ，公差带为直径等于公差值 ϕt 的圆柱面所限定的区域 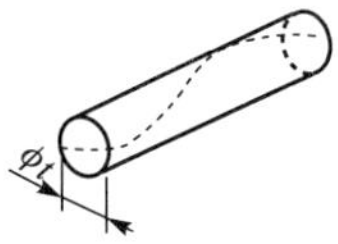 	外圆柱面的提取中心线应限定在直径等于 $\phi 0.08$ 的圆柱面内 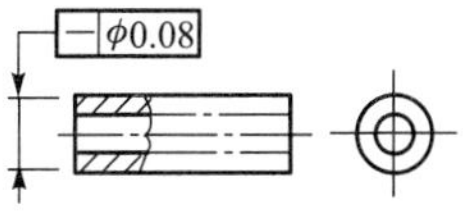
	平面度	▱	公差带为间距等于公差值 t 的两平行平面所限定的区域 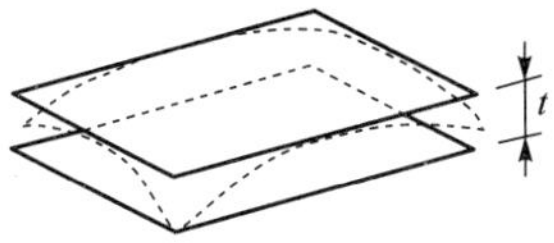	提取表面应限定在间距等于 0.08 的两平行平面之间 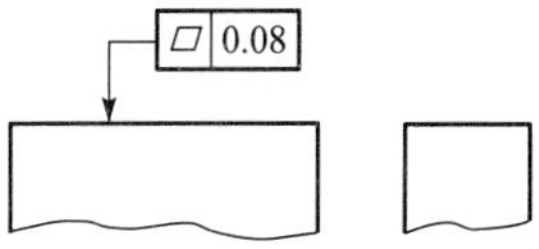

公差类型	几何特征	符号	公差带的定义	标注及解释
形状公差	圆度	○	公差带为在给定横截面内、半径差等于公差值 t 的两同心圆所限定的区域 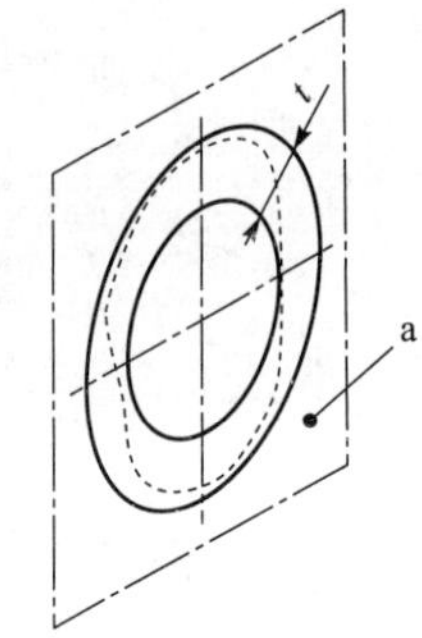 a 任一横截面。	a. 在圆柱面和圆锥面的任意横截面内，提取圆周应限定在半径差等于 0.03 的两共面同心圆之间 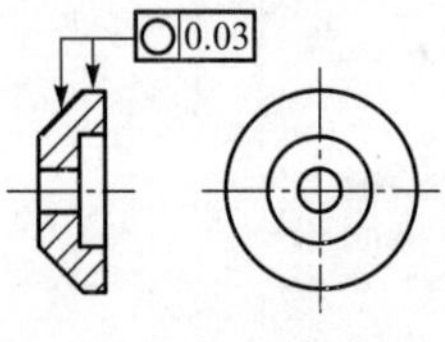 b. 在圆锥面的任意横截面内，提取圆周应限定在半径差等于 0.1 的两同心圆之间 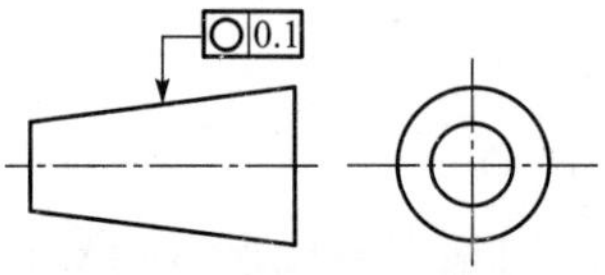
	圆柱度	⌀	公差带为半径差等于公差值 t 的两同轴圆柱面所限定的区域 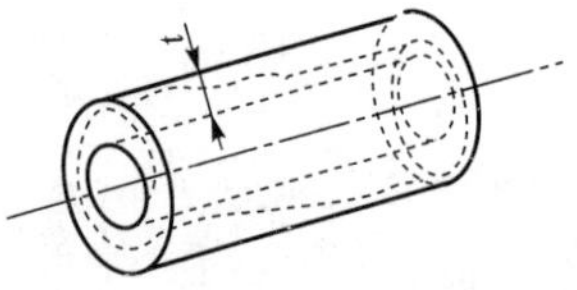 	提取圆柱面应限定在半径差等于 0.1 的两同轴圆柱面之间 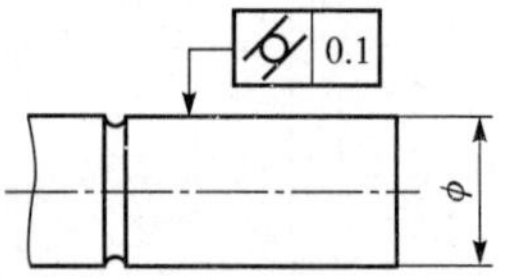
	线轮廓度	⌒	公差带为直径等于公差值 t、圆心位于具有理论正确几何形状上的一系列圆的两包络线所限定的区域 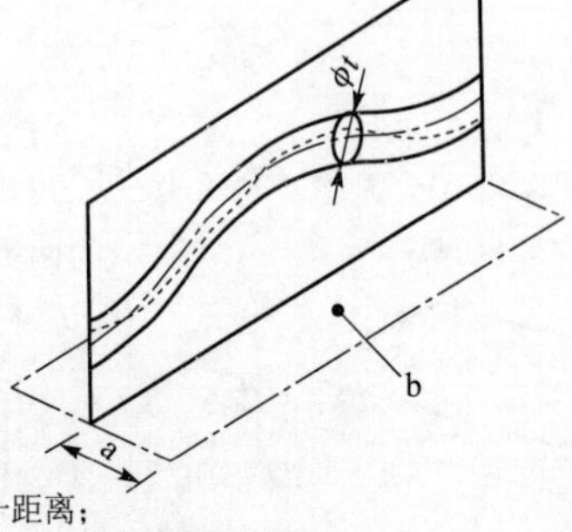 a 任一距离； b 垂直于右图视图所在平面。	在任一平行于图示投影面的截面内，提取轮廓线应限定在直径等于 0.04、圆心位于被测要素理论正确几何形状上的一系列圆的两包络线之间 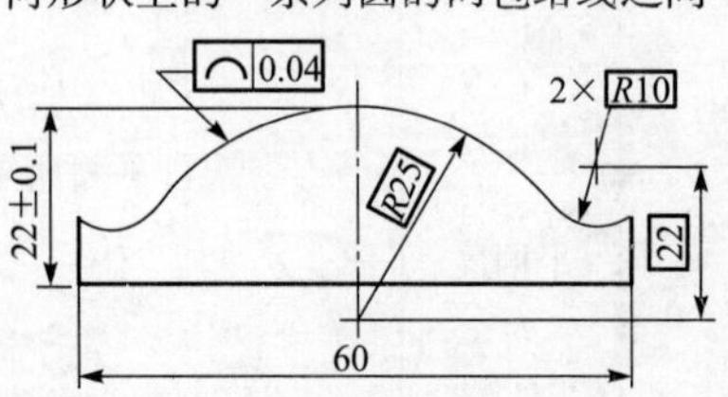

续表

公差类型	几何特征	符号	公差带的定义	标注及解释
形状公差	面轮廓度	⌒	公差带为直径等于公差值 t、球心位于被测要素理论正确形状上的一系列圆球的两包络面所限定的区域 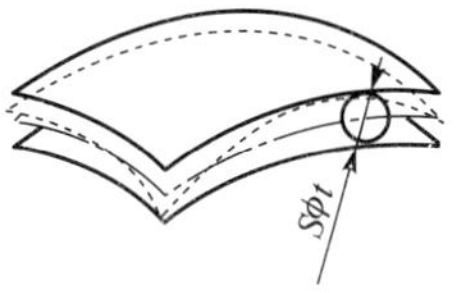 	提取轮廓面应限定在直径等于 0.02、球心位于被测要素理论正确几何形状上的一系列圆球的两等距包络面之间 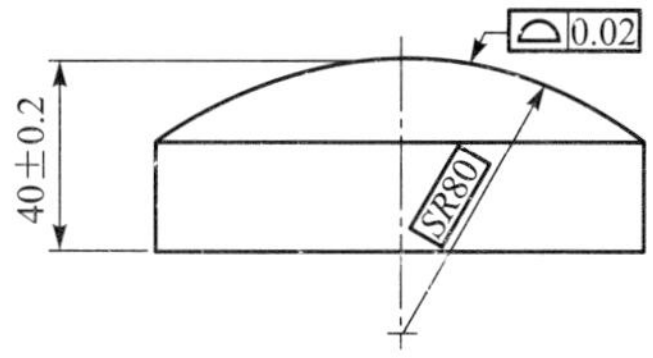
方向公差	平行度	//	1. 线对基准体系的平行度公差 a. 公差带为间距等于公差值 t、平行于两基准的两平行平面所限定的区域。 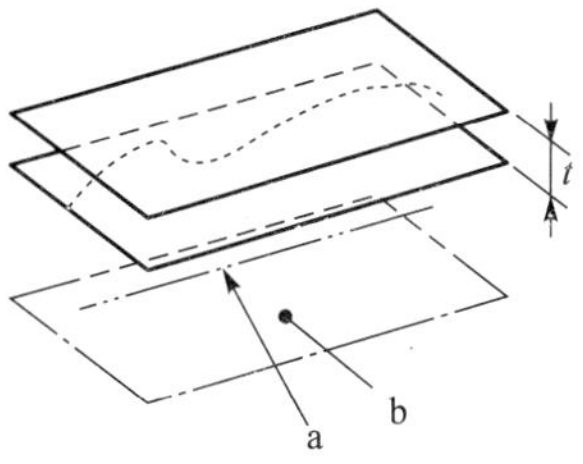 ª 基准轴线； ᵇ 基准平面。	提取中心线应限定在间距等于 0.1、平行于基准轴线 A 和基准平面 B 的两平行平面之间 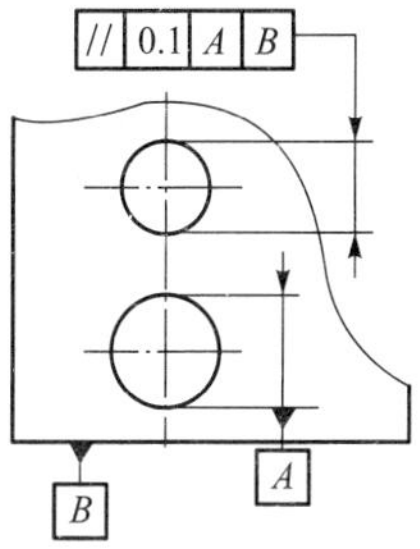
			b. 公差带为间距等于公差值 t、平行于基准轴线 A 且垂直于基准平面 B 的两平行平面所限定的区域 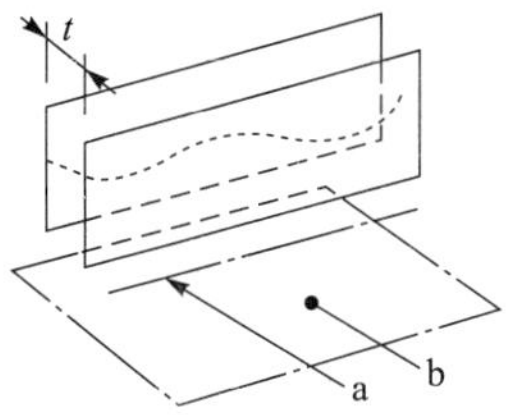 ª 基准轴线；　　ᵇ 基准平面。	提取中心线应限定在间距等于 0.1 的两平行平面之间。该两平行平面平行于基准轴线 A 且垂直于基准平面 B 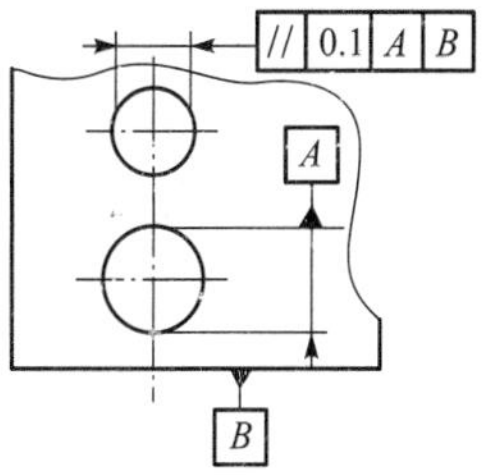

续表

公差类型	几何特征	符号	公差带的定义	标注及解释
方向公差	平行度	//	**2. 线对基准线的平行度公差** 若公差值前加注了符号 ϕ，公差带为平行于基准轴线、直径等于公差值 ϕt 的圆柱面所限定的区域 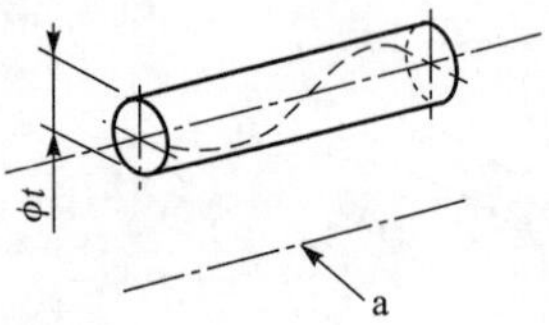 a 基准轴线。	提取中心线应限定在平行于基准轴线 A、直径等于 $\phi 0.03$ 的圆柱面内 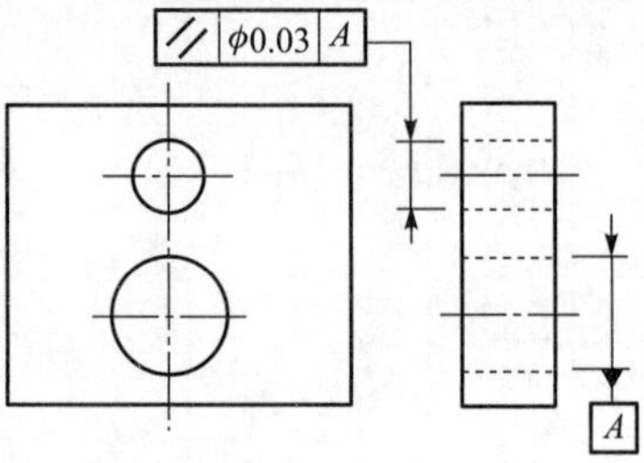 $\boxed{// \ \phi0.03 \ A}$ $\boxed{A}$
			3. 线对基准面的平行度公差 公差带为平行于基准平面、间距等于公差值 t 的两平行平面所限定的区域 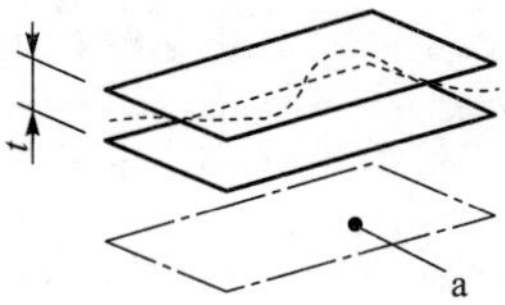 a 基准平面。	提取中心线应限定在平行于基准平面 B、间距等于 0.01 的两平行平面之间 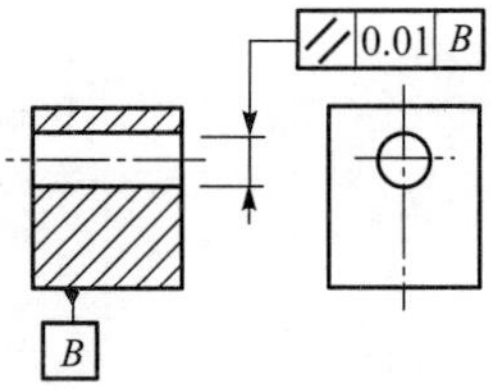 $\boxed{// \ 0.01 \ B}$ $\boxed{B}$
			4. 面对基准线的平行度公差 公差带为间距等于公差值 t、平行于基准轴线的两平行平面所限定的区域 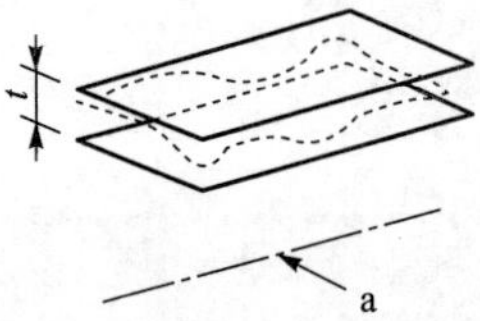 a 基准轴线。	提取（实际）表面应限定在间距等于 0.1、平行于基准轴线 C 的两平行平面之间 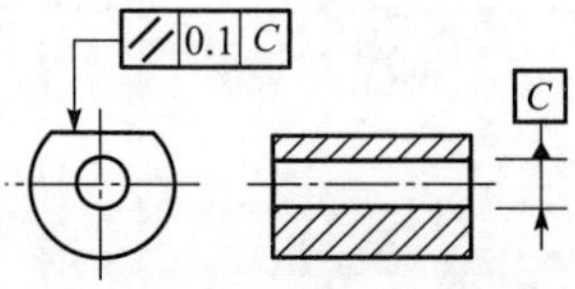 $\boxed{// \ 0.1 \ C}$ $\boxed{C}$
			5. 面对基准面的平行度公差 公差带为间距等于公差值 t、平行于基准平面的两平行平面所限定的区域 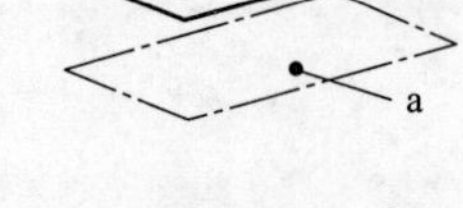 a 基准平面。	提取表面应限定在间距等于 0.01、平行于基准 D 的两平行平面之间 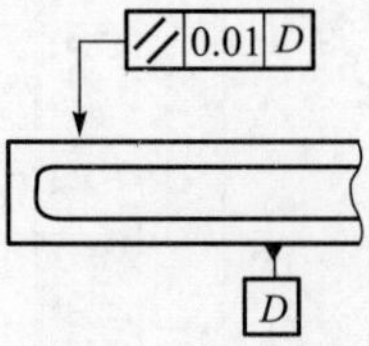 $\boxed{// \ 0.01 \ D}$ $\boxed{D}$

公差类型	几何特征	符号	公差带的定义	标注及解释
方向公差	垂直度	⊥	1. 线对基准线的垂直度公差 公差带为间距等于公差值 t、垂直于基准线的两平行平面所限定的区域 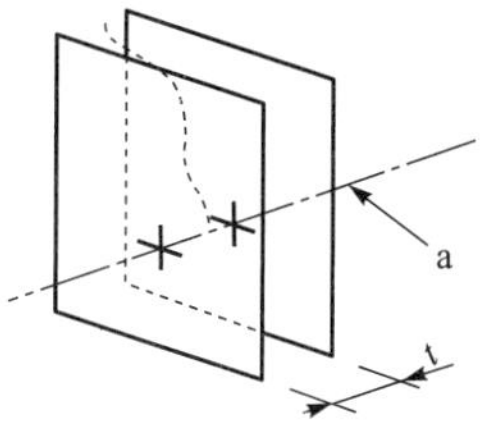 ᵃ 基准线。	提取中心线应限定在间距等于 0.06 垂直于基准轴线 A 的两平行平面之间 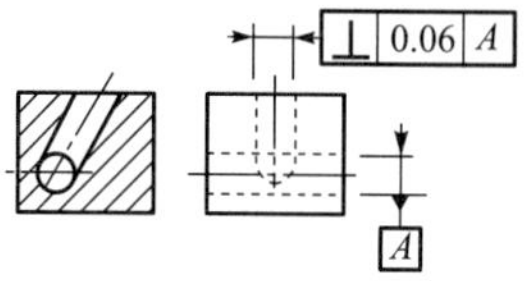
			2. 线对基准体系的垂直度公差 公差带为间距等于公差值 t 的两平行平面所限定的区域。该两平行平面垂直于基准平面 A，且平行于基准平面 B 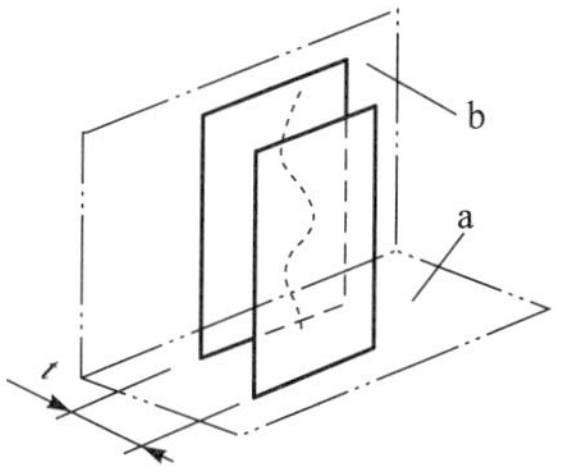 ᵃ 基准平面 A；ᵇ 基准平面 B。	圆柱面的提取中心线应限定在间距等于 0.1 的两平行平面之间。该两平行平面垂直于基准平面 A，且平行于基准平面 B 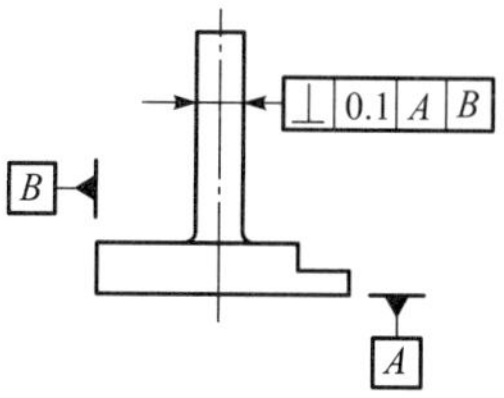
			3. 线对基准面的垂直度公差 若公差值前加注符号 ϕ，公差带为直径等于公差值 ϕt、轴线垂直于基准平面的圆柱面所限定的区域 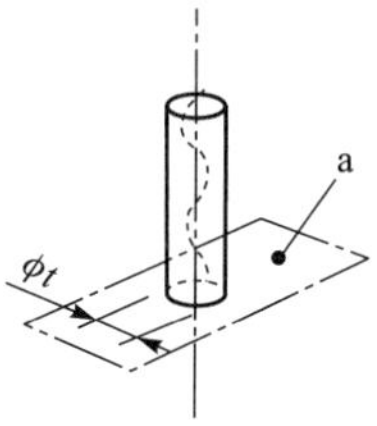 ᵃ 基准平面。	圆柱面的提取（实际）中心线应限定在直径等于 $\phi 0.01$、垂直于基准平面 A 的圆柱面内 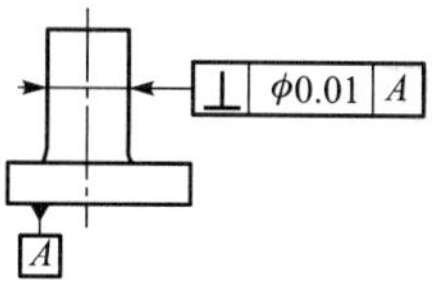

公差类型	几何特征	符号	公差带的定义	标注及解释
方向公差	垂直度	⊥	4. 面对基准线的垂直度公差 公差带为间距等于公差值 t 且垂直于基准轴线的两平行平面所限定的区域 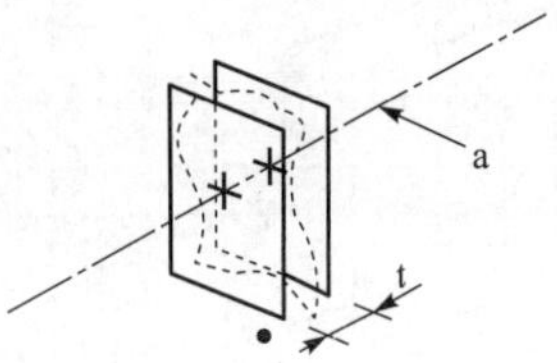 ª 基准轴线。	提取表面应限定在间距等于 0.08 的两平行平面之间。该两平行平面垂直于基准轴线 A 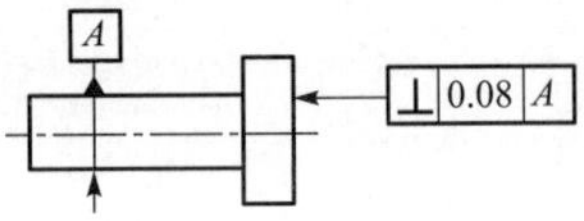
			5. 面对基准平面的垂直度公差 公差带为间距等于公差值 t、垂直于基准平面的两平行平面所限定的区域 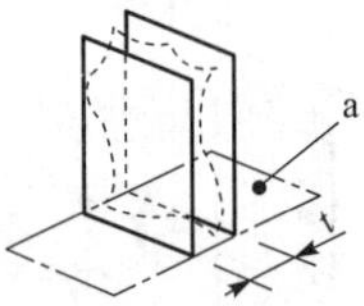 ª 基准平面。	提取表面应限定在间距等于 0.08、垂直于基准平面 A 的两平行平面之间 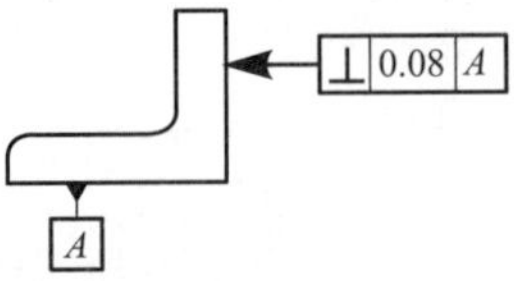
	倾斜度	∠	1. 线对基准线的倾斜度公差 被测线与基准线在同一平面上，公差带为间距等于公差值 t 的两平行平面所限定的区域。该两平行平面按给定角度倾斜于基准轴线 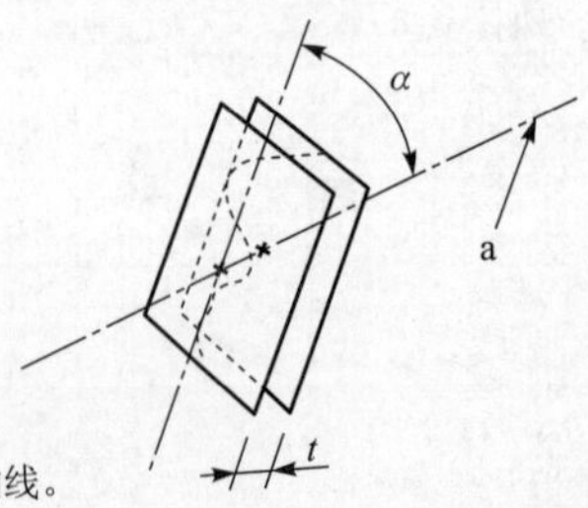 ª 基准轴线。	提取中心线应限定在间距等于 0.08 的两平行平面之间。该两平行平面按理论正确角度 60° 倾斜于公共基准轴线 $A-B$ 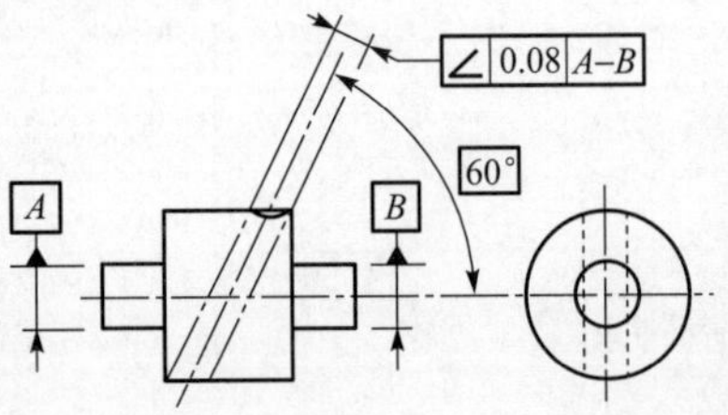

公差类型	几何特征	符号	公差带的定义	标注及解释
方向公差	倾斜度	∠	**2. 线对基准面的倾斜度公差** a. 公差带为间距等于公差值 t 的两平行平面所限定的区域。该两平行平面按给定角度倾斜于基准平面 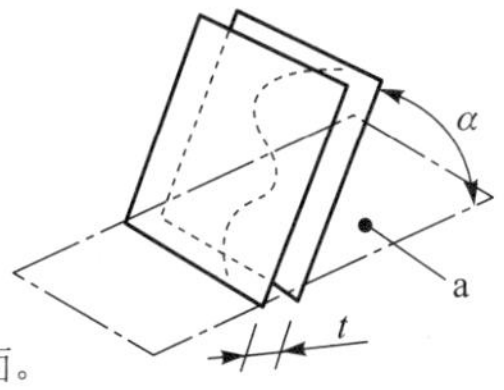 ᵃ 基准平面。	提取中心线应限定在间距等于 0.08 的两平行平面之间。该两平行平面按理论正确角度 60°倾斜于基准平面 A 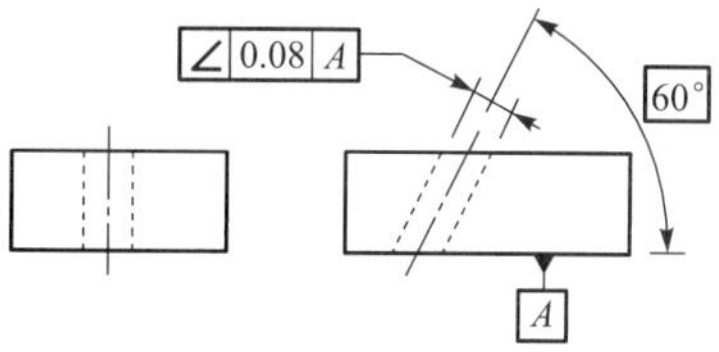
			b. 公差值前加注符号 ϕ，公差带为直径等于公差值 ϕt 的圆柱面所限定的区域。该圆柱面公差带的轴线按给定角度倾斜于基准平面 A 且平行于基准平面 B 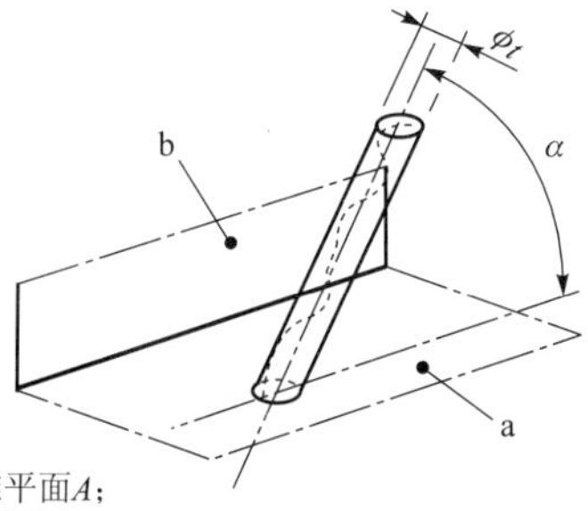 ᵃ 基准平面 A； ᵇ 基准平面 B。	提取中心线应限定在直径等于 $\phi 0.1$ 的圆柱面内。该圆柱面的中心线按理论正确角度 60°倾斜于基准平面 A 且平行于基准平面 B 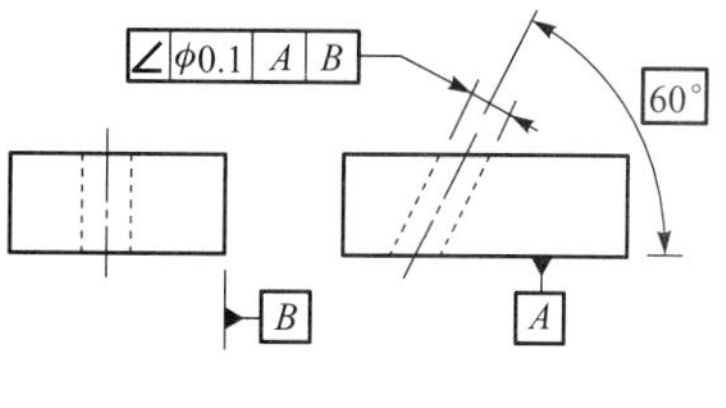
			3. 面对基准线的倾斜度公差 公差带为间距等于公差值 t 的两平行平面所限定的区域。该两平行平面按给定角度倾斜于基准直线 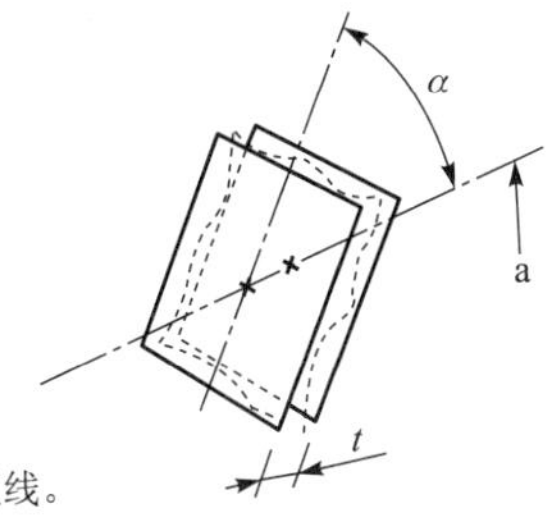 ᵃ 基准直线。	提取表面应限定在间距等于 0.1 的两平行平面之间。该两平行平面按理论正确角度 75°倾斜于基准轴线 A 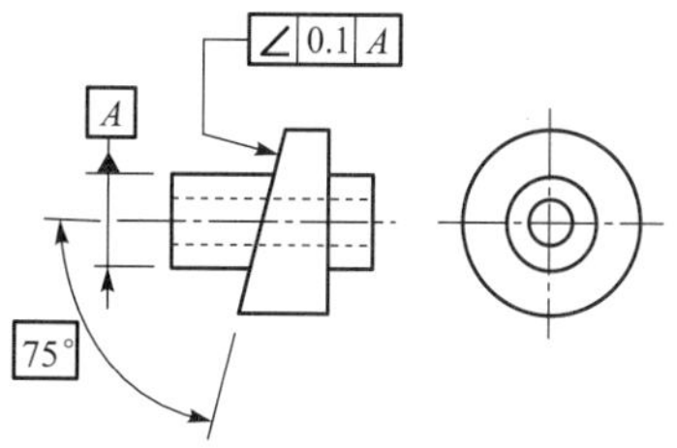

公差类型	几何特征	符号	公差带的定义	标注及解释
方向公差	倾斜度	∠	**4. 面对基准面的倾斜度公差** 公差带为间距等于公差值 t 的两平行平面所限定的区域。该两平行平面按给定角度倾斜于基准平面 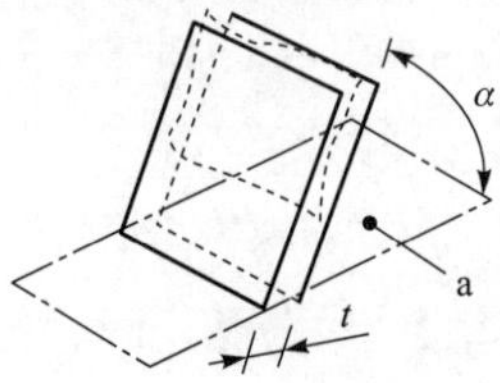 ª 基准平面。	提取表面应限定在间距等于 0.08 的两平行平面之间,该两平行平面按理论正确角度 40° 倾斜于基准平面 A 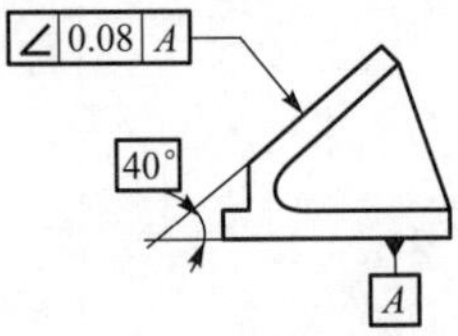
位置公差	位置度	⊕	**1. 点的位置度公差** 公差值前加注 $S\phi$,公差带为直径等于公差值 $S\phi t$ 的圆球面所限定的区域。该圆球面中心的理论正确位置由基准 A、B、C 和理论正确尺寸确度 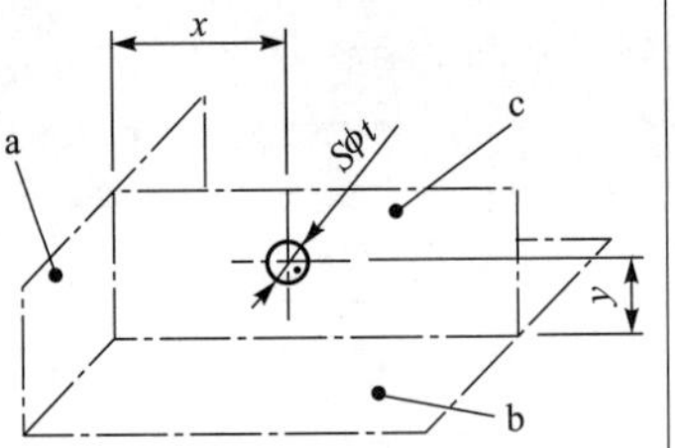 ª 基准平面A; ᵇ 基准平面B; ᶜ 基准平面C。	提取球心应限定在直径等于 $S\phi0.3$ 的圆球面内。该圆球面的中心由基准平面 A、基准平面 B、基准中心平面 C 和理论正确尺寸 30 与 25 确定 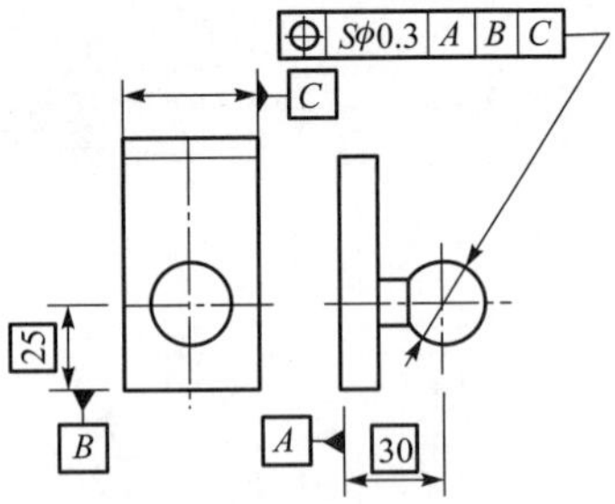
			2. 线的位置度公差 公差值前加注符号 ϕ,公差带为直径等于公差值 ϕt 的圆柱面所限定的区域。该圆柱面的轴线的位置由基准平面 C、A、B 和理论正确尺寸确定 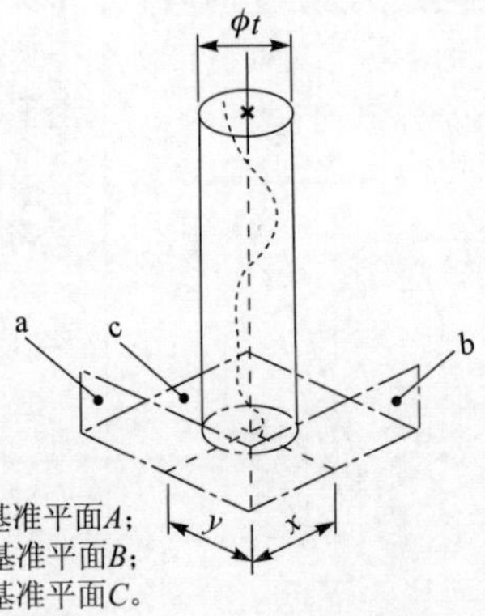 ª 基准平面A; ᵇ 基准平面B; ᶜ 基准平面C。	提取中心线应限定在直径等于 $\phi0.08$ 的圆柱面内。该圆柱面的轴线的位置应处于由基准平面 C、A、B 和理论正确尺寸 100 与 68 确定的理论正确位置上 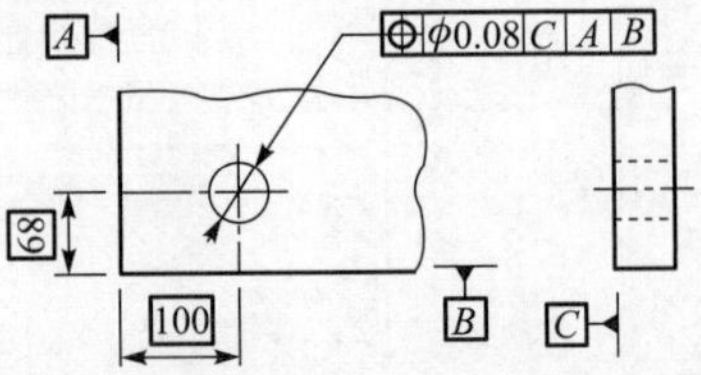

续表

公差类型	几何特征	符号	公差带的定义	标注及解释
	同心度（用于中心点）	◎	公差值前标注符号 ϕ，公差带为直径等于公差值 ϕt 的圆周所限定的区域。该圆周的圆心与基准点重合 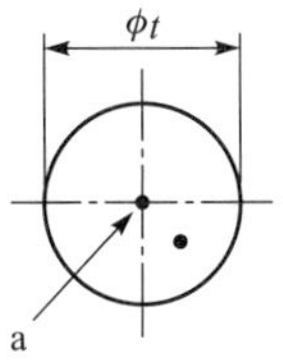 ϕt a a 基准点。	在任意横截面内，内圆的提取中心应限定在直径等于 $\phi 0.1$，以基准点 A 为圆心的圆周内 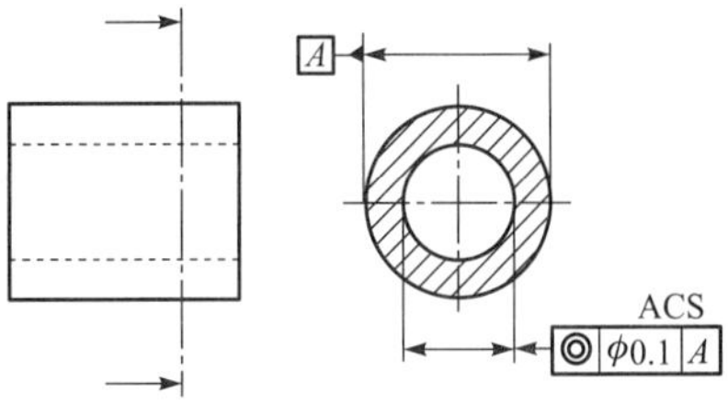 A ACS ◎ $\phi 0.1$ A
位置公差	同轴度（用于轴线）	◎	公差值前标注符号 ϕ，公差带为直径等于公差值 ϕt 的圆柱面所限定的区域。该圆柱面的轴线与基准轴线重合 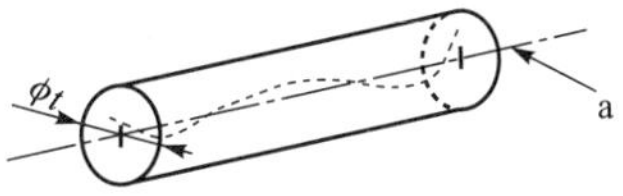 ϕt a a 基准轴线。	a. 大圆柱面的提取中心线应限定在直径等于 $\phi 0.08$，以公共基准轴线 $A\text{-}B$ 为轴线的圆柱面内 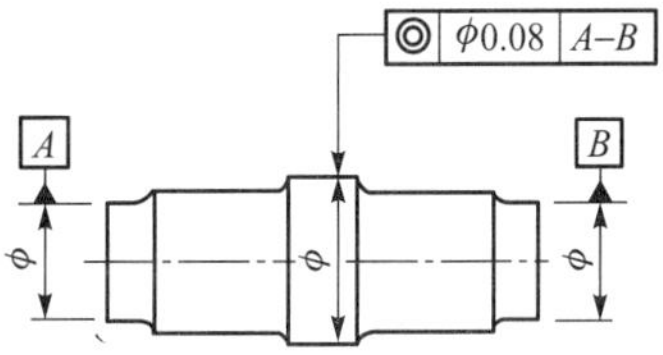 ◎ $\phi 0.08$ $A\text{-}B$ A ϕ ϕ ϕ B b. 大圆柱面的提取中心线应限定在直径等于 $\phi 0.1$、以基准轴线 A 为轴线的圆柱面内 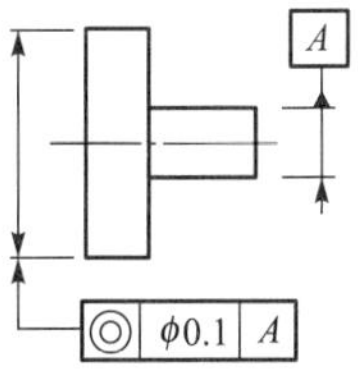 A ◎ $\phi 0.1$ A c. 大圆柱面的提取中心线应限定在直径等于 $\phi 0.1$、以垂直于基准平面 A 的基准轴线 B 为轴线的圆柱面内 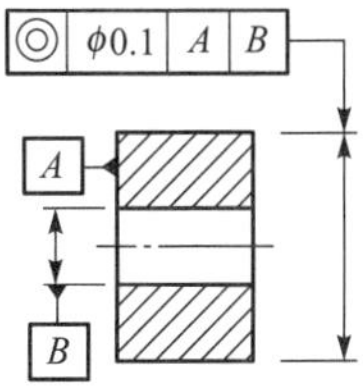 ◎ $\phi 0.1$ A B A B

公差类型	几何特征	符号	公差带的定义	标注及解释
位置公差	对称度	⚌	公差带为间距等于公差值 t，对称于基准中心平面的两平行平面所限定的区域 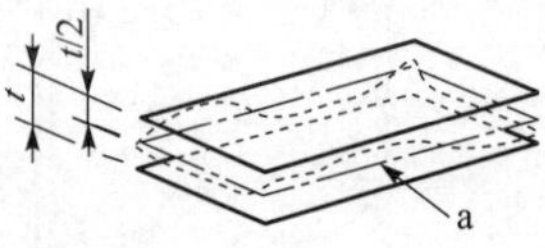 ^{a} 基准中心平面。	提取中心面应限定在间距等于0.08、对称于基准中心平面 A 的两平行平面之间 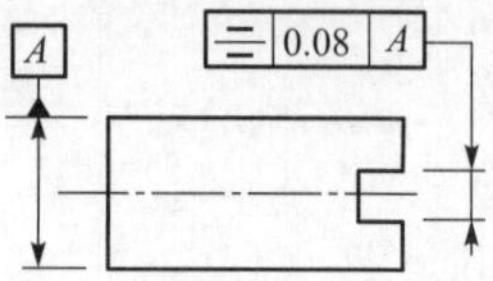 提取中心面应限定在间距等于0.08、对称于公共基准中心平面 $A-B$ 的两平行平面之间 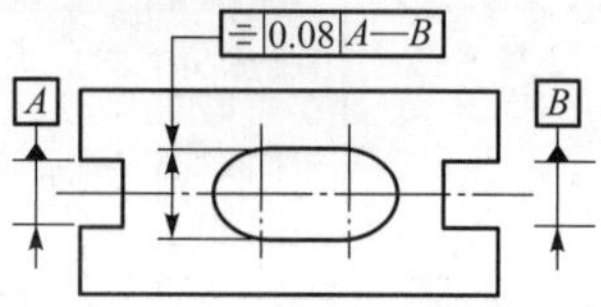
跳动公差	圆跳动	↗	1. 径向圆跳动公差 公差带为在任一垂直于基准轴线的横截面内、半径差等于公差值 t、圆心在基准轴线上的两同心圆所限定的区域 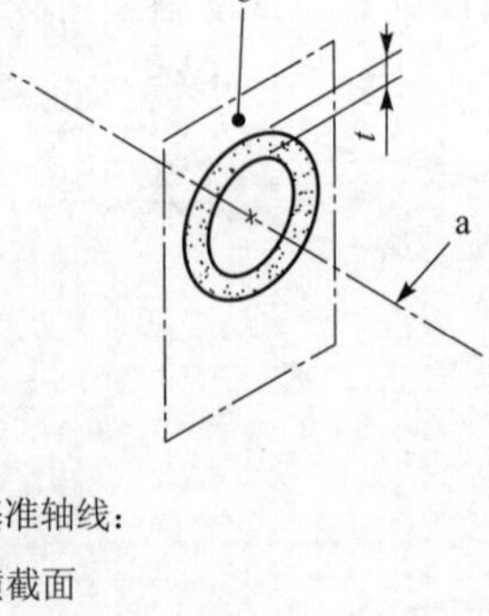 ^{a}：基准轴线； ^{b}：横截面	在任一垂直于基准 A 的横截面内，提取圆应限定在半径差等于0.1，圆心在基准轴线 A 上的两同心圆之间 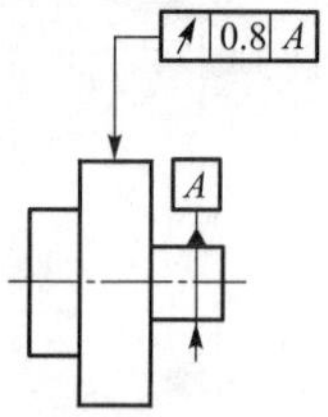 在任一平行于基准平面 B、垂直于基准轴线 A 的截面上，提取圆应限定在半径差等于0.1，圆心在基准轴线 A 上的两同心圆之间 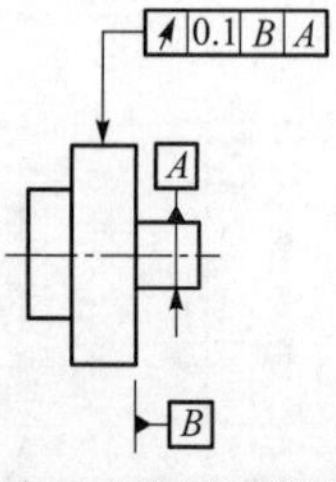 在任一垂直于公共基准轴线 $A-B$ 的横截面内，提取圆应限定在半径差等于0.1、圆心在基准轴线 $A-B$ 上的两同心圆之间 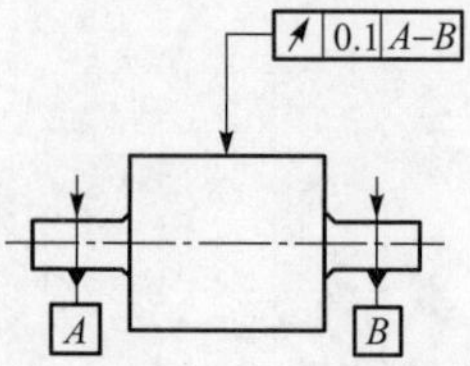

公差类型	几何特征	符号	公差带的定义	标注及解释
跳动公差	圆跳动	↗	**2. 轴向圆跳动公差** 公差带为与基准轴线同轴的任一半径的圆柱截面上，间距等于公差值 t 的两圆所限定的圆柱面区域 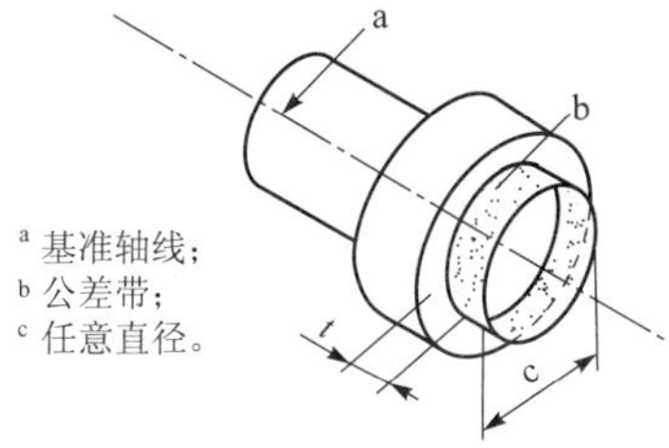 ᵃ 基准轴线； ᵇ 公差带； ᶜ 任意直径。	在与基准轴线 D 同轴的任一圆柱形截面上，提取圆应限定在轴向距离等于 0.1 的两个等圆之间 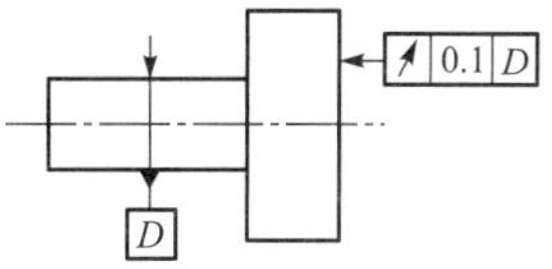
			3. 斜向圆跳动公差 公差带为与基准轴线同轴的某一圆锥截面上，间距等于公差值 t 的两圆所限定的圆锥面区域。 　除非另有规定，测量方向应沿被测表面的法向 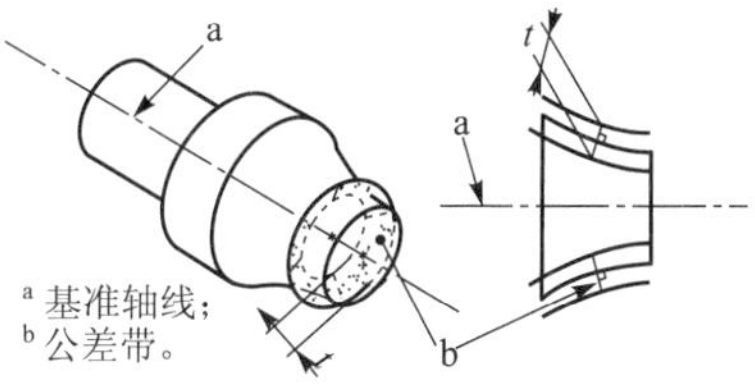 ᵃ 基准轴线； ᵇ 公差带。	在与基准轴线 C 同轴的任一圆锥截面上，提取线应限定在素线方向间距等于 0.1 的两不等圆之间 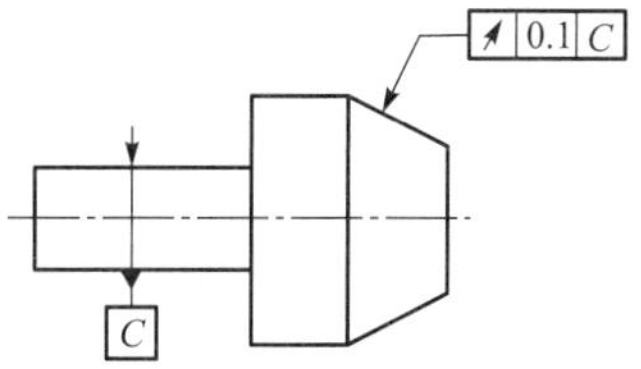 当标注公差的素线不是直线时，圆锥截面的锥角要随所测圆的实际位置而改变 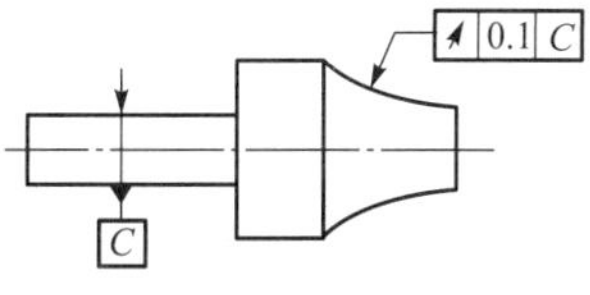
	全跳动	↗↗	**1. 径向全跳动公差** 公差带为半径差等于公差值 t，与基准轴线同轴的两圆柱面所限定的区域 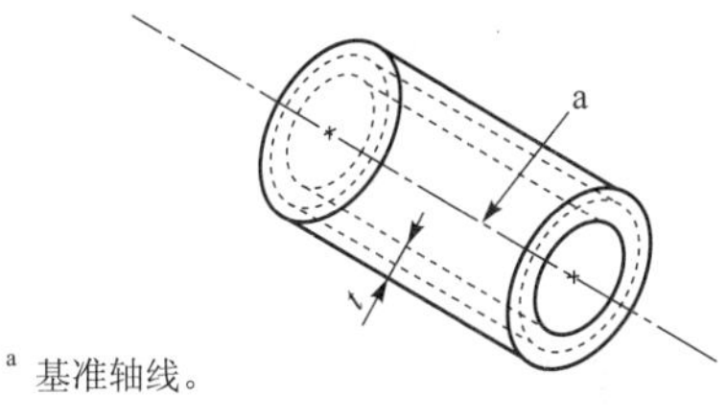 ᵃ 基准轴线。	提取表面应限定在半径差等于 0.1，与公共基准轴线 A-B 同轴的两圆柱面之间 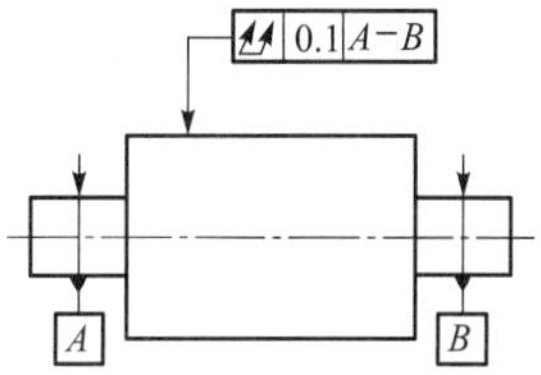

续表

公差类型	几何特征	符号	公差带的定义	标注及解释
跳动公差	全跳动	↗↗	2. 轴向全跳动公差 公差带为间距等于公差值 t，垂直于基准轴线的两平行平面所限定的区域 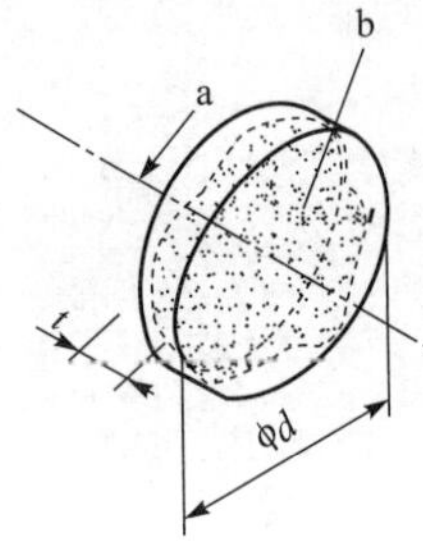 a 基准轴线； b 提取表面。	提取（实际）表面应限定在间距等于0.1、垂直于基准轴线 D 的两平行平面之间 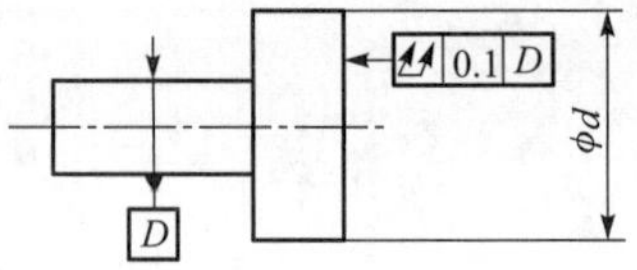

五、表面结构

表面结构是指零件表面的微观几何形状误差，它包括表面粗糙度、表面波纹度和原始轮廓。其中表面粗糙度对零件影响最大，它主要是在零件加工过程中，由刀痕、塑性变形、刀具和零件间摩擦和振动等原因造成的。

1. 表面粗糙度的评定参数

表面粗糙度可用轮廓算术平均偏差 Ra 及微观不平度十点高度 Rz 来评定。

（1）轮廓算术平均偏差 Ra。在取样长度 l 内，被测表面实际轮廓上各点至轮廓中线距离绝对值的平均值，即

$$Ra = \frac{1}{l}\int_0^l |z(x)|\mathrm{d}x \qquad (\mu\text{m}) \tag{1-1}$$

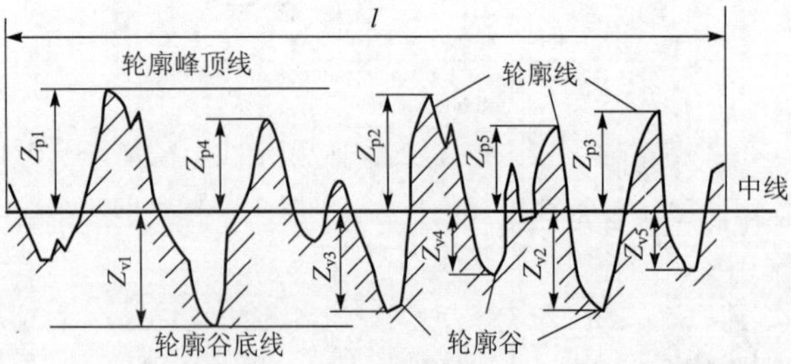

附图 1-8　表面粗糙度评定参数

（2）微观不平度十点高度 Rz。在取样长度 l 内，5个最大的轮廓峰高 Z_{pi} 的平均值与5个最大的轮廓谷深 Z_{vi} 的平均值之和（见附图1-8），即

$$Rz = \frac{1}{5}\left(\sum_{i=1}^{5}|Z_{pi}| + \sum_{i=1}^{5}|Z_{vi}|\right) \qquad (\mu\text{m}) \tag{1-2}$$

机械设计中，通常用 Ra 和 Rz 来作为表面粗糙度的评定参数。其中以 Ra 应用最为广泛。

表面粗糙度 Ra 的标准值系列如下（单位为 mm）：100，50，25，12.5，6.3，3.2，1.6，0.8，

0.4,0.2,0.1,0.05,0.025,0.012。

表面粗糙度 R_z 的标准值系列如下(单位为 mm):1600,800,400,200,100,50,25,12.5,6.3,3.2,1.6,0.8,0.4,0.2,0.1,0.05,0.025。

数值越大,表面越粗糙。表面粗糙度选用的原则是,在满足零件使用功能和寿命的前提下,各项参数尽可能取较大值,以减少加工成本。

在实践中提供了表面粗糙度参数选取的类比原则,见附表 1-8;加工方法与表面粗糙度参数的关系见附表 1-9。

附表 1-8　表面粗糙度参数选取的类比原则

表　面　类　别	表面粗糙度参数要求(Ra 值)	
	小一些	大一些
工作面或摩擦面	√	
载荷(或比压)大的表面	√	
受变载荷或应力集中部位	√	
尺寸、形位公差精度高或配合性质要求稳定的表面	√	
同一公差等级时,孔比轴的表面		√
配合相同时,大尺寸比小尺寸的结合面		√
间隙配合比过盈配合的表面		√
防腐、密封要求高的表面	√	

附表 1-9　加工方法与表面粗糙度 Ra 值的关系　　　　μm

加工方法		Ra	加工方法		Ra	加工方法		Ra
砂模铸造		80~20*	铰孔	粗铰	40~20	齿轮加工	插齿	5~1.25*
模型锻造		80~10		半精铰,精铰	2.5~0.32*		滚齿	2.5~1.25*
车外圆	粗车	20~10	拉削	半精拉	2.5~0.63		剃齿	1.25~0.32*
	半精车	10~2.5		精拉	0.32~0.16	切螺纹	板牙	10~2.5
	精车	1.25~0.32	刨削	粗刨	20~10		铣	5~1.25*
镗孔	粗镗	40~10		精刨	1.25~0.63		磨削	2.5~0.32*
	半精镗	2.5~0.63*	钳工加工	粗锉	40~10	镗磨		0.32~0.04
	精镗	0.63~0.32		细锉	10~2.5	研磨		0.63~0.16
圆柱铣和端铣	粗铣	20~5*		刮削	2.5~0.63	精研磨		0.08~0.02
	精铣	1.25~0.63*		研磨	1.25~0.08	抛光	一般抛	1.25~0.16
钻孔,扩孔		20~5	插削		40~2.5		精抛	0.08~0.04
锪孔,锪端面		5~1.25	磨削		5~0.01*			

注:1. 表中数据是指钢材加工而言。

2. *为该加工方法可达到的 Ra 极限值。

2. 表面结构图形符号及在图样上的完整标注

（1）表面结构图形符号及含义见附表1-10（摘自 GB/T 131—2006）。

附表1-10　表面结构图形符号及含义

符号名称	符　号	含义及说明
基本图形符号	√	表示未指定工艺方法的表面。仅用于简化代号的标注，当通过一个注释解释时可单独使用，没有补充说明时不能单独使用
扩展图形符号	√	要求去除材料的图形符号。 表示用去除材料方法获得的表面，如通过机械加工（车、铫、钻、磨……）的表面，仅当其含义是"被加工并去除材料的表面"时可单独使用
扩展图形符号	√	不允许去除材料的图形符号。 表示不去除材料的表面，如铸、锻等。也可用于表示保持上道工序形成的表面，不管这种状况是通过去除材料或不去除材料形成的
完整图形符号	√ (1)　√ (2) √ (3)	用于标注表面结构特征的补充信息。（1）（2）（3）符号分别用于"允许任何工艺""去除材料""不去除材料"方法获得的表面标注
工件轮廓各表面的图形符号	 　1　2 　　　3 　　　4 6 　5	工件轮廓各表面的图形符号。 当在图样某个视图上构成封闭轮廓的各表面有相同的表面结构要求时，应在完整符号上加一圆圈，标注在图样中工件的封闭轮廓线上。如果标注会引起歧义时，各表面应分别标注。左图符号是指对图形中封闭轮廓的六个面的共同要求（不包括前后面）

（2）表面结构完整图形符号的组成。

为了明确表面结构要求，除了标注表面结构参数和数值外，必要时应标注补充要求，补充要求包括传输带、取样长度、加工工艺、表面纹理及方向、加工余量等。

在完整符号中对表面结构的单一要求和补充要求应注写在附图1-9所示的指定位置。

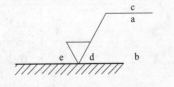

附图1-9　补充要求的注写位置（a~e）

位置 a——注写表面结构的单一要求，包括表面结构参数代号、极限值、传输带或取样长度。在参数代号和极限值间应插入空格。

位置 a 和 b——注写两个或多个表面结构要求，如位置不够时，图形符号应在垂直方向扩大，以空出足够的空间。

位置 c——注写加工方法,表面处理,涂层或其他加工工艺要求等。

位置 d——注写所要求的表面纹理和纹理的方向,如"="" X"等。

位置 e——注写所要求的加工余量。

（3）表面结构要求在图样中的注法见附表 1-11（摘自 GB/T 131—2006）。

附表 1-11　表面结构要求在图样中的注法

No.	标　注　示　例	解　　释
1	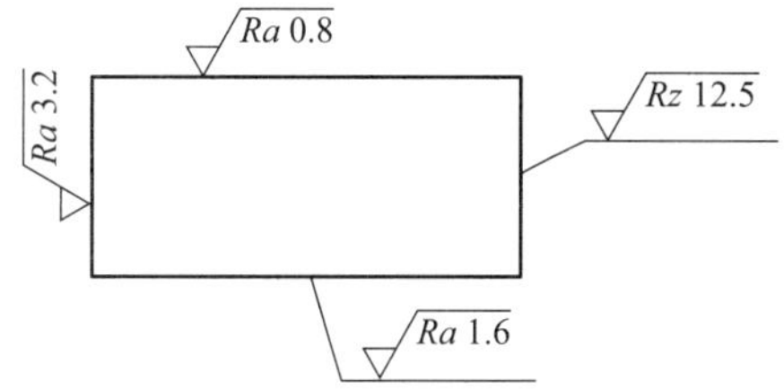	应使表面结构的注写和读取方向与尺寸的注写和读取方向一致
2	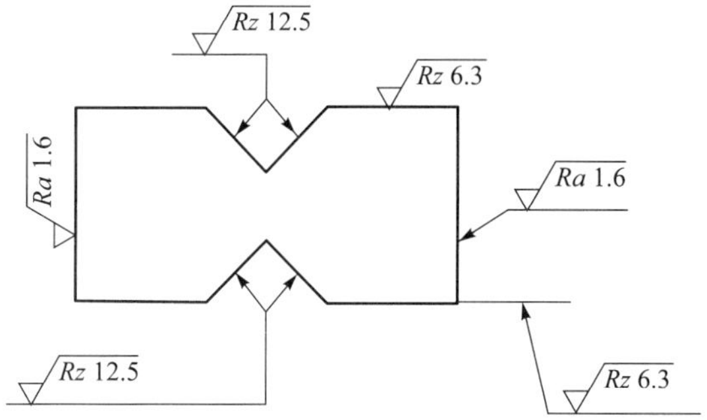	表面结构要求可标注在轮廓线上,其符号应从材料外指向并接触表面,必要时表面结构符号也可以用带箭头或黑点的指引线引出标注
3	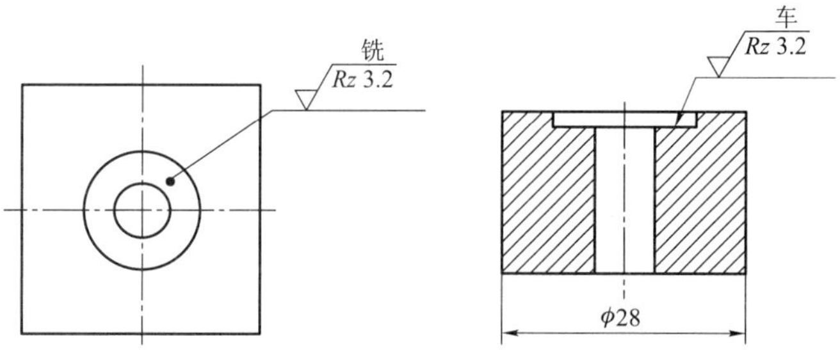	表面结构符号可以用带箭头或黑点的指引线引出标注
4	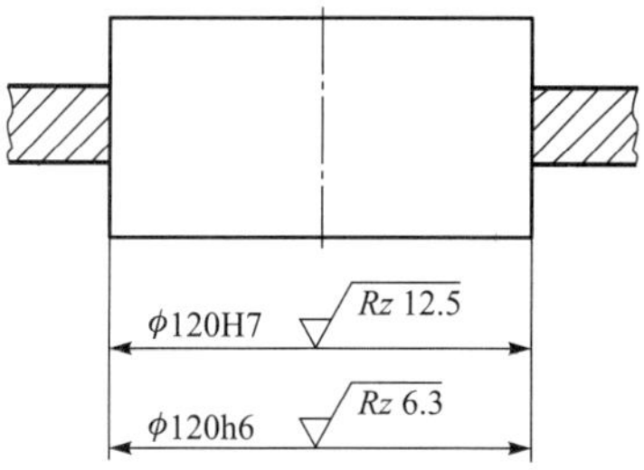	在不致引起误解时,表面结构要求可以标注在给定的尺寸线上
5	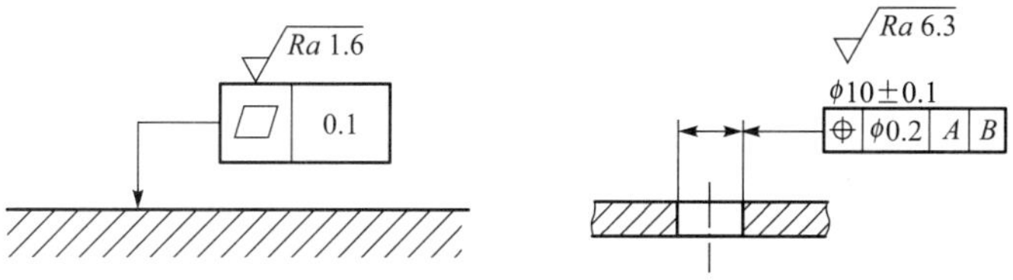	表面结构要求可标注在几何公差框格的上方

No.	标 注 示 例	解 释
6	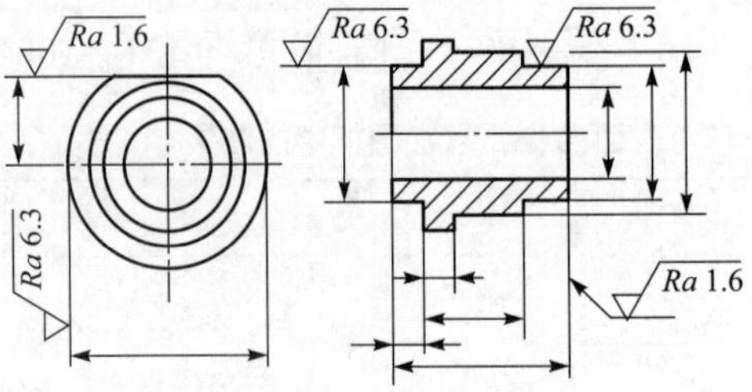	表面结构要求可以直接标注在延长线上,或用带箭头的指引线引出标注
7	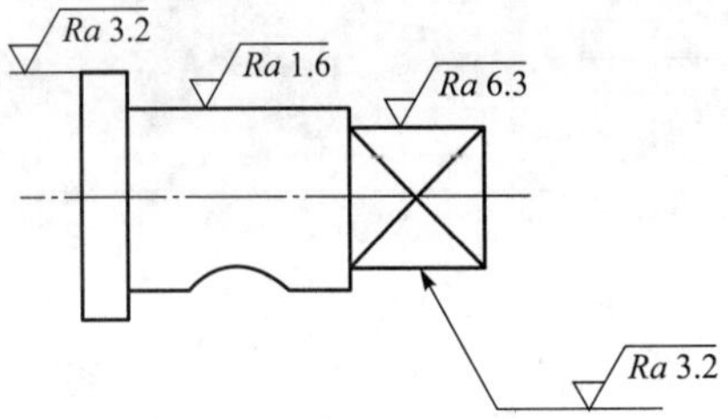	圆柱和棱柱表面的表面结构要求只标注一次。如果每个棱柱表面有不同的表面结构要求,则应分别单独标注

(4)表面结构要求在图样中的简化注法见附表 1-12(摘自 GB/T 131—2006)。

附表 1-12　表面结构要求在图样中的简化注法

No.	标 注 示 例	解 释
1	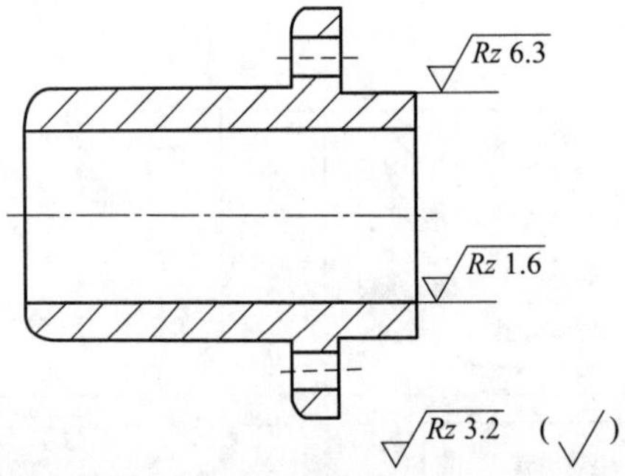 图 1	如果工件的多数(包括全部)表面具有相同的表面结构要求,则可统一标注在图样的标题栏附近。此时(除全部表面具有相同要求的情况外),表面结构要求的符号后面应有: ——在圆括号内给出无任何其他标注的基本符号(图 1) ——在圆括号内给出不同的表面结构要求(图 2) 不同的表面结构要求应直接标注在图形中
2	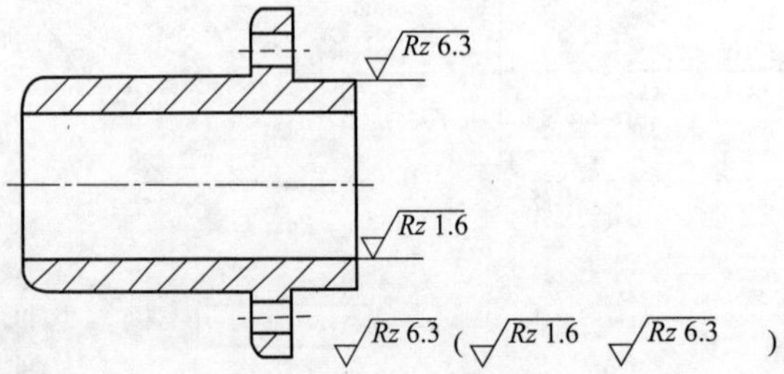 图 2	

No.	标 注 示 例	解 释
3	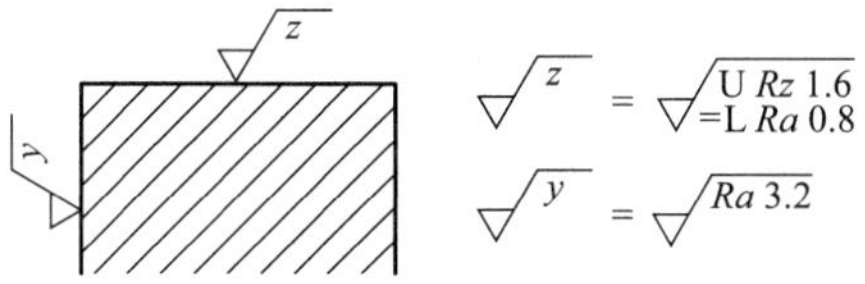 图 3	当多个表面具有的表面结构要求或图纸空间有限时,可用带字母的完整符号,以等式的形式,在图形或标题栏附近,对有相同表面结构要求的表面进行简化标注
4	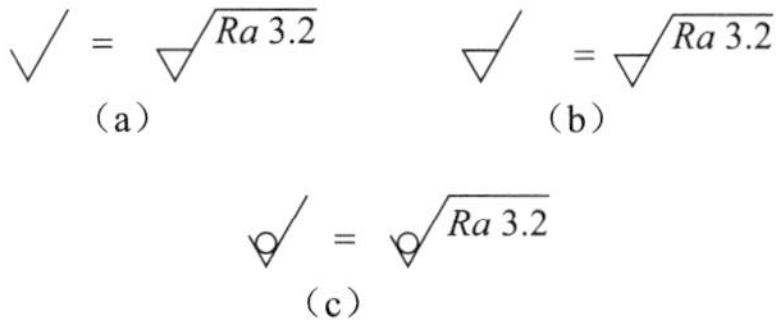 图 4	多个表面有共同的要求可以用基本符号、扩展符号以等式的形式给出多个表面共同的表面结构要求
5	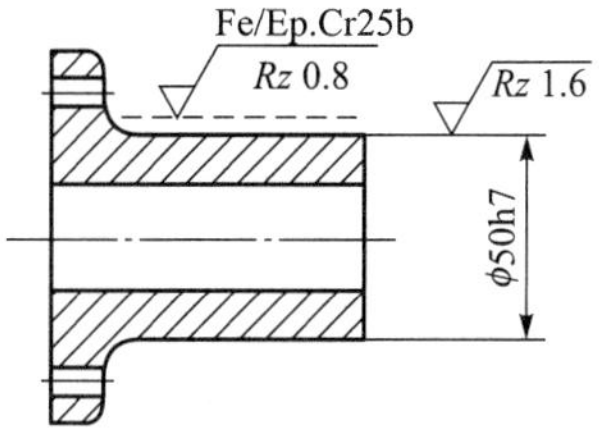 图 5	由几种不同的工艺方法获得的同一表面,当需要明确每种工艺方法的表面结构要求时,可按图中所示方法标注。如图示,同时给出了镀覆前后的表面结构要求

3. 表面结构新旧标准在图样标注方法上的变化

表面结构标准 GB/T 131—2006 与 GB/T 131—1993 相比在图样标注方法上有很大的不同。考虑到在新旧标准的过渡时期,采用旧标准的图样还会存在一段时间,故在附表 1-13 中列出了新旧标准在图样标注方法上的变化。

附表 1-13　表面结构新旧标准在图样标注方法上的变化

GB/T 131—1993	GB/T 131—2006	说 明
	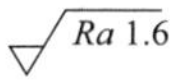	参数代号和数值的标注位置发生变化,且参数代号 Ra 在任何时候都不可以省略
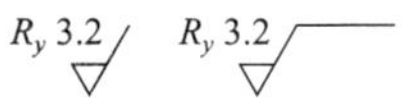	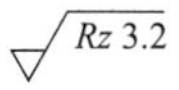	新标准用 Rz 代替了旧标准的 R_y
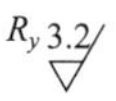	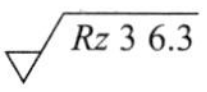	评定长度中的取样长度个数如果不是 5

GB/T 131—1993	GB/T 131—2006	说　明
3.2 1.6	U *Ra* 3.2 L *Ra* 1.6	在不致引起歧义的情况下，上、下限符号 U、L 可以省略
3.2　3.2　3.2	*Ra* 0.8　*Rz* 3.2　*Rz* 12.5　*Rz* 1.6	对下面和右面的标注用带箭头的引线引出
3.2　其余 25　1.6　3.2	*Ra* 3.2　*Ra* 1.6　*Ra* 3.2 *Ra* 25 (∨) 或者　*Ra* 25 (*Ra* 3.2　*Ra* 1.6)	当多数表面有相同结构要求时，旧标准是在右上角用"其余"字样标注，而新标准标注在标题栏附近，圆括号内可以给出无任何其他标注的基本符号，或者给出不同的表面结构要求
镀覆后　镀覆前	镀覆	表面结构要求在镀涂（覆）前后应该用粗虚线画出其范围，而不是粗点画线

附录 2 渐开线圆柱齿轮传动的精度及选择

一、渐开线圆柱齿轮的精度

1. 轮齿同侧齿面精度

GB/T 10095.1—2008《圆柱齿轮 精度制 第 1 部分:轮齿同侧齿面偏差的定义和允许值》规定了单个渐开线圆柱齿轮轮齿同侧齿面精度项目的适用范围、精度等级、允许值及其计算公式。

(1)适用范围。轮齿同侧齿面各精度项目的适用参数范围如下(单位为 mm):

① 分度圆直径 d 分段的界限值:5、20、50、125、280、560、1 000、1 600、2 500、4 000、6 000、8 000、10 000。

② 法向模数 m_n 分段的界限值:0.5、2、3.5、6、10、16、25、40、70。

③ 齿宽 b 分段的界限值:4、10、20、40、80、160、250、400、650、1 000。

(2)精度等级。GB/T 10095.1—2008 规定了 0~12 共 13 个精度等级,其中 0 级精度最高,12 级精度最低。

(3)各精度项目的名称、代号与合格条件。轮齿同侧齿面的精度项目与合格条件见附表 2-1。

附表 2-1　轮齿同侧齿面的精度项目与合格条件

项　目　名　称		代号	合格条件
位置	单个齿距偏差 单个齿距极限偏差	f_{pt} $\pm f_{pt}$	$-f_{pt} \leqslant f_{pt} \leqslant +f_{pt}$
	齿距累积总偏差 齿距累积总公差	F_p ΔF_p	$F_p \leqslant \Delta F_p$
	齿距累积偏差 齿距累积极限偏差	F_{pk} $\pm F_{pk}$	$-F_{pk} \leqslant F_{pk} \leqslant +F_{pk}$
形状	齿廓总偏差 齿廓总公差	F_α ΔF_α	$F_\alpha \leqslant \Delta F_\alpha$
	齿廓形状偏差 齿廓形状公差	$f_{f\alpha}$ $\Delta f_{f\alpha}$	$f_{f\alpha} \leqslant \Delta f_{f\alpha}$
	齿廓倾斜偏差 齿廓倾斜极限偏差	$f_{H\alpha}$ $\pm f_{H\alpha}$	$-f_{H\alpha} \leqslant f_{H\alpha} \leqslant +f_{H\alpha}$

续表

项 目 名 称		代号	合格条件
方向	螺旋线总偏差 螺旋线总公差	F_β ΔF_β	$F_\beta \leqslant \Delta F_\beta$
	螺旋线形状偏差 螺旋线形状公差	$f_{f\beta}$ $\Delta f_{f\beta}$	$f_{f\beta} \leqslant \Delta f_{f\beta}$
	螺旋线倾斜偏差 螺旋线倾斜极限偏差	$f_{H\beta}$ $\pm f_{H\beta}$	$-f_{H\beta} \leqslant f_{H\beta} \leqslant +f_{H\beta}$
切向综合	切向综合总偏差 切向综合总公差	F_i' $\Delta F_i'$	$F_i' \leqslant \Delta F_i'$
	一齿切向综合偏差 一齿切向综合公差	f_i' $\Delta f_i'$	$f_i' \leqslant \Delta f_i'$

（4）允许值及其计算公式。参见 GB/T 10095.1—2008《圆柱齿轮　精度制　第 1 部分：轮齿同侧齿面偏差的定义和允许值》或有关设计手册。

2. 齿轮径向综合精度

GB/T 10095.2—2008《圆柱齿轮　精度制　第 2 部分：径向综合偏差与径向跳动的定义和允许值》规定了单个渐开线圆柱齿轮的径向综合公差和径向跳动公差的适用范围、精度等级、公差值及其计算公式。

（1）适用范围。齿轮径向综合公差和径向跳动公差的适用参数范围如下（单位为 mm）：

① 分度圆直径 d。

径向综合公差适用分度圆直径 d 分段的界限值：5、20、50、125、280、560、1 000。

径向跳动公差适用分度圆直径 d 分段的界限值：5、20、50、125、280、560、1 000、1 600、2 500、4 000、8 000、10 000。

② 法向模数 m_n。

径向综合公差适用法向模数 m_n 分段的界限值：0.2、0.5、0.8、1.0、1.5、2.5、4、6、10。

径向跳动公差适用法向模数 m_n 分段的界限值：0.5、2、3.5、6、10、16、25、40、70。

（2）精度等级。GB/T 10095.2—2008 规定径向跳动公差有 0~12 共 13 个精度等级，其中 0 级精度最高，12 级精度最低。

由于径向综合误差的测量需要高精度的测量齿轮，所以限于测量齿轮的制造技术水平和制造成本，GB/T 10095.2—2008 径向综合公差只规定了 4-12 共 9 个精度等级，其中 4 级精度最高，12 级精度最低。

（3）齿轮径向综合精度项目与合格条件。齿轮径向综合精度项目与合格条件见附表 2-2。

附表2-2 齿轮径向综合精度项目与合格条件

径向综合	径向综合总偏差 径向综合总公差	F_i'' $\Delta F_i''$	$F_i'' \leqslant \Delta F_i''$
	一齿切向综合偏差 一齿径向综合公差	f_i'' $\Delta f_i''$	$f_i'' \leqslant \Delta f_i''$
	径向跳动偏差 径向跳动公差	F_r ΔF_r	$F_r \leqslant \Delta F_r$

（4）允许值及其计算公式。参见 GB/T 10095.2—2008《圆柱齿轮 精度制 第2部分：径向综合偏差与径向跳动的定义和允许值》或有关设计手册。

GB/T 10095.1—2008 和 GB/T 10095.2—2008 只适用于单个齿轮，而不包括相互啮合的齿轮副的精度。

二、齿轮传动精度的选用

齿轮精度的选用包括精度等级的选用和精度项目的选用。

1. 精度等级的选用

选用齿轮精度等级时，应仔细分析对齿轮传动提出的功能要求和工作条件，如传动准确性、圆周速度、噪声、传动功率、负荷、寿命、润滑条件和工作持续时间等。

通常用计算法和类比法来选用齿轮的精度等级。

计算法是按照整个传动链传动精度的要求计算出允许的转角误差，确定传动精度的等级；根据机械动力学和机械振动学计算并考虑振动、噪声以及圆周速度，确定传动平稳的精度等级；在强度计算或寿命计算的基础上，确定承载能力的精度等级。

在实际工作中，极少数高精度的主要齿轮才采用计算法确定，绝大多数齿轮的精度等级都是采用类比法确定。

类比法是按照现有已证实可靠的同类产品或机械的齿轮，按精度要求、工作条件、生产条件等加以必要的修正，选用相应的精度等级。

附表2-3列出了各类机械产品中齿轮传动的常用精度范围。在实际选用时，不要盲目地追求较高的精度，以免造成不必要的浪费。

附表2-3 各类机械中齿轮传动的精度等级

应用范围	精度等级	应用范围	精度等级
测量齿轮	2~5	重型汽车	6~9
透平齿轮	3~6	一般减速器	6~9
精密切削机床	3~7	拖拉机	6~10
航空发动机	4~8	轧钢机	6~10
一般切削机床	5~8	起重机械	7~10
内燃或电动机车	5~8	地质矿山绞车	7~10
轻型汽车	5~8	农业机械	8~11

附表 2-4,列出了 4~9 级精度齿轮的应用范围和与传动平稳的精度相适应的齿轮圆周速度范围,可供设计时参考。

附表 2-4　各级精度齿轮的应用范围和齿轮圆周速度范围

精度等级		4	5	6	7	8	9
应用范围		极精密分度机械的齿轮;非常高速、要求平稳无噪声的齿轮;高速透平齿轮;检查 7 级齿轮的测量齿轮	精密分度机构的齿轮;高速并要求平稳无噪声的齿轮;高速透平齿轮;检查 8、9 级齿轮的测量齿轮	高速、平稳无噪声的高效率齿轮;航空、汽车、机床中的重要齿轮;分度机构齿轮;读数机构齿轮	高速、小动力或反转的齿轮;金属切削机床中进给齿轮;航空齿轮;读数机构齿轮;具有一定速度的减速器齿轮	一般机器中普通齿轮;汽车、拖拉机减速器中一般齿轮;航空器中不重要齿轮;农业机械中的重要齿轮	无精度要求的比较粗糙的齿轮
圆周速度 $v/(\mathrm{m \cdot s^{-1}})$	直齿	<35	<20	<15	<10	<6	<2
	斜齿	<70	<40	<30	<15	<10	<4

选用精度等级时,必须明确它是对哪项标准限定的精度项目的要求,因此,应该在技术文件中同时注明适用的标准编号 GB/T 10095.1 或 GB/T 10095.2。

2. 精度项目的选用

齿轮传动的功能要求与齿轮各精度项目之间的主要对应关系,见附表 2-5。

附表 2-5　齿轮传动的功能要求与齿轮精度项目的主要关系

齿轮传动的功能要求	精度项目	
	名　称	代　号
传动精度	齿距累积总偏差	F_p
	齿距累积极限偏差	$\pm F_{pk}$
	切向综合总偏差	F_i'
	径向综合总偏差	F_i''
	径向跳动偏差	F_r
传动平稳	齿廓总偏差	F_α
	齿廓形状偏差	$f_{f\alpha}$
	齿廓倾斜极限偏差	$\pm f_{H\alpha}$
	齿距极限偏差	$\pm f_{pt}$
	一齿切向综合偏差	f_i'
	一齿径向综合偏差	f_i''

齿轮传动的功能要求	精度项目	
	名 称	代 号
承载能力	螺旋线总偏差	F_β
	螺旋线形状偏差	$\pm f_{f\beta}$
	螺旋线倾斜极限偏差	$\pm f_{H\beta}$

精度项目的选用主要考虑精度级别、项目间的协调、生产批量和检测费用等因素。

附表2-6,列出了各类齿轮推荐选用的精度项目组合,供设计时参考。

附表 2-6 各类齿轮推荐的精度项目组合

用途		分度、读数	航空、汽车、机床		拖拉机、减速器、农用机械	透平机、轧钢机	
精度等级		3~5	4~6	6~8	7~12	3~6	6~8
功能要求	传动精度	F_i' 或 F_p	F_i' 或 F_p	F_r 或 F_i''	F_r 或 F_i''	F_p	
	传动平稳	f_i' 或 F_α 与 $\pm f_{pt}$	f_i' 或 F_α 与 $\pm f_{pt}$	f_i''	$\pm f_{pt}$	F_α 与 $\pm f_{pt}$	$\pm f_{pt}$
	承载能力	F_β					

3. 配合的选用

为了保证齿轮传动的正常工作,装配好的齿轮副必须形成间隙配合,所以齿轮配合的选用就是合理地选择侧隙。

侧隙的作用主要是为了保证润滑和补偿变形,所以虽然在理论上应该规定两个极限侧隙(最大极限侧隙和最小极限侧隙)来限制实际侧隙,但由于较大侧隙一般不影响齿轮传动的功能,因此,通常只限制最小(极限)侧隙,且最小(极限)侧隙不能为零或者负值。

附表2-7列出了一般齿轮传动推荐的最小法向侧隙 j_{nmin} 的数值(摘自 GB/Z 18620.2—2008),供设计时参考。

附表 2-7 最小法向侧隙 j_{nmin} 的推荐值 mm

法向模数 m_n	中 心 距					
	>50	>100	>200	>400	>800	>1 600
1.5	0.09	0.11	—	—	—	—
2	0.10	0.12	0.15	—	—	—
3	0.12	0.14	0.17	0.24	—	—
5	—	0.18	0.21	0.28	—	—
8	—	0.24	0.27	0.34	0.47	—
12	—	—	0.35	0.42	0.55	—
18	—	—	—	0.54	0.67	0.94

4. 精度等级在图样上的标注

新标准没有像旧标准那样将各精度项目分成若干个公差组,也没有将相应项目的误差或偏差分为若干个检验组。可见新标准更具有灵活性,可以根据供需双方的协议,规定工作齿面和非工作齿面具有不同的精度等级,同侧齿面的精度项目(GB/T 10095.1)和双侧齿面的精度项目(GB/T 10095.2)也可以规定不同的精度等级,均属同侧齿面的精度项目也可以规定不同的精度等级,还可以不选用标准中所列的公差或极限偏差数值。不仅将侧隙和齿厚由精度标准移至检验规范,而且还删除了标准齿厚偏差的规定(旧标准规定有 14 种标准齿厚偏差及其代号)。

新标准未对精度等级在图样上的标注方法作出规定。建议参照旧标准的规定按如下方法标注:

同一标准中各精度项目的精度等级相同时,在等级数字后面加注标准编号,如:

$$7 \quad \text{GB/T } 10095.1\text{—}2008$$

或者

$$8 \quad \text{GB/T } 10095.2\text{—}2008$$

若齿轮各检验项目的精度等级不同,例如齿廓总偏差 F_α 为 6 级精度,单个齿距偏差 f_{pt}、齿距累计总偏差 F_p、螺旋线总偏差 F_β 均为 7 级精度,则在等级数字后的括号内标注相应精度项目的代号,如:

$$6(F_\alpha)、7(f_{pt}、F_p、F_\beta) \quad \text{GB/T } 10095.1\text{—}2008$$

工作齿面和非工作齿面的精度等级不同时,可在标准编号后用文字说明。

有关齿轮的画法和齿轮图样上的尺寸标注可参阅国家标准 GB/T 4459.2—2003《机械制图齿轮表示法》和 GB/T 6443—1986《渐开线圆柱齿轮图样上应注明的尺寸数据》。

参 考 文 献

［1］李继庆,陈作模. 机械设计基础［M］. 北京:高等教育出版社,1999.

［2］陈良玉,马玉良,马星果,李力. 机械设计基础［M］. 沈阳:东北大学出版社,2000.

［3］汪信远. 机械设计基础［M］. 第 3 版. 北京:高等教育出版社,2002.

［4］卢玉明. 机械设计基础［M］. 第 6 版. 北京:高等教育出版社,1998.

［5］初嘉鹏,贺风宝. 机械设计基础［M］. 北京:中国计量出版社,2002.

［6］彭文生,李志明,黄华梁. 机械设计［M］. 北京:高等教育出版社,2002.

［7］华大年. 机械原理［M］. 第 2 版. 北京:高等教育出版社,1998.

［8］孙桓,陈作模. 机械原理［M］. 第 5 版. 北京:高等教育出版社,1996.

［9］濮良贵,机械设计［M］. 第 6 版. 北京:高等教育出版社,1996.

［10］机械工程手册编辑委员会. 机械工程手册第 4～6 卷［M］. 第 2 版. 北京:机械工业出版社,1996.

［11］吴克坚,于晓红,钱瑞明. 机械设计［M］. 北京:高等教育出版社,2003.

［12］毛谦德,李振清. 袖珍机械设计师手册［M］. 第 2 版. 北京:机械工业出版社,2001.

［13］刘会英,于春生. 机械设计基础［M］. 哈尔滨:哈尔滨工业大学出版社,1997.

［14］黄华梁,彭文生. 机械设计基础［M］. 北京:高等教育出版社,2001.

［15］濮良贵,纪名刚. 机械设计［M］. 北京:高等教育出版社,1996.

［16］王中发. 机械设计［M］. 北京:北京理工大学出版社,1998.

［17］濮良贵,纪名刚. 机械设计［M］. 第 7 版. 北京:高等教育出版社,2001.

［18］钟毅芳,吴昌林,唐增宝. 机械设计［M］. 第 2 版. 武汉:华中科技大学出版社,2001.

［19］杨可桢,程光蕴. 机械设计基础［M］. 第 4 版. 北京:高等教育出版社,1999.

［20］张鄂. 机械设计学习指导［M］. 西安:西安交通大学出版社,2002.

［21］刘珍莲,杨昂岳,孙立鹏. 机械设计学习指导与习题集［M］. 武汉:华中科技大学出版社,2001.

［22］谢泗淮. 机械原理［M］. 北京:中国铁道出版社,2001.

［23］汪信远. 机械设计基础［M］. 第 3 版. 北京:高等教育出版社,2002.

［24］丁洪生. 机械设计基础［M］. 北京:机械工业出版社,2000.

［25］阮宝湘. 工业设计机械基础［M］. 北京:机械工业出版社,2002.

［26］蒋庄德. 机械精度设计［M］. 北京:机械工业出版社,2000.

［27］陈隆德,赵福令. 机械精度设计与检测技术［M］. 北京:机械工业出版社,2000.

［28］何永熹,武充沛. 几何精度规范学［M］. (第 2 版). 北京:北京理工大学出版社,2006.

［29］邹慧君,傅祥志,张春林,李杞仪. 机械原理［M］. 北京:高等教育出版社,1999.

［30］董刚,李建功,潘凤章. 机械设计［M］. 第 3 版. 北京:机械工业出版社,1999.